신소재공학 개론

개정판

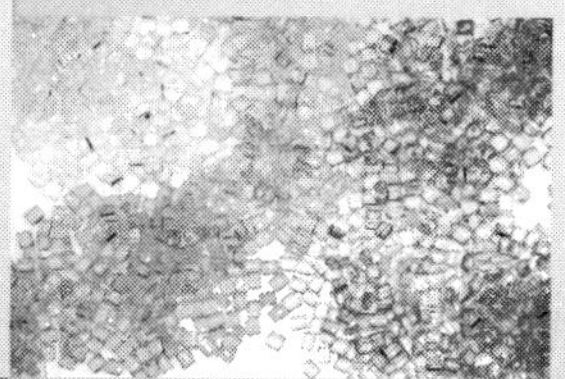

김수종 지음

도서출판 동화기술

머리말

취성재료인 유리가 플라스틱처럼 접히거나, 절연체인 고분자재료가 금속만큼 뛰어난 전도성을 가지게 되는 등 신소재는 각 소재 고유의 화학 결합적 특성에서 유래하는 근본적인 한계를 뛰어 넘는 수준의 발전을 거듭하고 있습니다. 신소재의 사용은 여러 공업 분야를 비롯한 우리 일상생활에서도 보편적인 것이 되었고, 특히 앞으로의 신산업분야에서는 신소재의 역할이 점점 더 중요하게 될 것으로 생각합니다.

신소재공학의 입문서로는 지금까지 많은 좋은 저서들이 발행되어 있습니다. 그런데 대부분은 금속재료, 무기재료 또는 신소재 중에서 어떤 하나를 중점으로 하였고, 또 기초 과학적 요소에 중점을 두어 기술하였습니다. 따라서 대학의 학부 1, 2년생, 공업계 2년제 대학 학생들 및 현장 기술자들에게는 내용이 너무 전문적인 경향이 있었습니다. 이런 관점에서 내용을 알기 쉽게 구성하여, 신소재공학을 처음 접하는 학부생들이 신소재에 흥미를 가질 수 있도록 저술하였습니다. 화학결합 등 물질에 대한 기초적인 내용을 충분하게 이해하고 있다는 것을 전제로 하였으나 미분방정식, 양자역학에 대한 내용, 열역학적인 관점에서의 내용 등은 취급하지 않았습니다.

제1장에서는 여러 가지 재료의 분류와 금속, 고분자, 세라믹스 및 복합재료 등 4대 재료의 특징에 대한 내용 및 기술의 발전과 신소재의 역할에 대하여 기술하였습니다. 제2장과 3장에서는 물질의 상태변화와 결정구조를, 제4장의 기계적 특성에서는 재료와 밀접하게 관련되는 시험평가에 대한 기초 사항을 알기 쉽게 기술하였습니다. 제5장의 금속재료에서는, 기존의 신소재공학 저서에 포함된 금속재료에서는 많은 지면을 할애하여 상태도나 금속의 조직 등에 대하여 기술하였으나, 본서에서는 최소한으로 기술하였습니다. 제6～10장에서는 탄소재료, 세라믹스재료, 고분자재료, 자성재료, 광학재료에 대하여 각 재료의 기초적인 특성(전기적, 광학적, 화학적, 자기적 특성 등)을 간단하게 설명한 후 이러한 특성을 적용한 신소재들에 대하여 기술하였습니다.

본서는 저자가 지금까지의 경험과 지식을 바탕으로 한 강의 내용을 중심으로 기술하였지만, 많은 문헌을 참고로 하였습니다. 여기에 각 저서의 저자 여러분들께 존경과 감사를 드립니다. 또 출판에 이르기까지 오랫동안 격려해 주시고 기다려 주신 도서출판 동화기술 직원 여러분께 감사를 드립니다.

목차

1

chapter

재료의 분류와 신소재

1. 재료의 분류

물질이란 주로 순물질 또는 혼합물로 구성되어 있으며, 순물질은 118개 원소 중 한 종류로 이루어진 단체나 단순 종류의 원소를 말하고, 화학결합에 의해 이루어진 혼합물이 화합물이다. 물질이 어떤 형태로 사용되는 경우에는 재료라고 하며, 재료는 물체를 구성하는 재질, 즉 물질을 의미한다(그림 1-1). 물, 공기, 돌, 나무 등은 우리가 볼 수 있는 흔한 재료이며, 좁은 의미로는 생산이나 제조에 쓰이는 원료나 부품을 뜻하기도 한다. 예를 들면, 유리는 컵을 구성하는 재료가 되고, 실리콘은 반도체 칩을 구성하는 재료가 된다. 자동차, 건축, 의복, 통신, 식품 등의 일상생활뿐만 아니라 산업의 모든 분야에서 재료의 영향은 매우 크다고 할 수 있으며, 산업의 발전과 진보는 새로운 재료의 개발에 의해 이루어져 왔다. 우리 생활을 편리하게 만들어주는 다양한 분야의 기술 발전은 적합한 재료의 개발과 긴밀한 관계가 있다.

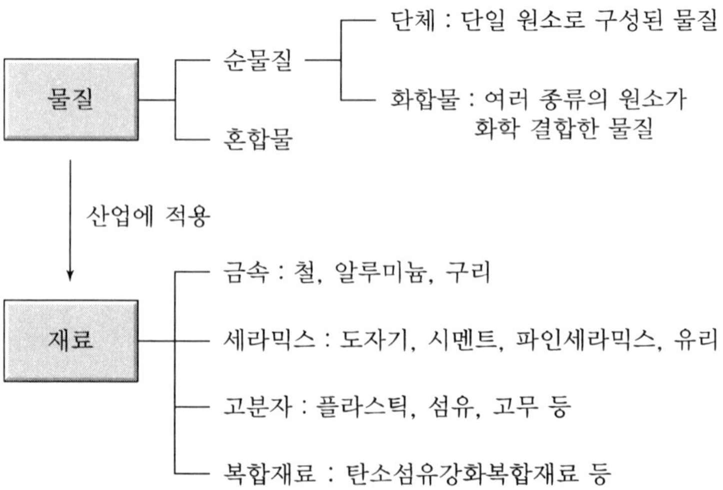

그림 1-1
물질과 재료

고체 재료를 크게 분류하면 금속, 세라믹스, 고분자 그리고 복합재료로 나누어 생각할 수 있다(표 1-1). 이러한 분류는 화학 조성과 원자 구조에 기초한 것으로, 거의 모든 재료는 이 분류 중 하나에 속하나 그 중간적 성질을 갖는 것도 있다. 이 네 가지 재료가 현대 산업에 적용되는 4대 재료라고 볼 수 있다.

표 1-1 재료의 분류

재료	정 의
금속	일반적으로 광택이 있고, 열전도성, 전기전도도가 우수하고, 융해, 압연에 의해 판재, 선재가 만들어진다.
고분자(폴리머)	서로 공유결합 한 모노머 단위 구조가 반복되어 생성된 천연 또는 합성된 거대분자
세라믹스	주로 금속원자와 산소, 탄소, 질소, 유황 등과의 결합에 의해 형성되는 재료. 단단하며, 부서지기 쉽고, 내열성, 내식성을 나타내는 무기 고체. 거의 모든 세라믹스는 결정질이며 전기전도성이 낮다. 저온에서 초전도성을 나타내는 것도 있다.
복합재료	목재나 유리섬유와 같이 구조적으로 서로 다른 2종 이상의 물질로 구성된 복합체. 특히 금속이나 세라믹스, 유리, 고분자를 서로 섞어서, 단일 소재로는 실현 불가능한 특성을 실현시킨 소재

재료는 화학적 공정을 통해 합쳐지거나 분리될 수 있다. 예를 들면 원유는 증류 과정을 통해 휘발유 등의 정제된 기름과 아스팔트 찌꺼기 등으로 분리된다. 휘발유를 다시 분리하면 나프타(naphtha)를 얻을 수 있고, 나프타를 다시 열분해하면 에틸렌(ethylene)과 프로필렌(propylene)이 얻어진다. 에틸렌과 프로필렌은 작은 단위의 분자인데, 고분자화 반응(polymerization)을 통해, 고분자로 합성하면 각각 폴리에틸렌과 폴리프로필렌, 즉 플라스틱이 얻어진다(그림 1-2). 즉, 원유는 나프타의 재료가 되고, 나프타는 에틸렌과 프로필렌의 재료가 되고, 에틸렌과 프로필렌은 고분자(플라스틱)의 재료가 되는 것이다. 세라믹스의 경우에도 마찬가지로 석회석은 시멘트의 재료가 되고, 시멘트는 콘크리트와

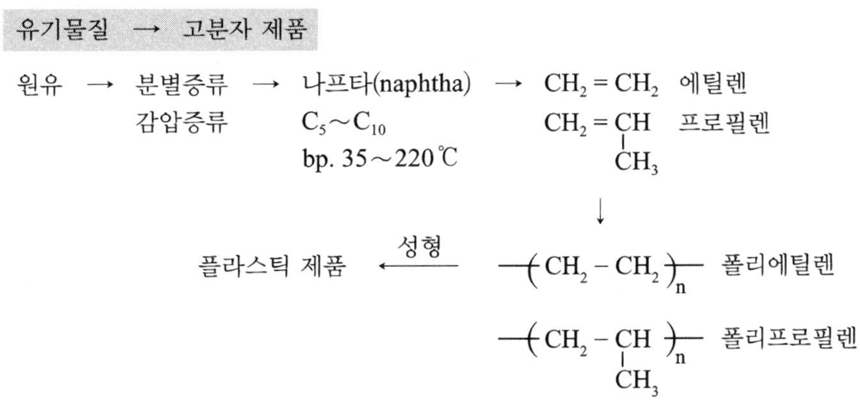

그림 1-2 유기물질로부터 고분자 재료(플라스틱)의 제조과정

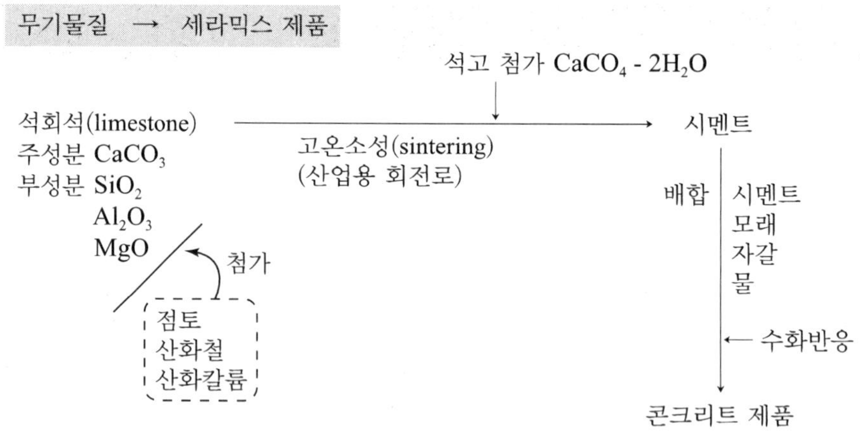

그림 1-3 무기물질로부터 세라믹스재료(콘크리트) 제조과정

같은 2차 제품의 재료가 된다(그림 1-3).

금속재료

금속이나 금속 합금의 원자들은 매우 규칙적인 형태로 배열되어 있으며, 세라믹스재료나 고분자재료에 비해 상대적으로 밀도가 높다. 금속은 비국재화 된 자유전자를 무수히 많은 원자들이 공유하고 있는 물질이다(그림 1-4), 이처럼 특정 원자에 구속되지 않는 금속의 전자가 원자 주위의 전자구름을 자유롭게 돌아다니기 때문에, 금속은 매우 높은 전기전도성을 가진다. 금속의 특성은 이런 자유전자에 의한 것인데, 매우 우수한 전기전도도, 열전도도, 광택성 등을 들 수 있으며, 어떤 금속들은 자기적 성질도 가지고 있다.

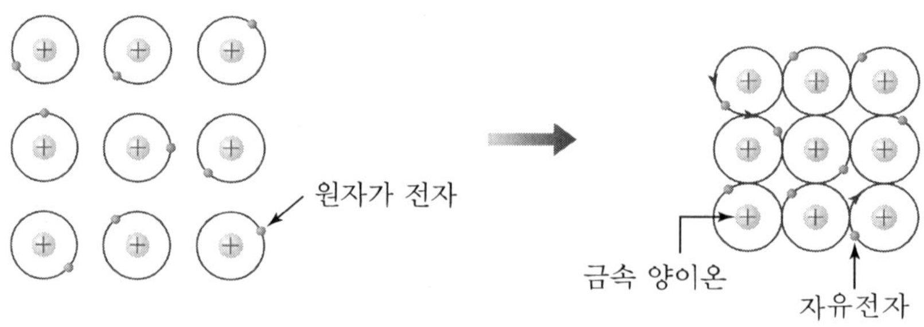

그림 1-4
금속재료의 결합

1 **H** 1.008																	2 **He** 4.003
3 **Li** 6.941	4 **Be** 9.012											5 **B** 10.81	6 **C** 12.01	7 **N** 14.01	8 **O** 16.00	9 **F** 19.00	10 **Ne** 20.18
11 **Na** 22.99	12 **Mg** 24.31											13 **Al** 26.98	14 **Si** 28.09	15 **P** 30.97	16 **S** 32.07	17 **Cl** 35.45	18 **Ar** 39.95
19 **K** 39.10	20 **Ca** 40.08	21 **Sc** 44.96	22 **Ti** 47.88	23 **V** 50.94	24 **Cr** 52.00	25 **Mn** 54.94	26 **Fe** 55.85	27 **Co** 58.93	28 **Ni** 58.69	29 **Cu** 63.55	30 **Zn** 65.39	31 **Ga** 69.72	32 **Ge** 72.61	33 **As** 74.92	34 **Se** 78.96	35 **Br** 79.90	36 **Kr** 83.80
37 **Rb** 85.47	38 **Sr** 87.62	39 **Y** 88.91	40 **Zr** 91.22	41 **Nb** 92.91	42 **Mo** 95.94	43 **Tc** (98)	44 **Ru** 101.1	45 **Rh** 102.9	46 **Pd** 106.4	47 **Ag** 107.9	48 **Cd** 112.4	49 **In** 114.8	50 **Sn** 118.7	51 **Sb** 121.8	52 **Te** 127.6	53 **I** 126.9	54 **Xe** 131.3
55 **Cs** 132.9	56 **Ba** 137.3	57 **La** 138.9	72 **Hf** 178.5	73 **Ta** 180.9	74 **W** 183.9	75 **Re** 186.2	76 **Os** 190.2	77 **Ir** 192.2	78 **Pt** 195.1	79 **Au** 197.0	80 **Hg** 200.6	81 **Tl** 204.4	82 **Pb** 207.2	83 **Bi** 209.0	84 **Po** (209)	85 **At** (210)	86 **Rn** (222)
87 **Fr** (223)	88 **Ra** (226)	89 **Ac** (227)	104 **Rf** (261)	105 **Db** (262)	106 **Sg** (266)	107 **Bh** (262)	108 **Hs** (265)	109 **Mt** (266)	110 **Ds** (269)	111 **Rg** (272)	112 **Cn** (277)	113 **Nh** (285)	114 **Fl** (285)	115 **Mc** (290)	116 **Lv** (293)	117 **Ts** (294)	118 **Og** (294)

58 **Ce** 140.1	59 **Pr** 140.9	60 **Nd** 144.2	61 **Pm** (145)	62 **Sm** 150.4	63 **Eu** 152.0	64 **Gd** 157.3	65 **Tb** 158.9	66 **Dy** 162.5	67 **Ho** 164.9	68 **Er** 167.3	69 **Tm** 168.9	70 **Yb** 173.0	71 **Lu** 175.0
90 **Th** 232.0	91 **Pa** (231)	92 **U** 238.0	93 **Np** (237)	94 **Pu** (242)	95 **Am** (243)	96 **Cm** (247)	97 **Bk** (247)	98 **Cf** (251)	99 **Es** (252)	100 **Fm** (257)	101 **Md** (258)	102 **No** (259)	103 **Lr** (260)

□ 고분자를 구성하는 원소

▒ 금속원소

그림 1-5 금속원소와 고분자에 포함되는 원소

그림 1-5의 원소의 주기율표에 금속원소를 나타내었다. 금속은 일반적으로 단단하고 높은 기계적 강도를 가진다. 또한 연성이 좋아 파괴가 잘 일어나지 않는다. 이런 성질 때문에 금속재료는 구조재료로 사용된다. 금속은 불투명하고 연마하면 광택을 나타낸다. 대부분의 금속은 산화물 형태로 자연에서 산출되기 때문에, 금속을 얻기 위해서는 정련이 필요하다. 금속은 다른 금속 또는 비금속과 합금을 형성하여 다양한 물성을 나타낸다. 대표적인 합금에는 강철(철과 탄소의 합금), 청동(철과 주석의 합금)이 있다.

고분자재료

고분자는 모노머라 부르는 동일한 단위의 분자가 공유결합에 의해 반복하여 사슬 상으로 결합된 것이다(그림 1-6). 고분자의 대부분은 탄소원자가 사슬 상으로 연결되어 있고, 그 곁가지에는 수소(H), 산소(O), 질소(N), 불소(F), 규소(Si) 그리고 더 많은 탄소원자가 연결되어 있다. 그림 1-5의 주기율표에서 고분자에 전형적으로 포함되는 원소를 색으로 표시하였다. 플라스틱(합성수지)은 고분자의 총칭으로 사용되고 있지만, 셀룰로오스나 전분 등의 다당류, 고무, 단백질, 양모나 견, 그리고 핵산(DNA, RNA) 등의 천연고분자도 있다. 고분자의 종류는 매우 많고, 그 성질도 다양하다. 대표적인 고분자에는 폴리에틸렌(PE), 나일론(Nylon), 폴리비닐클로라이드(PVC), 폴리카보네이트(PC), 폴리스티렌(PS), 실리콘 고무(Silicone rubber) 등이 있다.

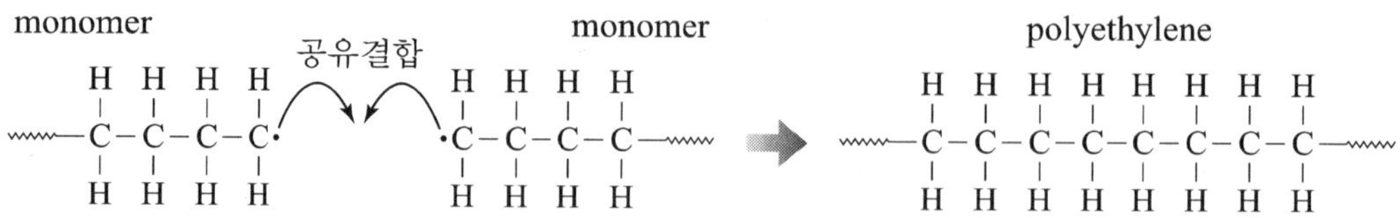

그림 1-6 폴리에틸렌의 공유결합

폴리에틸렌은 비교적 약한 물성을 가져서 일상 생활용품으로 쓰이고 있지만, 케블러(Kevlar)와 같은 강력한 섬유는 방탄 헬멧에 적용되고 있다. 대부분의 고분자는 유연하고 가볍기 때문에, 특별하게 강도를 필요로 하지 않는 용도로 적합하다. 고분자 재료는 일반적으로 낮은 밀도를 가지고 있으며, 기계적 성질은 금속이나 세라믹스에 비해 딱딱하거나 강하지 않다. 대부분의 고분자는 매우 연하며 변형성이 좋아서 복잡한 형상으로 쉽게 변형된다. 고분자는 다시 녹여서 성형할 수 있는 가에 따라 열가소성과 열경화성으로 분류하기도 한다. 열가소성플라스틱은, 인접하는 사슬에 결합이 없고, 융점이 낮아 열처리에 의해 반복하여 재 용융, 성형이 가능하다. 열가소성플라스틱은 재활용하기 쉽지만, 다른 대부분의 재료에 비해 강도가 낮다. 열경화성수지는 사슬에 다수의 결합을 가져서 열가소성플라스틱에 비해 강인하지만 재활용이 곤란하다(그림 1-7). 고분자 재료의 단점은 온도에 취약하여, 비교적 낮은 온도에서 연해지거나 분해되며, 이것 때문에 사용범위가 제한되는 경우가 많다.

그림 1-7 열가소성플라스틱과 열경화성플라스틱

열가소성 선형구조 가열에 의해 용융

열경화성 3차원망상구조 용융 및 성형 불가능

세라믹스재료

세라믹스재료는 금속과 비금속 원소의 조합으로 이루어지며 대부분 산화물, 질화물, 탄화물 등이다. 산화알루미늄, 산화규소, 탄화규소, 질화규소 등이 대표적인 세라믹스 재료이며, 점토, 광물, 시멘트, 유리 등도 세라믹스 재료이다. 세라믹스의 기계적 성질은 금속과 비슷한 정도로 딱딱하고 강하지만, 연성이 없어 깨지기 쉬워 파괴가 잘 일어난다. 그러나 새롭게 개발된 세라믹스 재료들은 파괴에 대한 내성이 강해 자동차 엔진의 부품 등으로 사용되기도 한다. 세라믹스재료는 열과 전기가 잘 전달되지 않는 성질을 가지고 있고, 금속이나 고분자재료에 비해 고온이나 가혹한 환경에서 잘 견딘다.

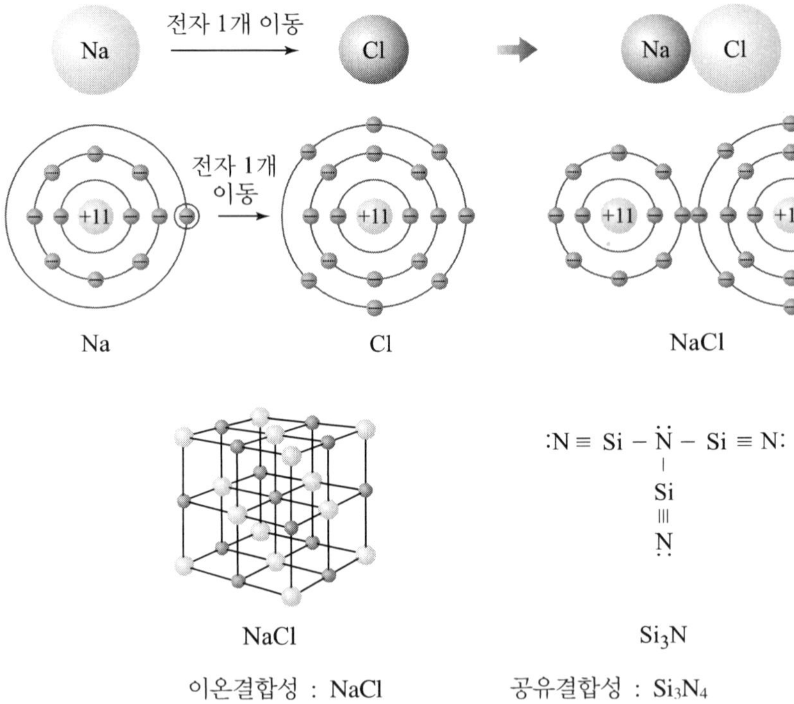

그림 1-8 세라믹스재료의 결합

세라믹스는 금속산화물이나 질화물, 탄화물 등의 비금속무기고체이다. 시멘트나 유리도 포함된다. 강한 이온결합을 가지고 있는 세라믹스는 뛰어난 전기절연성과 내식성을 나타낸다(그림 1-8). 세라믹스의 특성은 재료에 따라 다르지만, 대부분 단단하고 강하며 깨지기 쉽다. 그러나 공유결합성이 강한 SiC, Si_3N_4 등의 고성능세라믹스가 합성되어(그림 1-8). 자동차의 실린더 라이너나 장갑차의 판으로 이용되는 것과 같이 강인한 것도 있으며, 초전도성을 나타내는 것도 있다. 고성능 세라믹스의 시장점유율이 증가하고는 있지만, 산업에 이용되는 중요한 세라믹스재료는 유리나 내화물, 연마재, 시멘트 등이다. 세라믹스는 금속과 비금속원자의 결합에 의한 것이므로 주기율표의 대부분의 원소가 세라믹스를 만드는데 사용된다.

탄소원소는 천연에서 얻어지는 흑연이나 다이아몬드, 탄소섬유, 카본나노튜브, 플러렌, 그래핀 등이 있다. 그래파이트는 탄소원자의 육각형의 탄소원자로 이루어져 있다. 면내의 탄소원자는 강한 공유결합에 의해 연결되어 있으나, 면간의 탄소원자는 약한 반데르발스 결합으로 연결되어 있어서 박리되기 쉽다. 연필에 사용되고 있으며, 원자로의 방사선 차폐재로도 사용되고 있다. 다이아몬드는 보석뿐만 아니라 그 뛰어난 경도로 인하여 공업재료로서 가치가 있다. 인공다이아몬드 합성법이 개발되었기 때문에 공업재료로서의 역할이 증대되고 있다. 탄소나노튜브, 플러렌, 그래핀 등은 비교적 최근에 개발된 재료들이다. 탄소섬유는 피치나 아크릴섬유 등의 전구체를 열처리에 의해 탄화시켜 만드는 섬유로서, 합성 그래파이트에 가깝다. 경주용 차의 프레임이나 의수, 골프 클럽 등 많은 용도로 사용된다. 플러렌은 구상이나 튜브상 또는 타원형으로 탄소원자가 결합한 형태이다. 예를 들면, 어떤 플러렌은 60개의 탄소원자가 결합한 형태로서 축구공과 같은 형태의 구조를 가진다. 카본나노튜브는 단층 또는 다층의 그래파이트 상의 네트워크(그래핀 쉬트)로 된 튜브이다. 나노튜브는 독특한 특성을 가지고 있기 때문에 전자재료분야에 사용된다.

복합재료

복합재료(Composite)는 2종류 이상의 재료를 하나로 합쳐서, 고도의 요구에 적합하도록 복수의 기능 또는 성능을 실현시킨 소재이다. 즉 금속계, 무기재료계, 고분자재료계 등의 소재 중에서 2종류 이상의 소재를 조합하거나, 서로 다른 소재를 조합하여 물리적으로나 화학적으로 원래 소재와 다른 상을 형성하도록 하여 보다 우수한 기능을 갖게 한 것이다. 복합재료를 만드는 이유는 단일 재료에서는 구현할 수 없는 특성을 얻기 위해서이다. 2개 또는 그 이상의 서로 다른 재료를 조합한 복합재료는 각 구성 재료의 특성이 나타나게 된다. 대부분의 복합재료는 금속, 세라믹스, 고분자의 조합으로 이루어진다. 나무나 사람의 뼈도 자연적으로 만들어지는 복합재료로 볼 수 있다. 나무는 리그닌(lignin) 기지재에 셀룰로오스 섬유로 구성된 섬유복합재료이다. 셀룰로오스 섬유는 높은 인장강도를 가지고 있으나 매우 유연(낮은 강성)하다. 반면에 리그닌 기지재는 섬유를 결합하여 강성을 높인다. 뼈 또한 신체 여러 부분의 무게를 지탱하는 복합재료이다. 뼈는 인회석이라 부르는 무기질 기지재 내에 묻혀 있는 짧고 연한 콜라겐(collagen) 섬유로 구성되어 있다.

복합재료는 3종류로 크게 나눌 수 있다. 입자분산형 복합재료는 시멘트와 모래, 자갈로 구성된 콘크리트와 같이 많은 입자를 포함한다. 이것들은 주로 강도보다는 인성이나 내마모성 향상에 이용되고 있다. 섬유강화복합재료에는 모재 중에 분산시킨 섬유가 배향하여, 가해진 응력을 고강도인 섬유에 분산시켜 완화시키는 것에 의해 높은 강도를 나타낸다(그림 1-9). 섬유강화복합재료의 응용은 여러 방면에 적용되고 있는데, 최신 제트전투기의 엔진에 사용되는 SiC(탄화규소)섬유강화복합재료가 있다. 적층복합재료는 이종재료를 서로 결합, 적층시킨 것이다. 합판은 베니야 판을 에폭시수지로 접합하여 적층시킨 것이다.

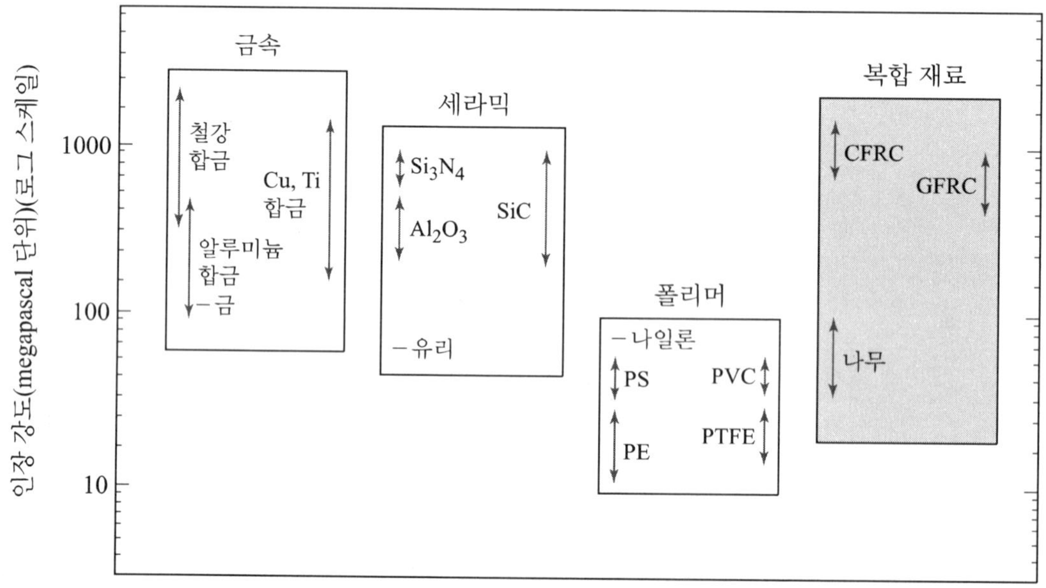

출처 : William D. Callister, Jr.·David G. Rethwisch, Materials Science and Engineering, Ninth Edition , Chap.1, John Wiley & Sons, Inc. 2014

그림 1-9 금속, 세라믹스, 고분자, 복합재료들의 상온 인장강도 비교

2. 신소재

신소재는 예로부터 존재하였던 금속, 세라믹스 등 소재의 연장선상에 있고, 다양한 사회적 요구(needs)와 기술 혁신에 대응토록 개발된 고도의 기능을 가지는 소재를 말한다. 금속, 무기물, 유기물의 원료 및 이들을 조합한 원료에 새로운 제조기술 또는 상품화기술을 결합시켜 종래에는 없는 새로운 성능, 기능을 부여하고 사회적 용도를 산출한 소재이다. 따라서, 신소재란 물성연구, 재료설계, 가공재료 및 실험평가 등의 개발을 통해 기존 소재의 결점을 보완 하던가 우수한 특성을 나타내게 함으로써 새로운 기능, 또는 구조특성을 실현한 부가가치가 높은 재료라고 할 수 있다. 그리고 현재의 제조기술, 응용기술, 상품화기술 수준에 따라 기존 재료와 신소재의 구분 기준이 달라질 수 있다. 즉, 신소재는 소재 자체가 새로운 것, 기존의 소재이지만 새롭게 조합한 것, 또는 고도의 제조, 가공기술에 의한 것이거나 새로운 용도 개발을 한 것이나, 이전에는 사용되지 않던 기능을 새롭게 나타낸 것으로 정의할 수 있다. 여기서 고도의 제조, 가공기술이란 원자나 분자 레벨의 극소한 구조제어, 고순도화, 복합화 등의 기술을 의미한다. 이미 개발, 실용화되고 있는 소재라도 기술 집약도가 높고 고부가가치를 창출하는 소재를 포함한다. 원료로부터 최종 제품에 이르기까지의 과정은 원료 → 소재 → 부품 → 제품의 각 단계로 구성된다. 여기서 소재 단계에서 사용되는 재료만을 신소재라고 한정하지 않고, 각 단계에 포함되는

표 1-2 기존재료와 신소재

구분	기존 재료	신소재
금속재료	철, 알루미늄, 구리	신금속재료
	전성, 연성, 전도성	수소저장합금, 초내열성 등
고분자재료	일반 플라스틱재료	기능성고분자
	경량성, 가공성	전기전도성, 물질분리기능, 생체적합성 등
세라믹스재료	유리, 도자기, 시멘트	파인세라믹스
	내열성, 내식성	초전도성, 유전성, 생체적합성, 광학적 특성 등
복합재료	콘크리트, 합판	섬유(무기)강화복합재료
	강도	강도, 성형성, 경량성 등

부품이나 제품도 신소재라고 할 수 있다. 그러므로 신소재란 원료 그 자체가 종래에 없었던 새로운 획기적인 특성을 잠재적으로 가진 것일 뿐만 아니라, 기존의 원료라도 새로운 가공 기술, 상품화기술이 더해짐으로써 수요에 대응한 새로운 사회적 가치를 만들어내는 것도 포함시킨다.

신소재는 산업 용도별, 기능별, 재질별로 구분할 수도 있는데, 물질의 성질을 기준으로 하여 구분하면 금속계, 무기계, 유기계 및 복합계의 네 가지로 크게 구분할 수 있다(표 1-2).

금속계 신소재는 금속, 합금 및 금속간 화합물이 가지는 특성 중, 특정한 기능 또는 성능에 착안하여 이것을 최대한으로 발휘할 수 있도록 조성, 결정구조, 미세조직 또는 원자배열을 제어하여 제조 가공한 합목적적인 금속재료이다. 금속계 신소재는 일반적으로 강도가 높고 가공성이 좋거나, 여러 가지 우수한 특성을 가지고 있으므로 구조재료로 널리 이용되고 있다. 최근 구조재료에 대해 경량화 요구가 높아지고, 내열성 등의 고기능성이 요구됨에 따라 초내열합금과 같이 극한 상태에서도 사용가능한 구조재료, 결정구조를 갖지 않는 아몰퍼스 합금, 극저온에서 전기 저항이 없어지는 초전도 합금, 온도나 압력의 변화로 수소를 흡수, 방출하는 수소저장합금 등의 금속재료가 개발되었다. 이와 같이 신금속재료란 기존의 금속재료로서는 얻기 어려운 새로운 기능과 극한 저항에서도 견딜 수 있는 특성을 가진 금속재료를 말한다.

무기계 신소재는 파인세라믹스와 뉴글래스 재료로 나누어 생각할 수 있다. 파인세라믹스는 원료를 정제 조정하여 제어된 화학조성을 가지게 한 다음, 재료의 미세조직, 형태 등을 제어하여 제조함으로써, 세라믹스가 갖는 여러 특정한 기능을 최대한 발휘할 수 있도록 한 재료이다. 파인세라믹스계 신소재는 전자기적, 광학적 특성을 갖는 기능성 세라믹스와 바이오세라믹스, 기계 구조용 세라믹스 등으로 구분된다. 뉴 글래스재료는 무정형 물질이 갖는 특정한 기능을 최대한 발휘할 수 있도록 화학조성, 순도, 미세구조, 형태를 제어하여 제조한 무정형 재료이다.

유기계 신소재란 유기계 소재가 갖는 특성 중 특정한 기능 또는 성능에 착안하여 신규, 기존 소재의 중합, 화학결합, 혼합 또는 신규 성형, 가공방법 등에 따라 화학구조 또는 고차 구조를 제어한 기존 소재에 없는 신기능, 고성능을 가지는 유기계 소재이다. 대표적인 유기계 소재인 고분자 신소재는 고분자 고유 특성인 경량성, 가공성, 내식성을 바탕으로 고강도 및 초 내열성을 부여한

엔지니어링 플라스틱과 분리기능, 생체적합성, 광학특성, 전기적 특성과 같은 기존에 없던 새로운 기능을 가지는 고기능성 고분자 신소재로 구분한다.

일반적으로 널리 알려진 탄소섬유강화복합재료(carbon fiber reinforced polymer ; CFRP)는 대표적인 복합재료 신소재이다(그림 1-10). 탄소섬유가 고분자 수지에 함침된 형태로 되어 있다. 이 둘의 복합재료인 탄소섬유강화복합재료는 단단하고 강하면서도 성형성이 좋고, 가벼운 특성을 가진다. CFRP소재는 기존의 유리섬유에 비해 더 강하고 단단하며, 항공기나 우주선, 첨단 스포츠 소재 등에 응용되고 있다.

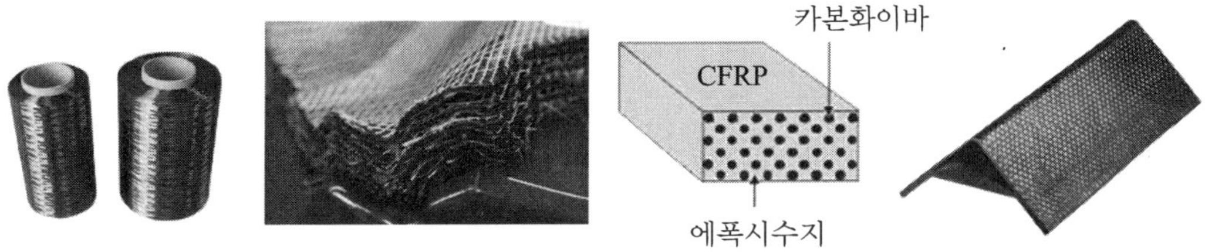

그림 1-10 탄소섬유와 탄소섬유강화복합재료

표 1-3 신소재의 기능, 용도별 분류

용도＼재료	무기재료	유기 고분자 재료	금속재료	복합재료
전자재료	갈륨비소, 어모퍼스 실리콘, 탄화지르코늄, 규소화몰리브덴, 붕화란탄, 티탄산지르콘산납	폴리아미드, 폴리아세탈, 포리카보네이트, PBT, 변성PPO, 폴리옥시벤질렌(에코놀)	어모퍼스금속	
자성재료	가돌륨·갈륨·가넷·페라이트	도전성 필름	니오브 티탄 합금, 센더스트 금속, 회토류 자석, 수퍼	도전성 접착제
광학재료	석영 광파이버, 황화카드뮴	MMA 수지, 클로로필 포리머		칼코게나이트 글래스
고온재료	질화실리콘, 탄화규소, 질화규소, 사이아론, 질화붕소	플루오르수지, 실리콘 수지, 폴리이미드	알로이 (니켈, 코발트 등)	탄소섬유, 탄화규소 섬유, 알루미나 섬유
초경재료	질화붕소, 탄화티탄, 탄화규소, 탄화붕소, 붕화지르코늄		코발트 합금, 초미립자 금속(크롬계 니켈계)	

3. 기술의 발전과 신소재

새로운 소재의 지속적인 개발과 발전이 현대 문명의 밑거름이 되었다고 말할 수 있다. 모래로부터 만들어지는 실리콘이라는 신소재가 없었다면 컴퓨터나 인공위성은 만들어지지 못했을 것이다. 그림 1-11에 전자의 운동을 조종함으로써 신호를 증폭하거나 변경하는 데 사용하는 장치의 발전 과정을 나타내었다. 기존의 진공관을 사용한 트랜지스터에 비해 실리콘을 원료로 한 IC 소자의 크기 및 신호처리속도가 비약적으로 발전한 것을 알 수 있다.

진공관(Vacuum tube)
소재 : 텅스텐
신호처리속도 : ms, 10^{-3}sec 이하

트랜지스터(Transistor)
소재 : 게르마늄
신호처리속도 : μs, 10^{-6}sec 이하

집적회로(IC or VLSI)
소재 : 고순도 실리콘
신호처리속도 : ns, 10^{-6}sec 이하

그림 1-11 기술(전자소자)의 발전과정과 신소재와의 관계

또한 가벼우면서도 강철보다 강도가 우수한 티타늄합금이나 탄소복합재료 등이 개발되지 않았다면 초음속 여객기도 출현하지 못했을 것이다. 신소재와 첨단기술과의 예를 들자면 끝이 없을 정도이며, 기술의 혁신적인 발전에는 언제나 신소재의 개발이 우선되어져 왔다(표 1-4). 오늘날 전 세계가 경쟁적으로

표 1-4 신소재의 개발과 디스플레이 기술의 발전

표시장치	소 재
CRT (Cathod Ray Tube)	형광물질, 전자총 방식
LCD (Liquid Crystal Display)	액정, 반도체 방식
OLED (Organic Light Emitting Diode)	유기EL (Electro Luminescence)소재, 자체발광 방식

신소재의 개발에 열중하고 있으며, 우리나라도 신소재 개발을 위해 많은 투자를 하고 있다.

신소재를 개발하기 위해서는 물리, 화학적 지식 등 여러 가지 지식이 융합되어야 한다. 재료가 얼마나 단단한지, 탄성이 있는지를 알기 위해서는 물리학이 필요하다. 또한 물에 녹는가, 기름에 녹는가, 부식이 되는 가 등의 성질을 밝혀내기 위해서는 화학적인 지식도 필요하다. 이러한 지식만으로 신소재가 개발되는 것은 아니며 새로운 재료를 만들 수 있는 기술이 있어야 한다. 예를 들면, 신소재 물질이 적용된 성능이 우수한 리튬이온전지를 만들기 위해서는 산소와 수분이 극한으로 배제된 분위기에서 작업을 하여야 한다. 또한 초전도체의 합성과 같은 경우에는 매우 높은 압력과 온도가 필요하기도 하다. 따라서 신소재의 개발에는 서로 다른 분야 과학자, 기술자들과의 협력이 필요하다. 다시 말하면 재료를 이론적으로 설계하고 분석하는 연구와 실제 공정에서 재료를 제조하는 일이 하나로 결합되어야 한다. 최근에는 첨단 연구방법을 총 동원하여 신소재를 개발하고 있다. 원자현미경, X-선분석기술 등의 발달로 물질의 원자구조까지 관찰할 수 있게 되었다. 또한 재료의 성질을 인공적으로 변환시키고, 물질 내부에 새로운 구조를 만들어 내는 기술도 진보하고 있다.

주요용어			
무기재료	inorganic materials	무정형	amorphous
유기재료	organic materials	순도	purity
복합재료	composite materials	공유결합	covalent bond
화합물	compound	이온결합	ionic bond
탄성	elasticity	합금	alloy
합성	synthesis	부식	corrosion
초전도체	superconductor	연성	ductility
유리섬유	glass fiber	분석	analysis
탄소섬유	carbon fiber	파괴	destruction
고분자	polymer	중합반응	polymerization

참고문헌

1) 천병수, 유종수, 마사키 타카키, 물질과학의 이해, p.11 (2003)
2) William D. Callister, David G. Rethwisch, Materials Science and Engineering, p.7 (2013)
3) 백영남, 신영의, 정남용, 정승부, 정재필, 이성희, 공학도를 위한 신소재공학, p.292 (2012)
4) 山中唯義, 최하식, 신소재응용전략, p.7 (2000)
5) James F. Shackelford, Intrduction to Materials Science for Engineering (2009)
6) James Newell, Essentials of Modern Materials Science and Engineering, chapter 16, John wiley & Sons, 2009.
7) William D. Callister, Jr.・David G. Rethwisch, Materials Science and Engineering, Ninth Edition , Chap.1, John Wiley & Sons, Inc. 2014

연습문제

1-1 재료는 일반적으로 금속재료, 세라믹재료, 고분자재료로 구분한다. 이렇게 분류하는 이유는 각 재료가 화학결합이 다르기 때문이다. 즉, 금속재료는 금속결합, 세라믹스재료는 이온결합과 공유결합, 고분자재료는 공유결합을 하고 있다. 각 재료가 나타내는 특징을 화합결합과 관련지어 설명하시오

1-2 복합재료의 특징에 대하여 설명하시오.

1-3 주기율표에서 Si와 Ge는 금속으로 분류되기도 하고, 비금속원소로 분류하기도 한다. 그 이유는 무엇인가?

1-4 다음은 재료와 관련된 주요 용어들이다. 빈칸을 채우시오.

결정체	crystalline	반도체		고분자	polymer
공정		복합체	composite	철기시대	
광학섬유		비정질		합금	
광자재료		비금속		청동기 시대	
규토(규사)	silica	석기시대		취성	
규산염		섬유 유리		케블러	
금속성		세라믹		폴리에틸렌	
나일론		연성		플라스틱	
내화물재료		유리		합금	
미세회로		재료		화학결합	chemical bond

1-5 다음 표에 나타낸 물질의 크기를 미터(meter) 단위로 표시하시오.

인간의 크기	1 meter	나노 크기(1 nm)	
mm 크기(1 mm)		피코 크기(1 pm)	
마이크론 크기(1 μm)		원자 크기	

2

chapter

물질의 구조

1. 기본 결정구조

결정계

결정구조는 일반적으로 단위정의 형태나 원자배열 등에 의해 분류한다. 그 하나가 단위정의 기하학에 의한 것이다. 이 방법에서는 단위정의 골격이라고 볼 수 있는 평행6면체의 형태만을 고려한다. 그림 2-1과 같이 평행6면체 단위정의 3개의 변의 길이 a, b, c와 3개의 축간 각도 α, β, γ로 규정한다. 이 6개의 정수를 격자정수라고 부른다. 격자정수 값의 관계에 의해 결정계(Crystal system)는 7개로 분류된다. 7개의 결정계는 입방정(cubic), 육방정(hexagonal), 정방정(tetragonal), 삼방정(trigonal), 사방정(orthorhombic), 단사정(monoclinic), 삼사정(triclinic)으로, 각각의 격자정수는 표 2-1과 같은 관계가 있다. FCC와 BCC는 입방정, HCP의 단위정은 육방정에 속한다. 가장 대칭성이 높은 것은 격자정수가 $a=b=c$, $\alpha=\beta=\gamma=90^\circ(\pi/2)$의 관계를 가진 입방정이고, 대칭성이 낮은 것은 $a\neq b\neq c\neq a$, $\alpha\neq\beta\neq\gamma\neq\alpha$인 삼사정이다. 세라믹스나 고분자재료의 결정구조는, 일반적으로 BCC나 FCC보다 복잡하고, 사방정계나 단사정계 등 대칭성이 낮은 구조에 속하는 것이 대부분이다.

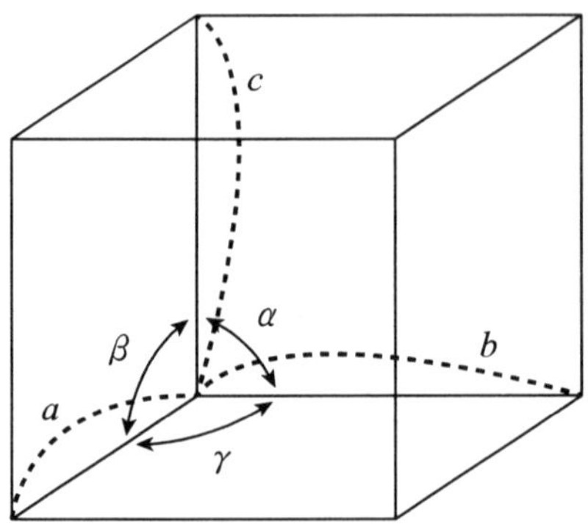

그림 2-1 평행육면체 단위정

축의 길이는 a, b, c, 축 사이의 각도는 α, β, γ이다.

표 2-1 7가지 결정계와 격자정수의 관계 및 브라베 격자

결정계	Crystal system	격자정수	브라베 격자의 수
삼사정계	triclinic	$a \neq b \neq c$ $\alpha \neq \beta \neq \gamma \neq \pi/2$	1
단사정계	monoclinic	$a \neq b \neq c$ $\alpha = \gamma = \pi/2 \neq \beta$	2
사방정계	orthorhombic	$a \neq b \neq c$ $\alpha = \beta = \gamma = \pi/2$	4
정방정계	tetragonal	$a = b \neq c$ $\alpha = \beta = \gamma = \pi/2$	2
삼방정계	trigonal	$a = b = c$ $\alpha = \beta = \gamma \neq \pi/2$	1
육방정계	hexagonal	$a = b \neq c$ $\alpha = \beta = \pi/2,\ \gamma = 2\pi/3$	1
입방(등축)정계	cubic	$a = b = c$ $\alpha = \beta = \gamma = \pi/2$	3

단위 정(격자 구조)과 브라베 격자

결정고체에서 원자는 입체적으로 질서 정연하게 규칙적으로 배열되어 있다. 이 규칙적으로 되풀이 되는 최소단위의 원자로 구성된 블록을 쌓아서 결정구조를 나타낼 수 있다. 이 블록이 단위정이며, 원자의 중심을 연결하는 3쌍의 변과 그 사이의 각도로 정해지는 평행6면체이다.

결정성고체의 분자, 원자, 이온이 3차원적으로 규칙적으로 배열되어 있을 때는 어떤 점(위치)에서도 그것과 똑같이 주위가 반복되는 점을 발견할 수가 있다. 이런 점의 모양을 공간격자라 한다. 공간격자는 표 2-2에 나타낸 것과 같이 14개의 정렬방법만이 존재하는데, 이것을 브라베 격자라 한다. 브라베 격자는 표 2-2에 나타낸 바와 같이 모두 7개의 결정계로 분류된다.

표 2-2 기본 7가지 격자 구조와 이에 해당하는 14브라베 격자

기본 7가지 결정계	브라베 격자			
1. triclinic	$\alpha, \beta, \gamma \neq 90^\circ$ 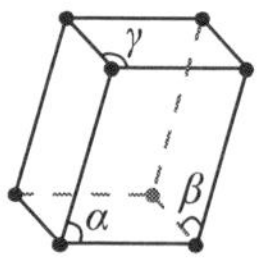			
2. monoclinic	simple $\alpha \neq 90^\circ$ $\beta, \gamma = 90^\circ$ 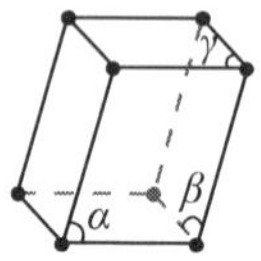	base-centered $\alpha \neq 90^\circ$ $\beta, \gamma = 90^\circ$ 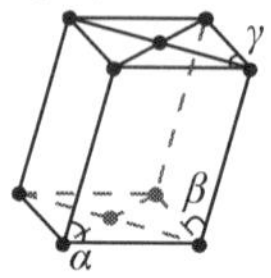		
3. orthorhombic	simple $a \neq b \neq c$ 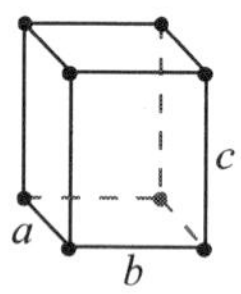	base-centered $a \neq b \neq c$ 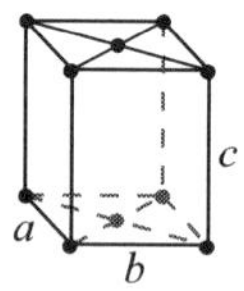	body-centered $a \neq b \neq c$ 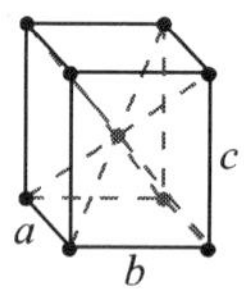	face-centered $a \neq b \neq c$ 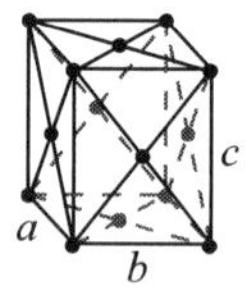
4. trigonal	$\alpha - \beta - \gamma \neq 90^\circ$ 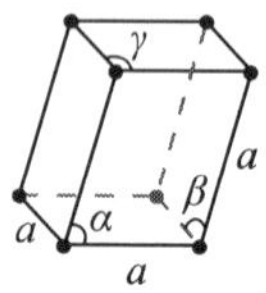			
5. tetragonal	simple $a \neq c$ 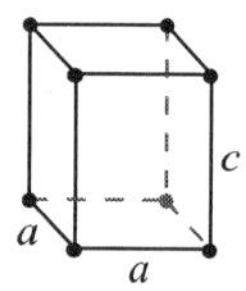	base-centered $a \neq c$ 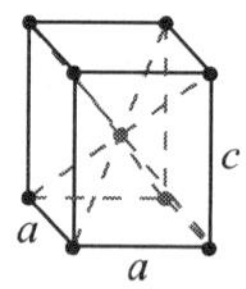		
6. hexagonal	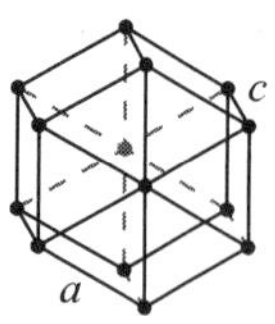			

	simple(SC)	body-centered(bcc)	face-centered(fcc)	
7. cubic	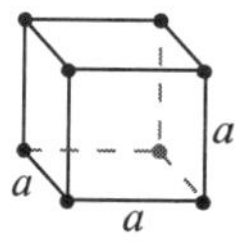	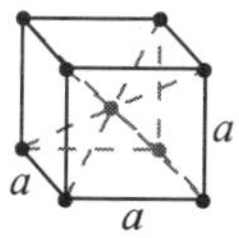	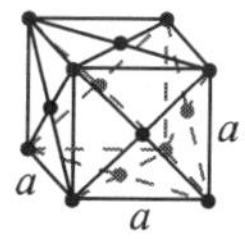	

결정구조

단위정 내의 원자의 위치에 따라 결정구조가 정해진다. 결정구조는 원자의 충진 방법에 따라 단순입방구조(primitive cubic:pc 또는 simple cubic ; sc), 면심입방구조(face centered cubic ; fcc), 체심입방구조(body centered cubic ; bcc), 육방조밀충진구조(hexagonal cubic ; hc)가 있다. 이들 결정구조는 x-ray 회절 분석을 통해 얻은 격자 면간거리를 분석하여 구조를 알아낼 수 있다. 결정구조는 배위수와 원자충진율 등의 요인에 의해 정해진다. 배위수는 결정을 구성하는 최근접 원자 또는 접촉 원자수를 배위수라고 한다. 원자충진율은 단위 격자에 들어 있는 원자의 체적비를 말하는 것으로, 단위정 내의 원자 체적의 총합을 단위정의 체적으로 나눈 것이다.

결정을 같은 크기의 구(원자 1개)의 집합으로 가정하여 그 구들을 입체적으로 충진할 때, 가장 단순한 충진은 그림 2-2처럼 입방체의 정점에 구의 중심이 오게 하여, 서로 접하도록 놓는 방법이다. 이 구조는 단순입방구조(simple cubic structure ; sc)이며, 이 때 구의 점유율은 52%이다.

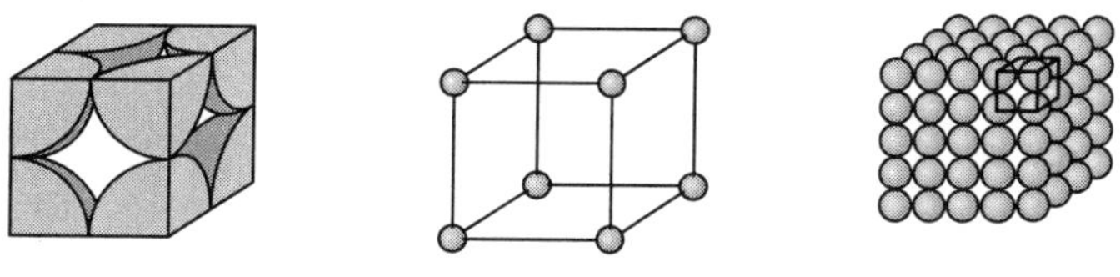

(a) (b) (c)

그림 2-2
단순입방구조의 원자 배열

단순 입방구조체의 중심에 또 하나의 구를 넣으면 체심입방구조(body-centered cubic structure ; bcc)가 된다(그림 2-3).

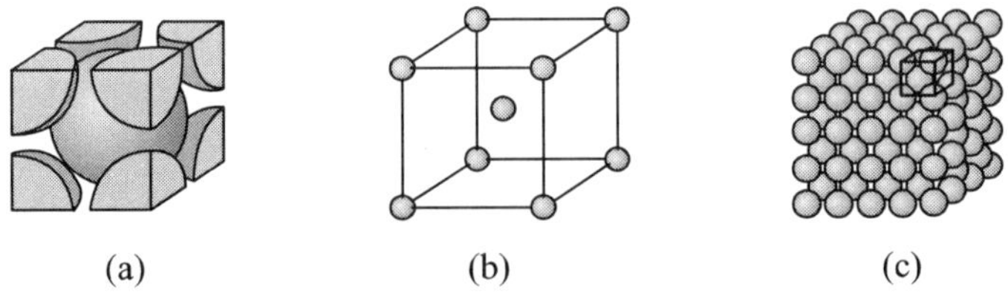

그림 2-3
체심입방구조의 원자 배열

단위정의 중심에 1개의 원자와 8개의 꼭지점에 1/8개의 원자가 있고, 각 꼭지점의 원자는 인접해 있는 8개의 단위정들에 의해 공유된다. 이처럼 각각의 단위정에는 2개의 원자가 있다. 이 구조의 원자 충진율(구의 점유율)은 2개의 원자가 차지하는 부피를 단위정의 부피로 나눈 값이며, 이 값은 0.68(구의 점유율 68%)이다. 이 구조를 가지는 대표적인 금속은 α-Fe, V, Cr, W 등이 있다.

그림 2-4는 면심입방구조(face-centered cubic ; fcc)를 나타내고 있으며, 각각의 격자점마다, 한 개의 원자를 가지고 있는 브라베 격자이다. 이 구조는 6개의 면에 1/2개의 원자, 즉 두 단위정 사이에 공유하는 하나의 원자를 가지고 있고, 8개의 꼭지점에 1/8개의 원자를 가지므로 각각의 fcc 단위정에는 4개의 원자가 있다. 이 구조의 원자충진율은 0.74이며, 체심입방구조보다 약간 큰 값을 가진다. 이런 이유로 fcc 구조를 조밀입방충진(cubic centered packed ; ccp)이라고 부른다. fcc구조를 가진 전형적인 금속에는 γ-Fe, Al, Cu, Ni, Au 등이 있다.

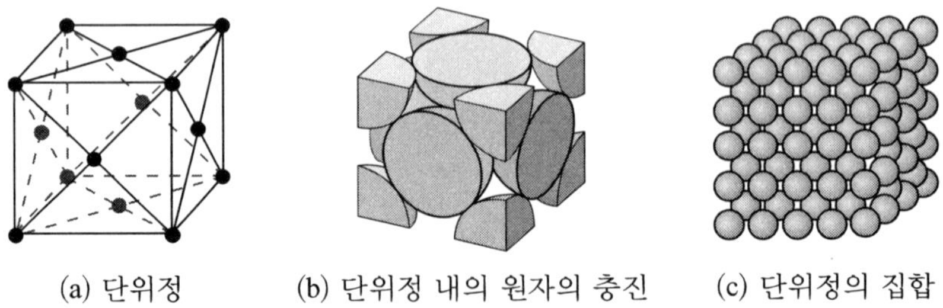

그림 2-4
면심입방구조 (fcc)

한편, 좀 더 복잡한 구조인 육방조밀충진(hexagonal close packed ; hcp)구조는 각각의 브라베 격자점에 2개의 원자를 가지고 있다(그림 2-5). 또한 이 구조는 각 단위정마다 단위정의 중심에 한 개의 원자를 가지고 있고, 단위정의 모서리에 여러 종류의 부분적인 원자(4개의 1/6원자와 4개의 1/12원자)를 가지고 있다. 즉, 단위정마다 2개의 원자를 가지고 있다. 이 구조는 구를 효과적으로 조밀하게 쌓을 수 있다.

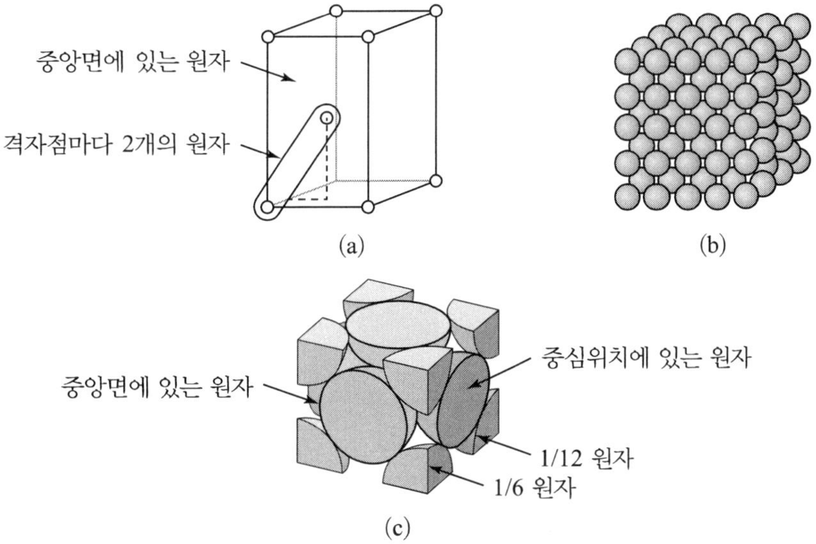

그림 2-5
육방조밀충진구조 (hcp)

(a) 단위정(각 격자점마다 2개의 원자가 있다)
(b) 단위정 내의 원자의 충진(중심위치에 있는 원자는 단위정의 밖으로 나와 있다)
(c) 단위정의 집합으로 이루어진 면심입방구조

육방조밀충진구조와 면심입방구조의 두 구조 모두 0.74의 원자충진율을 가지고 있다. 이 두 구조들의 유사점과 차이점을 그림 2-6에 나타내었다. 이 두 구조의 차이점은 층을 쌓는 순서에 있다. fcc구조는 네 번째 층이 첫 번째 층위에 놓여 있고, hcp구조는 세 번째 층이 첫 번째 층위에 놓인다. Fcc의 적층은 ABCABC … 의 순서로 되어 있고, hcp의 적층은 ABAB … 순서이다. 이와 같은 매우 미세한 차이일지라도 재료의 특성은 매우 다르게 나타난다. Hcp구조를 갖은 금속은 Mg, Zn, Zr 등이 있다.

일반적인 금속 결정에서는, 금속원자의 주위를 자유전자가 둘러싸고 있다. 이 때문에 원자 자체의 이방성이 매우 적어서 최밀충진구조를 취하기 쉽다. 따라서 금속원자는 체심입방구조, 면심입방구조, 육방조밀충진구조 중의 어느 하나에 속하는 것이 대부분이다. 표 2-3은 대표적인 금속의 결정구조를 분류한 것이다. 그리고 하나의 금속이 다른 결정구조를 갖는 경우가 있는데, 이것은 온도 등의 조건에 따라 결정상태가 변화하는 상전이에 의한 것이다.

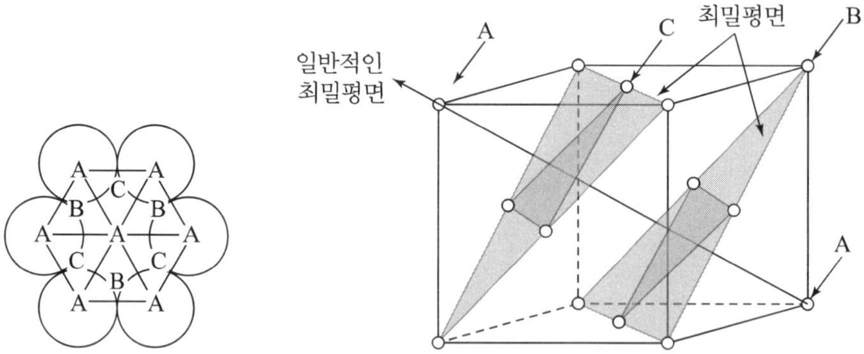

(a) 면심입방구조에서 최밀평면의 적층 (c) 면심입방구조

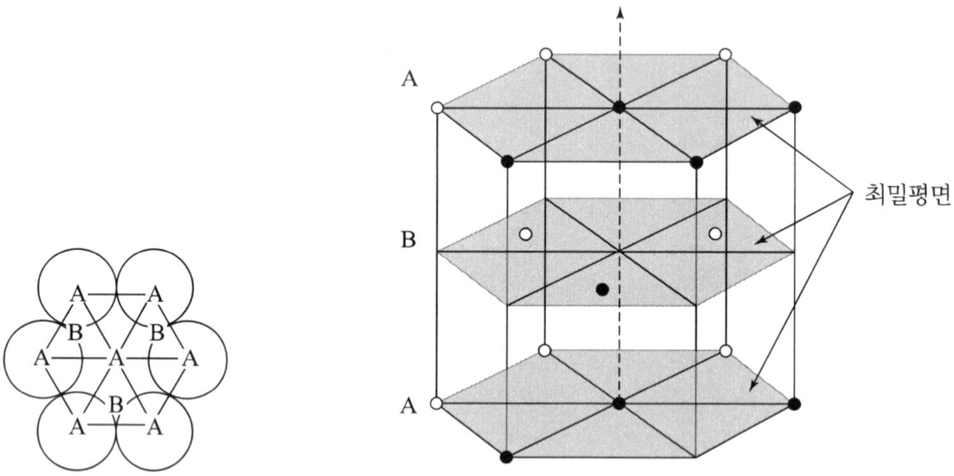

(b) 육방조밀충진구조에서 최밀평면의 적층 (d) 육방조밀충진구조

출처 : B. D. Cullity and S. R. Stock, Elements of X-ray diffraction, 3rd ed., Prentice Hall, Upper Saddle River, NJ, 2001.

그림 2-6 면심입방구조와 육방조밀충진구조의 비교

표 2-3 금속의 결정구조

구조	대표예
단순입방구조(sc)	–
체심입방구조(bcc)	Li, Na, K, Ti, V, Cr, Fe, Rb, Mo, Cs, Ba, Ta, W
육방조밀충진구조(hcp)	Be, Mg, Ti, Co, Zn, Y, Zr, Hf, Re
면심입방구조(fcc)	Al, Ca, Sc, Fe, Ni, Cu, Sr, Rh, Pd, Ag, Pt, Au, Pb

2. 결정면과 밀러지수

결정의 방위관계는 방향을 정의하는 벡터를 사용하여 단순하게 표기할 수 있다. 격자 내 임의의 점을 원점으로 정하고, 다른 점의 상대위치를 좌표로 나타낸다. 각 격자점의 좌표는 각각 원점으로부터 x, y, z 방향으로 이동한 격자정수의 수를 나타낸다. 격자점의 각 좌표는 각 축의 격자정수를 단위로 한 분수로 표기한다. 격자점을 정하는 것이 결정의 방위나 면을 기술하는 첫 단계인 것이다. 결정방위의 지수는 다음의 4단계에 의해 결정된다.

① 좌표축을 이용하여 방위를 알고 싶은 선 위에 있는 두 점의 좌표를 결정한다.
② 종점의 좌표에서 시작점의 좌표를 빼서, 각각의 축 방향으로 이동한 격자정수의 수를 구한다.
③ 값이 정수 값으로 되도록 정리한다.
④ 값을 [ ] 안에 넣고, 마이너스 값에는 해당 숫자 위에 －를 붙인다. 예를 들면, $[1\ \bar{2}\ 0]$은 x방향으로 1, y방향으로 －2, z방향으로 0을 의미한다.

결정방위를 기술할 때 혼동하기 쉬운 주의점은,

① 방향은 벡터이기 때문에 반대부호의 것은 같지 않다. 같은 선위에 있는 방향에도 2개의 반 평형인 방향이 있다. 예를 들면, $[001]\theta \neq [001]$
② 방향은 크기를 갖지 않기 때문에, 어떤 방향과 부호가 변하지 않는 그 배수는 같은 것이다. 예를 들면, [1 2 3] = [2 4 6] = [3 6 9]

밀러지수

결정방위의 표기도 중요하지만, 격자면을 표기하는 방법이 더 많이 이용되고 있다. 결정 내의 3개의 격자점에 의해 평면을 규정할 때, 결정방위를 구할 때와 똑같은 순서에 의해, 밀러지수라고 부르는 격자면을 표기하는 방법이 널리 이용된다. 밀러지수는 다음과 같은 순서에 의해 정해진다.

① 대상으로 되는 면이 x, y, z축(결정축)을 잘라내는 점의 좌표를 격자정수의 기준으로 구한다.
② 위 3점의 숫자의 역수를 취한다.
③ 최소정수값으로 고친다.
④ 값을 (　　)안에 넣는다.

면이 결정축과 교차하지 않을 때는 무한대(∞)로 자른다고 본다. 이와 같은 순서에 의해 다음에 나타낸 격자면의 밀러지수를 구해보자.

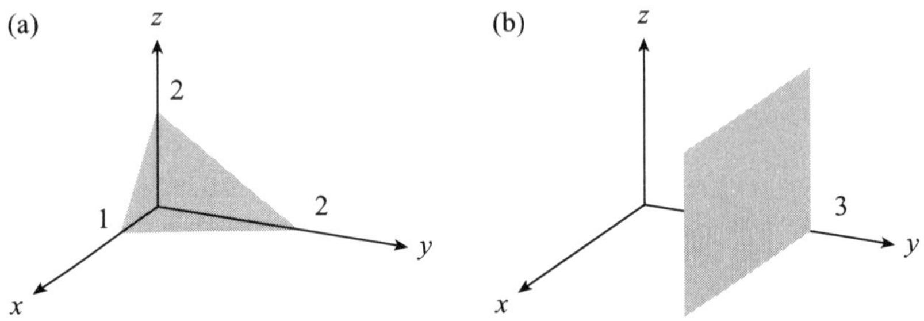

(a) (1,2,2) 절단 격자면 : 격자면은 각 축을 (1,2,2)로 절단하고 있기 때문에 그 역수는 1,1/2,1/2이다. 이것을 2배로 하여 정수로 하면 2,1,1이다. 따라서 밀러지수는 (2,1,1).
(b) (∞,3,∞) 절단격자면 : 격자면은 각 축을 (∞,3,∞)로 잘라 내고 있기 때문에, 그 역수는 0, 1/3,0이다. 3배로 하여 정수로 나타내면 0,1,0이고 따라서 밀러지수는 (0,1,0)이 된다.

그림 2-7-1 격자면의 예

출처 : James Newell, Essentials of Modern Materials Science and Engineering, chapter 2, John wiley &Sons, 2009

밀러지수는 결정방위와는 달리 다음과 같은 2개의 성질을 가진다. 첫째는 어떤 밀러지수와 그 반대부호의 밀러지수를 가진 면은 등가이다. 즉, $(0\ 1\ 2) = (0\ \bar{1}\ \bar{2})$.

두 번째는 어떤 밀러지수를 가진 면과 그 배수관계에 있는 밀러지수의 면은 같지 않다. 즉, $(1\ 2\ 3) \neq (2\ 4\ 6)$. 밀러지수를 구할 때, 다음과 같은 점을 주의해야 한다. 대상으로 되는 격자면이 어떤 축을 통과하는 경우, 그 축에 대한 밀러지수는 무한대로 되어 버린다. 다행스러운 것은 원점을 취하는 방법은 임의이기 때문에 다음의 예시와 같이 면을 이동하는 것에 의해 밀러지수를 결정할 수 있다. 다음에 나타낸 격자면의 밀러지수를 구해보자.

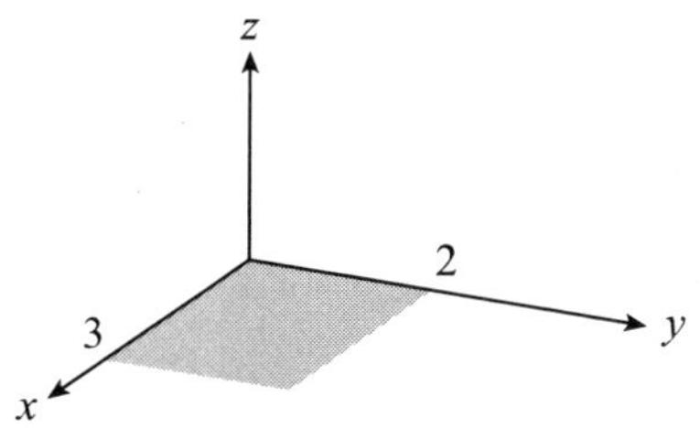

그림 2-7-2
원점을 통과하는
격자면

출처 :
James Newell, Essentials of Modern Materials Science and Engineering, chapter 2, John wiley &Sons, 2009

격자면은 원점을 통과하기 때문에, x축, y축을 포함하고, z축을 0의 점으로 자르고 있다. 0의 역수는 무한대로 되기 때문에 원점을 1격자만큼 z축 방향으로 이동시켜 다음과 같은 면을 생각해보자.

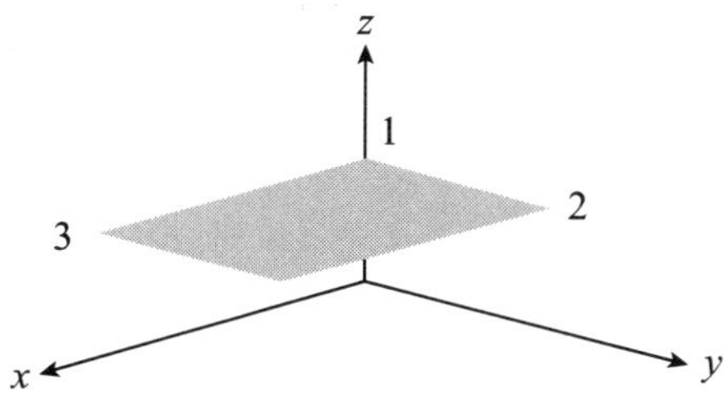

그림 2-7-3
x, y, z축을
자르는 격자면

출처 :
James Newell, Essentials of Modern Materials Science and Engineering, chapter 2, John wiley &Sons, 2009

x축, y축을 자르는 점은 무한대, z축을 자르는 점은 1로 되기 때문에 (∞, ∞,1), 이것의 역수를 취하면 0,0,1로 되어 밀러지수는 (0 0 1)이 된다. 결정 내에서는 같은 격자면이 몇 번이고 반복해서 나타난다. 그림 2-7은 같은 밀러지수를 가지는 격자면을 나타내고 있다. 이 면들은 모두 같은 면이고, 그 면간의 거리를 면간격(d)이라고 한다. 한편, 결정의 표기에 있어서는 x, y, z축을 a, b, c축으로 표시하고, 밀러지수를 (hkl)로 표기한다.

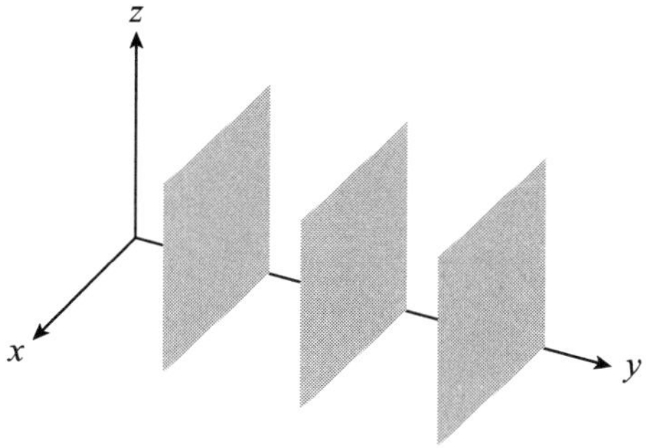

그림 2-7-4
반복적으로
나타나는 격자면

출처 :
James Newell, Essentials of Modern Materials Science and Engineering, chapter 2, John wiley &Sons, 2009

3. 이온 반경과 배위수

대표적 화합물인 이온 결정의 경우, 원자를 충진할 수 있는 방법은 양이온과 음이온이 정전적 반발을 최소화하여 정전인력을 최대로 하는 것과 같이 쌓아 놓아야 된다. 이것의 충진은 양이온과 음이온의 크기에 의존한다. 표 2-4에 포링그의 이온반경을, 그림 2-9에는 이온반경의 크기를 비교한 그림을 나타냈다. 이 도표로부터 양이온이 음이온에 비해 적다는 것을 확실하게 알 수 있다. 즉, 결정구조는 적은 양이온을 큰 음이온의 사이에 넣을 수 있는 형태를 하고 있다.

표 2-4 포링그의 이온반경(Å)

족 \ 주기	1	2	3	4	5	6
1	H^-	Li^{2+} 0.60	Na^+ 0.95	K^+ 1.33	Rb^+ 1.48	Cs^+ 1.69
2		Be^{2+} 0.31	Mg^{2+} 0.65	Ca^{2+} 0.99	Sr^{2+} 1.13	Ba^{2+} 1.35
3				Sc^{3+} 0.81	Y^{3+} 0.93	La^{3+} 1.15
4				Ti^{4+} 0.68	Zr^{4+} 0.80	Hf^{4+} 0.78
5				V^{5+} 0.59	Nb^{5+} 0.70	Ta^{5+} 0.68
6				Cr^{3+} 0.63 Cr^{6+} 0.52	Mo^{6+} 0.62	W^{6+} 0.66
7				Mn^{4+} 0.60 Mn^{7+} 0.46	Tc^{7+} –	Re^{7+} –
8				Fe^{2+} 0.75 Fe^{3+} 0.60	Ru^{4+} 0.61	Os^{4+} 0.65

9				Co^{2+} 0.72	Rh^{4+} –	Ir^{4+} 0.64
10				Ni^{2+} 0.70	Pd^{2+} 0.50	Pt^{4+} 0.52
11				Cu^{+} 0.96	Ag^{+} 1.26	Au^{+} 0.37
12				Zn^{2+} 0.74	Cd^{2+} 0.97	Hg^{2+} 1.10
13		B^{3+} 0.20	Al^{3+} 0.50	Ga^{3+} 0.62	In^{3+} 0.81	Tl^{3+} 0.95
14		C^{4+} 0.15 C^{4-} 0.60	Si^{4+} 0.41 Si^{4-} 2.71	Ge^{4+} 0.53 Si^{4-} 2.72	Sn^{4+} 0.71 Sn^{4-} 2.94	Pb^{4+} 0.84 Pb^{2+} 1.21
15		N^{5+} 0.11 N^{3-} 1.71	P^{5+} 0.34 P^{3-} 2.12	As^{5+} 0.47 As^{3-} 2.22	Sb^{5+} 0.62 Sb^{3-} 2.45	Bi^{5+} 0.74
16		O^{6+} 0.09 O^{2-} 1.40	S^{6+} 0.29 S^{2-} 1.84	Se^{6+} 0.42 Se^{2-} 1.98	Te^{6+} 0.56 Te^{2-} 2.21	Po^{6+} –
17		F^{7+} 0.07 F^{-} 1.36	Cl^{7+} 0.26 Cl^{-} 1.81	Br^{7+} 0.39 Br^{-} 1.95	I^{7+} 0.50 I^{-} 2.16	At^{7+} –

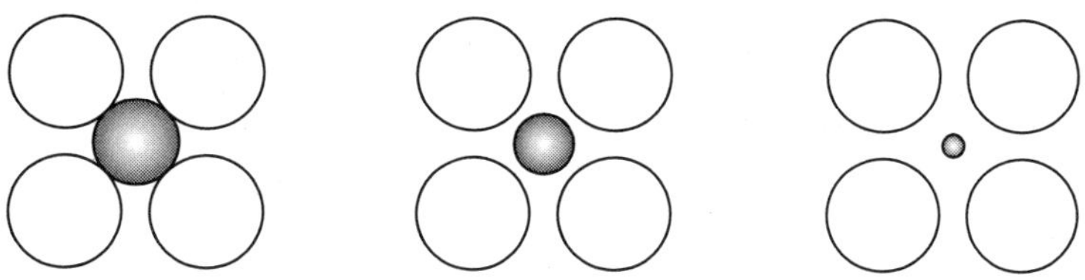

(a) 안정 (b) 안정 (c) 불안정

그림 2-8
안정한 또는 불안정한 양이온-음이온 배치법. 검은색 원은 양이온을 나타낸다.

출처 : William D. Callister, Jr., Materials Science and Engineering An Introduction, chap. 6, John Wiley & Sons, Inc., 2000.

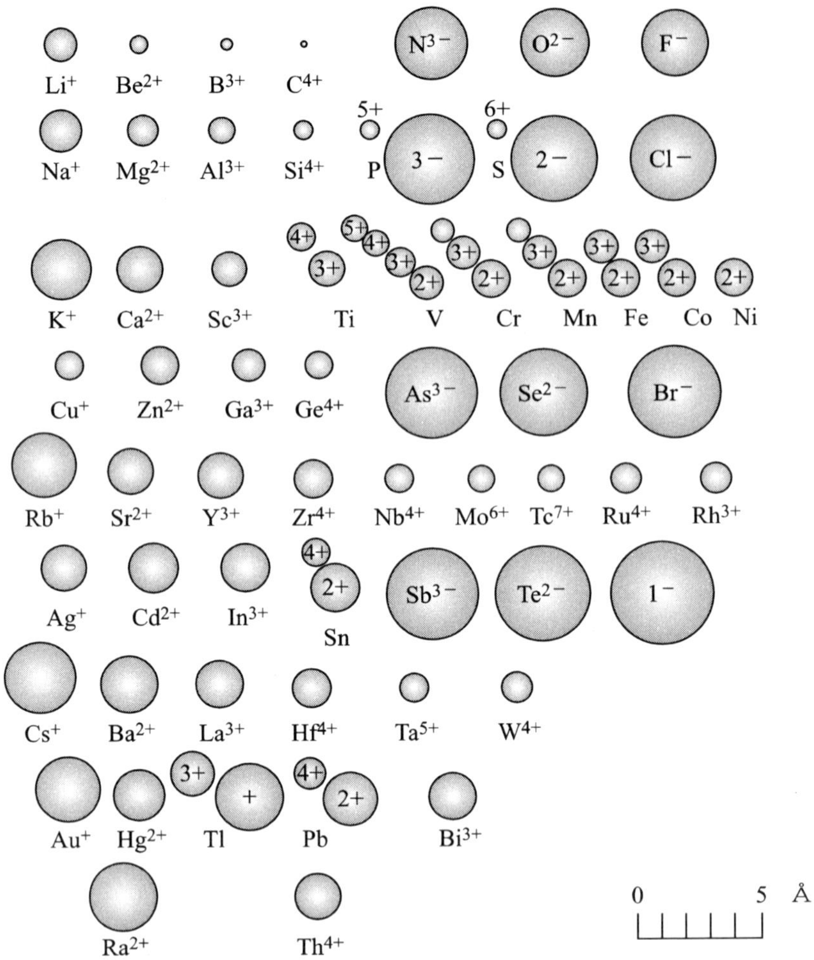

그림 2-9
결정 중의
이온반경의 비교

양이온을 둘러싼 음이온의 수를 배위수(coordination number)라 한다. 음이온은 보통 양이온과 접하고, 가능하면 많은 양의 음이온이 양이온을 받으려는 형태의 결정구조를 형성하게 된다. 그림 2-8은 쇄간에서의 이온의 안정성을 2차원적으로 나타낸 것이다. 그림에서 (c)는 불안정상태이지만 (a)와 (b)는 안정하다. 양이온의 배위수는 양이온 반경 r_A와 음이온 반경 r_B의 비율 r_A/r_B로부터 기하적인 계산에 의해 예측할 수 있다. 일반적으로 배위수는 2, 3, 4, 6, 8, 12의 값을 이용, 특히 $r_A = r_B$의 경우는 12가지가 되어 최밀충진구조를 만든다. 3～8배위의 각 구조는 표 2-5에 표시한 것과 같다.

표 2-5 양이온-음이온 반지름 비의 범위에 대한 배위수와 배위형태

배위수	음이온-양이온 반경비	배위구조	배위수	음이온-양이온 반경비	배위구조
2	< 0.155	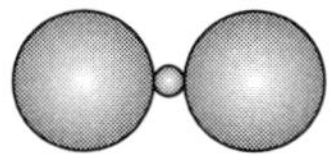	6	0.414~0.752	
3	0.155~0.225	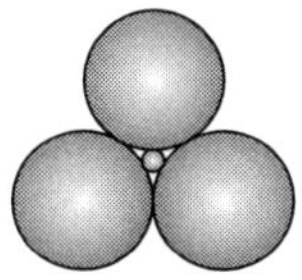			
4	0.225~0.414		8	0.732~1.0	

출처 : William D. Callister, Jr., Materials Science and Engineering An Introduction, chap. 6, John Wiley & Sons, Inc., 2000.

원자 결합이 주로 이온 결합 특성을 가지는 세라믹 재료의 결정구조는 중성의 원자 대신 전기적으로 하전된 이온으로 구성된 것이라고 볼 수 있다. 금속 원자는 전자를 비금속 원자에 주기 때문에 금속이온은 양이온이 되고, 전자를 받은 비금속 이온은 음이온이 된다. 세라믹 재료의 결정격자 구조는 이를 구성하는 이온들의 두 가지 특성에 의해서 결정된다. 첫 번째는 각 구성 이온의 전하량, 두 번째는 양이온 대비 음이온의 상대적인 크기이다. 첫 번째 특성에 관하여는 결정의 전기적 중성도가 만족되어야 한다. 즉, 모든 양이온 전하량의 합은 모든 음이온 전하량의 합과 같아야 한다. 화합물의 화학식은 양이온과 음이온의 비율을 나타내고, 전기적 중성을 이루는 성분을 나타낸다. 예를 들면, 불화칼슘(형석)에서는 +2가인 칼슘이온(Ca^{2+})은 -1가인 불소이온(F^-)과 결합하고 있다. 따라서 F^- 이온 수가 Ca^{2+} 이온 수에 비해서 두 배 이상 많아야 하며, 이것을 나타낸 것이 화학식이다. 두 번째로는 양이온과 음이온의 반지름, 즉 r_C와 r_A에 관한 것이다. 금속원소는 이온화 될 때 전자를 방출하기 때문에 양이온이 음이온보다 일반적으로 작아 r_C/r_A 비가 1보다 작다. 각각의 양이온은 가능한 많은 수의 음이온을 주위에 배위시키려고 하고, 음이온도 최대한 많은 수의 양이온을 주위에 배위시키려고 한다. 그림 2-8에 나타낸 바와 같이, 한 개의 양이온을 둘러싸고 있는 모든 음이온이 서로 접촉되어 있어야 안정한 결정 구조를 형성한다. 배위수(양이온 주위의 음이온 수)는 양이온과 음이온의 반지름 비에 의하여 결정된다. 어느 일정한 배위수에는 임계 또는 최소 r_C/r_A 비가 존재하게 된다. 여러 r_C/r_A 값에 대한 배위수와 배위 원자들의 배열을 표 2-5에 나타내었다.

r_C/r_A 값이 0.155보다 작을 때에는 매우 작은 양이온이 2개의 음이온과 직선적으로 결합하게 되고, r_C/r_A 값이 0.155~0.225에 있을 경우에는 양이온의 배위수가 3이 된다. 이것은 중심의 양이온에 대하여 3개의 음이온이 평면삼각형의 꼭지점에 위치하는 구조이다. r_C/r_A 값이 0.225~0.414에 있을 경우 배위수는 4가 되며, 이 경우 양이온은 사면체의 중심에 위치하고, 4개의 음이온은 각 꼭지점에 위치하게 된다. r_C/r_A 값이 0.414~0.732에 있을 경우에는 양이온은 팔면체의 중심에 위치하고, 음이온은 6개 꼭지점에 위치해 있는 것으로 생각할 수 있다. r_C/r_A 값이 0.732~1.0에 있을 경우에는 배위수가 8이 되고,

표 2-6 배수위가 6인 경우에 여러 양이온과 음이온의 이온반경

양이온	이온반경(nm)	음이온	이온반경(nm)
Al^{3+}	0.053	Be^{-}	0.196
Ba^{2+}	0.136	Cl^{-}	0.181
Ca^{2+}	0.100	F^{-}	0.133
Cs^{+}	0.170	I^{-}	0.220
Fe^{2+}	0.077	O^{2-}	0.140
Fe^{3+}	0.069	S^{2-}	0.184
K^{+}	0.138		
Mg^{2+}	0.072		
Mn^{2+}	0.067		
Na^{+}	0.102		
Ni^{2+}	0.069		
Si^{4+}	0.040		
Ti^{4+}	0.061		

출처 : William D. Callister, Jr., Materials Science and Engineering An Introduction, chap. 6, John Wiley & Sons, Inc., 2000.

양이온은 입방체의 중심에, 음이온은 입방체의 8개 꼭지점에 위치하게 된다. 반지름 비가 1보다 큰 경우에는 배위수가 12이다. 세라믹 재료에서 가장 흔한 배위수는 4, 6 및 8이다. 표 2-5에 나타낸 배위수와 양이온-음이온 반경 비와의 관계는 이온을 딱딱한 구라고 가정하여 얻어진 기하학적인 결과이다. 그러므로 이런 관계는 근사치에 해당하기 때문에 예외가 있을 수 있다. 예를 들면, 일부 세라믹스 소재의 경우 세 값이 0.414보다 크고 공유결합 특성을 가지는 결합에 방향성이 있는 경우에는 배위수가 6이 아니라 4가 되는 경우가 나타나기도 한다. 표 2-6에 세라믹 재료에서 가장 많이 관찰되는 양이온과 음이온의 이온 반지름을 나타내었다.

4. 대표적인 결정구조

4.1 암염형 구조(NaCl)

암염형 결정구조를 가지는 대표적인 화합물은 NaCl이다. 양이온과 음이온의 이온반경비 $r_{NA}{}^{+}/r_{Cl}{}^{-}$는 0.95Å/1.81Å = 0.56이므로 표 2-5의 이온반경비와 배위수의 관계에서 Na^{+}는 6배위가 된다. 또 결합강도는 1÷6이므로 1/6이 된다. 따라서 인접 양이온의 결합강도의 합계가 음이온의 가수 (−1)이 되기 위해서 음이온의 배위수도 6이 된다. 음이온은 최밀충진의 fcc이며, 그 6배위의 위치를 양이온이 점유한다. 양이온도 fcc이며, 음이온과 같은 배치이다. 그 결정구조를 그림 2-10에 나타냈다. 암염형(岩塩型) 구조를 갖는 물질은 매우 많아서 할로겐 화합물, 산화물, 탄화물, 질화물 등이 있다. 할로겐 화합물에는 AgCl, KF, 산화물로는 MgO, CaO, MnO, FeO, NiO, 탄화물과 질화물에는 TiC, NbC, ZrN 등이 있다.

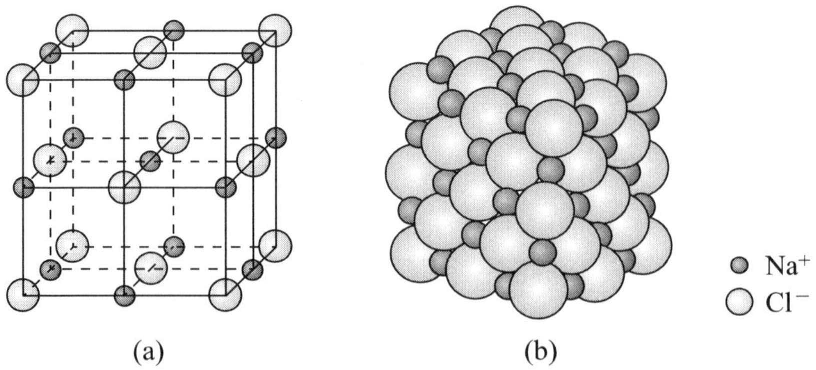

그림 2-10
암염형 결정구조

4.2 섬아연광형 구조(β−ZnS)

이 구조의 대표 예인 β-ZnS의 각 이온반경은 Zn^{2+}가 0.74 Å, S^{2-}가 1.84 Å이므로 이온반경비는 0.40으로 양이온은 4배위가 된다(그림 2-11). 또 Zn^{2+}의 결합강도는 2/4 = 1/2이므로 음이온의 배위수는 4이다. 다시 말하면 음이온은 fcc를 취한다. 이 구조에서는 원자간 거리가 NaCl형보다 접근하여 이온결합에 비해 공유결합의 성격을 띠고 있다. 이 구조를 취하는 화합물로는 β-ZnS 외에 AgI, β-SiC, cBN(입방정 BN) 등이 있다.

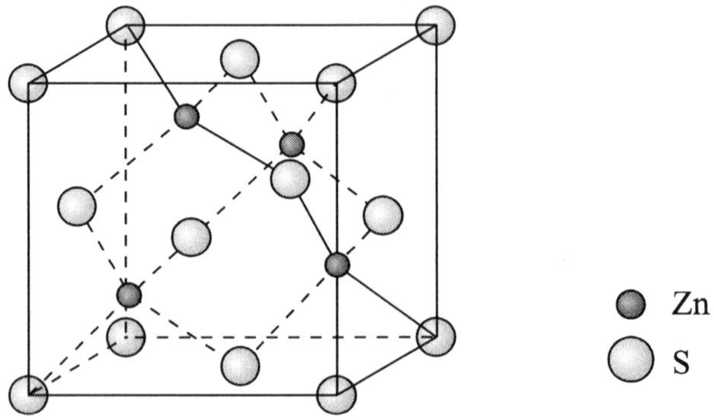

그림 2-11
섬아연광형
결정구조

4.3 형석형 구조(CaF_2)

형석(CaF_2)의 각 이온반경은 Ca^{2+}가 0.99Å, F^{2-}가 1.36Å이므로 이온반경비는 0.73이며, 양이온은 8배위에 들어간다. 또 Ca^{2+}의 결합강도는 2/8 = 1/4이므로 음이온의 주위에는 4개의 양이온이 배위한다. 따라서, 음이온은 단순입방격자(sc)를 취하고, 양이온은 fcc를 만든다.

결과적으로 F^-는 이 입방체가 8개로 분할된 각 작은 입방체의 중심에 위치하고 있다. 따라서 각 Ca^{2+}는 8개의 F^-에 에워싸이며, 또 각 F^-는 정사면체의 정점에 놓인 4개의 Ca^{2+}에 의해 에워싸이고 있다(그림 2-12). CaF_2구조를 갖는 화합물로는 ThO_2, CeO_2, UO_2, BaF_2, HgF_2 등이 있다. 금속원자와 비금속원자의 위치가 바뀐 구조를 역형석형 구조라 하며, Na_2O, K_2O, Cu_2O 등이 있다.

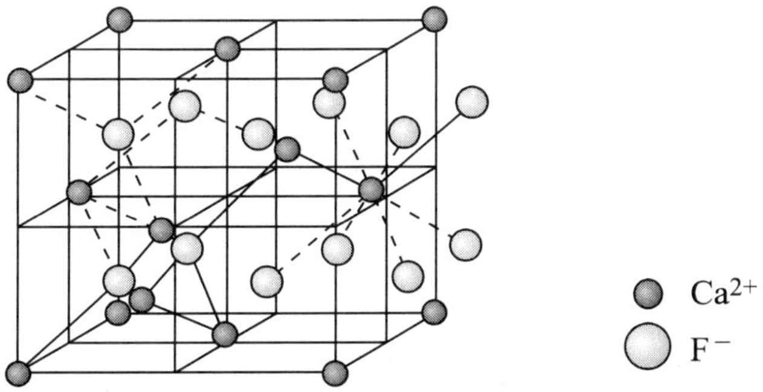

그림 2-12
형석형 결정구조

4.4 페로브스카이트형 구조($CaCo_3$)

ABO_3란 일반식으로 표시되며, A이온이 매우 크고, A와 B의 이온반경에 차이가 날 때 이 구조가 된다. $BaTiO_3$가 그 대표적인 예이며, 유전체 등의 전자재료로 이용되고 있다.

각 이온반경은 Ba^{2+}가 1.35Å, Ti^{4+}가 0.68Å, O^{2-}가 1.40Å이다. Ba^{2+}와 O^{2-}의 이온반경비는 0.96으로 거의 1에 가까우므로 Ba^{2+}는 12배위의 위치에 들어간다. 12배위에 들어가면 음이온은 최밀충진격자를 취할 수 없으므로 Ba^{2+}와 O^{2-}가 모여서 최밀충진격자가 된다. 즉, Ba와 O를 합쳐서 fcc가 된다. 한편

Ti^{4+}와 O^{2-}의 반경비는 0.49이므로 6배위를 점한다(그림 2-13). 결과적으로 BaO와 O가 조합하여 fcc를 형성하고 O^{2-}만으로 에워싸인 6배위의 위치에 Ti^{4+}가 들어간다. Ba의 결합강도는 1/6, Ti의 결합강도는 2/3이며, O의 주위에는 Ba가 4개, Ti가 2개이므로 $(1/6) \times 4 + (2/3) \times 2 = 2$가 되어 산소의 가수와 일치한다. 그리고 단위격자 중에는 Ba^{2+} 1개, Ti^{4+}가 1개, O^{2-} 3개가 존재한다. 등축정계에 속하는 이상적인 형태의 물질은 적어도 많은 경우에는 약간 왜곡되어 다른 결정계가 되고 있다. 이 결정구조를 갖는 것으로는 $BaTiO_3$ 이외에 $PbTiO_3$, $LaTiO_3$, $NbTiO_3$ 등이 있으며, 유전체나 압전체 재료로 널리 사용되고 있다.

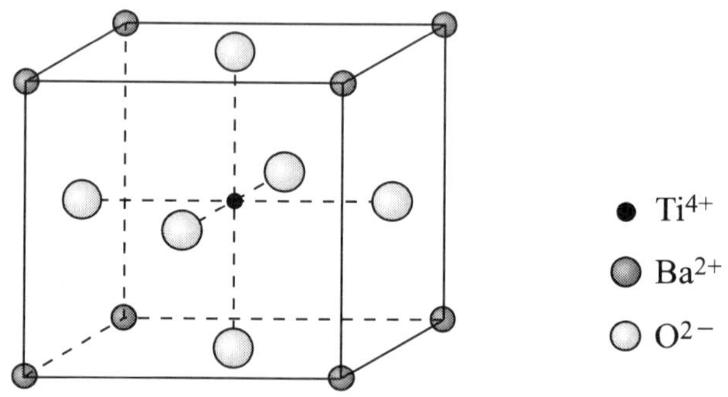

그림 2-13 페로브스카이트형 결정구조

표 2-7 일부 세라믹 재료의 결정구조

결정구조명	구조형태	음이온 충진구조	배위수		예
			양이온	음이온	
암염(염화나트륨)	AX	FCC	6	6	NaCl, MgO, FeO
염화세슘	AX	단순입방	8	8	CsCl
섬아연광(스밀라이트)	AX	FCC	4	4	ZnS, SiC
형석	AX_2	단순입방	8	4	CaF_2, UO_2, ThO_2
페로브스카이트	ABX_3	FCC	12 (A) 6 (B)	6	$BaTiO_3$, $SrZrO_3$, $SrSnO_3$
스피넬	AB_2X_4	FCC	4 (A) 6 (B)	4	$MgAl_2O_4$, $FeAl_2O_4$

출처 : W. D. Kingery, H. K. Browen, and D. R. Uhlmann *Introduction to Ceramics*, 2nd edition. Copyright © 1976 by John Wiley & Sons, New York, Reprinted by permission of John Wiley & Sons, Inc.

4.5 코란덤형 구조($\alpha - Al_2O_3$)

α-Al_2O_3의 이온반경은 Al^{3+}가 0.50 Å, O^{2-}가 1.40 Å으로 반경비가 0.36이므로 6배위가 된다. 결합강도는 1/2이므로 음이온의 주위에 있는 6개의 6배위 중 4개, 즉 2/3를 양이온이 점유한다. O^{2-}는 육방최밀충진형으로 배열하고, Al^{3+}는 6배위의 2/3을 채운다(그림 2-14). 그림 2-14에 최밀충진면을 나타냈는데, 6배위의 어느 배열을 보아도 3개 중 2개가 점유되었음을 알 수 있다. 코런덤형 구조의 화합물에는 α-Al_2O_3, α-Fe_2O_3, Cr_2O_3 등이 있다.

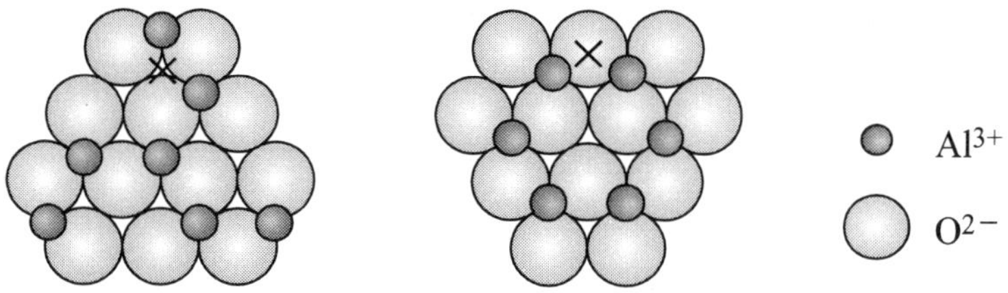

그림 2-14
코란담형구조
(α-Al_2O_3)

4.6 실리카의 구조(SiO_2)

실리카(SiO_2)는 이온결합과 공유결합을 모두 가지는 Si-O결합을 갖는 산화물로 여러 가지 결정형태가 있다. 석영, 트리지마이트, 크리스트파라이트의 3가지 주된 결정형태가 있으며, 각각 저온형(α)과 고온형(β)이 있다. Si^{4+}의 반경은 0.41 Å이므로 이온반경비는 0.29가 되어 O^{2-}의 4배위의 간격에 Si^{4+}가 들어간다.

결합강도는 4/4 = 1이므로 O^{2-} 주위에는 Si^{4+}가 2개만 존재한다. 따라서 SiO_2의 결정구조는 Si^{4+}가 4개의 O^{2-}로 에워싸인 SiO_4 사면체로 이루어진다. 각 O^{2-}는 2개의 Si^{4+}와 이어진 결합을 하며, SiO_4 사면체는 그 꼭지점의 4개의 O^{2-}를 모두 공유하여 그림 2-15와 같은 석영, 트리지마이트, 크리스트파라이트의 3종류의 결정구조를 취한다. 이들 SiO_2의 각 변태는 구조적으로는 SiO_4 사면체의 연결방식과 Si-O-Si의 결합각의 차이에 의해 생긴다.

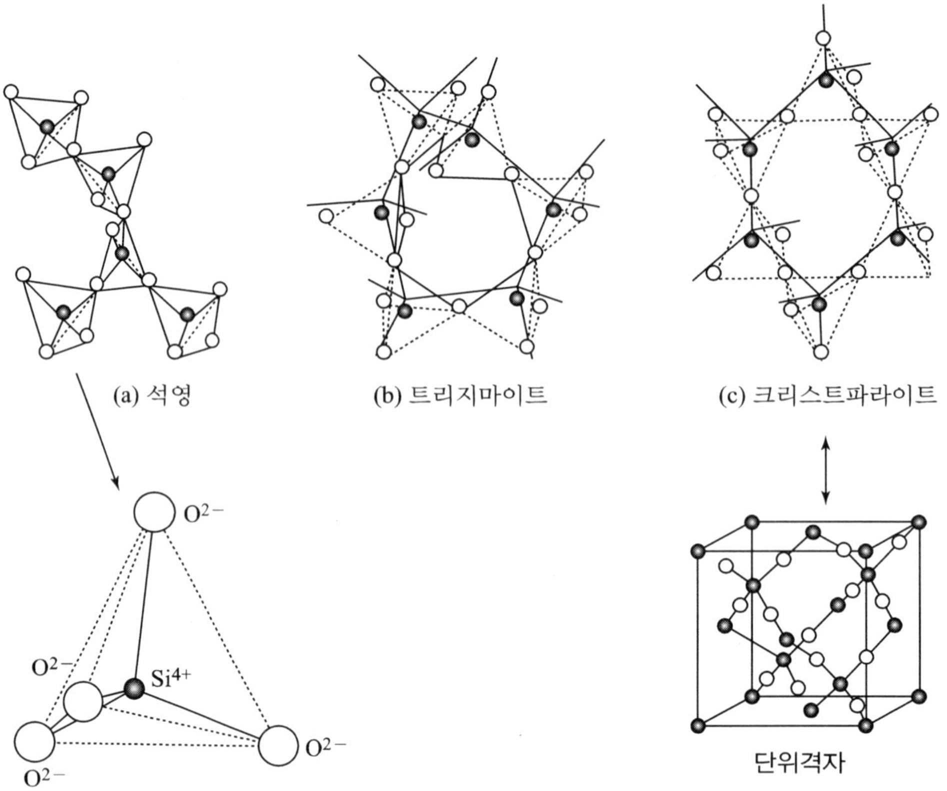

그림 2-15 실리카의 결정구조(SiO_2)

5. 물질의 구조 해석

5.1 전자현미경

물질의 구조를 조사할 때, 대상 물질이 너무 작아서 육안 관찰이 불가능할 경우에는 현미경을 이용하고 있다. 현미경은 광원에 의해 분류하는데, 광학현미경이 가장 일반적으로 이용되고 있다. 금속, 세라믹스 그리고 고분자재료와 같은 불투명한 물질들은 광학현미경으로 표면만 관찰이 가능하다. 광학현미경은 조작하기 쉽고, 균열이나 결함 등을 명확하게 식별할 수 있으나, 분해능에 한계가 있다. 가시광선의 가장 짧은 파장 400 nm인데 비하여, 광학현미경의 분해능은 그 절반인 200 nm가 한계이기 때문이다. 광학현미경으로 관찰할 수 있는 한도는 2,000배 정도이다. 따라서, 더 미세한 구조를 관찰하기 위해서 빛에 의존하지 않는 전자현미경이 개발되었다.

시료에 전자빔을 조사하면, 전자는 원자의 상호작용을 받으면서 산란하여 그림 2-16과 같이 2차 전자, 반사전자, 특성X선 등이 방출되어, 최종적으로는 에너지를 잃고, 시료가 두꺼운 경우에는 시료 내부에 머무르게 된다. 각각의 양자 발생 깊이는 전자 빔의 세기(가속 전압)나 시료의 구성원소에 의존하고, 가속전압이 높을수록 또 구성원소가 가벼울수록 발생 깊이는 깊게 된다(그림 2-17). 예를 들면, 16 kV로 가속된 전자가 탄소원자에 입사했을 때, 전자는 약 3μm 직경정도로 산란하지만, 금 시료에 입사했을 때는 0.6μm 정도로 산란영역이 좁아진다.

표 2-8 광학현미경과 전자현미경 비교

	광학현미경	투과전자현미경	주사전자현미경
광원	가시광선	전자선	전자선
관찰환경	대기	진공	진공
분해능	0.2μm	0.5A	0.7nm
최고배율	2,000배	200만 배	100만 배
렌즈	유리렌즈	전자가렌즈	전자가렌즈

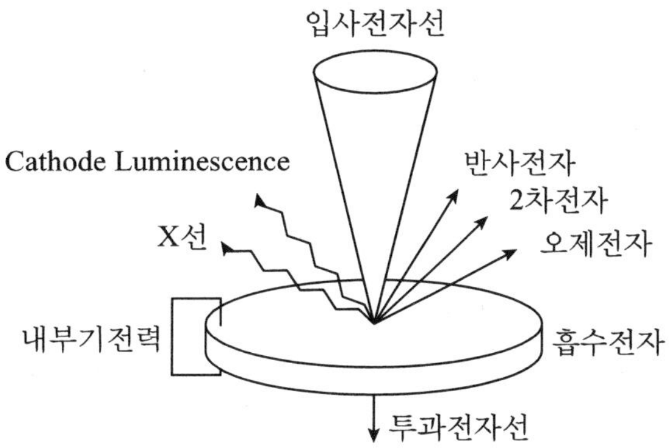

그림 2-16
전자선 프로브 조사에 의해 시료에서 발생하는 신호의 종류

출처 : 塩川 二郎, 機器分析の手引き, 化学同人, Chap. 8, p. 113, 2001

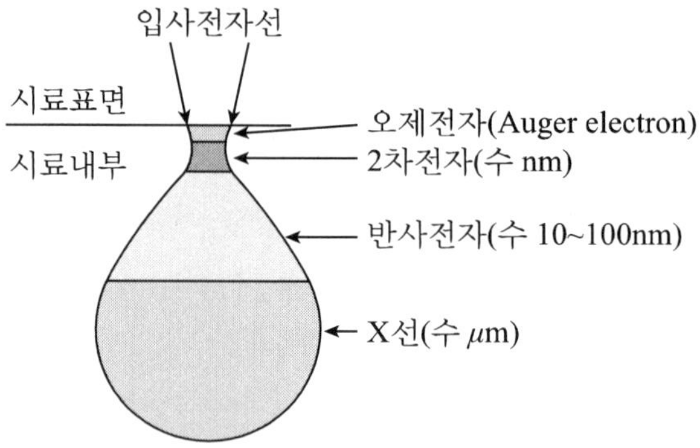

그림 2-17 신호발생 깊이와 퍼짐성

출처 : 塩川 二郎, 機器分析の手引き, 化学同人, Chap. 8, p. 114, 2001

전자현미경은 가시광선 대신에 집광된 고 에너지의 전자선을 광원으로 이용한다. 전자선의 유효파장은 0.003nm이기 때문에, 훨씬 더 높은 배율로 상을 관찰할 수 있다. 광학현미경은 유리렌즈를 사용하는 데 반해, 전자현미경은 전자렌즈를 사용한다. 전자선은 공기 속을 진행할 수 없으므로 전자선의 통로인 거울체 안은 높은 진공으로 유지된다. 전자현미경은 크게 2종류로 구분하는데, 주사형전자현미경(Scanning electron microscope ; SEM)과 투과형전자현미경(Transmission electron micro- scope ; TEM)이 있다. SEM은 시료면 위에 전자선을 주사하여 거기서 얻는 2차 전자와 반사전자를 모아서 모니터에 상을 만든다. 나노미터 수준의 분해능을 가져서, 표면구조를 직접 관찰할 수가 있다. SEM 관찰에서는 시료의 위치를 정하는 것과 초점을 맞추는 기술에 많은 숙련이 필요하다. 또 미세영역을 관찰하기 때문에, 관찰부분이 대상 물질 전체를 반영하고 있는지 주의할 필요가 있다. 그림 2-18에 SEM과 TEM의 장치도를 알기 쉽게 나타내었다. 전자는 매우 가볍기 때문에, 공기의 분자에 의해 방해 받지 않도록 하기 위해 장치 내부는 진공으로 되어 있다. SEM에서는 벌크상태의 시료가 그대로 관찰이 가능하다. SEM에서는 가속된 전자선은 시료표면을 주사(scan)하여, 거기서 얻어진 2차 전자(또는 반사전자)를 검출하여 상을 만든다. 2차 전자 에너지는 수 십 eV 이하로 작으며, 발생하기 쉬운 정도는 표면형태에 의존하기 때문에, 시료 형상을 세밀하게 관찰할 수 있고, 2차 전자 발생량의 차이가 흑백의 콘트라스트로 된다.

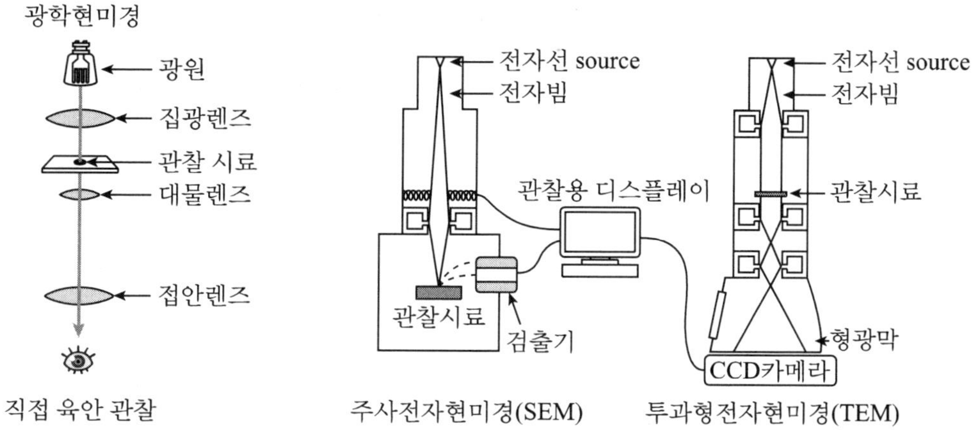

출처 : 庄野利之, 脇田久伸, 新版 入門機器分析化學, 三共出版, Chap. p.28, 2016

그림 2-18 광학현미경, SEM 및 TEM의 구조도

투과형전자현미경(transmission electron microscope ; TEM)에서는 전자선이 투과할 수 있을 정도의 얇은 시료(약 0.1μm 이하, 직경 3 mm)에 전자선을 쬐어, 시료를 투과한 전자의 상을 얻어 내부 구조를 관찰한다. 파(wave)의 성질을 가진 전자가 시료에 조사되면, 전자파는 시료에 의해 간섭(회절)되어 초점면에서 회절패턴을 형성하고, 더 간섭되어 TEM상을 형성한다. TEM은 미세한 결함의 해석에 매우 유용한 방법으로 100만 배의 고배율로 관찰할 수 있다. 대부분의 물질은 전자선을 흡수하기 때문에 측정할 시료에 대한 준비도 중요하다. 전자선이 투과하기 위해서는 충분히 얇은 시편을 준비해야만 한다. TEM에서 상의 해석은 SEM처럼 용이하지는 않다. TEM은 얻어진 상 이외에 전자선의 회절에도 정보가 포함되어 있기 때문에, 시료의 구조에 대한 더 자세한 정보를 얻는 것이 가능하다. 전자선 회절의 원리는 X-선회절과 동일하다.

5.2 주사형프로브현미경(scanning probe microscopy)

가장 최근에 개발된 현미경으로 원자 지름의 수십 분의 1까지 측정할 수 있다. 진공에서만 관찰이 가능한 전자현미경과 달리 대기 중에서도 측정할 수 있다. 또한 시료의 형상을 수평·수직 방향 모두 정확하게 측정할 수 있고, 시료의 물리적 성질과 전기적 성질도 알아낼 수 있다. 광학현미경은 최고 수천 배, 전자현미경은 최고 수십만 배의 배율을 가진다. 이에 비해 주사형프로브현미경(원자현미경)은 수천만 배까지 측정이 가능해, 1개의 원자까지 상세하게 관찰할 수 있다. 텅스텐과 같은 단단하고 안정된 금속의 끝을 뾰족하게 만들어 그 바늘(탐침)을 측정하고자 하는 시료에 접근시켜 주사하는 주사터널링현미경(Scanning Tunneling Microscopy ; STM)이 최초의 원자현미경이다. 뒤를 이어 개발된 것이 원자힘현미경(Atomic Force Microscopy ; AFM)으로, 현재 가장 널리 쓰이는 원자현미경이다. STM의 텅스텐 바늘 대신 마이크로머시닝으로 제조된 캔틸레버(cantilever)라고 불리는 작은 막대를 사용한다(그림 2-19). 캔틸레버는 일반적으로 단결정 실리콘이나, 질화규소(Si_3N_4)로 제작한다. AFM은 판스프링 앞에 붙은 탐침과 시료 사이에 가해지는 원자간 힘을 물리량으로 하여, 시료 표면의 요철을 측정한다. 탐침과 시료표면의 거리를 접근시키면 양자 사이에 원자간 힘에 의한 인력 또는 반발력이 발생한다. 이 힘이 일정하게 되도록[±수 나노뉴톤(nN) 정도], 탐침과 시료 간의 거리를 자동 조정하면서 시

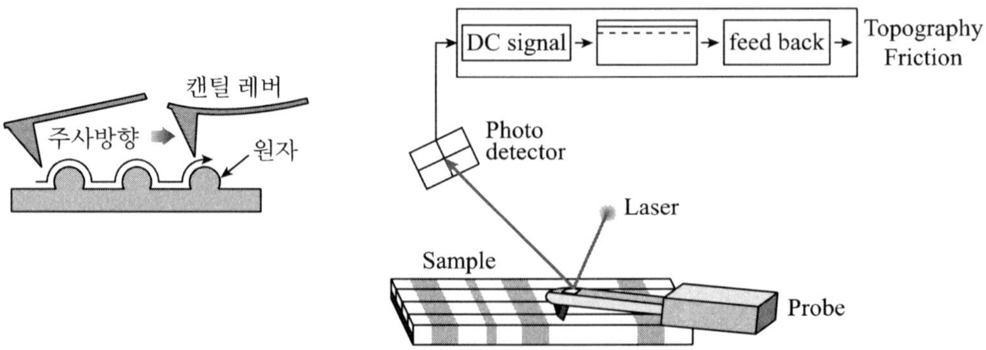

출처 : https://www.nanoscience.com/techniques/atomic-force-microscopy
小熊 幸一, 酒井 忠雄, 基礎分析化學, Chap.9, p.183, 朝倉書店, 2015

그림 2-19 원자힘현미경(AFM) 구조도

료 표면을 따라 탐침을 주사하면 시료 표면의 요철(topograpy)상을 얻게 된다. 탐침과 시료 사이의 원자간 힘은 레이저 광을 이용하여 측정한다. 탐침－시료 간에 원자간 힘이 작용하면 판스프링에 휘는 힘이 발생한다. 즉, 시료의 오목 부분에서는 탐침 끝이 시료에 접근하고, 볼록 부분에서는 탐침 끝이 시료에 눌려, 반대로 휘어져 레이저 반사광의 위치가 엇갈린다. 그 미소한 엇갈림을 2분할 광검출기(photodiode)로 측정함으로써 스프링의 힘의 크기를 평가할 수 있다. AFM은 옹스트롬 오더의 분해능을 가지고 있으며, 원자간 힘을 검지하여 상을 얻는다.

5.3 X－선회절

X-선회절분석법은 결정성의 평가나 격자정수 등 결정의 측정에 필수적인 분석방법이다. X-선회절에 의해 격자 면이나 밀러지수의 의미를 더 깊게 알 수 있다. X-선회절의 원리는 광의 회절현상과 동일하다. X-선이나 가시광선 등의 전자파는 각각 고유의 파장(γ)을 가지고 있어서, X-선의 파장은 원자 사이의 거리와 거의 비슷한 정도이다. 전자파가 물체(예를 들면, 원자핵)에 충돌하면, 입사각과 같은 반사각으로 산란된다(그림 2-20). 회절은 전자파의 상호작용에 의해 일어난다. 그림 2-21에 나타낸 바와 같이, 위상이 맞는 2개의 파는 서로 강하게 합쳐지고, 역위상의 2개의 파는 서로 소멸되는 방식으로 작용한다.

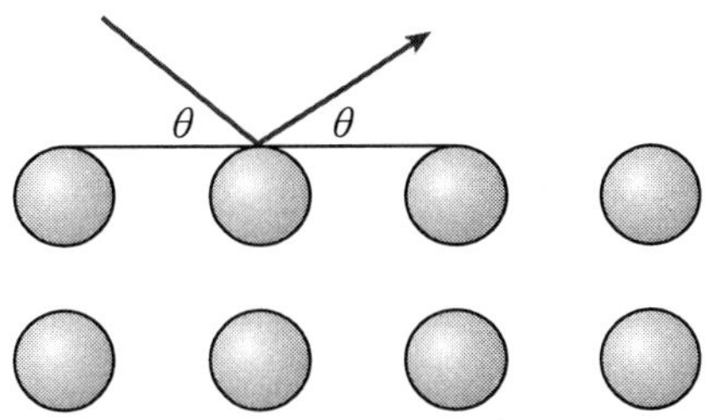

그림 2-20 X선과 결정격자의 상호작용

출처 : James Newell, Essentials of Modern Materials Science and Engineering, chapter 2, John wiley &Sons, 2009

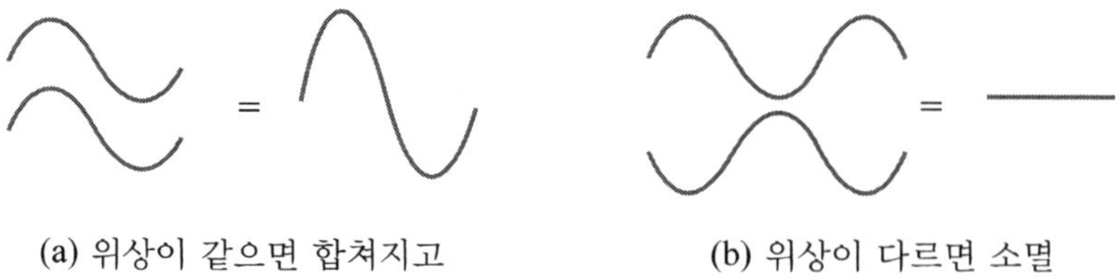

그림 2-21
X선의 간섭

출처 : James Newell, Essentials of Modern Materials Science and Engineering, chapter 2, John wiley &Sons, 2009

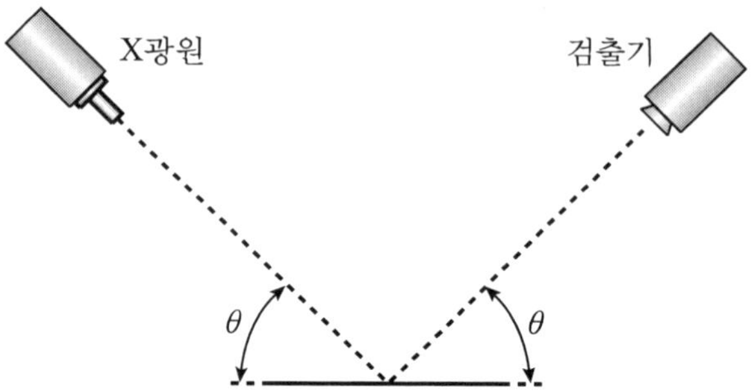

그림 2-22
X-선 회절장치

출처 : James Newell, Essentials of Modern Materials Science and Engineering, chapter 2, John wiley &Sons, 2009

일반적인 X-선 회절장치에서는 그림 2-22와 같이 광원으로부터 시료에 X-선을 입사시켜 검출기로 회절광을 산출한다. 광원과 검출기는 각각 독립적으로 회전하지만, 항상 입사각과 회절각이 같아지도록 회전한다. 결정격자 내에는 많은 원자가 존재하기 때문에, 대다수의 파는 서로 소멸된다. 서로 간에 강한 간섭은 다음 식에 나타낸 브래그의 회절조건(Bragg's diffraction condition)을 충족시킬 때 일어난다.

$$n\lambda = 2d\sin\theta \qquad (2\text{-}1)$$

n은 반사의 차수(보통은 1이 된다), λ는 X-선의 파장, θ는 X-선의 입사각이다. n차의 회절에 대해서는 밀러지수(Miller index)에 의해 고려된다[면 간격 d를 가지는 (hkl)면으로부터의 n차의 회절은 $(nh\ nk\ nl)$면에서의 1차의 회절에 상당한다]. X-선 회절로부터 얻어지는 데이터는 입사각에 대한 회절강도로 표시되고, 광원과 검출기가 함께 θ각으로 이동하기 때문에, 일반적으로는 2θ를

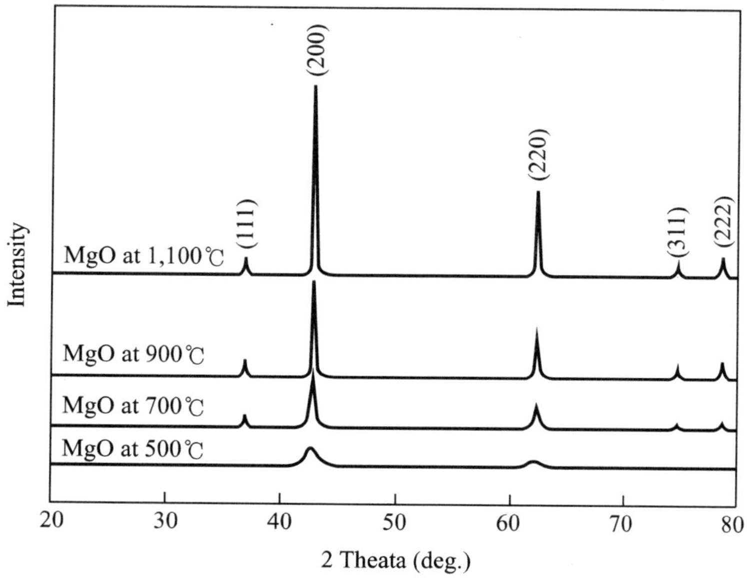

그림 2-23
X선 회절파형의 예

출처 : Journal of Ceramic Processing Research. Vol. 19, No. 2, pp. 130～133, 2018

가로축으로 하여 계측된다. 강한 간섭(회절조건을 충족시키는 간섭)이 일어나지 않으면, 백그라운드 산란만 관측된다. 어떤 각도 2θ에서 회절이 일어나면 강도가 증대하여 그림 2-23과 같은 회절파형이 얻어진다.

각각의 회절 피크는 각각의 서로 다른 회절면으로부터의 반사에 해당하고, 그 회절모양과 브래그의 회절조건으로부터 결정에 관한 여러 가지 정보가 얻어진다. X선의

$$d = \frac{n\lambda}{2\sin\theta} \tag{2-2}$$

파장을 이미 알고 있다면, 브래그식으로부터 각 회절피크의 면 간격을 구할 수 있다. 결정 내에는 많은 격자 면이 존재하기 때문에, 밀러지수(hkl)를 이용하여 각 격자 면을 식별하면

$$d_{hkl} = \frac{n\lambda}{2\sin\theta} \tag{2-3}$$

표 2-9 각 입방격자에 관측될 수 있는 반사

격자계	$h_2+K_2+l_2$
BCC	2, 4, 6, 8, 10, 12, 14, 16 ⋯
FCC	3, 4, 8, 11, 12, 16 ⋯
단순입방격자	1, 2, 3, 4, 5, 6, 8 ⋯

입방정계의 경우, 어떤 격자면의 면 간격(d_{hkl})은 격자정수와의 사이에 다음과 같은 관계가 있다.

$$d_{hkl}=\frac{a_0}{h^2+k^2+l^2} \tag{2-4}$$

구성원자의 종류에 관계없이 회절피크가 나타나는 면은 격자의 종류(브라베 격자)에 의해 정해진다. 입방정계의 경우 $h_2+K_2+l_2$의 값에 의해 소멸측이 결정되고, 표 2-9와 같이 단순입방격자, 체심입방격자, 면심입방격자 별로 관측되는 면이 정해져 있다. 표 2-9에서 체심입방격자의 최초로 관측되는 회절피크는 밀러지수의 합 $h_2+K_2+l_2$이 2로 되는 것이다. 따라서 브라베 격자를 알고 있으면, 격자정수를 계산할 수가 있다.

회절데이터로부터 브라베 격자를 알 수가 있다. (2-3)식과 (2-4)식으로부터

$$\sin^2=\frac{\theta^2}{4a_0^2}(h^2+K^2+l^2) \tag{2-5}$$

X선파장과 격자정수는 변하지 않기 때문에, 이 식으로부터 관측되는 회절피크의 조사하기 위해서는 2개의 회절피크의 비를 구하면,

$$\frac{\sin^2\theta_2}{\sin^2\theta_1}=\frac{(h^2+K^2+l^2)_2}{(h^2+K^2+l^2)_1} \tag{2-6}$$

(2-6)식의 우변은 2개의 회절피크의 밀러지수의 2승을 합한 비에 상당하기 때문에, 표 2-9를 참고하여 브라베 격자를 결정할 수 있다(연습문제 2-9 참조).

그림 2-24
결정의 모자이크 구조

출처 : James Newell, Essentials of Modern Materials Science and Engineering, chapter 2, John wiley &Sons, 2009

여기까지는 단일성분이 질서 정연하게 배열된 완전격자로 된 결정에 대해서 논하였지만, 실제 물질의 대부분은, 입계에 의해 간격이 있는 결정질의 영역(결정자)에 의해 구성되어 있다(다결정). 즉, 실제의 결정은 그림 2-24에 나타낸 모자이크 결정과 같은 형태로 존재하고 있다.

X-선회절 데이터로부터 결정자의 크기를 알 수가 있다. 만약 결정이 완전결정체라고 한다면, 회절피크는 넓이를 가지지 않지만, 실제의 결정에서는 회절피크의 2θ축은 넓이를 가진다. 비교적 작은 입자에서는 회절피크의 폭이 결정자의 두께의 함수로써, 다음의 쉐러(Scherrer's equation) 식으로 표시된다.

$$t = \frac{0.9\lambda}{B\cos\theta_B} \tag{2-7}$$

여기서 t는 결정자의 두께, λ는 X선의 파장, B는 피크의 넓이, θB는 피크 꼭대기의 θ값이다. 회절피크는 꼭대기로 갈수록 좁아지기 때문에 피크의 폭은 측정하는 위치에 따라 다르다. 보통은 피크 꼭대기의 절반의 강도에 있어서의 피크 폭인 반치폭(FWHM)이 이용된다(그림 2-25). 그림 내의 $2\theta_1$과 $2\theta_2$의 값으로부터, 다음 식에 의해 B가 구해진다.

$$B = 0.5(2\theta_2 - 2\theta_1) = \theta_2 - \theta_1 \tag{2-8}$$

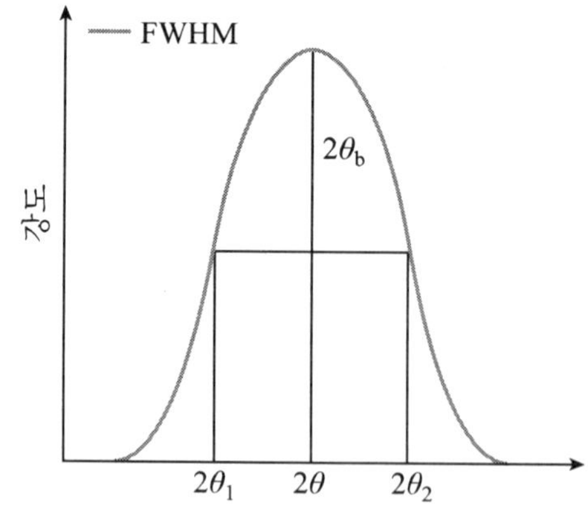

그림 2-25
반치폭 구하는 법

출처 : James Newell, Essentials of Modern Materials Science and Engineering, chapter 2, John wiley &Sons, 2009

참고문헌

1) 박병근, 이태근 공역, 세라믹 기초화학, p.67 (2002)
2) 천병수, 유종수, 마사키 다카키 공저, 물질과학의 이해, p.26 (2010)
3) 瀧澤 博胤, 關野 徹, 林 大和 譯, 材料科學 · 材料工學, 東京化學同人, 2012
4) James Newell, Essentials of Modern Materials Science and Engineering, chapter 2, John wiley & Sons, 2009.
5) Koinuma and Uosaki, Surf. Sci., 311, L737, 1994
6) 김기우, 전자현미경의 원리와 응용, Chemical Education, p.2, 2010
7) 小熊 幸一, 酒井 忠雄, 基礎分析化學, Chap. 9, p.184, 朝倉書店, 2015
8) 庄野利之, 脇田久伸, 新版 入門機器分析化學, 三共出版, Chap. P. 228, 2016
9) 塩川 二郎, 機器分析の手引き, 化學同人, Chap. 8, p.115, 2001
10) https://www.nanoscience.com/techniques/atomic-force-microscopy
11) 野浪 享, 材料工學, chap. 3, p.54, 技報堂出版, 2014
12) William D. Callister, Jr., Materials Science and Engineering An Introduction, chap. 6, John Wiley & Sons, Inc., 2000
13) W. D. kingery, H. K. Browen, and D. R. Uhlmann, Introduction to Ceramics, 2nd edition, John Wiley & Sons, New York, 1996

연습문제

2-1 FCC 단위정의 부피를 원자 반지름 R로 나타내시오.

2-2 FCC 결정구조의 원자 충진율이 0.74임을 증명하시오.

2-3 배위수가 3일 경우, 양이온 대 음이온의 최소반지름 비가 0.155임을 증명하시오.

2-4 이온 간의 반지름 비에서 보면(표 2-6 참조), FeO는 어떠한 결정구조를 가질 것으로 예측되는가?

2-5 배위수가 4일 경우, 양이온－음이온 반지름 비의 최소값이 0.225임을 증명하시오.

2-6 세라믹 화합물을 구성하는 이온의 특성 중 결정 구조를 결정하는 두 가지 주요 특성은 무엇인가?

2-7 다음 세라믹 산화물들의 양이온에 대한 배위수를 계산하시오.
Al_2O_3, B_2O_3, CaO, MgO, SiO_2, TiO_2

2-8 파장 0.7107 Å의 X선을 시료에 입사시켜, 다음과 같은 회절피크가 얻어졌다. 이 시료가 BCC격자라고 가정하고, 각 회절피크의 면 간격, 밀러지수의 2승의 합을 구해, 격자정수를 결정하시오.

피크	2θ
1	20.20
2	28.72
3	25.36

2-9 다음의 회절피크로부터 이 입방정계 물질의 브라베 격자를 구하시오.

피크	2θ	피크	2θ
1	20.20	5	46.19
2	28.72	6	50.90
3	35.26	7	55.28
4	41.07	8	59.42

3
chapter

물질의 상태변화

1. 물질의 상태와 상전이현상

1.1 물질의 상태

물질의 상태는 온도, 압력, 부피에 따라 변화하며, 환경에 따라 여러 가지 상태를 갖는다. 물질의 상태가 변화하면 이와 관련된 밀도, 비열용량, 굴절률과 같은 물리 화학적 특성들도 변화한다. 물질의 상태는 일반적으로 고체, 액체, 기체로 구분하고 있으며, 이 외에도 플라스마, 초유체, 초고체 등과 같은 상태가 있다. 대부분의 물질은 저온 고압일 때 고체가 되며 고유의 삼중점을 갖는다. 임계점 이상의 영역에서 물질은 초유체가 된다.

물질의 상태는 분자 간 상호작용으로 구별할 수 있다. 고체는 분자 또는 원자들의 상호 배치가 정해져 있다. 액체에서는 인접한 분자는 접촉하지만, 상호 배치는 정해져있지 않다. 반면 기체는 분자가 꽤 멀리 떨어져 있어서, 분자 간 상호작용이 기체의 거동에 거의 영향을 미치지 않는다. 한편 플라스마는 높은 온도에서 발생하는 이온화된 기체이다. 이온의 인력과 척력에 의한 분자 간 상호작용에 의하여 플라즈마 상태로 된다.

분자간력인 반데르발스 힘은 분자간의 거리가 r_o(반데르발스 반지름)일 때 가장 안정된 상태가 되도록, 그 거리보다 멀어지면 당기는 힘이 작용하고 가까워지면 밀어내도록 작용한다(그림 3-1). 그러나 당기는 힘은 거리가 멀어지면 급격하게 줄어들어, 분자의 크기보다 몇 배 정도의 거리에서는 힘이 거의 작용하지 않는다. 따라서 분자의 밀도가 작거나 온도가 높으면 이상기체와 비슷하게

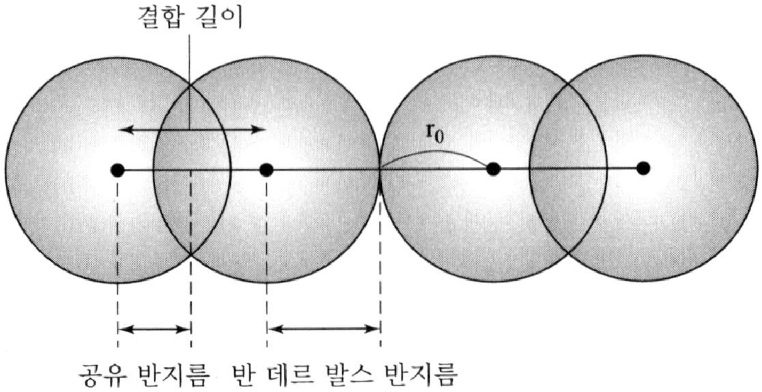

그림 3-1 두 분자사이의 반데르발스 결합과 반지름(r_o)

거동한다. 계의 온도가 점점 낮아져서 계의 에너지가 줄어들게 되면 분자들 사이의 거리가 r_o로 유지되는 보다 안정된 상태로 가게 된다. 이에 따라 전체 분자가 차지하는 체적이 급격하게 줄어들고, 인접한 분자와 자리바꿈 정도의 변화만이 일어나는 상태가 된다. 분자끼리의 거리가 비교적 일정하여 압력에 따른 부피의 변화가 거의 없고 유동성을 가지고 있는 이러한 상태를 액체(liquid)라고 한다. 액체는 분자간의 거리가 가까워져서 기체에 비하여 밀도가 훨씬 크다. 액체의 각각의 분자들은 비교적 큰 값의 내부 에너지를 가지고 있어, 끊임없이 서로 자리를 바꾸고 있다. 또한 액체는 담는 용기에 따라 형태가 달라지는 기체와 비슷한 성질도 가지고 있다.

액체 상태에서 더 온도를 내리면 분자들의 내부 에너지가 더욱 줄어들어 분자간의 거리가 r_o로 유지되고 분자들의 위치가 고정된 고체(solid) 상태로 된다. 이처럼 물질은 일반적으로는 고체, 액체, 기체 중에서 어느 하나의 상태로 존재하며, 산업에서 사용하는 재료는 그 상태의 성질을 이용하고 있다. 철근 콘크리트 중의 철근은 고체상태의 철의 성질을 재료로서 이용하고 있는 것이다.

1.2 상전이 현상

상전이현상에 의해서도 물질의 상태는 변화한다. 상전이는 물질의 성질이 갑자기 변하여 이에 따라 물질의 구조가 변화되는 현상이다. 금속의 대표 물질인 철은 대기압에서 3개의 다른 고체상을 갖는다. 상전이 현상의 예로서는, 액정 상태, 강자성 상태, 초전도 등이 있다. 초전도 현상은 "초전도 상태"라 불리는 상전이 상태에서 나타난다. 액정 상태, 강자성 상태도 또한 상전이에 의해 특별한 성질을 갖는다.

산업에서 가장 중요한 재료인 철은 1기압 1530℃에서 용해하여 액체로 된다. 1530℃에서 냉각되어 고상으로 된 철은 처음에는 체심입방(bcc)의 결정구조(δ-Fe)이지만, 냉각하면 약 1390℃에서 면심입방(fcc) 결정구조(γ-Fe)로 변화한다. 더 냉각하면 약 910℃에서 다시 체심입방(α-Fe)구조로 되어 실온까지 그 상태가 지속된다. 그림 3-2에 온도변화에 따른 철의 상태변화를 나타냈다. 이런 각각의 구조가 주어진 조건 하에서 전혀 변하지 않고, 안정하게 존재할

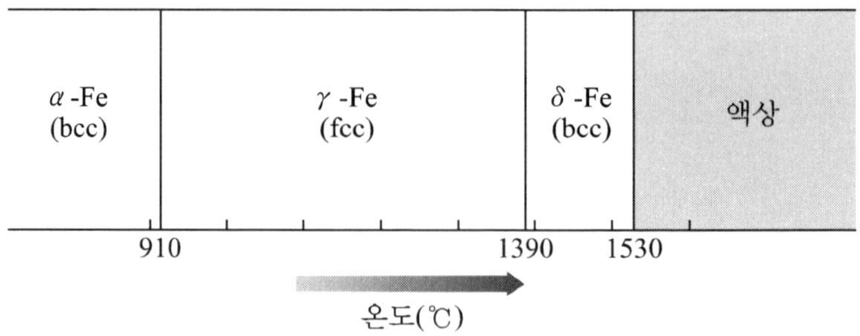

그림 3-2
철의 온도변화에 따른 상변화

출처 : 井形 直弘, 竹内 伸, 福田 博, 塚本 たけ世, 材料科學入門, chap.2, p.23, 朝倉書店, 2000

때, 그 구조는 그 조건 하에서 평형상태(equilibrium state)에 있다고 한다. 평형상태의 상을 평형상 또는 간단하게 상이라고 한다. 철과 같이 동일 물질이 다른 결정구조를 가지는 것을 결정다형(polymorph)이라 한다. 즉, 철의 고상에는 온도에 따라 서로 다른 구조를 가지는 α상, γ상, δ상의 3가지 상이 존재하는 것 이다. 이와 같은 다형변태를 구조상전이(structure phase transition)라 한다. α상의 철에 상온에서 압력을 가하면 약 130 kbar (1.3×10^{10} Pa)에서 다형변태를 일으켜 ε상이라고 하는 육방최밀충진(hcp) 구조로 된다. 온도를 변화시켜 온도－압력 변화에 의한 철의 구조적 안정성을 구해보면 그림 3-3과 같이 된다. 여기서 세로축은 온도(℃), 가로축은 압력(kbar)이다. 이와 같이 온도, 압력 등 외부로부터의 작용에 의해 평형상이 변화하는 것은 많은 물질에서 보여 진다. 평형상 상호간의 관계를 평형상 관계, 상과 상 사이에 그어진 선을 상전이선 또는 상경계선, 이런 변화의 모양을 나타낸 그림을 상평형도, 상태도라 부른다. 평형상태도는 물질의 안정성을 알 수 있음과 동시에, 변화의 모양도 추정할 수 있기 때문에 재료를 합성할 때 반드시 필요하다.

동일 화학조성에서 온도와 압력에 따른 다른 결정구조를 가지는 물질의 예로서는 철 이외에도, 탄소의 다이아몬드와 흑연, 실리카의 석영과 트리지마이트와 크리스트파라이트 등 많은 예가 알려지고 있다. 그림 3-4에 실리카의 예를 나타냈다.

고상에서 액상, 액상에서 기상으로의 변화 혹은 고체물질 안에서의 다형 사이의 결정구조 변화는 외부의 온도나 압력의 변화에 의해 일어난다. 이것을 상전이(phase transformation)이라고 하며, 전이에 의해 나타난 각 상태를 변태

(modification)이라고 한다. 또 같은 화학조성의 물질이 다른 결정구조를 취할 때 결정변태가 있다고 한다. 하나의 화학조성을 갖는 물질에 대하여 생각할 수 있는 결정구조는 많이 있겠지만, 그 중에서 어떤 온도와 압력의 조건 아래에서 깁스의 자유에너지가 최소가 되는 상은 하나뿐이며, 그것이 안정상이 된다.

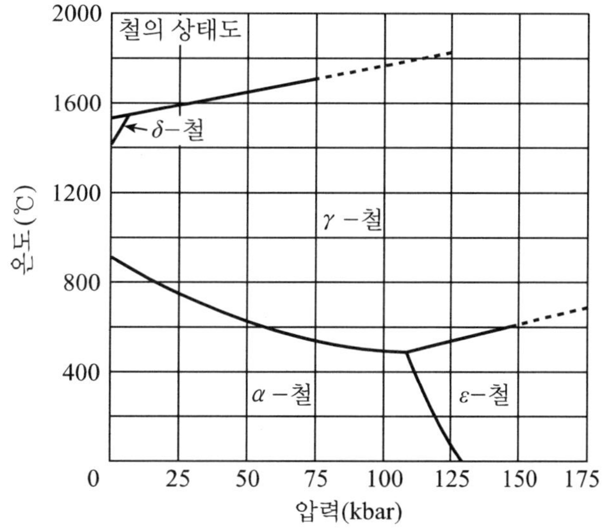

그림 3-3
철의 온도와 압력 관계도

출처 : 井形 直弘, 竹内 伸, 福田 博, 塚本 たけ世, 材料科學入門, chap.2, p.24, 朝倉書店, 2000

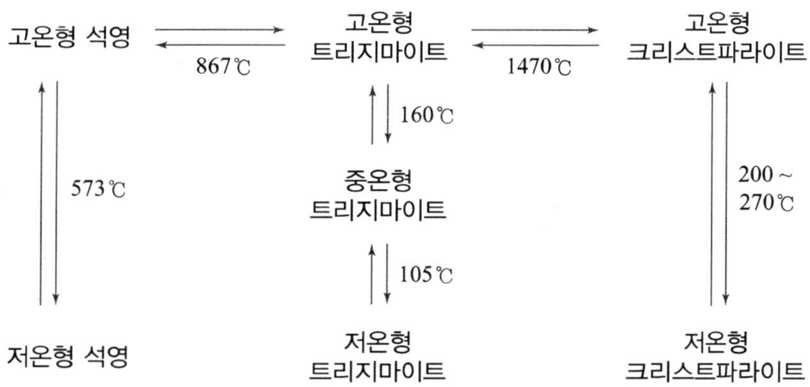

그림 3-4
실리카의 여러 형태와 상전이

2. 결정성고체와 비결정성고체

이처럼 고체 ⇌ 액체 ⇌ 기체로 상태 변화하는 물질은 결정성 고체(crystalline solid)이다. 그러나 모든 물질이 이런 상태변화를 하는 것은 아니다. 유리의 경우, 실온 부근에서 고체이나 이것을 가열해도 융점과 같은 전이열(융해열)을 동반하는 명확한 변화는 보이지 않고, 점도가 높은 융액으로 변화한다. 유리의 구조는 고체상태의 금속처럼 규칙적으로 원자나 분자가 배열되어 있지 않고, 액체상태의 원자가 운동을 멈추고 정지한 것 같은 구조를 가지고 있다. 유리처럼 원자 또는 분자의 배열에 규칙성이 없는 고체를 비결정성고체라고 한다(그림 3-5a). 철이나 얼음처럼 원자(분자)의 배열에 규칙성이 있는 고체를 결정성 고체라고 한다(그림 3-5b). 유리 이외의 세라믹스는 일반적으로 결정성 고체를 형성하는 경우가 많고, 유리나 고분자 재료는 비결정성 고체를 형성하는 경우가 많다. 비결정성 고체를 가열할 때 고체에서 액체로 변화하는 온도를 유리전이온도 T_g 라고 부르며, 결정성 고체가 액체가 되는 온도인 녹는점 T_m 과는 구별된다.

융점 T_m, 비점 T_b 로 변화하는 고체·액체·기체의 3태는 결정성 물질의 전형적인 상태변화의 거동이다. 그러나 같은 물질이라 해도 액체에서의 냉각조건에 따라 결정성 고체를 형성하거나 비결정성 고체를 형성하는 경우가 있다. 또 결정성 고체가 그 결정 구조를 또 다른 고체상태의 결정으로 변화시키는 변화도 많이 확인된다. 결론적으로 물질의 3태는 상태 변화의 극히 일부분의 예이며, 유리, 고분자, 액정 등은 전형적인 상태변화에서 보면 예외적인 것들이지만 매우 중요한 재료이다.

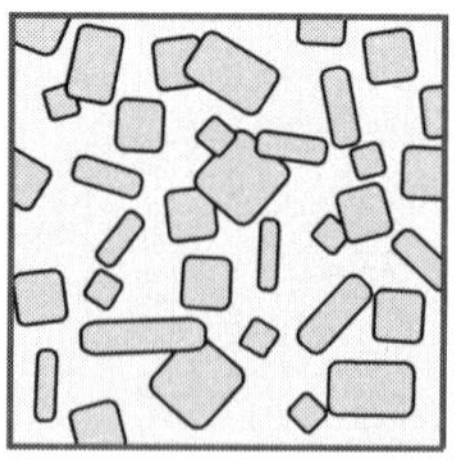

(a) 비결정성 고체

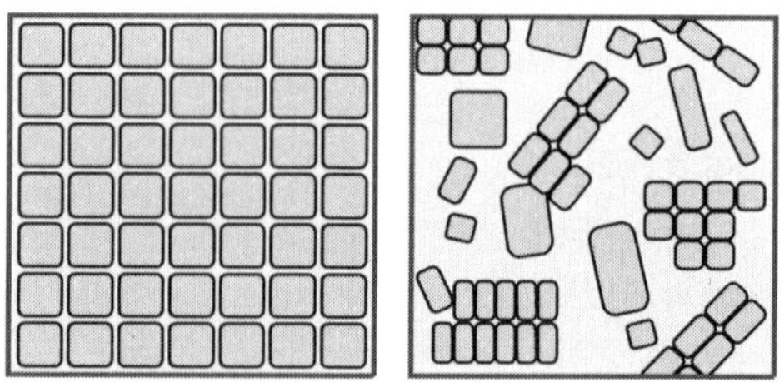

(b) 결정성 고체(단결정, 다결정)

그림 3-5 결정성고체와 비정질 고체

출처 : 野浪 亨, 材料工學, chap.3, p.54, 技報堂出版, 2014

동일 물질일지라도 고체화되는 방법의 차이에 따라 결정성고체가 되기도 하고, 비결정성 고체가 되기도 한다. 세라믹스 물질인 SiO_2는 결정성 고체상태인 수정의 결정구조를 가질 때는 압전소자로 사용되며, 비결정성고체상태인 석영의 구조를 가질 때는 고급광학유리로 사용된다. 그 구조를 그림 3-6에 나타내었다 수정은 전형적인 육방정의 물질이다. 수정이 단결정은 육각형 구조를 갖는다. 그 이유는 단결정이기 때문에 원자 수준의 배열이 거시적인 형태에 반영되기 때문이다. 어떤 동일 물질이 결정성 고체 또는 비결정성 고체로 변화할 때의 점성율의 변화의 차이를 그림 3-7에 나타내었다.

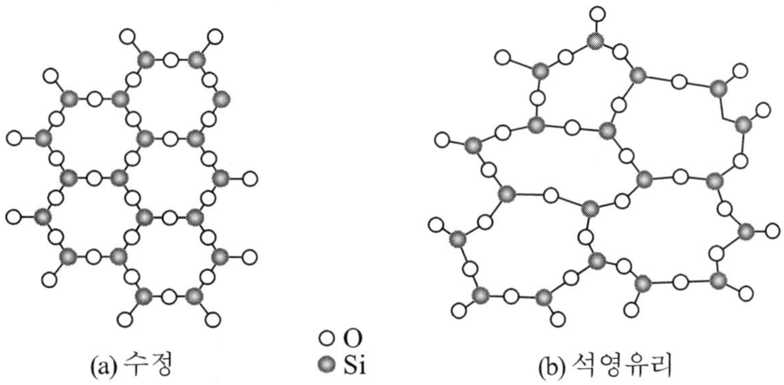

그림 3-6
SiO_2의 2차원 구조

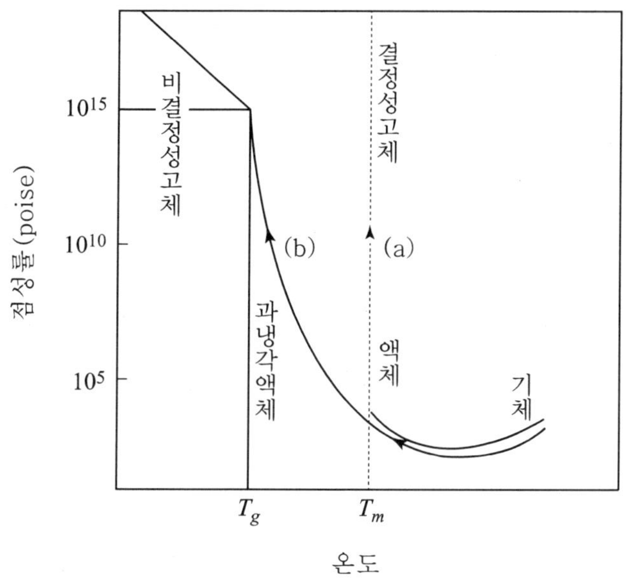

그림 3-7
물질의 점성율과 온도 변화

출처 : 천병수, 유종수, 마사키 다카키 공저, 물질과학의 이해, p.26 (2010)

결정성 고체는 nm 크기에서는 원자가 규칙적으로 배열한 구조를 갖지만, 크기가 커지면 이 규칙 구조가 연속된 것은 단결정의 경우만 해당된다. 다결정체에서는 입계가 존재하고 불균일하다. 한편, 비결정성 고체의 경우에는 미시적, 거시적인 경우 모두 원자(분자)배열에 규칙성이 없다.

비결정성(무정형 또는 비정질 : amorphous)물질에는 플라스틱이나 고무 등의 고분자로 구성된 유기물질, 공유결합으로 원자가 그물 상으로 연결된 산화물 유리, 아몰포스반도체 등의 공유결합형태의 무정형 물질 및 무정형 금속이 있다. 이런 비결정성 물질들은 전부 열역학적으로는 비평형상태이며, 안정상태는 결정이다. 고분자와 같이 구조단위가 큰 물질은 용융상태로부터 냉각하는 과정에서 가장 에너지가 낮은 결정상태로 분자가 질서정연하게 재배열하는 것이 어렵기 때문에, 용융상태의 구조가 그 대로 굳어져 버리기 쉽다. 이와 같이 고온 상태의 상의 구조가 그대로 동결되어 굳어진 고체를 유리(glass)라고 한다. 무기물질에서도 규산염과 같이 공유결합에 의해 원자가 서로 입체적으로 연결되어 있는 물질은 결정화가 일어나기 어려워서 유리로 되기 쉽다. 이것이 바로 투명유리이다. 금속의 결정은 단순한 구조단위로 되어 있기 때문에, 용액이 식어서 결정화되기 쉽다. 따라서 금속은 가장 유리가 되기 어려운 물질이다. 그렇지만 액체 초급냉법을 이용하여, 금속유리 합금이 만들어졌다.

고분자물질, 공유결합무기물질, 금속성 물질의 무정형 구조는 서로 다르다. 그 모양을 그림 3-8에 나타내었다. 고분자물질에서는 고분자사슬이 서로 얽혀서 공간을 채우고 있기 때문에, 그 구조의 자유도는 엔트로피가 높은 상태로 된다. 공유결합성 무기물질의 무정형구조는 원자가 서로 공유결합으로 연결되어서, 3차원 네트워크구조(망상구조)로 되어 있다. 전형적인 공유결합 무기무정

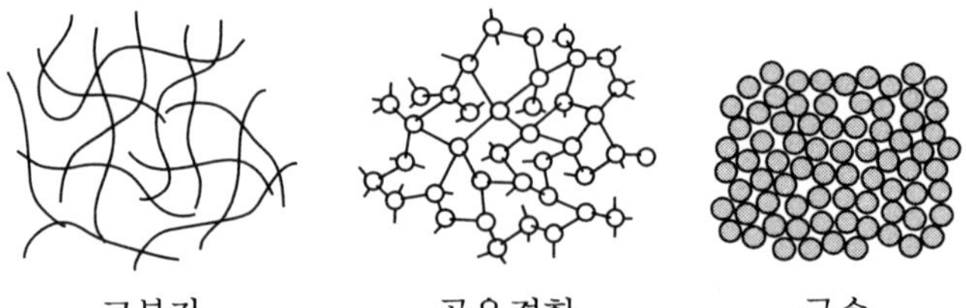

그림 3-8
3종류의 무정형 구조

출처 : 井形直弘, 竹内伸, 福田博, 塚本たけ世, 材料科學入門, chap.2, p.9, 朝倉書店, 2000

형 물질은 아몰포스 실리콘인데, Si원자가 각각 4개의 결합으로 서로 결합하여, 랜덤 네트워크라고 하는 구조로 되어 있다. 랜덤으로 연결되어 있기 때문에, 4개의 결합이 모두 잘 결합되었다고는 볼 수 없고, 댕글링 결합(dangling bond)이 형성되어 있다. 규산(SiO_2)의 무정형구조는 Si원자의 주위에 4개의 산소원자가 공유결합 적으로 결합하여 정사면체(tetrahedron)를 형성하고, 꼭짓점의 각 산소원자들은 인접한 사면체를 공유하는 것에 의해 점차적으로 사면체가 연결되어, 사면체의 랜덤 네트워크를 형성하고 있다.

금속합금의 무정형(amorphous) 구조는 구슬을 채워 넣은 것과 같이 구형의 금속원자가 무질서하면서도 조밀하게 충진 된 상태이다. 원자에는 탄력이 있기 때문에, 이런 구조는 조밀 랜덤충진연구모델(dense random packing soft sphere model)이라고 부른다. 한편, 결정과 아몰포스의 중간구조를 갖는 물질이 있다. 유기물 중에서 액정이라고 불리는 물질들이 있다. 이것은 고체와 액체의 중간적인 물질이라고 말할 수 있다. 아몰포스 상태의 고분자는, 고분자 사슬이 무질서한 방향을 향하고 있지만, 액정물질은 고분자 사슬의 방향이 공간적으로 어떤 형태의 질서를 가지고 배향하고 있는 상태이다. 3차원적으로 병진적인 질서를 가지고 있지 않기 때문에, 결정이라고 볼 수도 없고, 유동성이 있기 때문에 고체라고 할 수도 없다. 그래서 액정이라고 명명하였다. 액정은 네마틱(nematic)상, 스메틱(smectic)상, 콜레스테릭(cholesteric)상이 있다(8장 고분자 참조).

무기물의 고체의 구조는 결정 또는 비결정(아몰포스) 구조 이외에도, 또 다른 상태의 물질이 존재한다. 결정과는 다르지만, 어떤 질서상태를 가진 합금이 1984년에 발견되어, 준결정(quasicrystal)이라고 명명되었다. 준결정의 정의는 회절파형이 δ함수의 집합으로 된 것, 회절점을 표기하는 기본 벡터 수는 차원수보다 클 것, 결정에는 없는 회전대칭성(rotation symmetry)을 가질 것 등의 3가지로 표현된다. 그림 3-9에 결정, 비결정(아몰포스), 준결정 격자의 예를 2차원으로 표시하였다. 이런 모양의 격자에 원자가 위치하여 실제의 물질이 형성되는 것이다.

그림 3-9의 준결정 구조는 10회의 회전대칭성을 갖는다. 즉, 무한대로 넓어지고 있는 이런 도형을 360도씩 회전해도 패턴을 구분할 수가 없다. 또한 실제로 각 격자점에 원자를 놓고 회절패턴을 계산해도 10회 대칭으로 된다. 결정에는 없는 이런 대칭성은, 결정의 경우와 다르게 2종류의 단위정으로부터 구성됨에 따라 가능하게 된다.

그림 3-9
2차원 결정격자

출처 : 井形直弘, 竹内伸, 福田博, 塚本たけ世, 材料科學入門, chap.2, p.10, 朝倉書店, 2000

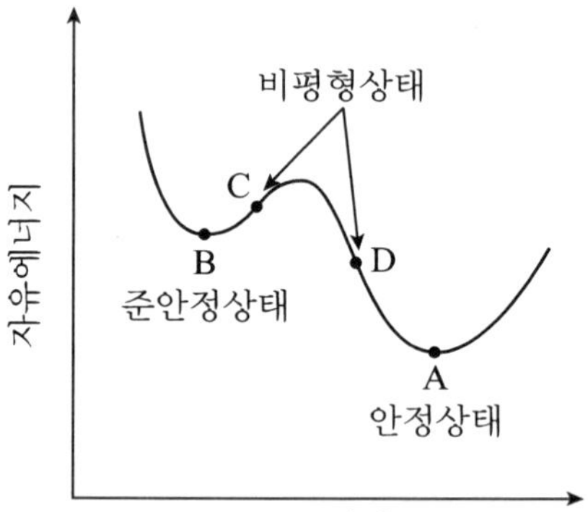

그림 3-10
결정, 무정형 그리고 준결정의 열역학적 상태

출처 : 井形直弘, 竹内伸, 福田博, 塚本たけ世, 材料科學入門, chap.2, p.10, 朝倉書店, 2000

모든 상은 열역학적으로는 안정상태, 준안정상태, 비평형상태(non-equilibrium stste)의 어느 하나에 속한다. 구조를 나타내는 변수를 가로축(실제로는 구조를 나타내는 변수는 여러 개 이기 때문에, 다차원으로 생각해야 한다)으로 하고, 세로축은 각각의 구조의 자유에너지로 하여 그린 곡선(그림 3-10)에서, A의 상태가 안정상태, B의 상태가 준안정상태, C와 D같은 상태가 비평형상태이다. 준안정상태에서 안정상태로 변하기 위해서는 그림에 나타낸 에너지의 산을 넘어야 하기 때문에, 큰 열에너지의 힘을 빌려야 한다. C나 D와 같은 비평형상태는 즉시 평형상태로 변한다고 생각할 수 있지만, 구조가 변화하기 위해서는 원자의 배열이 변화가 일어나야만 하기 때문에 역시 열에너지가 필요하다. 따라서 충분히 낮은 온도에서는 C와 같은 상태도 장시간동안 지속되게 된다. 그런 상태를 동결된 상태라고 한다.

무정형 고체는 모두 비평형상태이다. 예를 들면, 융액상태로부터의 냉각과정에서 얻어진 유리는, 과냉각된 액체가 동결된 상태이다. 준결정에 대해서는, 당초 발견된 합금계는 융액으로부터 급랭시키는 것에 의해 처음 얻어진 준안정상이였지만, 그 후 안정상으로서도 다수의 준결정합금이 발견되었다. 또 무정형 고체를 고온으로 열처리하면, 최종적인 안정상으로서의 결정으로 변화하는 과정에서 안정상의 결정과는 별도의 결정이 생성되는 경우가 있다. 이런 상은 준안정상태의 상으로, 중간상이라고 부른다. 열역학적 관점에서 고체는 그림 3-11과 같이 분류된다.

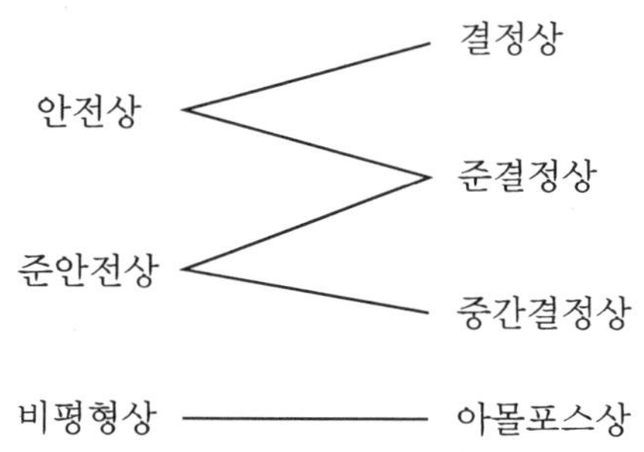

그림 3-11
고체상의 열역학적 분류

3. 상률과 상태도

평형상태의 물질은 금속원소, 비금속원소, 혹은 그들의 화합물로 이루어진 상을 포함한다. 평형상태도란 물질 혹은 물질군이 놓인 환경에서 열역학적으로 평형에 도달하였을 때 어떠한 상태로 존재하는가를 나타낸 것이다.

상이 생성되는 원인, 가열 및 냉각과정에서 발생하는 여러 가지 상의 변화를 이해함으로써, 재료가 어떠한 조건 하에서 놓였을 때, 어떤 변화를 일으킬 것인가를 예상할 수 있다.

3.1 상률

다양한 물리, 화학적 변화가 열역학적으로 가능한지의 여부는 자유에너지(3.2절 참조)의 변화로 판단할 수 있다. 이것은 어떠한 복잡한 계에서도 적용할 수 있다. 이 보편적인 원리에 기초하여 공존하는 상·조성 및 온도·압력 등의 상태변화를 일정한 관계식으로 도출한 것이 깁스의 상률(Gibbs phase rule)이라 불리는 것으로 다음 식으로 표시된다.

$$F = C + 2 - P \tag{3-1}$$

여기서, P는 상(phase)의 수, F는 계(System)의 자유도(degree of freedom)로 상의 수를 변화시키지 않고 자유롭게 변화시킬 수 있는 독립변수의 수이다. 그리고 C는 독립된 성분(component)의 수이다. 상이라고 하는 것은 일정한 화학조성을 갖고, 물리적으로 균일하여 기계적으로 분리 가능하며, 어느 계면으로 둘러싸인 계의 일부분을 말한다. 또한 독립된 성분 수는 각상을 표시하는데 필요한 화학종의 최소수이다. 예를 들어, $MgO_3(s)$, $MgO(s)$, $CO_2(g)$를 포함한 계에 있어서 독립 성분(Component)는 $MgCO_3 \rightleftarrows MgO + CO_2$라는 반응식을 고려하면 3개가 아니라 2개가 된다.

3.2 1성분계 상태도

상을 상태변수의 함수로서 그림으로 표시한 것을 상태도(phase diagram)라고 한다. 가장 간단한 상태도가 1성분계 상태도이다. 이 경우 $C=1$이므로 $F=3-P$라고 쓸 수 있다. 그림 3-12는 물의 상태도로서 얼음, 물, 수증기가 각각 단독으로 존재하는 상태(예를 들어, C점)에서는 $P=1$이므로 위 식에 의하여 $F=2$로 된다. $F=2$라는 것은 단일 상 안에서 온도와 압력을 자유롭게 변화시킬 수 있다는 것을 의미한다. 그림 중의 실선 위에서는 두 상이 공존($P=2$)하므로 $F=1$로 되고, 독립변수는 온도 또는 압력 중 어느 하나가 된다. 즉 온도를 결정하면 압력이, 압력을 결정하면 온도가 자동적으로 결정된다. 선 AO, BO, CO를 각각 증기압곡선(vapor pressure curve), 승화압곡선(sublimation curve), 융해곡선(melting curve)라고 한다. 그림 중의 점 O에서는

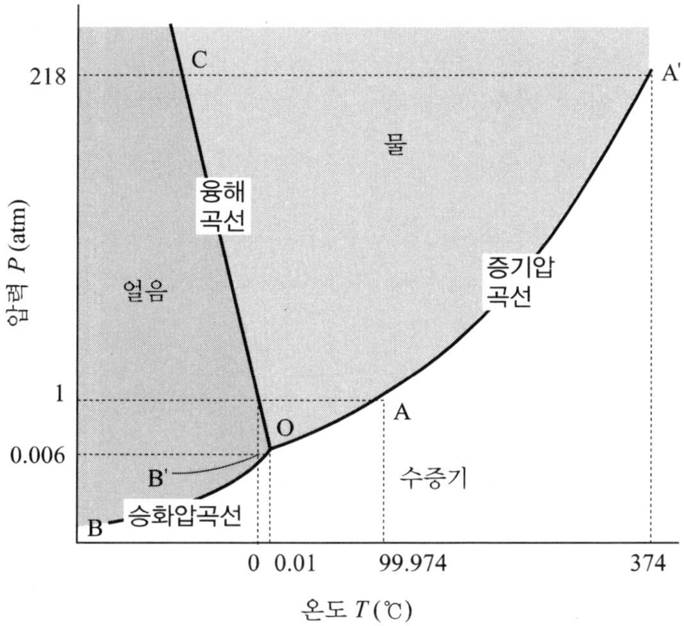

그림 3-12
물의 상태도

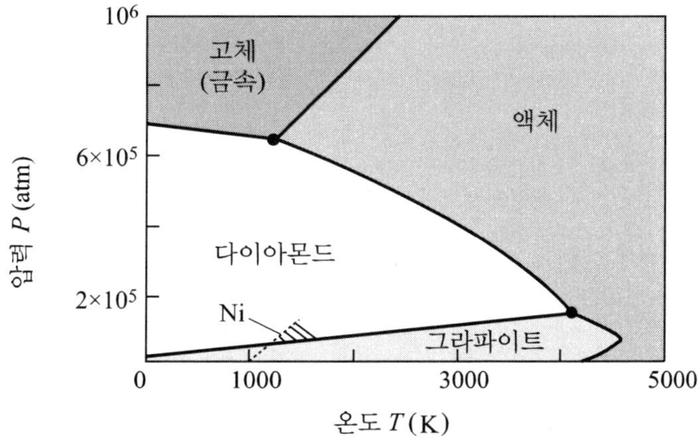

그림 3-13
탄소의 상태도

고체, 액체, 증기의 3상이 공존($P=3$)하므로 $F=0$이 된다. 이 점은 3중점이라고 불리며, 온도 0.01℃, 압력 0.006 atm에 고정되어 있다. 1성분계 상태도의 또 하나의 중요한 예로서, 그림 3-13에 탄소의 상태도를 나타냈다.

탄소는 니켈에 녹을 때 이것을 촉매로서 이용하여도 꽤 낮은 압력에서 다이아몬드를 합성할 수 있다. 이 경우는 구성성분이 탄소 1성분뿐이다. 단단한 다이아몬드도 도전성(導電性)을 나타내는 흑연(graphite)도 그리고 배기가스 중에 존재하여 문제가 되고 있는 매연도 탄소인데, 원자배열이 달라서 다른 상을 이루고 있다. 실온 즉, 상온 상압에서 순수한 탄소로 이루어진 물질 중에서는 흑연이 가장 안정하다. 다이아몬드는 에너지 면에서는 불안정한데, 안정한 상태로 존재할 수 있는 물질이다. 이런 물질의 상태를 준안정(metastable) 상태라고 한다.

3.3 2성분계 상태도

2성분계에서는 $C=2$이므로 상률, $F=C+2-P$로부터 $F=4-P$로 되지만, 이 때 F는 최대 3이 되므로 2성분계를 나타내기 위해서는 3차원, 즉 입체 도형이 필요하다. 무기재료의 경우는 거의 모두 1기압 부근에서 다루어지거나 또는 증기압이 작아서 기상을 무시할 수 있기 때문에 압력의 변화를 제외시킨다. 이때의 자유도를 표시하면

$$F_p + P = C + 1 \tag{3-2}$$

로 된다. 이 경우 기상은 상의 수에 포함되지 않는다. 이 경우 자유도는 $F=C+1-P=3-P$가 되며, F는 최대값 2가 되므로 독립변수가 농도와 온도의 2개가 되어 각각을 축으로 한 평면도형으로 나타낼 수 있다. 2성분의 상태도는 기본적으로는 전율고용형, 공정형, 포정형의 3가지로 분류된다.

2성분계 좌표의 표시법

A, B 2성분으로 이루어진 상 또는 혼합물의 조성은 그림 3-14처럼 나타낼 수 있다.

다시 말하면 직선 AB의 양단을 A 및 B의 단성분이라고 하면 직선 AB는 임의의 비율로 나눌 수 있으며(점 C) 이 선상의 점에서 종량 혹은 몰 백분율을 나타낼 수 있다. 예를 들면, A의 a%와 B의 b%로 이루어진 혼합물 또는 상의 조성은 AB t선상의 C점으로 표시된다. 이때

$$BC : AC = a : b$$

$$\text{A의 양} : \text{B의 양} = BC : AC = a : b$$

그림 3-14
2성분계의 조성점

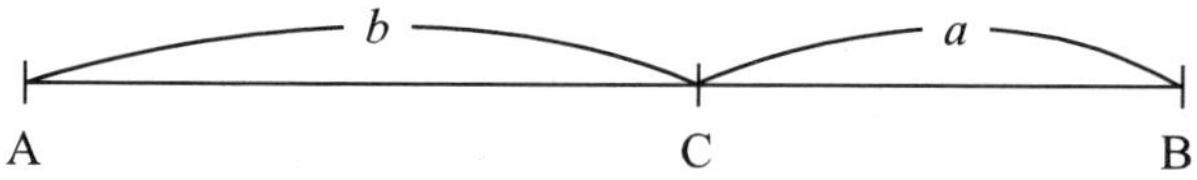

$$\text{A의 양} = \frac{BC}{AB}$$

$$\text{B의 양} = \frac{AC}{AB} \tag{3-3}$$

의 관계가 성립한다. 이것을 지렛대의 원리라고 하며, 상태도를 읽을 때의 중요한 법칙이다.

2성분계 상태도의 분류

1. 액체상태에서나 고체상태에서나 모두 완전히 고용되는 경우 : 전율고용체형
2. 액체상태에서는 완전히 혼합되나 고체상태에서는 전혀 고용되지 않는 경우 : 공정반응형
3. 액체상태에서는 완전히 혼합되며 고체상태에서는 일부분만이 고용되는 경우 : ① 공정반응형 ② 포정반응형
4. 액체상태에서는 일부가 혼합되고 고체상태에서는 전혀 고용되지 않든가 또는 일부분만이 고용되는 경우 : 편정반응형
5. 액체상태에서는 전혀 혼합되지 않든가 또는 혼합이 일부만이 가능하며 고체 상태에서는 전혀 고용되지 않는 경우 : 완전분리형
6. 금속간화합물 또는 중간상이 생성되는 경우
7. 성분금속이 동소변태를 갖는 경우

2원 전율고용체

2원이란 성분이 2개라는 뜻이며, 전율고용체(isomorphous)는 액상과 고상에

서 서로 완전한 용해도를 보이는 계를 말한다. 즉, 2원 전율고용체란 2개의 성분이 서로 액상에서도 완전히 섞이고, 고상에서도 완전히 섞이는 계를 뜻하는 용어이다. 고상, 액상에서 완전히 섞인다는 것은 상 분리 없이 고상일 때나 액상일 때나 하나의 상으로만 존재한다는 뜻이다.

그림 3-15의 상태도(Phase Diagram)를 보면 위쪽의 액상도 L상 하나이고, 아래쪽의 고상도 α상 하나로만 이루어져 있다. 그리고 L상 영역과 α상 영역 사이에는 두 상이 함께 존재하는 혼합 영역이 존재하고 있다. 여기서 L상은 구리와 니켈로 이루어진 균질한 액체 용액이고, α상은 FCC 결정 구조를 갖는 고용체이다. 이렇게 고체에서도 완전히 녹을 수 있는 이유는 구리와 니켈 모두

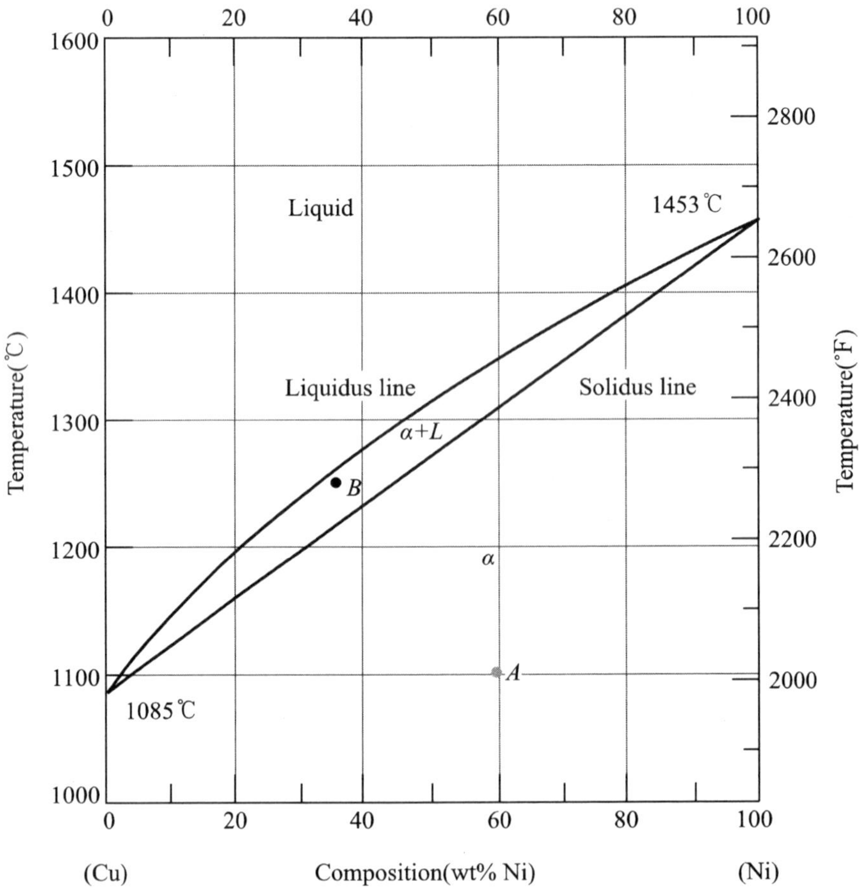

그림 3-15
전율고용체의 상태도

출처 : William D. Callister, Jr., Materials Science and Engineering An Introduction, chap. 6, John Wiley & Sons, Inc., 2000.

동일한 FCC 구조이고, 원자 반지름과 전기 음성도, 그리고 원자가 전자수도 유사하기 때문이다. 이렇게 서로 특성이 비슷한 원자들의 경우에만 전율고용체를 형성할 수 있다. L상과 $\alpha + L$ 상을 나누는 경계선을 액상선(liquidus line)이라고 하고, α상과 $\alpha + L$ 상을 나누는 경계선은 고상선(solidus line)이라고 하는데, 이는 순수한 물질에서 끓는점, 녹는점 등과 비슷한 역할을 하고 있다. 만약 60 wt.% Ni 합금을 만들어서 서서히 온도를 높인다고 생각할 때, 상평형도에서는 조성이 60 wt.% Ni인 선을 따라 쭉 올라간다. 이렇게 올라가다 보면 어느 순간 고상선을 만나는데, 이 때 액상으로의 상변화가 처음 시작된다. 그러다 액상선을 만나면 상변화를 마치고 완전한 액상이 된다. 그렇게 온도가 높아진 합금을 다시 냉각시키면 또 마찬가지로 액상선에서 고체로의 상변화가 시작되고, 고상선을 만나면 완전한 고상이 된다.

그림 3-16은 2개의 성분이 임의의 비율로 원자 수준에서 혼합되는 전형적인 전율고용형의 상태도이다. 이 경우 A와 B를 단성분으로 하여 가로축은 조성의 농도, 세로축은 온도를 나타내고 있다.

X조성의 용융물을 X'상태에서 냉각하면 t_1에서 액상선에 도달하고, S_1조성의 고용체가 석출되기 시작한다. 이때 고상 S_1은 액상 L_1보다 성분 B의 농

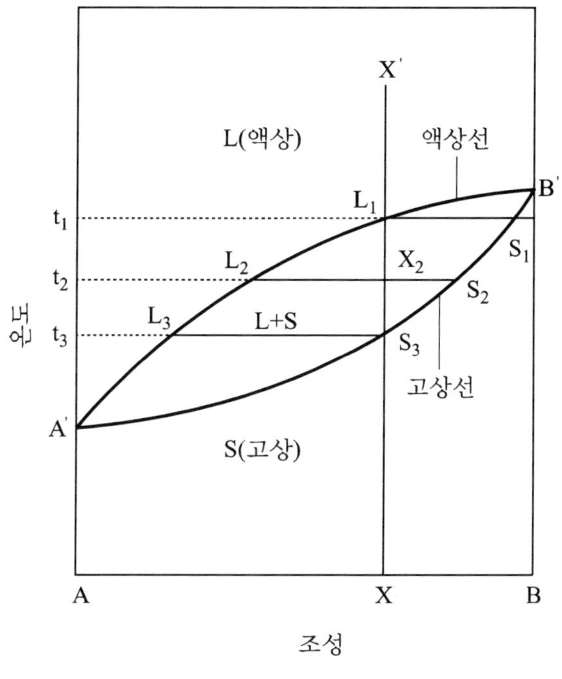

그림 3-16
2성분계의 전율고용형 상태도

도가 높기 때문에 액상 중의 B의 농도는 저하하고, 액상의 조성은 액상선 $L_1L_2L_3$에 따라 A측 방향으로 변화한다. 온도의 하강과 더불어 고상의 조성도 고상선 $S_1S_2S_3$에 따라 변화한다.

t_2의 온도 X_2에서 공존하는 상으로는 액상은 L_2, 고상은 S_2의 각 조성을 가지며, 이들 두 상의 비율은 지렛대의 원리에 의하여

$$\text{액상 } L_2\text{의 양} : \text{고상 } S_2\text{의 양} = X_2S_2 : L_2X_2 \qquad (3\text{-}4)$$

가 된다. 온도 t_3까지는 고상과 액상의 두 상이 공존한다. 우선 정출한 고용체의 조성도 A성분이나 B성분이 서로 확산하여 끊임없이 액상과 평형이 되는 조성으로 변화한다. 그래서 액상의 상태가 L_3에 도달하면 액상이 소실하여 전부가 고상 S_3, 다시 말하면 처음 액상과 같은 조성의 균일한 고체가 된다.

그림 3-17에 나타낸 것은 2성분계 금속의 전율고용체 상태도이다. A, B 성분이 각각 50%이며 온도가 T_1, T_2, T_3로 변화할 때 A, B 성분의 상태변화를 모식적인 그림으로 나타내었다.

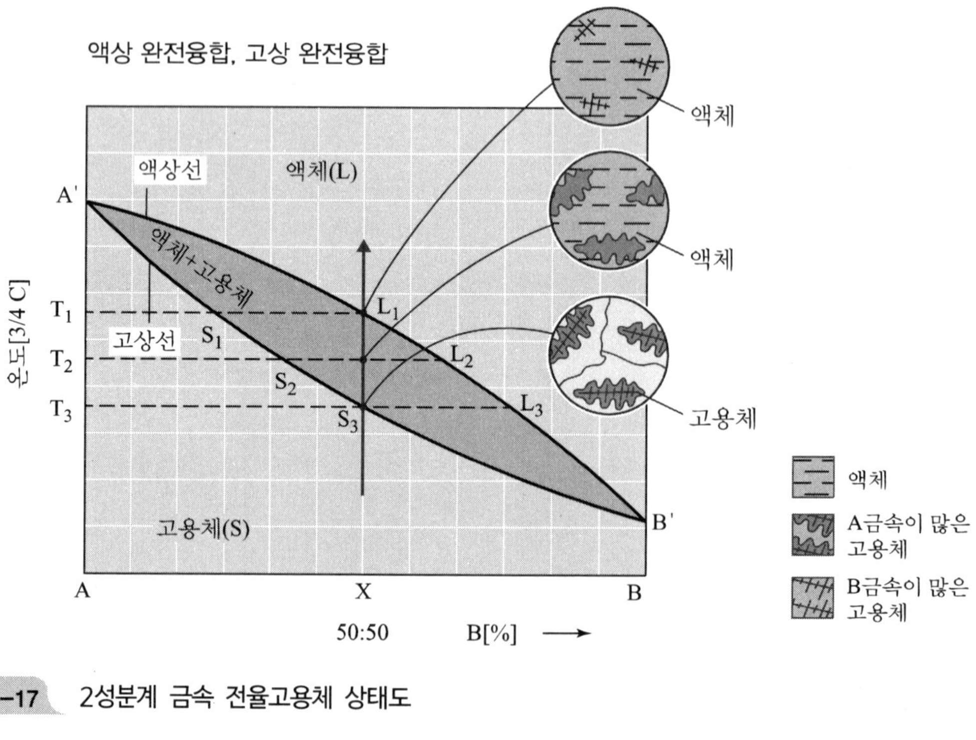

그림 3-17 2성분계 금속 전율고용체 상태도

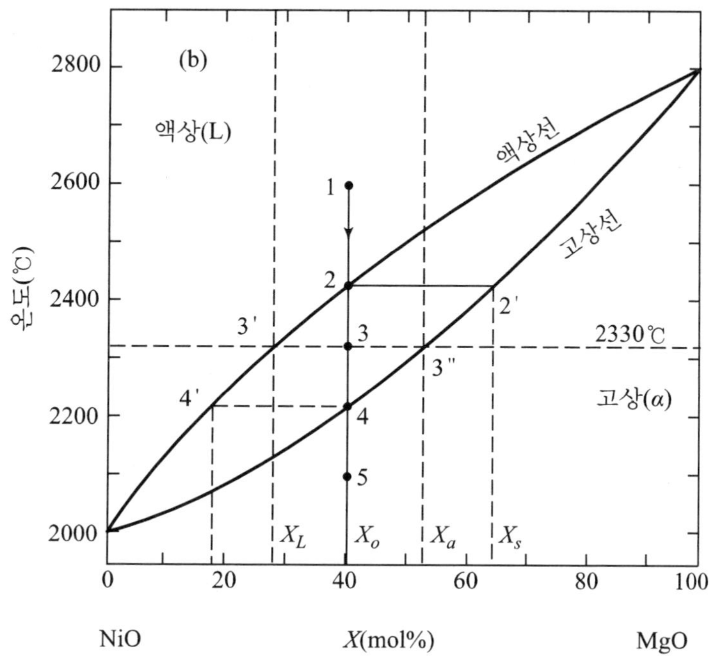

그림 3-18
NiO－MgO계 상태도

2성분계 세라믹스 전율고용체 상태도의 구체적인 예로서 그림 3-18에 NiO－MgO계의 상태도를 나타내었다. 포함된 원자의 종류는 Ni, Mg, O이나 이 중 두 개가 결정되면 나머지 조상이 정해지므로 2성분계이다. 이 상태도에서는 NiO, MgO를 단일 성분으로 취하여 횡축인 조성축의 눈금을 MgO의 mol%로 표시하고 있다. 그림 중에 볼록렌즈 형태를 한 영역은 고상과 액상이 공존하는 영역이다. 고온 측의 경계선을 액상선(liquidus line)이라고 부르고 고상과 평형을 이루는 액상 쪽의 온도－조성곡선이다. 저온측 경계선인 고상선(solidus line)은 액상과 평형을 이루는 고상 쪽의 온도－조성곡선에 해당한다. 액상선보다 고온 측에는 액상 단일상, 고상선보다 저온 측에는 고상 단일상의 영역이 된다. 40% MgO－60% NiO인 조성을 갖는 용액을 2,600℃로부터 평형에 가까운 상태를 유지하며 천천히 냉각시키는 경우 어떤 상이 출현하는가를 살펴보자. 서냉하면 2,440℃에서 액상선과 만나고, 고상인 α상이 석출하기 시작한다. 이 초정 조성은 2상 공존영역 내의 등온선(공액선 ; tie line이라고 한다)이 고상선과 교차하는 점 2′의 조성 X_s(64% MgO－36% NiO)에 해당된다. 온도가 더욱 낮아지면 α상의 분율이 증가하여 점 4인 2,210℃까지 이르면 액상은 모두 소멸한다. 그림 중의 점 3 (2,330℃)에서 공존하는 L상과 α상의 조성은 공액선이 액상선과 고상선과 만나는 두 개의 점, 즉 X_L = 28% MgO − 72% NiO, $X\alpha$ = 53% MgO − 47% NiO로 된다.

위에서 살펴 본 바와 같이 상태도를 통해서 알 수 있는 정보로서, 2성분계에서 평형 상태의 조성과 온도를 알고 있다면 ① 존재하는 상의 종류, ② 각 상의 조성, ③ 상들의 구성비를 알 수 있다.

참고문헌

1) 박병근, 이태근 공역, 세라믹 기초화학, p.67 (2002)
2) 천병수, 유종수, 마사키 다카키 공저, 물질과학의 이해, p.26 (2010)
3) 井形 直弘, 竹內 伸, 福田 博, 塚本 たけ世, 材料科學入門, chap. 2, 朝倉書店, 2000
4) 野浪 享, 材料工學, chap. 3, p.54, 技報堂出版, 2014
5) 마사키 타카키, 김수종 등 공역, 세라믹스공학, chap. 2, 북스 힐, 2006
6) William D. Callister, Jr., Materials Science and Engineering An Introduction, chap. 6, John Wiley & Sons, Inc., 2000

연습문제

3-1 이온결합, 공유결합의 결합양식과 각 결정의 특징을 설명하시오.

3-2 다음 그림의 2성분계 상태도에서, a, b, c, d, e점에서의 조직의 개략도와 고상과 액상의 조성을 쓰시오.

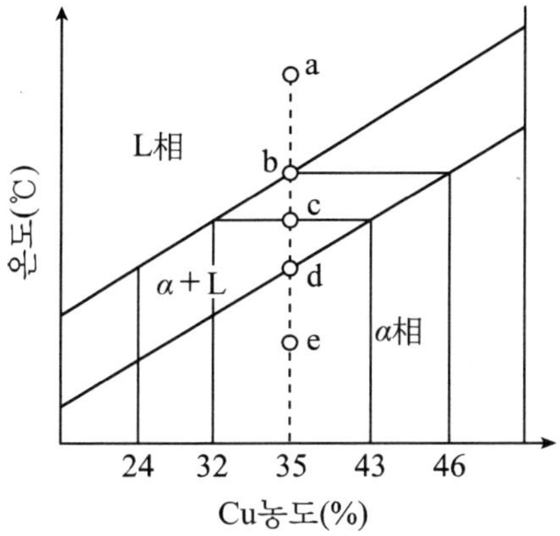

3-3 조성이 65w% Ni－35w% Cu 구리－니켈 합금을 1,400℃에서 서서히 냉각하였다. 다음의 상태도를 참고하여 질문에 답하시오.

(a) 액상이 처음 형성되는 온도는 몇 도인가?

(b) 액상의 조성은 무엇인가?

(c) 합금은 몇 도에서 완전히 녹는가?

(d) 완전히 녹기 전에 마지막 고상은 무엇인가?

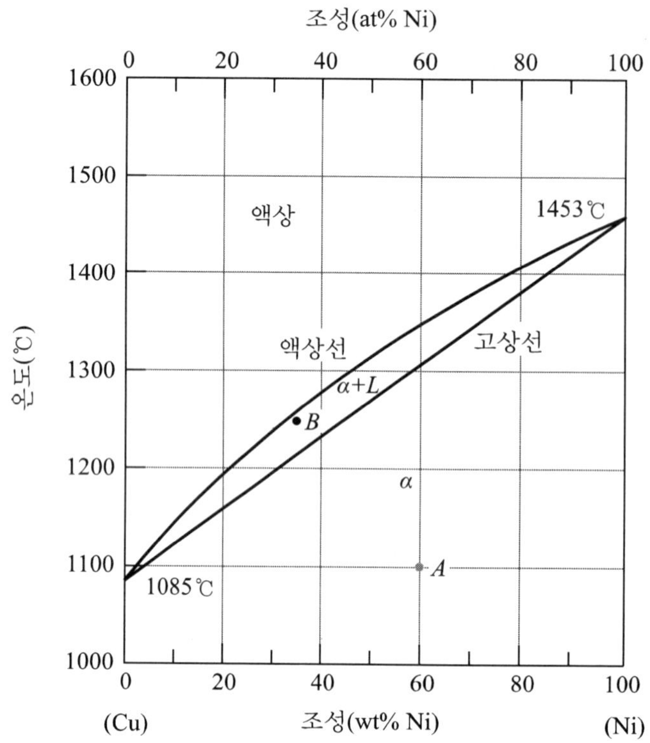

(a)

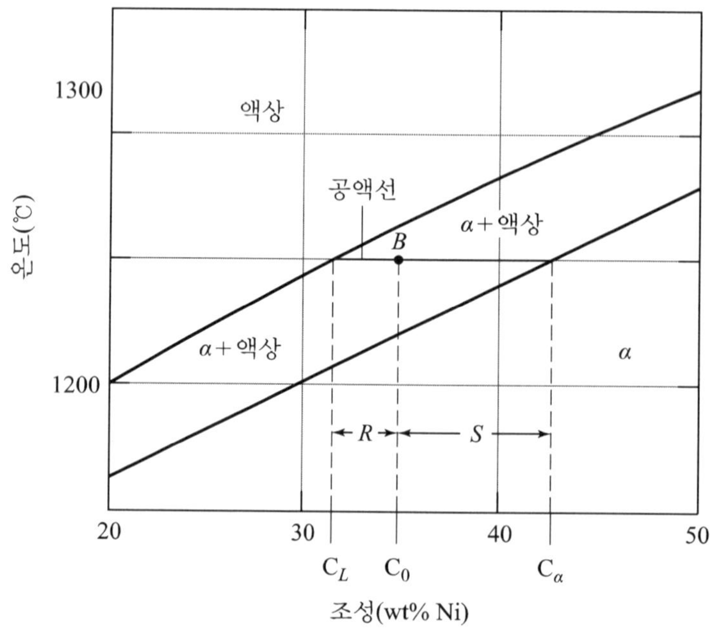

(b)

그림 출처 : William D. Callister, Jr., Materials Science and Engineering An Introduction, chap. 6, John Wiley & Sons, Inc., 2000.

4

chapter

기계적 성질 측정

1. 기계적 성질과 시험방법

금속재료, 고분자재료 및 세라믹스재료의 기계적 거동은 가각 다르게 나타난다. 최근에는 종래에 구조용 재료로 사용하던 금속을 대체할 수 있을 정도의 고강도, 고경도를 갖는 고분자재료나 취성 파괴가 일어나지 않는 구조재료용 세라믹스 재료 등이 개발되고 있다. 선정된 재료를 사용하여 외부로부터 응력을 받는 구조물이나 부품을 설계하는 경우에는 기계적 특성, 즉 강도, 연성, 인성을 가지도록 설계하여 변형이나 파괴가 일어나지 않도록 설계하여야 한다. 구조물은 어떤 주어진 하중 조건에서 그 구조물의 한 부분이 받는 응력의 크기 및 분포를 결정해야 한다.

재료에 힘이 가해졌을 때, 힘에 대한 저항력을 강도(strength)라고 한다. 강함을 대표하는 재료의 성질을 기계적 성질(mechanical properties)이라 한다. 재료가 공업재료로서 이용될 때 고려해야 할 기본적이면서도 중요한 성질이다. 기계적 성질은 표 4-1에 나타내 바와 같이 크게 정적성질, 동적성질, 그 외의 성질로 분류할 수 있다.

표 4-1 기계적 성질의 분류

분 류	특 성
정적성질(static properties)	인장, 압축, 굴곡, 크리프, 경도 등
동적성질(dynamic properties)	충격, 피로 등
기타 성질	마찰, 파괴인성 등

이 장에서는 인장, 압축, 크리프, 충격 등 중요한 기계적 성질 8가지에 대하여 기술하고, 이 기계적 성질들을 측정할 수 있는 시험방법에 대하여 간단하게 기술하였다. 시험방법은 다양한 재료에 적용 가능한 가장 일반적이면서도 중요한 인장시험, 압축시험, 굴곡시험, 경도시험, 크리프시험, 충격시험, 피로시험 및 가속열화시험 등에 대하여 기술하였다. 이 8가지의 중요한 시험방법의 개략적인 내용을 표 4-2에 나타냈다.

표 4-2 기계적 특성 시험방법

시험	설명
인장시험	시험시편은 한 쌍의 클램프에 의해 고정된다. 상부 클램프는 고정 봉 및 로드 셀에 고정된다. 하부 클램프는 가동부와 접촉되어, 천천히 시편을 밑으로 잡아당기도록 이동한다. 로드 셀은 하중을, 연신계는 늘어난 길이를 측정하여 기록한다.
압축시험	인장시험장치를 사용한다. 시험편을 잡아당기는 대신에 시료는 압축파괴되도록 힘을 받는다. 압출율 및 강도를 나타내기 위해, 재료가 큰 압축변형에 대한 저항성을 가진 경우를 제외하고는 그다지 실시하지 않는다. 그러나 대부분의 고분자나 복합재료의 압축강도는 그 것들의 인장강도와는 크게 다르다.
휨시험	취성재료의 시험에 사용한다. 시험편에 하중을 가하는 것에 의해 휘어져서, 아래 면은 인장응력을 윗면은 압축응력을 받는다.
경도시험	경도시험법은 여러 가지가 있지만 가장 일반적인 것은 브리넬 경도시험이다. 브리넬 시험은 10 mm 직경의 탄화텅스텐 구를 시료에 하중을 제어해 가면서 눌러준다. 표면에 새겨진 압흔의 크기로 재료의 경도를 계산한다.
크리프시험	크리프는 재료의 장시간의 소성변형에 상당한다(통상 온도를 올린 상태에서 측정한다). 고온에서 일정 응력을 시료에 가하면, 재료는 늘어나서 마지막에는 항복강도 이하에서도 파괴된다. 크리프는 재료 내부의 전위에 의해 일어난다. 고분자재료는 비교적 낮은 온도에서도 크리프 변형이 일어난다.
충격시험	인성은 재료의 파괴에 대한 저항성을 규정한다. 충격시험에서는 진자에 장착된 망치가 어떤 초기 높이에서 반원을 그리며 시료를 향해 낙하한다. 시험편의 배치 방법은 샤르피시험법과 아이조드시험법에서 약간 다르다.
피로시험	항복점 이하의 응력 값으로 압축 및 인장력을 재료가 파괴될 때까지 반복적으로 가해진다.
가속열화시험	온도와 같은 다른 측정조건을 변화시켜서 시간축을 단축시킨다. 가속열화시험의 목적은 같은 현상을 보다 짧은 시간에 발생시키기 위해 등가특성 시간을 이용하는 것이다.

2. 인장시험

시험하고자 하는 재료에 외부의 힘이 작용하는 방법에 따라 인장강도, 압축강도, 굽힘 강도, 전단강도, 비틀림 강도 등의 기계적 성질을 측정할 수 있다. 재료의 기계적 성질 중에서 인장성질은 공업제품을 설계할 때 기본적이면서도 가장 중요한 특성이다. 인장시험은 인장시편(재료)을 끊어질 때까지 잡아당기는 시험으로, 인장강도, 항복점, 연신율, 단면수축률, 최대 인장하중 등을 측정할 수 있다. 인장강도 측정을 위한 시험편은 한 쌍의 클램프에 의해 지지되고, 상부 클램프는 고정 봉과 로드 셀에 고정되어 있다. 하부 클램프는 천천히 시험편을 밑으로 끌어당기는 구동 봉에 고정되어 있다. 로드 셀은 힘을, 연신율계는 시험편의 연신율을 기록한다. 그림 4-1은 인장시험장치의 모식도이다. 인장시험 시 가해진 힘과 늘어난 길이를 가지고 그래프를 그린다. 힘은 단면적으로 나누어 응력으로 하고, 늘어난 길이는 초기 길이로 나누어 변형률로 나타낸다. 이것을 응력－변형률 선도라고 한다. 그림 4-2는 탄소강의 인장시험에서 응력－변형곡선을 나타낸 것이다.

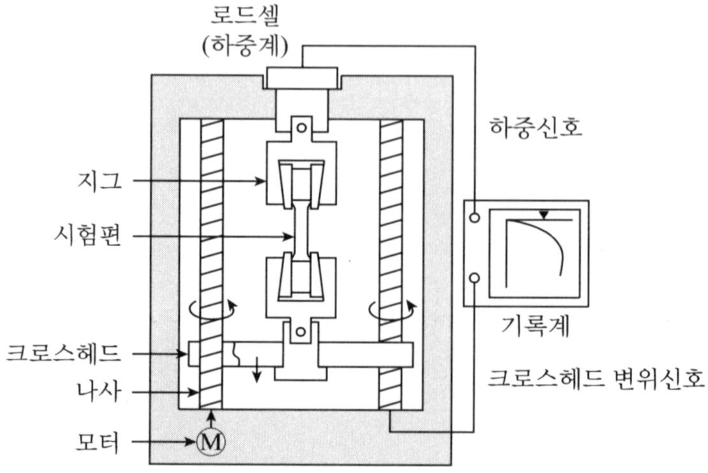

출처 : 野口 徹, 中村 孝, 機械材料工學, chap. 6, 2001

그림 4-1
인장시험장치의 모식도

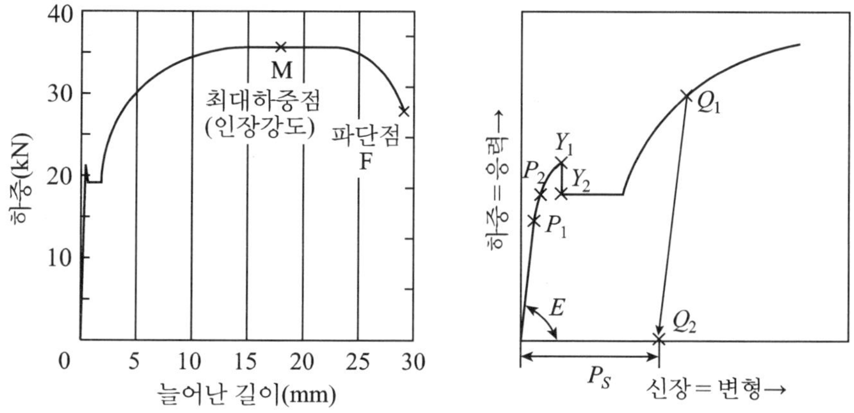

(a) 응력−변형곡선

(b) (a)의 응력−변형곡선을 하중 25 kN까지 확대한 것

그림 4-2 탄소강의 인장시험에서 응력-변형곡선

그림 4-2에 나타낸 재료의 인장변형에 대하여 탄성한도까지의 범위의 변형을 탄성변형(elastic deformation)이라 한다. 이 변형 안에서는 하중(응력)을 제거하면 재료는 원래의 길이 및 단면 형상으로 돌아간다. 즉, 변형은 0으로 돌아오고, 가역적인 변화를 되풀이 한다. 그러나 탄성한계를 넘긴 점, 예를 들면 그림 4-2(b)의 점 Q_1 에서 하중을 0으로 하여도, 재료의 늘어남은 Q_2 점으로 돌아오는 것뿐으로, Ps로 표시되는 영구변형이 남는다. 이 변형을 소성변형(plastic deformation)이라 한다. 가공에 따라 금속재료의 형상을 변화시켜서 공업제품을 만들 때의 중요한 현상이다. 탄성변형으로부터 소성변형으로 옮겨는 부근의 응력을 항복응력(yield stress)라 한다. 탄성변형은 하중이 사라지면 원래상태로 돌아오는 변형이고 소성변형은 슬립에 의해 변형이 영구적으로 남게 되는 변형이다. 항복이 일어난다는 것이 바로 소성변형이 시작된다는 말이다. 항복강도는 탄성변형이 일어나는 한계응력을 말한다.

일반적으로 공업제품이나 구조물은 외력에 의해 걸리는 응력이 탄성한계 이하로 되도록 설계한다. 대부분의 금속재료는 변형률이 약 0.005 정도까지만 탄성변형이 일어나며, 이 점을 넘어서면 응력은 더 이상 변형율에 비례하지 않는다. 즉, 후크의 법칙이 적용되지 않으며, 회복되지 않는 영구변형, 즉 소성변형이 일어난다. 측정된 힘과 늘어난 길이에 관한 데이터는 공칭응력(σ)과 같은 기본적인 특성 값의 계산에 이용된다.

$$\sigma = \frac{F}{A_0} \tag{4-1}$$

여기서, F : 측정된 힘

A_0 : 시료의 초기단면적

한편, 공칭변형(ϵ)는 다음 식으로 표시된다.

$$\epsilon = \frac{L - L_0}{L_0} \tag{4-2}$$

여기서, L_0 : 시료의 초기 길이

L : 시험 후 시료의 길이

시험은 시료가 파단될 때까지 실시된다. 시험 결과는 그림 4-3과 같이 응력－변형곡선으로 나타낸다. 이 곡선은 비교적 간단하지만, 많은 중요한 특성을 나타내고 있다. 인장시험의 초기 변형을 제거했을 때는 재료는 처음의 상태로 돌아간다. 재료에 영구적인 변형이 생기지 않는 영역은 탄성신장 영역으로 부른다. 변형이 없어져서 재료가 완전히 처음의 상태로 돌아가는 것은, 재료가 탄성신장 영역에 있다는 것을 나타낸다. 한편, 재료가 완전히 회복할 수 없는 상태로 되면 변형이 생겨, 소성변형이 시작된다. 대부분의 재료에서는 응력－변형곡선은 탄성신장영역에서는 직선으로 되고, 소성변형이 시작되면 기울기가 크게 변화한다. 이 탄성신장에서 소성변형으로 전이하는 점의 응력을 항복강도(항복응력, σ_Y)로 부른다. 재료에 가해준 응력이 항복강도를 넘어서면, 재료는 처음의 상태로 돌아가지 않는다. 예를 들어, 소성변형이 시작됐다고 해도 많은

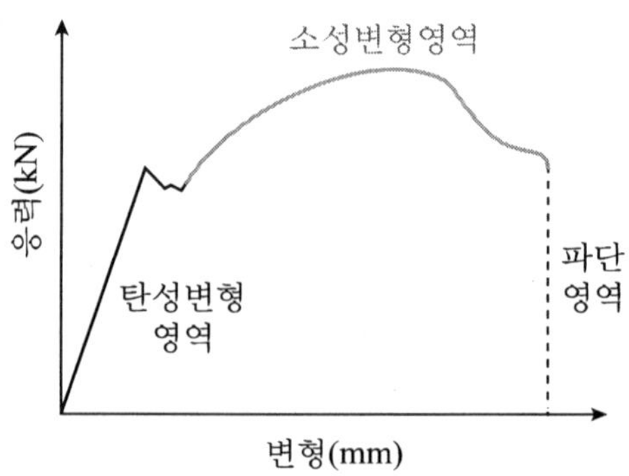

그림 4-3
응력－변형곡선의 각 영역

재료는 가해준 응력을 감당할 수가 있다. 가해준 최대의 응력(응력−변형곡선의 최대값)을 인장강도(σ_S), 재료가 최종적으로 파단(파괴)할 때의 응력을 파단강도(σ_B)라고 한다. 모든 재료가 파단에 이르기 전에 소성변화를 일으키는 것은 아니다. 이상과 같이 재료의 응력−변형곡선을 3가지 영역으로 구분하여 표시하면 그림 4-3과 같이 나타낼 수 있다. 그림 4-3의 탄성변형영역에서는 응력을 제거하면, 영구변형을 일으키지 않고, 원래의 상태로 되돌아간다. 이 영역은 직선으로 표시된다. 소성변형영역에서는 영구적인 미세 상변화가 생기기 때문에, 응력을 제거하여도 재료는 원래의 상태로 돌아가지 않는다. 파단영역에서 재료는 소성변형 후에 파괴된다. 취성재료는 탄성변형 후에 바로 파괴된다.

연성재료는 파괴되지 않고 변형하지만, 취성재료는 소성변형이 시작되면 완전히 파괴된다. 그림 4-4에 나타낸 바와 같이 취성재료에서는 항복강도, 인장강도 및 파단강도가 같다.

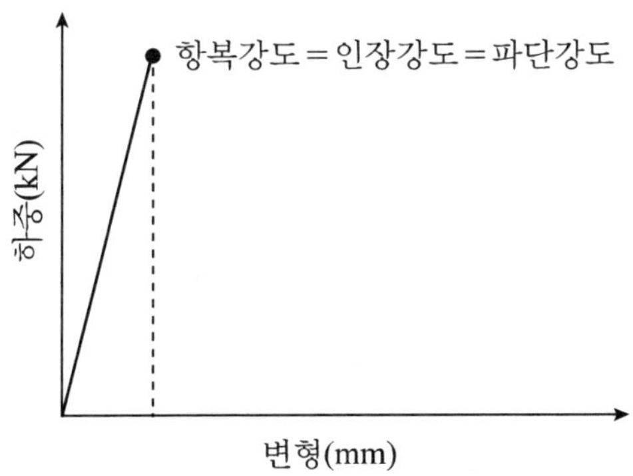

그림 4-4
취성재료의 응력−변형곡선

탄성영역에서의 응력−변형곡선의 기울기는 식 (4.3)에서 얻어진 값을 나타낸다. 이 수치는 3개의 각각 다른 명칭, 즉 탄성율(E), 인장율 또는 영율로 불린다. 큰 결합에너지를 가진 재료는 인장시키는 데 큰 힘이 필요하기 때문에, 높은 탄성율을 가지고 있다. 입경이 인장강도에 큰 영향을 미치는 한편, 영율은 재료의 미세조직에 그다지 영향을 받지 않고, 입경에 의존하지 않고 거의 비슷한 값을 나타낸다. 흑연은 모든 재료 중에서도 가장 높은 이론 강성율(1080 GPa)을 가진다. 흑연의 탄소 면이 본질적으로 완전 배향한 구조를 가지기 때문이다.

$$\text{재료가 흡수한 에너지} = \frac{\text{응력의 변화량}}{\text{변형의 변화량}}$$

$$E = \frac{\Delta\sigma}{\Delta\epsilon} \tag{4-3}$$

응력－변형곡선의 탄성영역에서 선 밑의 부분으로 포함되는 면적은 재료의 탄성에너지이고, 재료가 영구변형하기 전에 흡수할 수 있는 에너지를 나타내고 있다. 즉, 탄성에너지는 응력－변형곡선의 적분에 의해 정의된다.

$$e_E = \int_0^{\epsilon_y} \sigma \, d\epsilon \tag{4-4}$$

탄성에너지는 0점에서 항복점까지의 응력의 변화량과 변형의 변화량을 모두 더한 것이다. 선형적인 탄성거동을 나타내는 재료에서는 다음 식과 같이 단순화시킬 수 있다.

$$e_E = \frac{\sigma_y}{2} \tag{4-5}$$

탄성에너지 = 항복점에서의 응력을 2로 나눈 것

탄성에너지는 탄성에너지계수(강성율)의 계산에 사용되고, 항복점에서의 탄성에너지와 변형과의 비에 대응한다.

$$E_r = \frac{e_E}{\epsilon_y} \tag{4-6}$$

탄성에너지계수는, 어느 정도의 에너지가 변형에 사용되고, 또 어느 정도가 동작에 기여하는 가를 결정한다. 재료를 긴 방향(종)으로 신장시키는 경우, 동시에 횡방향도 변형(수축)한다. 식 (4.7)에서 나타낸 포와송비는 이러한 동시에 발생하는 변형의 크기와 관련이 있다.

$$\mu = \frac{-\epsilon_{\text{횡방향}}}{\epsilon_{\text{종방향}}} \tag{4-7}$$

대부분의 재료의 경우, 포와송비는 0.3 부근의 값으로 된다.

재료가 파괴되지 않고 변형할 수 있는 성질 및 정도를 나타낸 것을 연성이라 한다. 재료가 연성일수록 가공이나 성형이 용이하지만, 그 역의 경우는 응력을 가했을 때 형태가 변형하기 쉬운 경향을 나타낸다. 연성은 신장율(%)과 단면적 감소율(%) 측정에 의해 평가할 수가 있다.

$$\text{연신율}(\%) = 100\% \times \frac{(L_f - L_0)}{L_0} \tag{4-8}$$

$$\text{단면적 감소율}(\%) = 100\% \times \frac{(A_f - A_0)}{A_0} \tag{4-9}$$

여기서, f : 파괴된 시점의 값

0 : 초기 값

재료를 신장시켰을 때, 그 단면적이 감소한다. 재료의 변형은 면적의 함수로 나타내기 때문에, 단면적의 큰 감소는 큰 변형을 나타내게 된다. 그림 4-3에서 인장강도와 파괴강도의 사이에는, 힘(F)이 증가해도 재료에 걸리는 응력은 크게 저하하고 있다. 실제 진 단면적은 감소하고 있는데도 불구하고 식 (4.1)의 공칭응력을 구하는 식에서는 초기단면적을 사용하고 있다. 따라서, 진응력(σ_t)와 진변형(ϵ_t)는 단면적의 변화를 고려하여 각각 다음 식과 같이 표현된다.

$$\sigma_t = \frac{F}{A_i} \tag{4-10}$$

$$\epsilon_t = \ln \frac{L_i}{L_0} \tag{4-11}$$

인장시험 중에 단면적의 변화를 파악하기는 비교적 어렵고 또한 단면적의 변화가 시험에 주는 영향이 한정되기 때문에, 일반적으로는 진응력 및 진변형 대신에 공칭응력 및 공칭변형을 사용하고 있다. 고분자나 납 등과 같이 부드러운 재료를 포함하는 몇 가지 연성재료에서는, 넥킹이라 불리는 시험편의 일부분이 가늘어지는 현상이 일어난다. 이 부분의 단면적은 다른 부분에 비해 급속하게 감소한다. 일반적으로 넥킹은 재료를 제작할 때나 인장하중 하에서 생기는 결함에 기인한다. 실제로 연강 이외의 재료에서는, 명확한 항복점이 대부분 관찰되지 않는다. 따라서 응력－변형곡선을 사용하여 탄성변형으로부터 소성변형에의 전환을 명확하게 판단할 수 없다. 이런 재료들은 영구변형이 0.2%가 되는 응력을 항복강도에 상당하는 것으로 인정하여, 내력(proof stress)이라고

정의한다. 그림 4-5에 여러 가지 금속재료와 고분자재료에 인장하중을 가했을 때의 응력-변형곡선을 나타냈다.

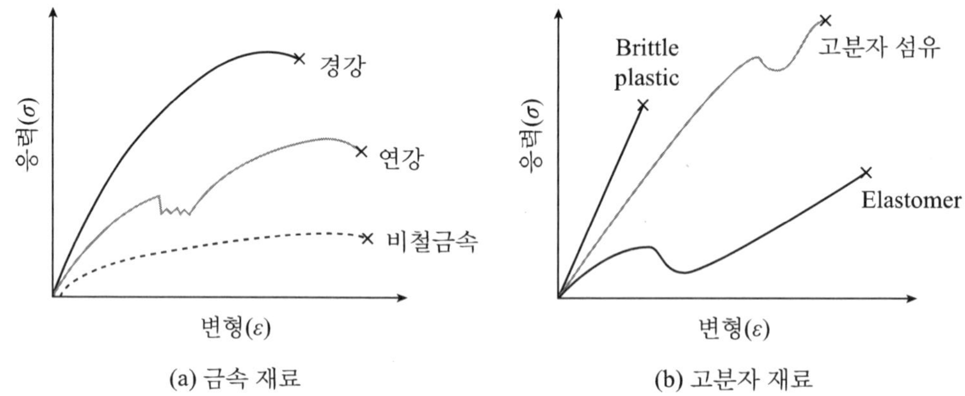

그림 4-5 금속재료와 고분자재료의 응력-변형곡선

3. 압축시험

압축시험은 인장시험과 많은 유사성을 가진다. 시험에는 같은 시험기가 이용되지만, 시험편을 잡아당기는 것이 아니라 파괴될 때까지 압축한다. 식 (4.10) 및 (4.11)은 압축강도와 압축탄성율에도 이용할 수 있다. 단, L_i가 L_0보다 작기 때문에 압축탄성율은 음의 값을 갖는다. 많은 재료들이 비슷한 인장율 및 압축탄성율 또는 강도를 나타내기 때문에, 재료가 큰 압축응력에 견딜 수 있는 경우를 제외하고는 압축시험은 빈번하게 사용하지 않는다. 그러나 고분자나 복합재료에서는 압축강도가 인장강도와 크게 다른 경우가 있다.

4. 굴곡시험

세라믹스와 같이 취성이 매우 큰 재료는 인장시험을 할 수가 없고, 작은 변형율에서 파괴되고, 치공구에 고정시킬 때 조금만 어긋나도 쉽게 파괴된다. 이런 경우에는 굴곡시험을 재료의 변형거동 평가에 이용한다. 그림 4-6에 나타낸 바와 같이 대부분의 굴곡시험에서는 3점에 하중을 가하는 3점 굴곡시험법이 이용된다. 시편을 일정 거리만큼 떨어진 두 지지대위에 올려놓은 다음, 정해진 속도로 시편의 중심에 힘을 가해 파괴점에서의 힘을 기록한다. 3점 굴곡시험법에서는 힘(F)이 시험편 윗면에 가해지기 때문에 윗면은 압축된다.

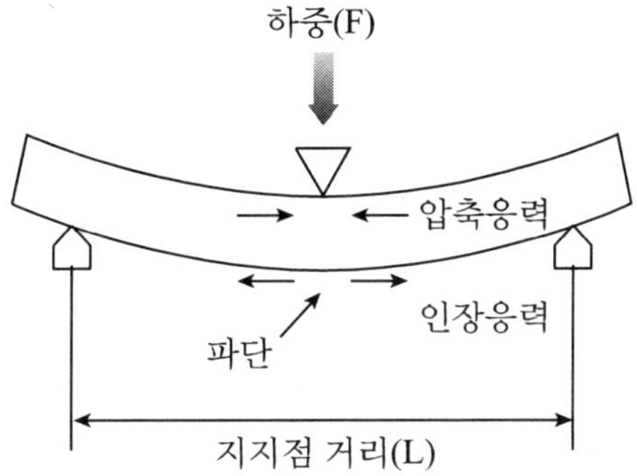

그림 4-6
3점 굴곡시험법

시료가 구부러지기 시작하면 시험편 아랫면은 인장응력을 받는데, 그 최대치는 중앙의 지지봉의 위치에 집중된다. 대부분의 세라믹스재료의 경우, 압축응력은 인장응력보다 1승 정도 높기 때문에 파괴는 아랫면부터 시작된다.

$$\sigma_F = \frac{3F_f L}{2wh^2} \tag{4-12}$$

여기서, F_t : 파단 시 하중

L : 지지 봉 간의 거리

w : 시험편 폭

h : 시험편 두께

탄성영역에서 굴곡탄성율(E_f)은,

$$E_F = \frac{F_f L^3}{4wh^3\sigma} \tag{4-13}$$

로 정의되고, 여기서 δ는 굴곡시험 중에 시료가 받은 휨량이다.

5. 크리프시험

가스터빈이나 제트엔진 등의 터빈 블레이드는 장시간에 걸쳐 1,200℃ 이상의 고온연소가스에 노출된다. 또 보일러, 고온의 화학반응용기, 원자력 압력용기 등은 고온에서 장시간 운전된다. 이처럼 고온 환경에서는 부하응력이 항복강도 이하라고 해도, 시간의 경과하면 재료는 변형파괴에 이르는 경우가 있다. 이와 같이 높은 고온에서 일정의 응력이 장시간에 걸쳐 재료에 가해졌을 때, 재료의 소성변형이 시간과 함께 진행하여 변형이 증가하는 현상을 크리프(creep)라 한다. 크리프는 보통 재료 융점의 약 1/2 이상의 온도영역에서 발생하는 것으로 본다. 강에서는 일반적으로 500℃ 이상이지만, 납(Pb)은 실온에서도 크리프 현상이 발생한다.

온도를 올려서 재료에 연속적으로 응력을 가해주면 재료는 늘어나고, 최종적으로는 항복강도 이하에서 파괴된다. 근본적으로 크리프는 재료 내부의 전위에 의해 생긴다. 더 고온의 조건에서는 전위는 더 용이하게 확산 또는 전파하여 파괴가 더 쉽게 일어나게 된다. 크리프 측정 장치는 프레임, 시료온도를 유지시

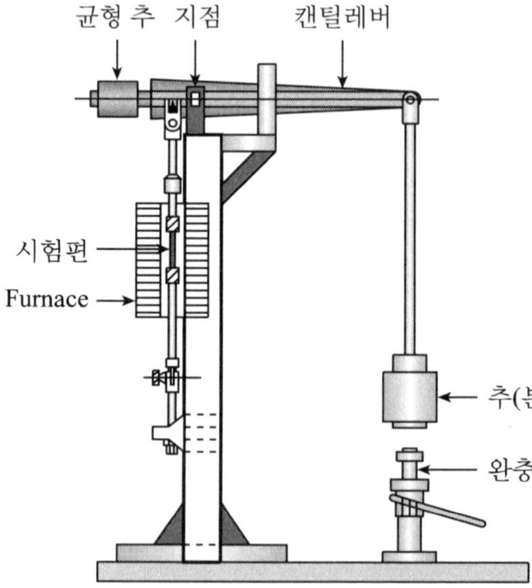

그림 4-7 크리프 시험의 모식도

출처 : 渡辺 義見, 三浦 博己, 三浦 誠司, 渡邊 千尋, 図でよくわかる機械材料学, chap.. 9, p.158, 2010

키기 위한 전기로, 및 시료에 응력을 가해 주기 위해 봉(캔틸레버)을 장착한 모터로 구성된다. 온도는 시료에 열전쌍을 직접 접촉시켜서 측정하고, 시료의 연신은 선형변위변환기(linear displace ment transducer)로 기록한다. 그림 4-7에 크리프 시험장치의 개략도를 나타내었다.

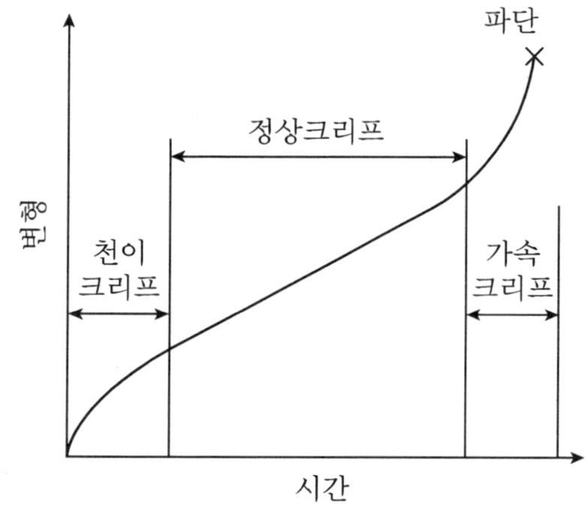

그림 4-8
크리프시험에서의 변형-시간 곡선

크리프 시험의 결과는 변형(ϵ)의 시간의존성으로서 그래프로 표시된다. 그림 4-8의 그래프는 그래프가 3개의 명료한 단계를 거쳐 생성되는 것을 나타내고 있다. 이 단계에서는 크리프의 속도($\dot{C}$)는 처음에는 빠르고, 점차적으로 느리게 된다. 크리프 속도는 변형-시간곡선의 각 점에서의 기울기 변화로 정의된다.

$$\dot{C} = \frac{\Delta\epsilon}{\Delta t} \tag{4-14}$$

2차 크리프(2단계)에서는 전위가 전파되는 속도와 그 이동이 방해받는 속도가 같아져서 결과적으로는 그래프에서 직접적인 영역으로 된다. 3차 크리프(제3단계)가 시작되면, 변형속도가 급격하게 빠르게 되고 파괴에 이르기까지 계속된다. 크리프 특성은 라슨밀러변수(LM)에 의해 표기된다.

$$\mu = \frac{-\epsilon_{횡방향}}{\epsilon_{종방향}} \tag{4-7}$$

$$LM = \frac{T}{1000}(A + B\ln t) \tag{4-15}$$

여기서, T : 온도(단위는 캘빈, K)
A alc B : 재료별 실험정수
t : 파괴까지의 시간(단위는 분)

6. 경도시험

경도(hardness)는 재료의 강도를 나타내는 성질의 하나이다. 경도를 알면 재료의 어느 정도의 성질을 추정하는 것이 가능하며, 경도시험은 비교적 간단하기 때문에 널리 이용되는 성질이다. 단, 경도는 기계부품에는 중요한 재료선택 기준이지만 구조물의 설계에는 직접적으로 이용되는 경우는 드물다. 경도는 재질 및 형상이 정해진 압자를 소정의 방법으로 재료에 눌렀을 때, 재료가 나타내는 변형저항으로 측정한다. 경도시험은 크게 2가지 방법으로 분류한다.

① 일정한 형태의 물질을 재료에 눌러서 이때 생기는 압흔의 크기로부터 구하는 방법이다. 브리넬(Brinel), 비커스(Vickers), 록크웰(Rockwell), 누프(Knoop) 등의 시험법이 있다.

② 일정한 형상과 질량을 가진 해머를 정해진 높이에서 재료표면에 떨어뜨려서, 그 때 튀어 오르는 높이로부터 경도를 구하는 방법으로서, 쇼어경도(Shore) 시험법이 있다.

표 4-3 각종 경도시험방법

<table>
<tr><th>종류</th><th>사용하는 것</th><th>약호</th><th>방법</th><th>원리</th><th>특징</th></tr>
<tr><td rowspan="2">브리넬경도</td><td>강구</td><td>HBS</td><td rowspan="5">시험편을
일정하중으로
누른다.</td><td rowspan="3">경도가 클수록 생기는 압흔의 표면적이 작다.</td><td rowspan="2">정확
측정 흔적이 남는다.</td></tr>
<tr><td>초경합금구</td><td>HBW</td></tr>
<tr><td>비커스경도</td><td>다이아몬드 사각추</td><td>HV</td><td>작은 시료
측정 가능</td></tr>
<tr><td rowspan="2">록크웰경도</td><td>강구</td><td>HRB</td><td rowspan="2">경도가 클수록 압흔의 깊이가 얕다.</td><td rowspan="2">측정데이터
즉시 확인</td></tr>
<tr><td>다이아몬드 삼각추</td><td>HRC</td></tr>
<tr><td>쇼어경도</td><td>다이아몬드가
장착된 해머</td><td>HS</td><td>자유낙하</td><td>경도가 클수록 더 높이 튀어 오른다.</td><td>즉시 확인
장치 간단</td></tr>
</table>

이런 시험방법 중에서, 많이 이용되는 방법이 비커스 경도 시험법이다(그림 4-9). 이 방법은 대면각 136도(α)의 다이아몬드 4각 압추를 이용한다. 일반적으로 0.049 ~ 490 N (5 ~ 50 kgf)의 범위의 하중으로 재료 표면에 눌러서 압흔의 크기로 경도를 측정한다. 하중은 재료의 경도에 따라 적정하게 선택한다. 비커스경도 HV와 측정하중 F(단위 [N]), 압자에 의해 생긴 정방형 압흔의 대각선의 평균길이 d [mm]와의 사이에는 다음 식과 같은 관계가 있다.

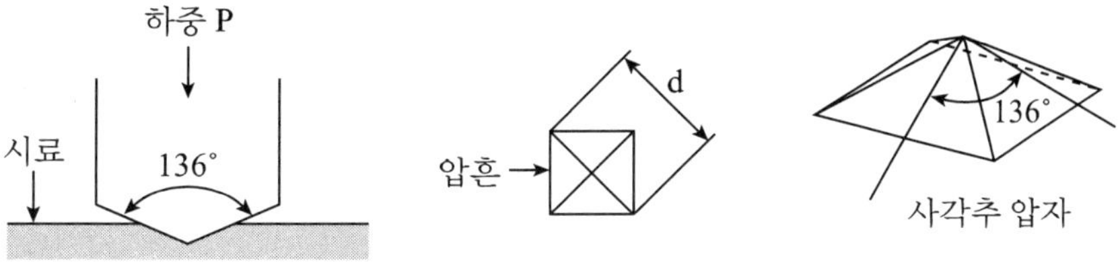

그림 4-9
비커스 경도

$$HV = \frac{1.854F}{d^2} \tag{4-16}$$

비커스 경도의 단위는 응력, 예로서는 [kgf/mm^2]이지만, 일반적으로는 무차원으로 표시한다. 브리넬 경도와 비커스 경도는 비슷한 근사치를 갖는다.

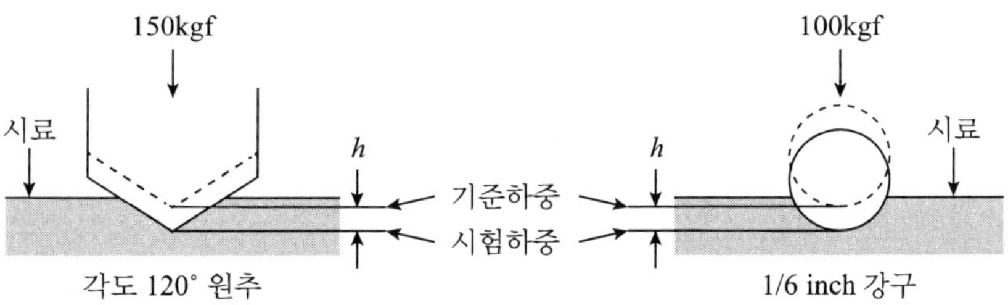

그림 4-10
록크웰 경도

그림 4-10에 나타낸 바와 같이 여러 종류의 압자로 기준하중을 가해 압입한 후, 시험하중으로 추가 압입하고 다시 기준하중으로 되돌렸을 때, 기준하중에 대한 압흔의 깊이의 차이로부터 구해지는 값을 록크웰 경도(HR)라 한다. 일반적으로 120도의 다이아몬드 원추형 압자에 의한 C스케일 및 직경 1/6인치의 강구에 의한 B스케일이 이용된다.

▌ C스케일

다음 식과 같이 기준 하중 10 kg을 가한 후, 시험하중을 150 kg으로 하여 누른 후 하중을 제거했을 때의 압흔 깊이의 차이를 얻는다.

$$HRC = 100 - 500h \ (\mathrm{mm}) \tag{4-17}$$

여기서, h는 2/1,000mm 정밀도의 다이얼 게이지로 측정한다.

▌ B스케일

기준하중 10 kg을 가한 후, 그 후 시험하중 100 kg으로 하여 누른 후, 하중을 제거했을 때 압흔 깊이의 차이로부터 경도 값을 얻는다.

$$HRB = 130 - 500h \ (\mathrm{mm}) \tag{4-18}$$

록크웰 경도 시험은 간단하지만, 압흔이 과도하게 깊은 경우에는 마이너스 값으로 되기 때문에, 시료에 따라 스케일의 변경이 필요하다.

끝 부분에 다이아몬드가 박혀 있는 일정한 무게와 형상을 가진 강재 해머를 정해진 높이 h_0에서 시료표면에 자유 낙하시켜, 튀어 오르는 높이 g를 경도의 척도로 하며, 다음 식으로 얻어지는 값을 쇼어경도(HS)라고 부른다.

$$HS = \frac{1000}{65} \times \frac{h}{h_0} \tag{4-19}$$

일반적으로 이용되는 D형에서는 h_0 = 19.05 mm, 해머의 질량은 36 g이다. 결과는 다이얼게이지로 측정한다. 쇼어경도는 압흔 형성에 소비된 에너지를 평가하는 것이다.

경도는 원자 간의 결합력과 관계가 있기 때문에 강도와 등가로 되어, 브리넬 경도(비커스 경도)와 인장강도와의 사이에는 어떤 범위에서는 다음과 같은 관계가 있다.

$$\text{인장강도}(TS) \fallingdotseq \frac{10}{3} \times HB \ (\text{또는 } HV) \tag{4-20}$$

여기서, 인장강도의 단위는 [MPa]이다. 따라서 인장시험을 하기 어려운 크기의 재료도 경도를 측정하는 것에 의해, 인장강도를 어느 정도 추정할 수가 있다. 경도 및 인장강도는 모두 재료의 소성변형에 대한 저항성과 관련되기 때문에, 이들 2개의 성질에는 대략적인 상관관계가 성립한다. 인장강도는 브리넬 경도를 사용하여, 대략 다음 식으로 계산할 수 있다.

$$\sigma_s(\mathrm{psi}) = 500 \times HB \tag{4-21}$$

$$\sigma_s(\mathrm{MPa}) = 3.45 \times HB \tag{4-22}$$

많은 광물시료나 유리를 포함하는 몇 가지 재료에서는 구체의 압입에 의한 국소적인 큰 힘에 의해 시료가 부서져 버리기 때문에, 여기서 나타낸 방법으로는 평가할 수 없다. 그런 경우에는 미소경도시험법이 필요하다. 저 하중(수 그램)의 다이아몬드 압자로 시료를 눌러서 발생한 압흔으로부터 경도를 구한다. 압자의 형상은 피라미드형 또는 완만하게 둥근 모양이다.

탄소강에 대한 브리넬 경도와 인장강도와의 관계를 그림 4-11에 나타냈다. 표 4-4에는 브리넬, 비커스, 록크웰, 쇼어경도와 인장강도의 관계를 나타냈다.

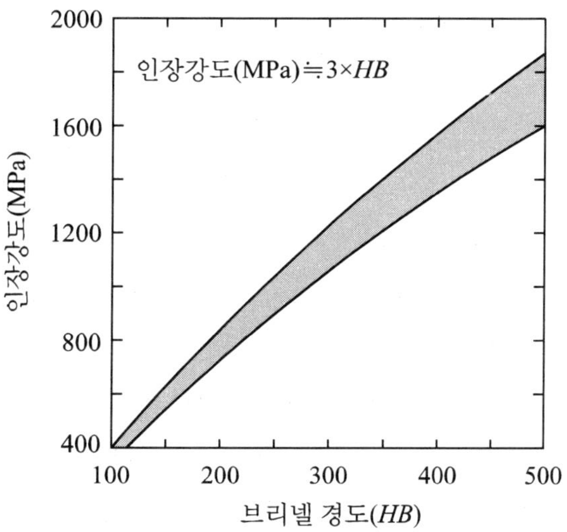

그림 4-11
탄소강의 브리넬 경도와 인장강도와의 관계

출처 : 富士明良, 工業材料入門, chap.2, p.38, 東京電機大学出版局, 2009.

표 4-4 탄소강의 각종 경도와 인장강도와의 근사값 비교표

비커스 HV	브리넬 HB, 표준구	록크웰		쇼어 HS	인장강도 근사값[MPa]
		HRB	HRC		
90	86	48	–	–	–
100	95	56.2	–	–	–
130	124	71.2	–	20	430
150	143	78.7	–	24	500
200	190	91.5	–	29	650
250	238	–	22.2	36	800
300	284	–	47.5	42	1000
350	331	–	35.5	48.5	1100
400	379	–	40.8	55	1280
450	425	–	45.3	60.5	1500
500	465	–	48.4	66	1700

7. 충격시험

인성(toughness)은 부서지기 쉬운 성질과 반대인 성질로서, 인장 시험에 있어서의 연신율의 크기 또는 수축률에 의해 인성에 대한 대체적인 판단을 할 수 있으나, 이는 불충분하므로 일반적으로 충격 시험(impact test)에 의해 인성을 판정한다. 충격(impact)이란 그림 4-12에 나타낸 것처럼 재료에 순간적인 힘, 즉 충격력이 가해진 상태로서, 재료는 가혹한 응력을 받고 있는 상태이다.

충격하중을 받았을 때의 재료의 특성이 충격특성(impact property)이고, 재료의 강인함 소위 인성(tough ness)을 나타내는 지표이다. 인성은 저온에서 사용하는 구조물에는 특별하게 중요한 특성이다. 일반적으로 인장강도가 큰 재료는 인성이 작고, 연성이 큰 재료는 인성이 크다. 충격시험법 중에서 대표적인 방법으로 그림 4-13에 나타낸 샤르피(Charpy) 충격시험법이 있다. 시험편은 그림 4-13(c)에 나타낸 바와 같이 단면이 10 mm × 10 mm, 길이 55 mm의 직방체로, 긴 방향 중앙부에 2 mm 깊이의 V자형 노치가 파여져 있다. 시험에는 샤르피 충격시험기를 이용한다. 이 시험기는 끝부분에 반경 2mm의 나이프를 장착한

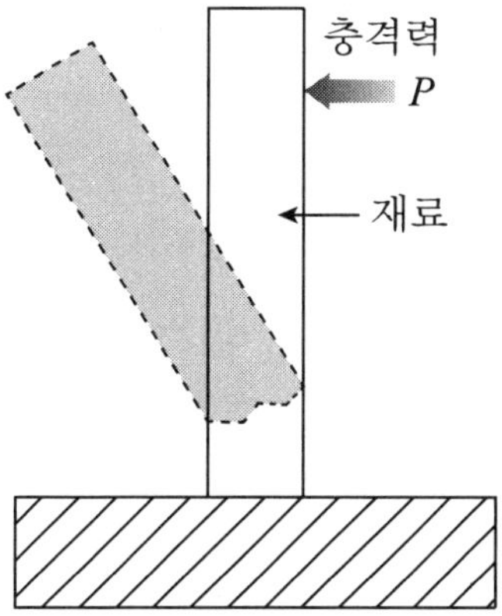

그림 4-12 충격변형

출처 : 富士明良, 工業材料入門, chap.2, p.39, 東京電機大学出版局, 2009.

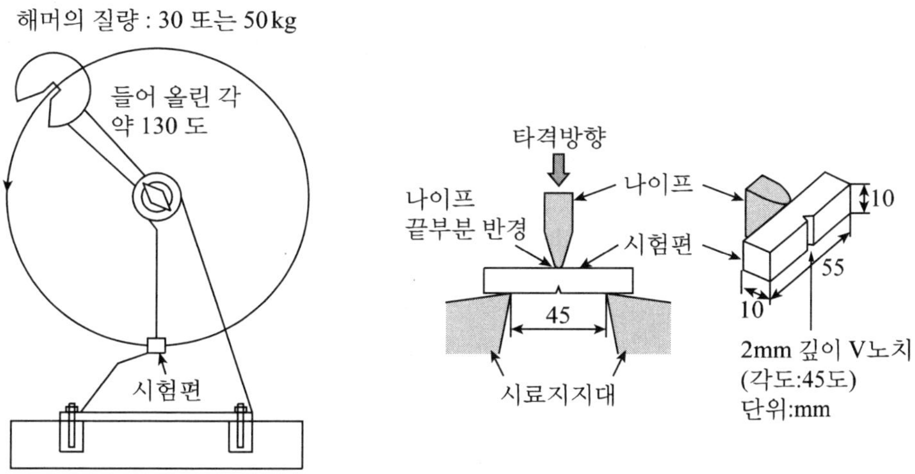

(a) 시험기(모식도) (b) 시험방법 (c) 시험편

출처 : 富士明良, 工業材料入門, chap.2, p.39, 東京電機大学出版局, 2009.

그림 4-13 샤르피 충격시험법

질량 30 kg 또는 50 kg의 해머를 가지고 있다. 이 해머를 130도까지 들어 올린 다음, 해머를 내려서 시험편에 충격을 가한다[그림 4-13(a), (b)]. 시험편을 충격하여 파단 시킨 해머는 반대쪽으로 상승하는데, 그 상승 최고 각도를 측정하여 초기각도(130도)와의 차이로부터 흡수에너지(파단에 필요한 에너지)를 구한다.

인성의 척도는 흡수에너지(absorbed energy)로 표현되고, SI단위로는 [J], cgs 단위로는 [kgf・m]으로 된다. 흡수에너지를 시험편의 단면적으로 나눈 값을 충격치(impact value)라 한다. [J/m^2] 또는 [(kgf・m)/mm^2]으로 표시한다. 그림 4-12(c)에 나타낸 표준적인 샤르피 시험편의 단면적은 노치 부분을 제외하면 80 mm^2 (8 mm × 10 mm)이 된다. 저탄소강을 비롯해서 bcc구조의 재료는 보통 저온으로 되면 인성이 저하한다. 충격시험편을 파단하기 위해서 필요한 에너지는 다음 식에 의해 구한다.

$$E = M \times (\cos\beta - \cos\alpha) \tag{4-23}$$

$$M = W \times Y \tag{4-24}$$

여기서, E : 시험편을 파단 시키기 위해 필요한 에너지[J]

M : 진자 회전축 주위의 모멘트[N・m]

W : 진자의 질량에 의한 부하[N]

r : 진자의 회전축 중심에서 중심까지의 거리[m]

α : 진자의 들어 올린 각도

β : 시험편 절단 후 진자가 이동한 각도

또한 샤르피 충격시험에서 얻어진 에너지 단위를 표 4.5에 나타냈다.

충격시험은 여러 온도조건에서 반복해서 할 수 있어서 금속, 세라믹스 및 고분자에 쉽게 적용할 수 있다. 그러나 복합재료에는 적용하기 어려운 경향이 있다. 복합재료는 더 복잡한 파괴양상을 나타내기 때문에 이런 단순한 시험방법으로 얻어진 수치로는 한계가 있기 때문이다.

표 4-5 샤르피 충격시험의 단위

명칭	정의	cgs단위	SI단위
흡수에너지 (absorbed energy)	측정값으로부터 구한 것	kgf・m	J
충격 값 (impact value)	흡수에너지를 시험편의 단면적으로 나눈 것	kgf・m/m^2	J/m^2

8. 피로시험

항복강도 이하에서도 반복응력이 작용하면 재료는 결국 파괴된다. 이런 반복응력에 의한 파괴를 피로라고 부른다. 모든 재료는 피로하는데 금속에서는 특히 중요하다. 피로시험의 목적은 재료가 받는 특정 응력 수준에서 파괴할 때까지 받은 반복응력의 횟수(피로수명)와 파괴가 일어날 확률이 50% 이하로 되는 응력값(피로한계)을 결정하는 것이다.

기계구조물 또는 건축구조물 등 모든 구조물이나 기기, 장치에는 진동이 발생한다. 이 진동에 따르는 기계적 특성이 피로(fatigue)로서 구조물이나 기기, 장치에 있어서는 방지해야 할 현상이다. 설계나 시공에 착오가 없다면, 구조물 등의 파괴는 거의 피로에 기인한다고 볼 수 있다. 피로는 재료에 반복하여 인장, 압축, 인장－압축, 비틀림 또는 전단 등의 응력이 가해진 상태를 말한다. 예를 들면, 자동차의 서스펜션과 같이 도로의 요철에 대응하여 타이어가 진동하면 코일이 늘어나거나 수축하는 상태이다.

가장 일반적인 피로시험은 캔틸레버 시험으로, 그림 4-14와 같이 구성되어 있다. 원기둥 형태의 시험편의 끝 부분을 바이스에 고정시키고, 반대쪽에 하중 또는 천평봉을 부착한다. 그림 4-14에 나타낸 바와 같이, 모터가 회전하면 시험편에는 연속적인 압축 및 인장력이 가해진다. 장치는 시험편이 파단될 때까지 계속하여 가해준 응력의 횟수를 기록한다. 각 시험편의 응력진폭 S는 아래 식으로 계산된다.

$$S = \frac{10.18\, l_m}{d^3} \tag{4-25}$$

여기서, L : 시험편의 길이
m : 가해준 하중 또는 천칭봉의 질량
d : 시험편의 직경

그림 4-14
캔틸레버 빔 시험도구

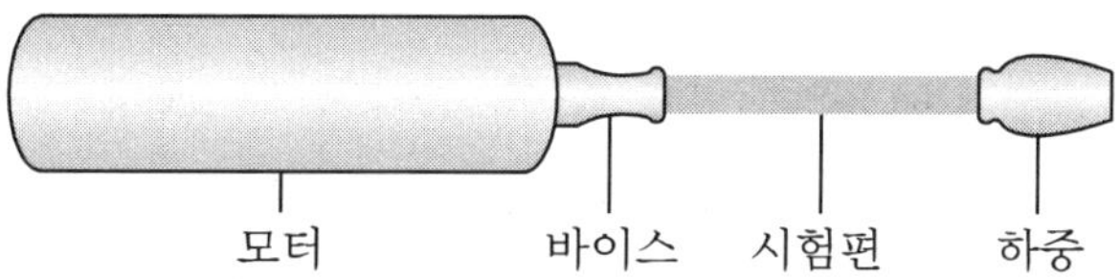

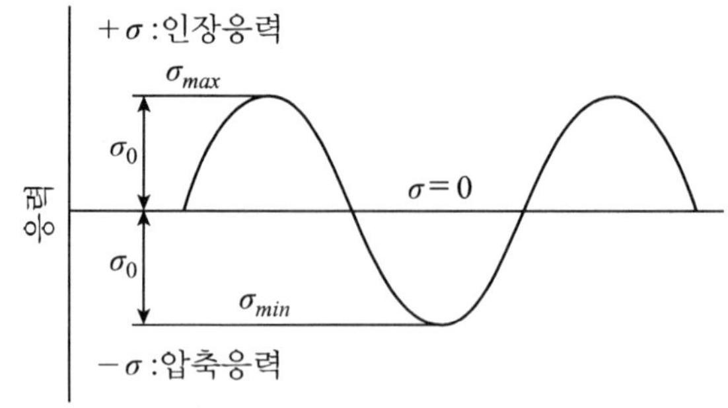

그림 4-15
피로시험의 반복 응력

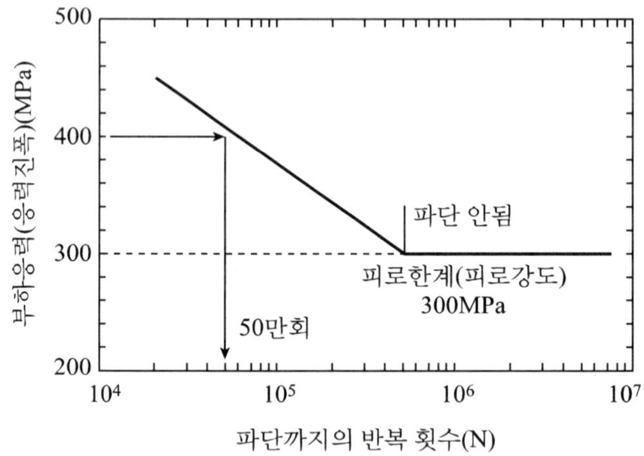

그림 4-16
피로시험에서 얻어진 S-N곡선

출처 : 富士明良, 工業材料入門, chap.2, p.41, 東京電機大学出版局, 2009.

그림 4-15에서와 같이 반복적으로 가해지는 응력(stress : S)과 재료가 파괴될 때까지의 반복 수(number : N), 즉 수명과의 관계를 나타낸 그래프를 응력－반복선도(S-N선도) 또는 웰러선도(Wöhler curve)라 한다(그림 4-16). 가해준 응력이 높아짐에 따라 파단까지의 횟수(수명)는 줄어든다.

한편 가해준 응력이 작아질수록 수명은 늘어나고, 어느 일정한 응력 하에서는 재료는 파단하지 않게 된다. 파단이 발생하지 않는 최대의 응력을 피로한계(fatigue limit) 또는 피로강도(fatigue strength)라 한다. 그림에서는 예를 들면, 부하응력이 400 MPa의 경우 약 50만회의 반복하면 파단이 생기고, 또 피로한계는 300 MPa이다. 일반적으로 철강과 같은 bcc구조의 재료에는 피로한계가 존재하지만 알루미늄, 니켈, 동과 같은 fcc계 재료는 명확한 피로한계가 없고, 반복횟수의 증가에 따라 피로강도는 완만하게 저하한다(그림 4-17). 동일 재료, 동일 응력의 조건에서도 부식 환경 하에서는 피로한도는 일반적으로 낮아진다.

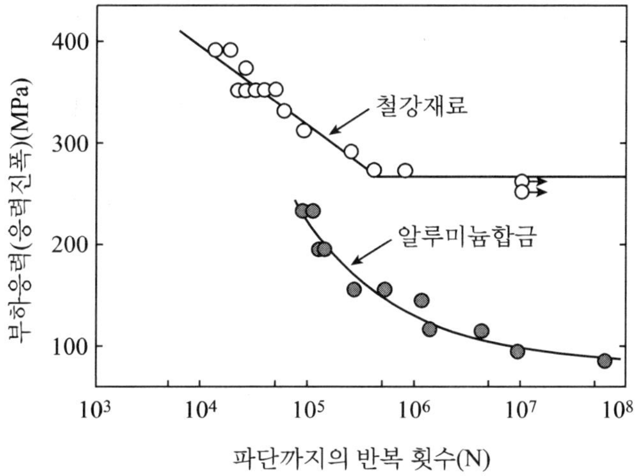

그림 4-17 철강재료와 알루미늄합금의 S-N곡선

출처 : 中島尚正 외 7인, 機械工学ハンドブック, part 2, chap. 6, p. 234, 朝倉書店, 2011.

9. 가속열화시험

대부분의 재료 특성은 빛과 열, 산소 등의 환경에서 장시간 노출되는 것에 의해 변화한다. 따라서 어떤 재료의 특성이 환경조건에 의해 어떻게 경시변화하는가를 평가할 필요가 있다. 가장 확실한 방법은 실험실에서 사용조건을 재현하여, 각종 시험을 재료의 유효한 수명의 범위 내에서 각각 다른 회수만큼 실시하면 된다. 그러나 그런 장시간에 걸친 시험 실시는 비현실적이다. 폴리머 제조사가 새로운 자동차용 도료의 배합을 개발했다고 한다면, 많은 샘플용 자동차를 실제로 도장하여 각각 크게 조건이 서로 다른 장소에 15년간 이상 방치할 필요가 있다. 이렇게 한다면 15년 사이에 전혀 제품을 팔 수 없고, 다른 회사가 더 좋은 것을 개발할지도 모른다. 그것에 대신하여 실제의 사용 환경과는 다른 가혹한 조건을 가하여 단기간에 평가할 수 있는 가속열화시험을 실시한다. 반응속도론은 화학반응이 기본적으로 온도에 의존하는 것을 나타내고 있어서, 온도는 반응속도에 현저한 영향을 미친다. 예를 들면, 엔진의 금속부품이 200℃의 대기 중(약 21% 산소)에서 약 6개월간의 사용이 예상될 때, 온도를

300℃ 이상으로 올리면 짧은 시간에 동등한 반응을 일으키게 할 수가 있다. 아레니우스식은 온도와 시간의 관계를 나타내는 것으로, 대부분의 재료의 특성은 다음 식에 따라 변화한다.

$$\frac{dG}{dt} = A_0 \exp\left(\frac{-E_A}{RT}\right) \tag{4-26}$$

여기서, G : 목적으로 하는 특성

t : 시간

E_A : 활성화에너지

R : 기체상수

A_0 : 빈도인자(정수)

T : 온도

참고문헌

1) James Newell, Essentials of Modern Materials Science and Engineering, chapter 3, John wiley & Sons, 2009.
2) 富士 明良, 工業材料入門, chap. 2, 東京電機大學出版局, 2009
3) 瀧澤 博胤, 關野 徹, 林 大和 譯, 材料科學 · 材料工學, chapter 3, 東京化學同人, 2012
4) William D. Callister, Materials Science and Engineering An Introduction, Part 2, Chap.1, Mechanical Properties of Metallic Materials, John Wiley & Sons, Inc., 2000
5) 萩原 芳樹, ハンディブック機械, Ohmsha, chap. 4, p.86, 2007
6) 渡辺 義見, 三浦 博己, 三浦 誠司, 渡邊 千尋, 図でよくわかる機械材料學, chap. 9, p.158, 2010
7) 野口 徹, 中村 孝, 機械材料工學, chap. 6, 2001
8) 莊司 郁夫, 小山 眞司, 井上 雅博, 山內 啓, 安藤 哲也, 機械材料科學, chap. 6, 2014
9) 中島 尙正 외 7인, 機械工學ハンドブック, part, chap. 2, 朝倉書店, 2011

연습문제

4-1 금속과 고분자 섬유, 고무(탄성체 ; elastomer)의 응력－변형곡선을 그리고 차이점을 설명하시오.

4-2 브리넬 경도와 비커스 경도의 특징을 설명하시오.

4-3 길이 400 mm의 저탄소강(봉강)에 인장하중을 가하여 0.15 mm 늘어났다.

a. 변형을 구하라.

b. 응력을 구하시오.

c. 봉강의 직경이 20 mm일 때, 하중을 구하시오

4-4 인장시험 전 및 시험 후의 형상과, 항복하중 및 최대하중이 다음의 표와 그림과 같을 때, 인장성질(시험 전후의 단면적, 항복강도, 인장강도, 연신율)을 구하시오.

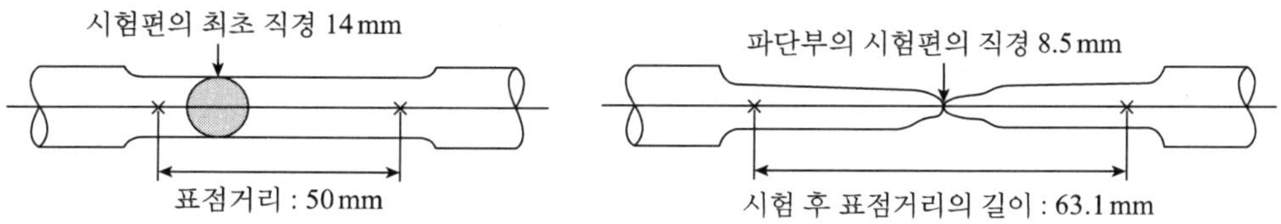

(a) 인장시험 전 시험편의 형상 (b) 인장시험 후 시험편의 상태

▌ 시험 전과 후의 인장시험편의 상태

▌ 인장시험 전후의 시험편의 변화와 각 하중

명칭	시험 전	시험 후
직경(mm)	14	8.5
표점거리(mm)	50	63.1

5

chapter

금속재료

1. 금속의 개요

1.1 재료로서의 금속

금속재료는 일반적으로 단단하고 연성, 전성이 있으며, 열전도율과 전기전도도가 높아 다양한 용도로 사용되고 있다. 주기율표에 있는 118개의 원소 중 4분의 3 정도가 금속원소에 해당되며, Si, Ge 등의 준금속을 금속의 정의에 포함시키는 경우도 있다(그림 5-1). 금속재료는 응용분야에 따라 기계류, 부품소재, 자동차, 선박, 항공기 몸체를 비롯한 여러 분야에 주요재료로 사용되어 왔다. 건설현장 및 수용용 관로에 사용되는 강판용 금속재료는 높은 구조특성, 고장력, 극저온인성, 용접성 등이 요구되고 있다. 또한 전기전자, 자동차, 원자력, 우주산업 등에서는 초내열성, 구조특성, 수소저장성 등의 특성이 요구되고 있다. 이러한 특성을 구현하기 위해 Fe, Al, Cu, Ag, Zn, Pb 등 기존의 보편적인 금속원소에 Be, Ge, Zr, Si, Ti, V 등을 결합시킨 새로운 금속합금 재료가 등장하였다.

1.2 금속의 분류

금속은 일반적으로 화학적으로 안정하여 녹이 슬지 않고 내약품성이 우수한 Au, Pt, Ag 등과 같은 귀금속과, 녹이 잘 슬고 화학약품에 녹기 쉬운 Fe, Zn, Pb 등과 같은 비금속으로 나눈다. 비중에 따라 분류하기도 하는데 Hg, Cd, Mn과 같이 비중이 4.5 이상인 것을 중금속, Mg, Al 등과 같이 비중이 4.5 이하인 금속을 경금속이라 한다(표 5-1). 금속원소의 원자구조에 따라 분류할 때는 d 또는 f 오비탈의 빈자리에 전자가 차례로 채워지는 전이금속(transition metal)과 그렇지 않은 금속으로 구분한다.

Metals (main-group)
Metals (transition)
Metals (inner transition)
Metalloids
Nonmetals

1 **H** 1.008																	2 **He** 4.003
3 **Li** 6.941	4 **Be** 9.012											5 **B** 10.81	6 **C** 12.01	7 **N** 14.01	8 **O** 16.00	9 **F** 19.00	10 **Ne** 20.18
11 **Na** 22.99	12 **Mg** 24.31											13 **Al** 26.98	14 **Si** 28.09	15 **P** 30.97	16 **S** 32.07	17 **Cl** 35.45	18 **Ar** 39.95
19 **K** 39.10	20 **Ca** 40.08	21 **Sc** 44.96	22 **Ti** 47.88	23 **V** 50.94	24 **Cr** 52.00	25 **Mn** 54.94	26 **Fe** 55.85	27 **Co** 58.93	28 **Ni** 58.69	29 **Cu** 63.55	30 **Zn** 65.39	31 **Ga** 69.72	32 **Ge** 72.61	33 **As** 74.92	34 **Se** 78.96	35 **Br** 79.90	36 **Kr** 83.80
37 **Rb** 85.47	38 **Sr** 87.62	39 **Y** 88.91	40 **Zr** 91.22	41 **Nb** 92.91	42 **Mo** 95.94	43 **Tc** (98)	44 **Ru** 101.1	45 **Rh** 102.9	46 **Pd** 106.4	47 **Ag** 107.9	48 **Cd** 112.4	49 **In** 114.8	50 **Sn** 118.7	51 **Sb** 121.8	52 **Te** 127.6	53 **I** 126.9	54 **Xe** 131.3
55 **Cs** 132.9	56 **Ba** 137.3	57 **La** 138.9	72 **Hf** 178.5	73 **Ta** 180.9	74 **W** 183.9	75 **Re** 186.2	76 **Os** 190.2	77 **Ir** 192.2	78 **Pt** 195.1	79 **Au** 197.0	80 **Hg** 200.6	81 **Tl** 204.4	82 **Pb** 207.2	83 **Bi** 209.0	84 **Po** (209)	85 **At** (210)	86 **Rn** (222)
87 **Fr** (223)	88 **Ra** (226)	89 **Ac** (227)	104 **Rf** (261)	105 **Db** (262)	106 **Sg** (266)	107 **Bh** (262)	108 **Hs** (265)	109 **Mt** (266)	110 **Ds** (269)	111 **Rg** (272)	112 **Cn** (277)	113 **Nh** (285)	114 **Fl** (285)	115 **Mc** (290)	116 **Lv** (293)	117 **Ts** (294)	118 **Og** (294)

58 **Ce** 140.1	59 **Pr** 140.9	60 **Nd** 144.2	61 **Pm** (145)	62 **Sm** 150.4	63 **Eu** 152.0	64 **Gd** 157.3	65 **Tb** 158.9	66 **Dy** 162.5	67 **Ho** 164.9	68 **Er** 167.3	69 **Tm** 168.9	70 **Yb** 173.0	71 **Lu** 175.0
90 **Th** 232.0	91 **Pa** (231)	92 **U** 238.0	93 **Np** (237)	94 **Pu** (242)	95 **Am** (243)	96 **Cm** (247)	97 **Bk** (247)	98 **Cf** (251)	99 **Es** (252)	100 **Fm** (257)	101 **Md** (258)	102 **No** (259)	103 **Lr** (260)

그림 5-1 주기율표에서의 금속 원소

표 5-1 금속의 분류				
구분	종류	구분		종류
보통금속	Fe, Al, Zn, Pb, Sn, Ni, Mg, Hg	기타	알칼리 금속	Na, K
합금용 금속	Mn, Cr, Mo, W, Sb, Cd, Co, Bi, V		알칼리 토금속	Ca, Sr, Ba
귀금속	Au, Ag, Pt, Os, Ir, Pd		희토류 원소	Li, Th 등
			방사성 원소	La, Ce

1.3 금속의 특성

금속의 결정 내부를 살펴보면 금속원자는 양이온으로 되어 결정격자를 만들고, 양이온 사이를 자유롭게 움직이는 자유전자가 여러 양이온들을 결합시키는 역할을 하여 금속결합(metal bond)을 이룬다. 금속이 특유한 성질을 나타내는 원인은 이 자유전자 때문이다. 기체(증기)상태의 금속과 고체상태의 금속 내부의 전자상태를 살펴보자. 금속 증기 중의 고립(금속)원자가 전자를 끌어들이는 에너지는 양자수로 결정되는 불연속 적인 값을 갖는다. 금속고체에서는 원자가 상호작용을 하기 때문에 전자를 끌어당기는 에너지 값은 어느 범위의 에너지 값을 갖는데, 이를 에너지대(energy band)라 한다. 이 에너지밴드의 폭은 전자가 각각의 원자에 강하게 결합되어 있을수록 좁고, 약하게 결합되어 있으면 넓다.

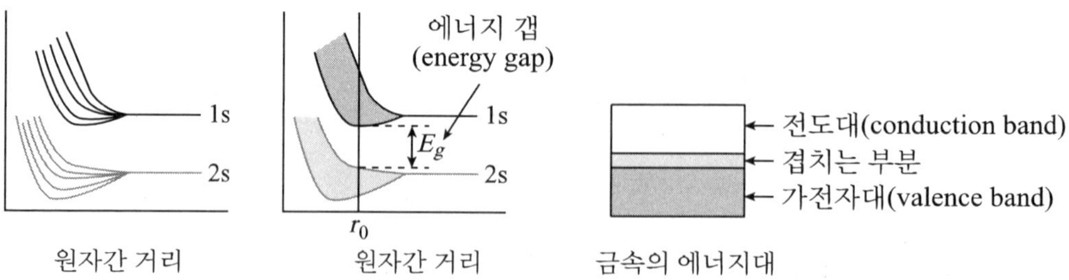

(a) 금속 원자의 에너지 밴드 (b) 금속 고체의 에너지 밴드

그림 5-2 금속원소의 에너지 밴드

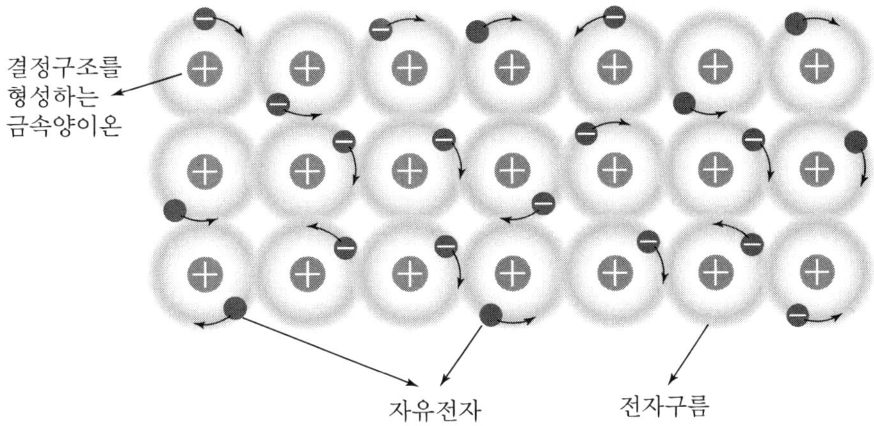

그림 5-3 금속결합

금속은 대부분 상온에서 결정 구조를 가진 고체 상태이며(수은 예외), 금속결합으로 인해 다음과 같은 특징을 가지고 있다. 금속은 빛을 잘 반사하며, 고유한 색을 가지고 있다. 일반적으로 금속은 연성과 전성이 좋으며, 특히 금과 구리, 알루미늄은 전성과 연성이 우수하다.

금속은 녹는점이 일정한데, 수은의 녹는점이 가장 낮아 약 −38.9℃이고, 철은 약 1539℃, 텅스텐은 금속 중에서 녹는점이 최고로 높은 3410℃이다. 금속은 일반적으로 합금을 만들거나 다른 원소가 불순물로 들어가면 녹는점이 낮아진다. 금속은 전기 및 열에 대한 전도도가 우수하며, 전기 전도도는 은이 가장 크고, 그 다음으로 구리, 금, 알루미늄 및 마그네슘 순이다.

2. 금속 제련

대부분의 금속은 자연계에 산화물의 형태로 존재한다. 금속산화물은 화학처리를 하면 금속으로 환원되는데, 이 공정을 제련이라고 한다. 금속 제련이란 광석에서 철(Fe), 구리(Cu) 등의 금속을 필요한 순도로 추출하는 공정이다. 광석의 제련 공정은 조제련과 정제련으로 나눈다. 광석 내부에 있는 목적 금속의 농도는 높아졌지만 아직도 불순물을 충분히 제거하지 못한 단계까지를 조제련이라 하며, 조제련 제품을 더욱 정련하여 목적금속의 순도까지 높여 사용할 수 있는 단계로 높이는 과정을 정제련이라 한다. 금속 제련방법은 3가지로 나눌 수 있다.

2.1 건식제련

건식제련(야금)법은 금속을 추출하기위하여 주로 이용되는 방법이며, 습식제련이나 전기제련에 비해 속도가 빠른 장점이 있다. 건식법에서는 얻고자 하는 금속과 불순물을 별개의 상(phase)으로 분리함으로써 제련 후의 금속에는 가능한 한 불순물이 포함되지 않도록 한다. 광석과 환원제 및 용제를 섞어서 용광로에 넣고 가열하면 환원 반응이 일어난다. 이 과정에서 광석에 포함된 금속산화물은 환원되어 금속으로 되고, 높은 온도로 인해 금속은 녹아서 용융상태가 된다. 그리고 맥석이나 불순물은 용제와 결합하여 슬래그로 된다. 용융 상태의 금속과 슬래그는 용광로에 고이게 되며, 금속은 아래쪽에 가라앉고 슬래그는 위쪽에 뜬다. 이렇게 하여 금속을 분리해 낼 수 있다. 철의 제련에서는 환원제로 코크스가 쓰이고, 용제로 석회석이 쓰인다. 이 때 제련 슬래그가 불순물을 다량으로 흡수해서 화학 퍼텐셜이 낮은 안정된 상태로 포집된다. 철의 제련과정에서 일어나는 주된 반응은 코크스와 석회석에 의한 산화환원반응이다. 코크스(C)는 철광석을 금속 철로 환원시키는데 필요한 환원제인 CO를 만들기 위해 넣어준다. 또한 석회석($CaCO_3$)은 철광석에 필요한 불순물(주로 SiO_2)을 제거하기 위해 넣는다.

▌ 코크스와 산소의 반응

$$C + O_2 \rightarrow CO_2 \qquad (5\text{-}1)$$

$$CO_2 + C \rightarrow 2CO \qquad (5\text{-}2)$$

▌ 석회석의 SiO_2 제거 반응

$$CaCO_3 \rightarrow CaO + CO_2 \qquad (5\text{-}3)$$

$$CaO + SiO_2 \rightarrow CaSiO_3 \qquad (5\text{-}4)$$

▌ 철광석의 환원반응

$$Fe_2O_3 + 3CO \rightarrow 2Fe + 3CO_2 \tag{5-5}$$

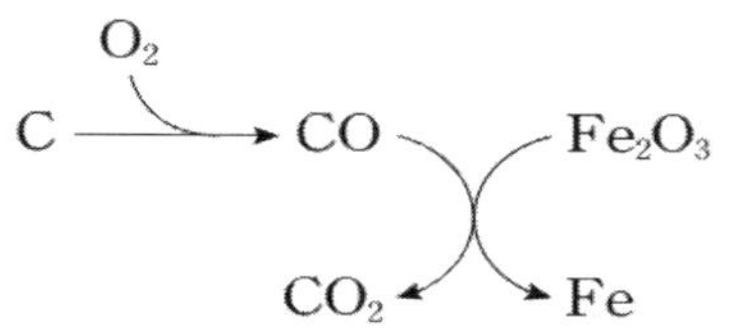

(5-6)

위 식에서 산화되는 물질은 CO (C의 산화수 +2 → +4)이며, 환원되는 물질은 Fe_2O_3 (F의 산화수 +3 → 0)이다. 철(강)의 제조에서 황은 석회 첨가로 CaS로서 슬래그에 포집된다,

2.2 습식제련

금속성분을 많이 포함하고 있지 않은 광석이나 용융시키기 힘든 광석, 가루 형태의 광석 등은 습식 제련으로 하는 것이 더 편리하며 경제적이다. 화학적 친화력이 큰 금속일 경우에는 습식법으로 중간물질을 만들어 이것으로부터 금속을 얻는 방법을 사용하는 것이 더 유리하다. 습식 제련법에서는 금속을 침전시키기 위해 수용액형태로 만든다. 광석을 가루로 만들어 황산, 염산, 수산화나트륨 등의 화학 약품에 녹인 다음 그 수용액을 진하게 농축하여 정제한다. 이것을 다시 전기 분해하여 금속을 골라내거나, 수용액에서 금속 산화물을 얻어 환원제로 환원하여 금속을 얻는 방식이다. 그 예로서 구리의 광석을 잘게 분쇄하여 묽은 황산에 녹이면 황산구리 용액이 되며, 이것을 전기 분해하면 순수한 구리가 얻어진다. 습식야금법은 건식야금법보다 속도가 느리고 비용이 많이 들지만, 저 품위 광석의 추출에 사용할 수 있다.

2.3 전기제련

전기 제련법은 금속 불순물을 양극에서 정제하고, 금속을 전기적으로 추출하는 방법이다. 전기야금법에서는 순도를 99.9%까지 높일 수 있으므로 종종 건식야금 추출공정의 마지막 공정으로 사용된다. 여기서 야금이란 용어는 금속을 그 광석으로부터 추출하고 정련해서 각종 사용 목적에 적합하게 그 조성 및 조직을 조정하고 또 필요한 형태로 만드는 기술을 의미한다. 과정을 분류하면 광석으로부터 금속을 추출하여 정련하는 금속제련, 제련에 의하여 얻어진 금속으로부터 각종 목적에 적합한 성질의 금속과 합금을 만드는 금속재료, 나아가서는 그 금속을 가공·성형하는 금속가공으로 크게 나눌 수 있다.

2.4 광석의 전처리

추출공정에 사용하기 위해 맥석과 유가금속을 분리하여 유가금속덩어리(정광)를 만드는 공정으로서 분쇄, 분류, 분리, 응집 등 4가지 공정으로 나눌 수 있다.

- 분쇄 : 큰 광석을 작은 입자로 분쇄하는 공정
- 분류 : 맥석과 유기금속을 분리하는 공정
- 분리 : 분리는 분류보다 세분화된 공정으로, 부유선광법(flotation process)을 사용한다. 부유선광법은 표면 자유에너지 차이를 이용해 광물을 분리한다(그림 5-4).

광석을 미세하게 분쇄하여 물에 넣고 현탁액을 만든다. 이 현탁액에 광석의 선별효과를 높이기 위하여 기포제, 포집제, pH조절제 등의 부선제를 첨가하고, 현탁액 속에 기포를 불어넣는다. 광석입자 중에서 소수성 표면을 가진 광물이 기포의 표면에 붙어서 액의 표면으로 부상하게 하고, 친수성 표면의 광물은 물 속에 남게 하여 분리하는 방법이다.

- 응집 : 미분말을 보다 큰 덩어리로 만드는 공정으로, 정광을 생성한다. 응집방법에는 온도를 높여가면서 용융온도까지 올려서 소결과 구립화하는 방법 등이 있다.

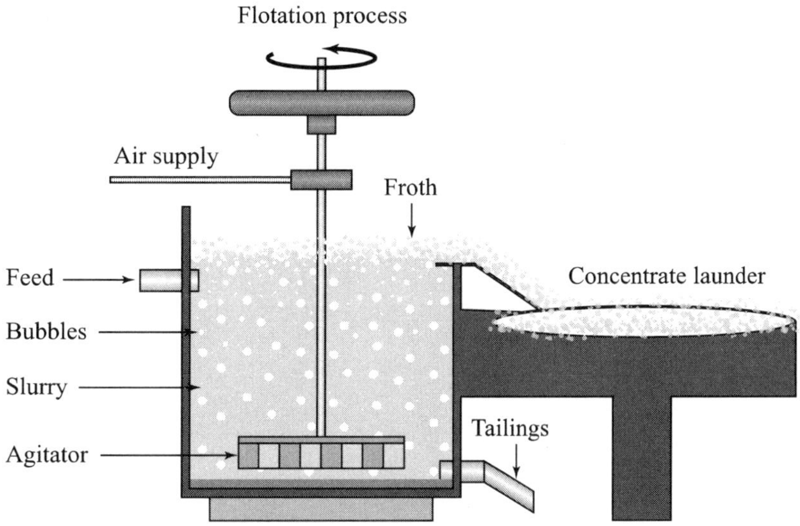

https://www.911metallurgist.com

그림 5-4
부유선광법

3. 제강공정

3.1 제선공정

철을 제련할 때 일어나는 주 반응은 산화철 광석의 코크스 환원반응이다. 현재 주로 사용되고 있는 용광로(고로) 제련공정에서는 환원제로 코크스를 사용하고 있다. 이 고로를 이용한 환원공정이 제선공정이며, 여기에서 선철이 만들어진다(그림 5-5). 철광석과 원료탄(유연탄)을 높이 약 100 m의 고로에 넣은 뒤 1,200℃ 정도의 뜨거운 바람을 불어 넣으면 원료탄이 타면서 나오는 열에 의해 철광석이 녹아 쇳물이 된다. 원료탄이 연소되며 발생하는 일산화탄소(CO)가 철광석과 환원반응을 일으키면서 쇳물이 생산된다. 즉, 원료탄은 철광석을 녹이는 열원으로서의 역할과 동시에 산화철 상태인 철광석에서 산소와 쇳물을 분리시키는 역할을 한다. 고로에 장입된 철광석이 쇳물로 나오기까지는 5~6시간 정도가 소요되고, 이때 쇳물의 온도는 1,500℃까지 올라간다. 이 쇳물에는 철 성분 외에도 탄소(C)나 유황 등 불순물이 함유되어 있다. 이 쇳물을 선철(용선)이라고 한다. 선철은 주물용도로 사용이 가능하며, 3~4%의 탄소를 포함하기 때문에 단단하지만 취성이 있다.

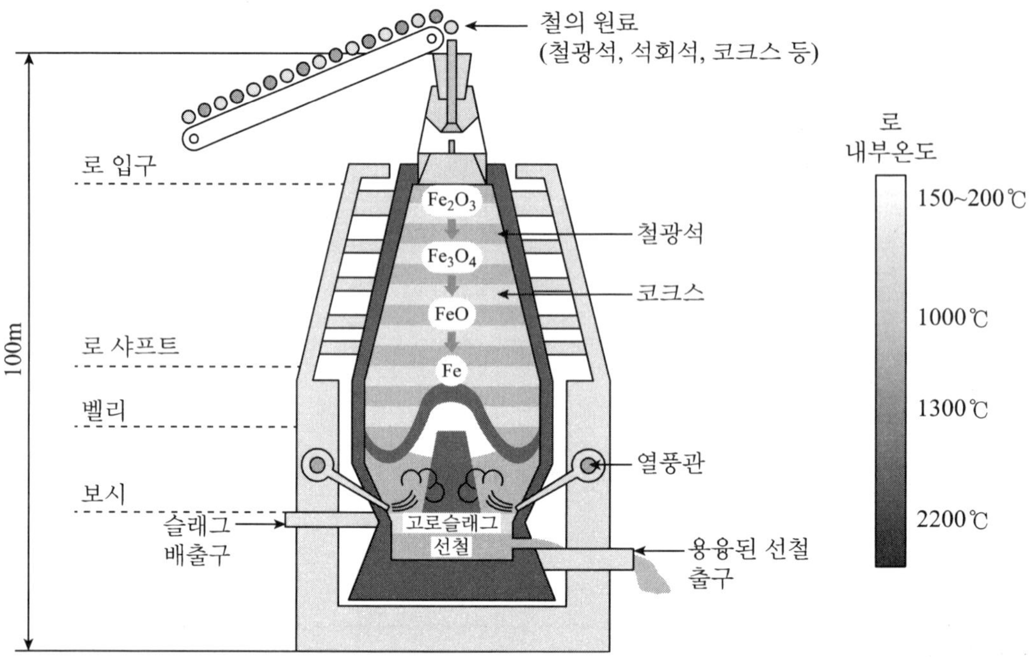

출처 : 三木 貴博 외 7명, 金屬材料が一番わかる, chap. 4, 技術評論社, 2014

그림 5-5 용광로를 이용한 선철의 제조

3.2 제강공정

고로에서 생산된 선철(쇳물)은 탄소(C) 함유량이 많고 인(P), 유황(S)과 같은 불순물이 포함되어 있다. 이 쇳물을 용선이라고 하는데 이를 LD(Linz and Donawitz)전로 또는 전기로에 넣는다. 전로(전기로)는 전극에 전류를 흐르게 만들어 전극과 철스크랩 사이에 발생하는 고온의 아크열(전기 방전 시 발생하는 열)을 이용해 쇳물을 만드는 설비이다(그림 5-6). 전로 속에는 철 스크랩(고철 등)과 용선을 함께 넣은 후 순수한 산소를 불어 넣는다. 이 과정을 통해 인이나 유황, 탄소성분 등 불순물을 제거되며, 특히 탄소함량은 1.5% 이하로 낮춰 인성이 풍부하고 열처리 시 경화성이 있는 강(용강)으로 만들어진다. 이와 같이 기계재료 등으로 사용하기 위하여 선철 중의 탄소, 인, 규소, 황 등의 함유량을 감소시켜 가공하기 쉬운 강을 만드는 공정을 제강공정이라 한다.

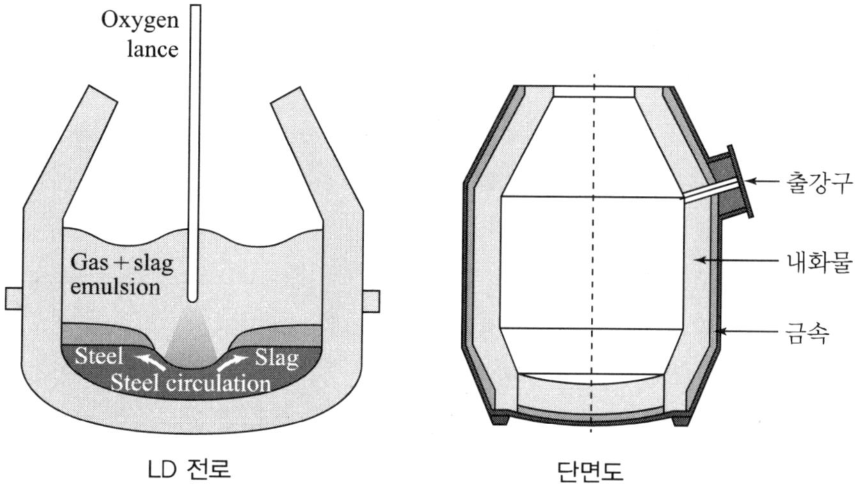

그림 5-6 제강공정에 사용되는 전로

출처 : McGannon, Harold E. editor (1971). The Making, Shaping and Treating of Steel: Ninth Edition. Pittsburgh, Pennsylvania: United States Steel Corporation, and Wikipedia

3.3 강의 종류

강의 종류에는 탄소강과 특수강이 있으며, 철광석으로부터 제조된 철이 탄소만을 소량 함유하는 강을 탄소강이라 한다. 이 탄소강은 탄소함량에 따라 저탄소강, 중탄소강, 고탄소강으로 나눈다. 특수강이란 탄소 이외에 니켈, 크롬 등 각종 금속원소와의 합금으로 만들어져 여러 가지 특성을 갖도록 만든 합금강이다.

4. 금속 가공

제련공정에서 얻어진 순 금속은 단조, 압연, 압출가공, 인발가공 등의 성형가공법에 따라 원하는 형태로 가공된다(그림 5-7). 단조는 해머로 두드리거나 프레스로 압력을 가해 금속을 성형하는 방법이다. 압연은 금속판을 두 개의 롤(roll) 사이에 끼우고 얇게 가공하는 공정이다. 압연공정은 후판을 매우 얇게 가공할 수 있기 때문에 박판성형에 이용된다. 알루미늄호일은 두꺼운 알루미늄괴(ingot)를 압연하여 만든다. 금속의 압출가공은 고분자의 압출가공과 동일한 공정이다. 금속소재가 금형의 출구로 압출되고, 그 다이의 모양과 동일하게 압출된다. 인발가공은 압출가공과 비슷하지만 금형의 틈새 사이로 밀어 내는 것이 아니라, 반대편에서 잡아 당겨 가공한다.

금속재료는 성형가공과정에서 응력을 받아 변형(가공경화) 현상이 일어난다. 이것을 그림 5-8에 나타내었다. 항복강도(σ_{yi}) 이상의 힘이 가해지면 금속은 현

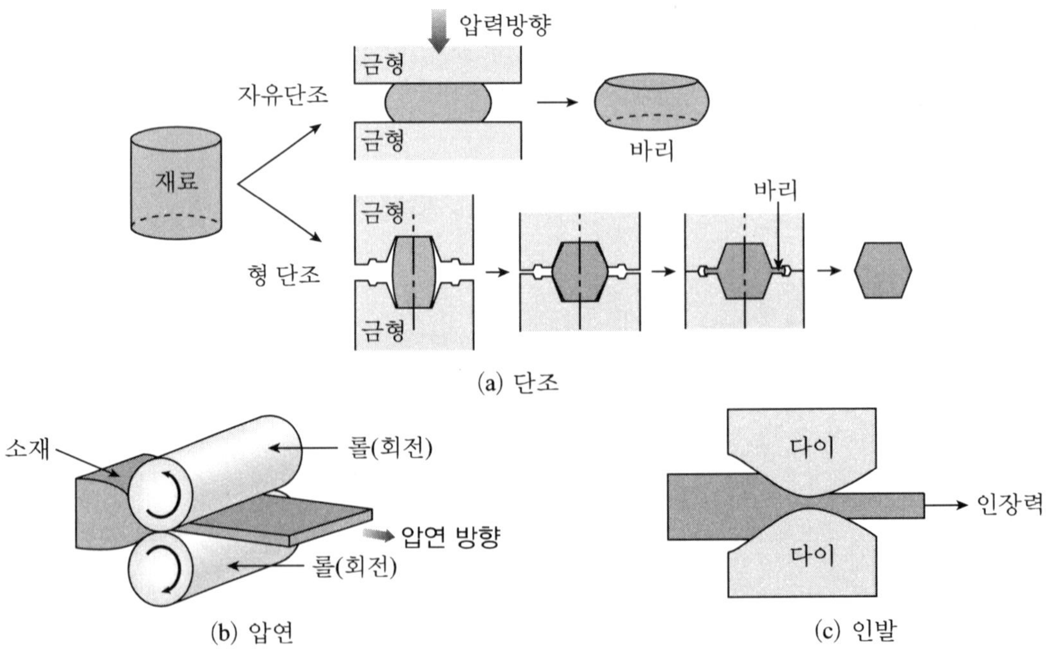

출처 : 三木 貴博외 7명, 金屬材料が一番わかる, chap.4, 技術評論社, 2014

그림 5-7 금속 가공법

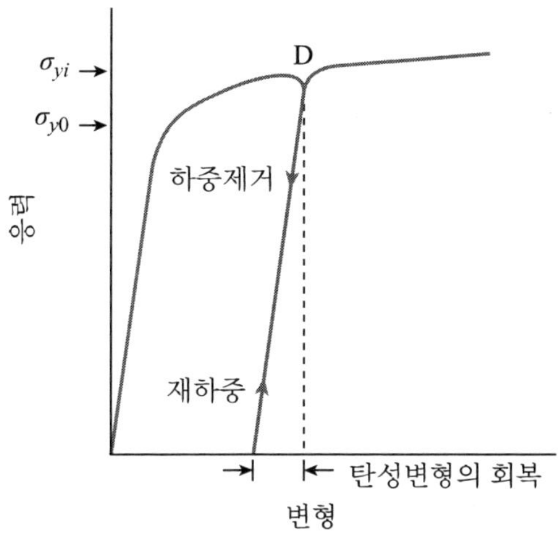

그림 5-8
금속의 가공경화

저한 소성변형을 나타낸다. 점 D에서 응력이 제거되면 원래의 응력－변형곡선 탄성영역의 평행한 선으로 복귀한다. 이 때, 금속의 항복강도는 가해준 응력 (σ_{yi})만큼 상승하게 된다. 이렇게 항복강도가 증가하는 본질적인 이유는, 금속의 미세구조가 응력에 저항하기 위해서 변형을 일으키고, 다시 같은 크기의 응력이 가해져도 새로운 변형은 일으키지 않고 저항할 수 있게 되기 때문이다. 그림 5-8에 변형경화에 의해 응력－변형곡선의 기울기는 변하지 않지만, 다시 소성변형이 일어나는 응력 값이 변하는 것을 알 수 있다. 금속재료가 받은 소성변형의 정도를 냉간 가공율(%CW)이라 하고 다음 식으로 표시한다.

$$\text{냉간가공율(\%)} = (A_0 - A_d)/A_0 - 100 \qquad (5\text{-}7)$$

여기서, A_0 : 초기단면적

A_d : 변형 후의 단면적

실용화되어 있는 대부분의 금속재료는 변형경화처리를 해서 기계적 성질을 향상시키고 있지만, 반드시 이점만 있는 것은 아니다. 경화시킨 금속은 연성이 저하하고 가공성도 나쁘게 된다. 여기에 더해서 소성변형에서는 외부응력을 제거했을 때도 재료 중에 잔류응력이 남게 된다. 잔류응력은 금속의 전기전도도나 부식저항에도 영향을 미친다.

냉간가공에 의해 일어나는 미세구조의 변화는 어닐링 이라는 표면처리 과정에 의해 처음 상태로 되돌릴 수가 있어서, 기계적 성질을 처음 상태로 되돌릴 수 있다. 어닐링 과정에서는 그림 5-9와 같이 회복, 재결정, 입자성장의 3단계가 일어난다. 변형경화가 일어난 재료의 입자는 그림에 나타낸 것과 같이 응력에 따라 변형하고 있다. 열처리과정 초기에서 이 변형된 큰 입자는 미소영역(아결정립)이 만들어져서 잔류응력을 완화시킨다. 회복과정에서 전체의 전위밀도는 변하지 않고, 기계적 특성은 실질적으로는 변하지 않으나, 도전율은 처음 상태로 돌아간다.

재결정온도까지 가열하면 아결정립(subgrain)의 경계에서 미립자의 핵생성이 일어나, 재료 중의 전위량은 현저하게 줄어든다. 어닐링 제1단계(회복)와 제2단계(재결정)의 전이점(재결정이 시작되는 점)이 재결정온도이다. 재결정에 의해 재료는 원래의 특성으로 회복하고 연화와 강도저하가 일어나서 연성이 높아진다.

재결정은 온도와 시간에 따라 변화하는 속도론적 현상이기 때문에 재결정온도를 엄밀하게 정의하는 것은 어렵다. 재결정은 몇몇 회복과정에서도 일어나고 또 제 3단계인 입자가 성장하는 중에도 일어난다. 재결정온도는 냉간가공 비율에 따라 변화한다. 큰 냉간가공을 한 재료의 입자는 불안정하고, 새로운 핵이 생성되기 쉽다. 대부분의 금속재료는 냉간가공율의 최저한도(보통 2～20%)가 존재하고, 그 이하의 변형에서는 새로운 입자의 핵 생성은 에너지 적으로 진행하지 못하고, 회복은 일어나지 않는다. 재결정온도는 초기의 입경이나 재료의 조성에 따라 변한다. 어닐링의 최종단계인 입자의 성장은 작은 입자가 성장하

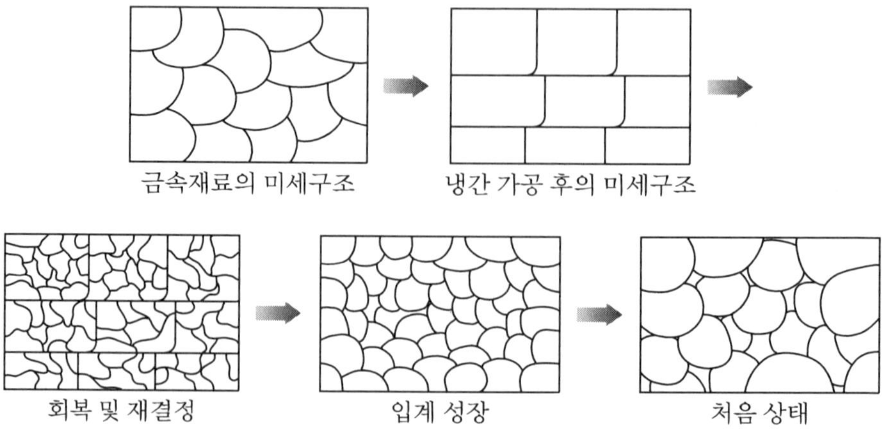

출처 : 三木 貴博 외 7명, 金属材料が一番わかる, chap. 4, 技術評論社, 2014

그림 5-9 금속재료의 냉간가공에 의한 미세구조 변화

여 주위의 입자를 감싸면서 더 크게 성장하는 단계이다(그림 5-9).

이 과정은 금속의 결정성장과 같다. 큰 입자의 생성은 기계적 강도의 저하의 원인이 되기 때문에 좋지 않다. 최종적으로 어닐링 후 재료의 미세구조는 소성변형이 일어나기 전의 원래의 상태에 가깝게 되지만, 어닐링 시간이 길거나 온도가 높으면 냉간가공 전에 비해 입자크기가 커진다.

재료의 재결정 온도보다도 고온에서 성형을 하는 것이 열간가공인데, 이 때 미세구조의 변화는 냉간가공과 아주 다르다. 열간가공에서는 재결정이 계속 일어나서, 재료는 무한대로 소성변형 한다. 변형경화는 일어나지 않고 연성은 남는다. 연성이 풍부하고 성형하기 쉬운 금속으로서 납이 떠오르지만, 이것은 납의 재결정온도가 실온보다도 훨씬 저온이기 때문이다. 납은 성형하는 중에 계속해서 재결정을 일으켜, 우수한 가공성을 유지된다.

5. 철의 상태변화

금속 원소는 상온에서 고유한 결정 구조를 가지며, 어떤 금속은 온도에 따라 2개 이상의 결정 구조를 갖는다. 이 때 각각의 결정 구조를 동소체라 하며, 이러한 동소체의 변화를 동소 변태라 한다. 철은 3가지 동소체, 즉 알파(α)철, 감마(γ)철, 델타(δ)철을 갖는다. 철의 큐리온도인 768℃를 기준으로 알파철을 두 가지로 분류하는데, 768℃보다 낮은 온도에서는 자성을 나타내며, 높은 온도에서는 비자성체의 특성을 갖는다. 이것을 구분하여 비자성 알파철을 베타(β)철이라고 하기도 한다. 일반적으로 순수한 철에 미량의 탄소가 고용된 상태의 알파철을 페라이트(ferrite), 델타철을 δ-페라이트(δ-ferrite), 감마철은 오스테나이트(austenite)라고 부른다. 철의 온도에 따른 상태변화를 정리하면 다음과 같다.

- A3 변태(동소 변태) : 910℃에서 α-Fe이 γ-Fe로 변한다.
- α-Fe (체심입방격자) ↔ γ-Fe (면심입방격자)
- A4 변태(동소 변태) : 1400℃에서 γ-Fe이 δ-Fe로 변한다.
- γ-Fe (면심 입방 격자) ↔ δ-Fe (체심 입방 격자)
- A2 변태(자기 변태) : 768℃ 부근에서 결정 구조의 변화 없이 전자의 스핀 변화에 의해 강자성체 α-Fe이 상자성체 α-Fe로 변한다.

주철(Cast Iron)은 용광로에서 생산된 철을 용선로(Cupola)에서 코크스를 사용하여 용해한 것으로, 인장강도는 작으나 압축강도가 크고 주조성이 좋아서 비교적 많이 사용되고 있다. 순철은 철의 함량이 99.9% 정도의 철을 말하며 C, Si, Mn, P, S, O_2, N_2, H_2 등의 원소가 모두 합하여 0.1% 미만으로 극미량 첨가되어 있다. 순철은 용융점이 1535℃이며, 비등점은 약 2450℃, 비중은 7.868 g/cm^{3}이다. 순수한 철의 강도는 매우 낮으며, 약간의 불순물이 첨가되면 강도는 증가하고, 탄소강이나 합금강과 같이 미량의 합금원소를 첨가하면 급격하게 강도가 증가한다. 순철은 1539℃에서 응고하기 시작하여 실온까지 냉각되는 동안 A4, A3, A2변태가 발생한다.

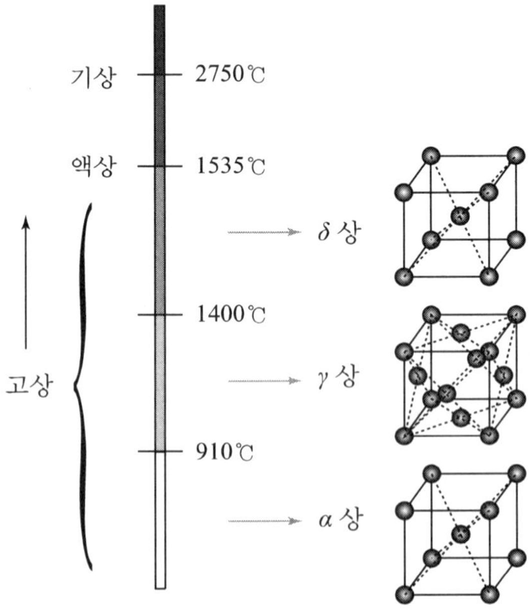

그림 5-10
철의 1원계 상태도

표 5-2 철의 동소체와 결정구조

철의 동소체	결정구조	격자상수(Å)	온도범위
알파(α)	BCC	2.86(20℃)	~910℃
감마(γ)	FCC	3.65(980℃)	910~1403℃
델타(δ)	BCC	2.93(1450℃)	1403~1535℃
밀도 7.868 g/cm^3, 융점 1535℃, 비등점 2450℃, 원자번호 26, 원자량 55.85			

6. 탄소강

용광로에서 나온 강철은 많은 불순물을 함유하고 있는데, 가장 대표적인 불순물은 탄소이다. 제선공정에서 코크스를 태워서 철을 녹이는데, 이때 코크스의 주성분인 탄소가 다량으로 혼입되기 때문이다. 이 탄소를 제거하기위해 녹아 있는 철에 산소를 공급시켜서 함유하고 있는 탄소를 태우는 방법이 사용된다. 그런데 철은 함유하고 있는 탄소의 양에 따라 성질이 크게 변화한다. 용융상태의 철을 식히면 1,540℃에서 응고한다. 철은 원자가 육면체의 모서리와 6개의 면의 중앙에 있는 면심입방의 배치를 취하고 있다. 이런 배치를 가진 철을 오스테나이트(austenite steel)라고 부르는데 2.1%까지 탄소를 함유할 수 있다. 이 오스테나이트를 더 식히면 730℃에서 철의 원자가 육면체의 모서리와 중심에 배치된 체심입방의 구조로 변한다. 이런 원자배치를 가진 철은 탄소를 0.02%만 함유할 수 있다. 따라서 탄소가 2.1% 함유된 오스테나이트를 식힌다면, 2.1과 0.02의 차이인 2.08%의 탄소가 철의 내부에 배출될 것이다. 이 탄소는 철과 반응하여 Fe_3C라는 화합물인 탄화철, 즉 시멘타이트(cementite)를 생성한다.

표 5-3 탄소 함유량에 따른 철강재료의 분류

구분	탄소(C) 함량(%)	가공성	기계적 성질
순철	0~0.01	연하고 우량	연성이 크다
강	0.01~2.1	소성, 절삭 가공 및 용접 가능	강도, 경도가 크다
주철	2.1~6.67	절삭은 가능하나 용접은 불량	취성이 크다

6.1 탄소강(Steel)

탄소를 0.0~2.1% 함유한 철을 강이라고 정의한다. 강은 영어로 steel이지만, 탄소가 0.02% 이하인 강은 연강, 즉 마일드 스틸이라고 부르고 있다. 탄소 함량이 2.1% 이상이 되면 고온에서도 탄소가 녹지 않고 고체의 철 속에 여분의 탄소가 입자나 바늘 모양으로 석출한 철이 된다. 이것이 주철이다. 주물은 순철보다 녹는 온도가 100℃ 정도 낮고 비교적 간단한 설비에 의하여 용해시킬 수 있으므로 모래 주형 속에 부어 다양한 형태로 성형할 수가 있다. 그런데 앞에서 언급한 바와 같이 강을 730℃ 이하로 식히면 탄화철이 석출되는데, 이것이 강이 강도를 나타내는 원인으로 볼 수 있다. 석출하는 탄화철의 형태와 양은 탄소의 양과 냉각시키는 속도에 의존한다. 탄화철은 층상으로 배열하여 강을 강하게 한다. 칼날 연마의 비법은 현대식으로 말하면 탄소강에서 석출하는 탄화철의 제어 기술이라고 말할 수 있다. 고온의 강을 식히면 730℃에서 원자배열이 면심입방에서 체심입방으로 갑자기 변한다. 이 변화를 마르텐사이트 변태(martensitic transformation)라고 한다.

6.2 탄소강의 상태도

탄소함유량이 1.2% 이하이고 합금원소가 미량 존재하는 강을 일반탄소강(plain carbon steel)이라 한다. Fe-Fe_3C 상태도는 진정한 평형상태도는 아니다. Fe-C 상태도가 진정한 평형상태도인 것이다. 흑연(탄소)이 시멘타이트(Fe_3C)보다 더 안정한 석출물이지만, 흑연의 석출속도는 시멘타이트의 석출속도보다 매우 느리다. 따라서 강(또는 주철)에서 Fe_3C 상은 준안정상이다. 실제로 Fe_3C 상은 시간이 지나도 매우 안정한 상태이다. 따라서 Fe-Fe_3C 상태도를 평형상태도로 볼 수 있다.

6.3 Fe-Fe_3C 상태도에서의 고체상의 종류

페라이트(α-ferrite 또는 ferrite)

α-순철에 소량의 탄소가 고용된 α-고용체이다. 결정구조는 체심입방정(BCC)이고 탄소가 0%이면 알파철이다. 탄소의 최대 고용도는 723℃에서 0.02%이다. 탄소의 용해도가 너무 낮아 공업적으로는 거의 순철에 가깝다.

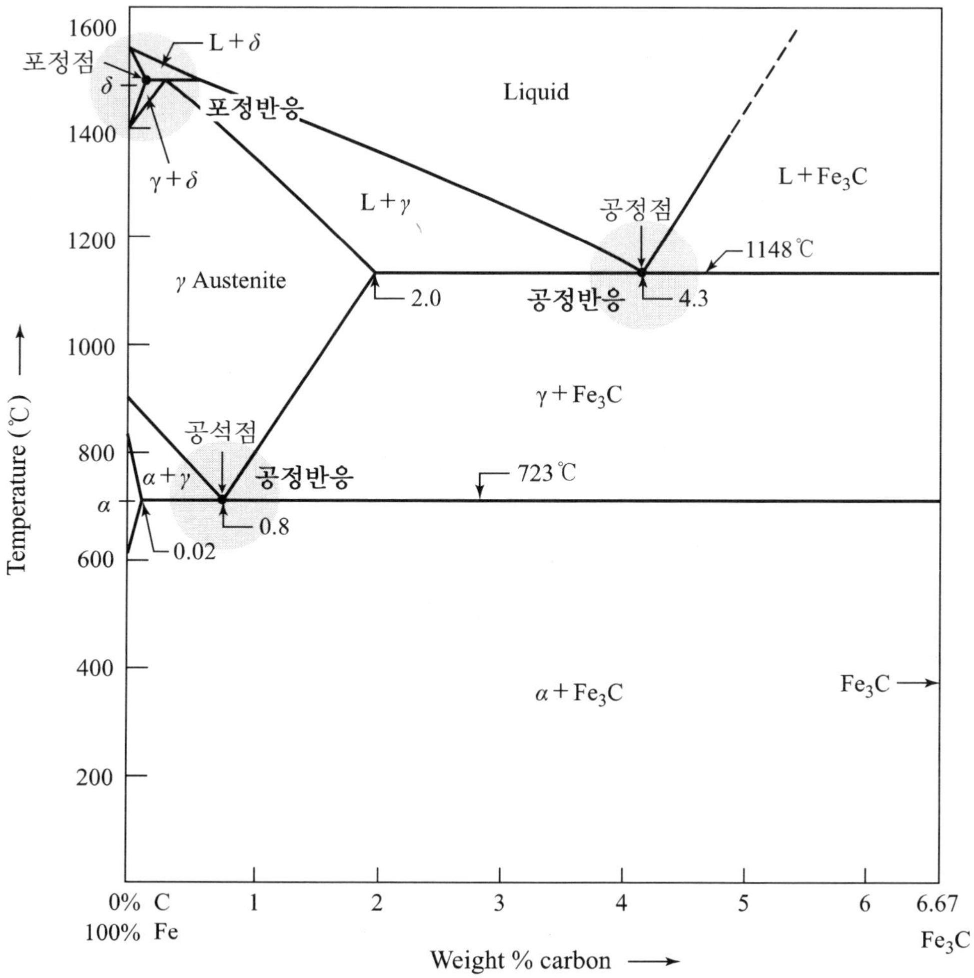

출처 : Binary Alloy Phase Diagrams, 2nd edition, Vol. 1. t. B. Massalski (Editor-in-Chief), 1990

그림 5-11 탄소강의 평형상태도

오스테나이트(austenite)

감마철에 소량의 탄소가 고용된 것이다. 결정구조는 면심입방정(FCC)이고 페라이트보다 탄소 고용도가 커서 최대 고용도는 1148℃에서 2.08%이고, 온도가 낮아짐에 따라 점차 감소하여 723℃에서는 0.8%가 된다. 그러므로 탄소 고용도는 페라이트의 탄소고용도보다 매우 크다. 이와 같은 오스테나이트와 페라이트의 탄소고용도의 차이가 대부분의 강을 경화처리하는 근거가 된다.

시멘타이트(cementite)

강(Steel) 속의 탄소는 Fe_3C (Cementite)의 형태(금속간화합물)로 존재한다(그림 5-12). 6.67% C + 93.3% Fe 조성으로 사방정(Ortho rhombic) 구조를 가지며 매우 단단하고 취약한 성질을 나타낸다.

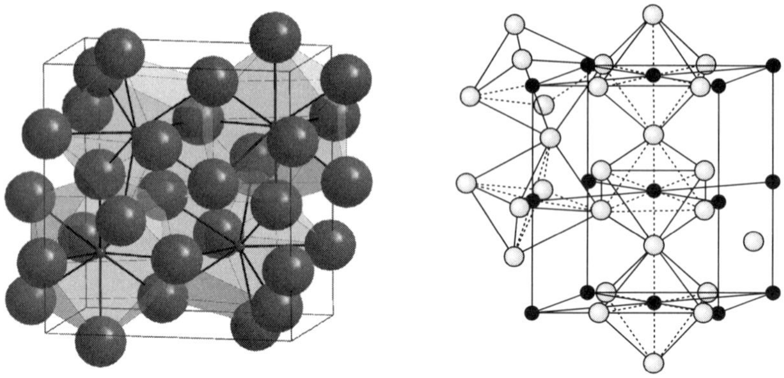

그림 5-12 시멘타이트의 결정구조 출처 : https://commons.wikimedia.org/wiki/File:Kristallstruktur_Zementit.png

δ-페라이트(δ-ferrite)

델타철에 소량의 탄소가 고용된 것이다. 결정구조는 체심입방정(BCC)이고, 최대 탄소 고용도는 1495℃에서 0.09%이다. δ-페라이트도 페라이트(α-페라이트)와 마찬가지로 체심입방정 구조를 갖고 있으나 격자상수 값이 다르다.

6.4 Fe-Fe_3C 상태도에서의 불변반응(Invariant Reaction)의 종류

포정반응(Peritectic reaction, 1495℃)

포정점에서 0.53% 탄소를 함유한 액체와 0.09% 탄소를 함유한 델타철과

1495℃에서 반응하여 0.17% 탄소를 함유한 오스테나이트를 형성하는 반응이다.

Liquid (0.53% C) + δ-ferrite (0.09% C) → 오스테나이트(0.17% C)

공정반응(Eutectic reaction, 1148℃)

공정점에서 4.3% 탄소를 함유한 액체가 2.08% 탄소를 함유한 오스테나이트와 금속간화합물인 시멘타이트(Fe_3C)로 분해되는 반응이다.

Liquid (4.3% C) → 오스테나이트(2.08% C) + Fe_3C (6.67% C)

공석반응(Eutectoid reaction, 723℃)

공석점에서 0.8% 탄소를 함유한 오스테나이트가 0.02% 탄소를 함유한 페라이트와 시멘타이트로 분해되는 반응이다.

오스테나이트(0.8% C) → 페라이트(0.02% C) + Fe_3C (6.67% C)

포정반응은 고온에서 일어나므로 상온의 일반탄소강에서는 δ-페라이트(δ-ferrite)는 거의 존재하지 않으며, 공정반응은 일반탄소강보다 탄소함량이 많은 경우에 일어나는 반응이므로 일반탄소강보다는 주철의 경우에 중요하게 다루어진다. 일반탄소강의 경우에는 앞의 3가지 불변반응 중에서 공석반응이 가장 중요하다. 공석과 공정의 차이점을 살펴보면, 공정과 공석은 응고를 시킬 때 서로 구별되는 조직을 가진다는 면에서는 동일하나, 공정은 액상에서 고상으로 변할 때 나타나고 공석은 고상에서 고상으로 변할 때 나타난다.

6.5 일반탄소강의 미세조직 변화

일반탄소강은 탄소함량에 따라 공석조성(0.8% C)을 기준으로 하여 공석강, 아공석강, 과공석강의 3종류로 구분한다.

공석강(Eutectoid steel)

0.8% C 함유한 일반탄소강으로 오스테나이트가 페라이트와 세멘타이트로 분해되는 공석반응이 일어나는 조성의 탄소강이다.

아공석강(Hypoeutectoid steel)

탄소함량이 0.8% C 이하의 탄소강으로서 오스테나이트 상에서 냉각 시 먼저 페라이트가 석출되고 이후에 페라이트와 시멘타이트가 석출되는 조성의 탄소강이다.

과공석강(Hypereutectoid steel)

탄소함량이 0.8% C 이상의 탄소강으로 보통 1.2% C까지의 탄소강이 생산된다(탄소함량이 1.2% C를 초과하면 재료의 취성이 심해진다). 오스테나이트 상에서 냉각 시 우선 시멘타이트가 석출되고 이어서 페라이트와 시멘타이트가 석출되는 조성의 탄소강이다.

6.6 탄소강의 조직 및 기계적 성질

탄소강의 탄성계수(Young's modulus) E는 20000～22000 kg/mm^2, 강성율(shear modulus) G는 7700～8450 kg/mm^2, Poisson의 비 ν는 0.28로서 이들

상수들은 탄소량에 관계없이 거의 일정하다. 그러나 그림 5-13에서와 같이 다른 기계적 성질들은 탄소량에 따라서 직선적으로 변화되는데, 아공석강에서의 인장강도, 경도 및 항복점 등은 탄소량에 따라 증가되고, 연신율 및 단면감소율은 탄소량에 따라 감소한다. 과공석강에서는 시멘타이트가 망상으로 나타나므로 탄소량이 증가함에 따라 인장강도는 오히려 감소한다. 그러나 경도는 계속해서 증가된다.

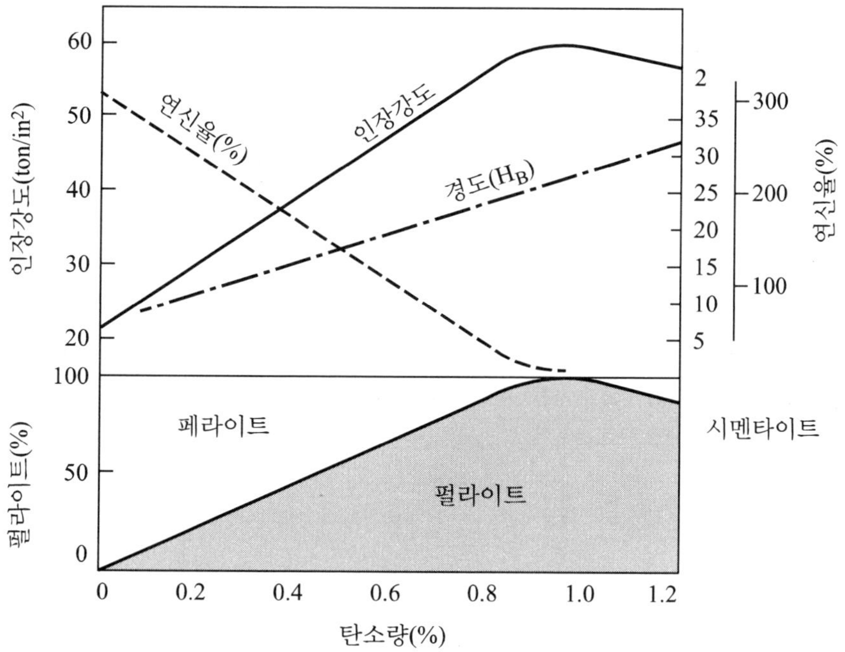

그림 5-13 탄소강의 기계적 성질 및 조직의 관계도

한편 이와 같이 탄소량에 따라 기계적 성질이 변화되는 것은 표 5-4에 나타낸 페라이트, 시멘타이트 및 펄라이트의 기계적 성질과 관련되어 있다. 즉, 페라이트는 극히 연성이 크고 인장강도는 비교적 작다. 그리고 시멘타이트는 매우 경도가 높고 취약하여 인성은 거의 없으며, 펄라이트는 페라이트에 비해서 인장강도가 크고 경도가 높다. 따라서 아공석강에서 탄소량에 따라서 인장강도 및 경도가 증가되는 것은 펄라이트량의 증가에 기인한다는 것을 표로부터 짐작할 수 있고, 또한 과공석강에서 연신율이 감소하는 것은 연신율이 거의 0인 시멘타이트 때문이라는 사실을 알 수 있다. 이것은 그림 5-13의 하단부에 탄소량에 따른 페라이트, 시멘타이트 및 펄라이트의 양적 비율과 기계적 성질을 관련시켜보면 쉽게 알 수 있다.

표 5-4 탄소강의 조직 및 기계적 성질

조직 성질	Ferrite	Pearlite	Cementite
인장강도(kg/mm^2)	35	90	3.5
연신율(%)	40	10	0
경도(HB)	80	200	800
결정구조	BCC(α고용체)	α고용체 + Fe_3C의 공석	금속간 화합물

7. 신기능 금속소재

7.1 희토류 금속

스칸듐과 이트륨 그리고 란탄족(15종)의 17원소를 희토류 금속원소라고 한다. 스칸듐은 알루미늄합금인 두랄루민에 첨가하면 강도가 향상되는 것이 알려져 있으며, 이트륨은 YAG레이저의 발생원인 알루미늄 산화물(이트륨－알루미늄－가넷)로 이용된다. 이트륨산화물은 세라믹스의 강도를 향상시키는 첨가제로 이용되고 있으며, 이트륨과 구리, 이트륨산화물은 액체질소 온도 이상에서 초전도 현상을 나타내는 고온초전도체이다. 희토류의 대부분을 차지하고 있는 것이 란탄족 15원소이다. 이들 15개 원소는 물리화학적 성질이 모두 비슷하다. 보통 원자번호가 증가하면, 이온반경도 증가한다. 그러나 란탄족 원소는 원자번호가 증가하면 이온반경이 감소하는 란탄수축이라는 특징을 가진다. 물리화학적 성질이 비슷하기 때문에 이들 원소는 서로 치환시킬 수가 있다. 이것을 이용하면 이온반경이 화학결합에 미치는 영향 등을 체계적으로 알 수가 있다. 란탄족은 여러 분야에 이용되고 있는데, 강력한 자석을 만드는데도 이용되고 있다. Sm-Co자석이나 Nd자석 등이 잘 알려져 있으며, Pr자석이나 Sm자석도 개발되었다. 이런 자석들은 열에 약해서 소결할 수 없기 때문에 플라스틱과 섞어서 성형한 것(본드자석)이 사용되고 있다.

표 5-5 희토류 금속의 종류와 용도

구분	원자번호	원소	원소기호	용도
비란탄계	21	스칸듐	Sc	레이저, 촉매
	39	이트륨	Y	고온초전도체, 형광체(적색)
란탄족	57	란타늄	La	영구자석, 수소저장합금
	58	세륨	Ce	촉매, 영구자석
	59	프로세오디뮴	Pr	자석, 안료
	60	네오디뮴	Nd	레이저, 세라믹콘덴서
	61	프로메튬	Pm	방사성 물질
	62	사마륨	Sm	촉매, 영구자석
	63	유로퓸	Eu	형광체(적색), 원자로제어재
	64	가돌리뮴	Gd	원자로제어재, 자기냉동
	65	테르븀	Tb	광자기메모리, 형광체(녹색)
	66	디스프로슘	Dy	야광도료, 자기냉동
	67	홀뮴	Ho	레이저, 자성초전도체
	68	에르븀	Er	광학유리, 반도체
	69	톨륨	Tm	레이저
	70	이테르븀	Yb	촉매, 광학유리
	71	루테튬	Lu	레이저

7.2 형상기억합금

형상기억합금(shape memory alloy)은 다른 모양으로 변형시키더라도 가열에 의하여 다시 변형 전의 모양으로 되돌아오는 성질을 가진 합금이다. 좀 더 구체적으로 설명하면 형상기억합금은 어떤 온도 이상에서 형상을 변형시켜 목적하는 형태로 만든 다음, 이것을 실온까지 온도를 내려서 다른 형태로 변형시켰다가 다시 온도를 올리면 어느 온도에서 급격하게 원상태로 되돌아가는 합금이다. 형상기억합금은 원래의 모양으로 되돌아갈 때 당초 변형에 소요되었던 힘의 5배에 달하는 강한 복원력을 나타낸다. 형상기억합금이 최초로 실용화 된 것은 1969년 달 표면에서 사용된 파라볼라 안테나이다. 달에서 지구와 송신하려면 안테나가 필요했지만 접시 모양으로 펼쳐진 파라볼라 안테나는 크기가 너무 커서 우주선에 적재할 수 없었다. 이 문제를 해결한 것이 형상기억합금이었다. 먼저 찻잔 모양의 형상기억합금의 파라볼라 안테나를 150℃에서 조립하여 실온에서 안테나를 접어 로켓에 적재하기 쉬운 형태로 달 표면까지 운반한다. 그리고 달 표면에 안테나를 설치하여 둔다. 태양의 빛이 닿으면 달 표면은 200℃까지 상승하기 때문에 순간적으로 원상태로 되돌아간다. 또한 우주선에 전기를 공급하는 태양전지판도 형상기억합금 와이어로 묶어서 우주로 쏘아 올린다. 우주에서 태양열에 의해 와이어가 풀리면 태양전지판이 펼쳐지게 된다.

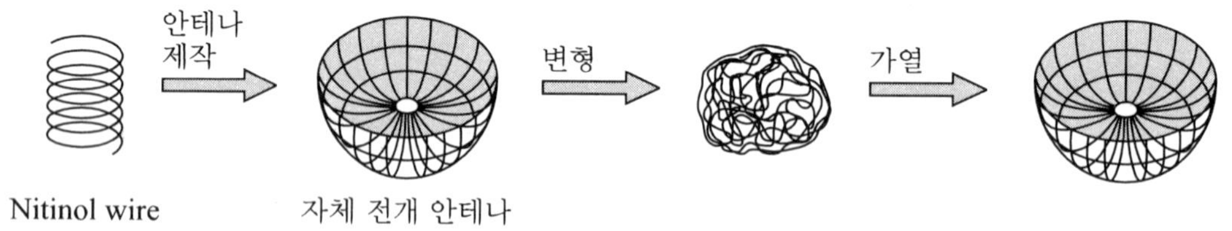

그림 5-14 니티놀 형상기억합금으로 제조한 달표면 안테나

형상기억 메커니즘

금속에 하중을 가하면 서서히 변형한다. 하중을 제거했을 때 처음의 형태로 되돌아가는 영역을 탄성영역이라 한다. 탄성영역에서 하중을 더 가하면 금속은 변형하여 하중을 제거하여도 원래의 형태로 돌아가지 않는다. 이 때, 보통 금속에서는 결정의 형태는 변하지 않고 소성변형을 일으킨다. 그러나 형상기억합금에서는 이때의 변형이 결정의 형태가 변하는 마르텐사이트 변태에 의해 일어난다. 결정구조는 온도에 의해 변화한다. 마르텐사이트변태를 한 합금을 원래의 결정구조로 역변태하는 온도까지 가열하면, 결정의 형태가 처음으로 돌아가고,

그 결과 변형된 금속이 처음의 형태로 되돌아가게 된다(그림 5-15).

고온에서 금속의 원자배열은 면심입방구조를 갖는데 이것은 주사위 모양의 입체구조로서 8개의 모서리와 6개 면의 중심에 원자가 배치된 구조이다. 그런데 이것을 냉각하면 어느 온도에서 갑자기 원자배열이 바뀐다. 같은 주사위 모양의 배열에서 8개의 모서리에 위치한 원자는 그대로지만, 면에 있던 원자는 주사위의 중심에 위치하게 된다. 이것이 체심입방구조이다. 면심입방배열에서 체심입방배열로의 변화는 철에 소량의 탄소가 녹은 오스테나이트강의 마르텐사이트 강으로의 변태와 매우 유사해서 마르텐사이트변태(martensite transformation)라고 부르고 있다.

니티놀 합금은 400～500℃에서 30분 정도 가열하여 특정 형태를 기억시키게 된다. 니티놀은 고온에서 오스테나이트 상을 갖는다. 이 오스테나이트 상은 온도가 낮아지면 쉽게 변형되어 마르텐사이트 상이 된다. 마르텐사이트 변태를 한 니티놀은 결정전체에 걸쳐 주사위 모양으로 원자가 줄지어 있는 것이 아니고 지그재그로 배열되어 있다. 이 지그재그 구조를 쌍정 마르텐사이트라고 부른다. 이 쌍정 니티놀을 가공하여 변형시키면 지그재그 배열이 스트레이트로 된다. 이것을 가열하여 면심입방의 배열로 되돌리면 원형으로 돌아간다.

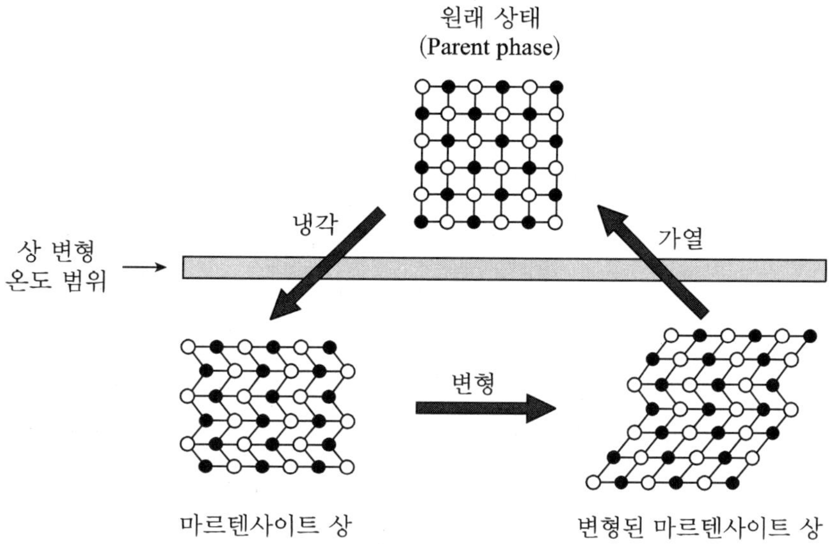

그림 5-15 형상기억합금의 상변태

출처 : The Health Science, Shape Memory Alloys, 11/22/2013

형상기억합금 재료

형상기억합금으로는 Ni-Ti (나이티놀)의 합금이 잘 알려져 있으며, 액츄에이터 등에 이용되고 있다. 또 역변태온도가 실온보다 더 낮은 경우에는 가열하지 않아도 역변태가 생긴다. 이런 합금은 초탄성합금이라고 부른다. 보통 합금보다도 부드럽고 큰 변형에 견딜 수 있는 초탄성합금은 안경테나 브래지어 와이어로 사용되고 있다. 형상기억효과를 나타내는 합금으로서는 Ni-Ti 합금과 Cu-Zn-Al 합금이 대표적이며, 그 밖에 구리계의 합금이 개발 중에 있다.

형상기억합금의 응용

형상기억합금은 고온에서의 형태를 기억할 뿐만 아니라 저온에서의 형상도 기억시켜 온도를 높이거나 낮춰 반복 변형동작을 시킬 수도 있다. 그러나 변형량의 정확한 조절이 곤란하여 고온변형과 저온변형의 힘의 차이가 크기 때문에 해결해야할 문제가 많이 남아 있다. 형상기억합금으로 만든 안경테는 휘어지더라도 온도가 올라가면 원래 상태로 복원된다. 형상기억합금은 손상된 신체의 연결부나 골격, 휘어진 등뼈를 펴거나 지지하기도 한다. 또한 자동차를 형상기억합금으로 만든다면 사고로 찌그러져도 걱정할 필요가 없다. 뜨거운 물만 부으면 원상태로 복원할 수 있기 때문이다.

(1) 파이프 조인트

오래전부터 사용되고 있는 형상기억합금의 용도는 0℃ 이하의 상변태 온도를 합금을 실온까지 올려서 기억하고 있던 수축상태를 이용하는 파이프 이음(조인트)이 있다. 변형온도인 영하 20℃에서 조인트를 제조하여 파이프의 바깥지름이 12 mm, 조인트의 안지름은 파이프의 바깥지름보다 0.5 mm 작은 11.5 mm로 한다. 액체질소에 조인트를 넣어 충분히 냉각한 후, 조인트에 안지름을 크게 하는 도구를 넣어서 안지름을 1 mm 정도 넓혀 준다. 이 조인트는 냉각된 채로 보관하다가 배관 시 공기 중의 수분이 얼음이 되어 부착하지 않게 신속하게 파이프에 끼워 넣는다. 조인트가 실온으로 되돌아가는 도중에 조인트는 본래의 크기로 수축하여 파이프에 꽉 끼게 된다. 이와 같이 결합 작업이 간단하여 용접 이음과 동등 이상의 특성이 얻어지고 항공기, 선박, 원자력 잠수함 및 해저 유전의 파이프라인 등에 사용되고 있다.

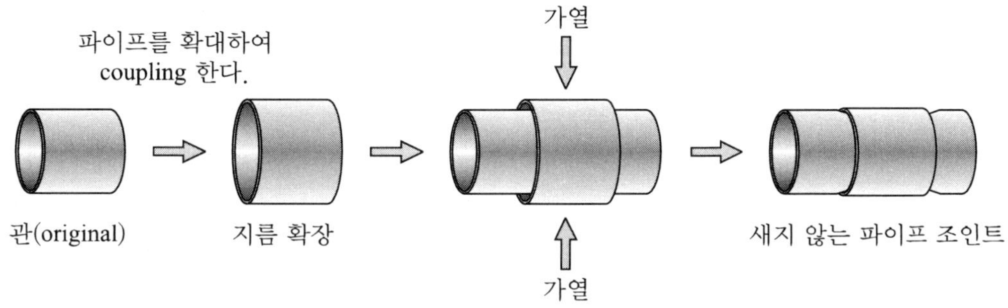

그림 5-16 형상기억합금을 이용한 파이프 조인트

(2) 휴대전화 안테나

형상기억합금의 직진성 및 자기 복원력을 이용하여 휴대 전화기의 안테나로 사용할 때 발생할 수 있는 휘어짐과 부러짐 등으로부터 항상 직선 형태를 유지한다.

(3) 로봇의 관절

전기를 가하여 가열하면 수축하고 냉각하면 늘어나는 특성을 이용하여 산업용 로봇의 손목, 어깨 등의 관절부에 이용한다. 이외에도 형상기억합금은 전기밥솥의 압력조절, 에어컨 풍량 자동 조절 기구, 커피 메이커, 온수조절 샤워기, 치아 교정용 와이어 등에 사용되고 있다.

7.3 수소저장합금(hydrogen storage alloy)

물을 원료로 하여 얻을 수 있는 수소는 공기 중의 산소와 결합하여 연료전지를 통해 전기를 생산하며, 이러한 화학반응의 결과로 물만 배출되는 친환경에너지원이다. 수소를 저장하기 위해 현재 적용되고 있는 고압탱크 저장방법은 안전성에 문제가 있고, 초기 투자비용 및 운용비용이 비싸다는 문제점이 있다.

수소저장 합금(Metal Hydride)은 단위 부피당 에너지 저장밀도가 매우 높고 안전하게 수소를 저장 및 공급이 가능하며 기존 고압탱크 저장방식에 비해 초기 투자비용 및 운용비용을 절감할 수 있다.

수소원자는 작기 때문에, 원자 간 간격이 큰 금속 중에는, 작은 수소원자를 집어넣을 수 있는 성질을 가진 것이 몇 종류 있다. 이런 성질을 이용하여 수소를 흡수하는 것이 수소저장합금이다. 수소저장합금의 원리는 크게 고용현상과 화학적 결합으로 나누어진다. 고용현상이란 고체 결정 내부에 다른 원소가 들어가는 것인데, 수소의 경우에는 결정을 구성하는 원자 사이에 안정한 위치를 차지하는 현상이다(그림 5-17). 단 수소의 흡장과 방출을 양립시키기 위해서는 우선 결정구조 내부에 수소가 들어갈 틈이 있어야 한다. 또한 그 위치에서 수소원자가 어느 정도 안정하게 존재할 수 있어야 하며, 수소가 움직일 수 있는 상태여야 한다.

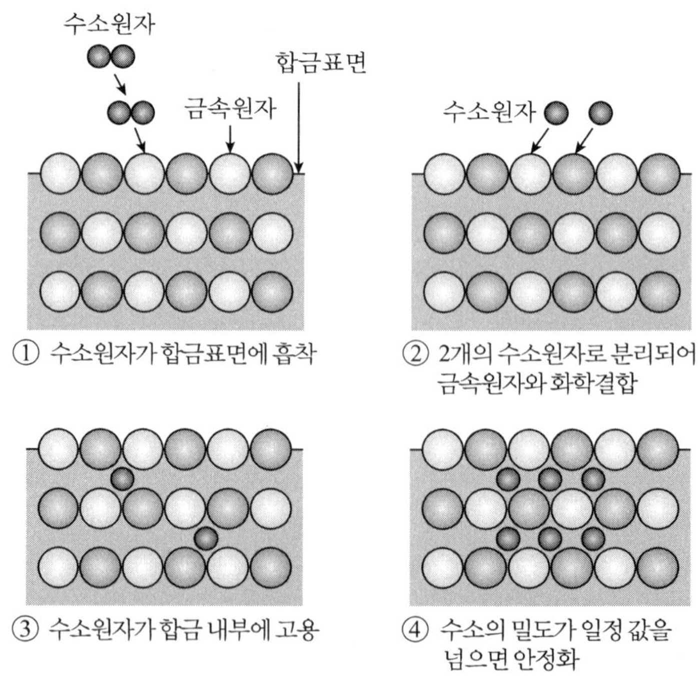

그림 5-17 수소저장합금

출처 : 三木 貴博 외 7명, 金属材料が一番わかる, chap.1, 技術評論社, 2014

한편, 화학결합에서는 합금 내부의 원소가 수소와 화학결합 하는 것이다. 예를 들면, 마그네슘은 수소와 MgH_2라는 화합물을 만드는데, 이 화학적 결합은 고용 등과 비교했을 때, 그 결합이 안정하기 때문에, 수소를 안전하게 저장할 수가 있다. 그러나 적당한 조건에서 그 결합을 끊기 위해서는 촉매 등이 필요하게 되는 문제점이 있다. 현재, 수소저장합금으로는 Ti, Mn, Zr, Ni 등 천이원소의 합금을 기초로 한 것들(AB_2형)이 있다. 이것들은 수소밀도가 높고 용량을 높이는 것도 가능하지만, 용량이 큰 합금으로 될수록 활성화시키기 어려운 문제점이 있다. 희토류 원소나 니오븀(Nb), 지르코늄(Zr) 1에 대하여, 촉매효과를 갖는 천이원소(Ni, Co, Al 등) 5를 포함하는 합금을 기초로 한 것(AB_5형)도 있다. 이것들은 초기단계에서 수소화 반응이 용이하지만, 희토류 원소나 코발트를 포함하기 때문에 가격이 비싼 문제점이 있다. 이외에도 비교적 틈이 많은 체심입방구조의 금속간 화합물을 만드는 금속을 기초로 한 것(Ti-Fe계), 수소와 높은 효율로 반응하는 바나듐을 기초로 한 비교적 틈이 많은 체심입방구조의 합금(V계) 등도 있으며, 실용화를 위한 연구가 진행되고 있다. 이와 같이 수소저장합금은 고압탱크보다도 안전성이 높고, 콤팩트한 저장용기를 제작할 수 있는 특징이 있는 반면, 비용이나 중량 면에서는 불리하기 때문에 실용화를 위한 걸림돌로 작용하고 있다.

수소저장합금의 주된 응용분야인 수소자동차는 수소저장합금에서 공급되는 수소가 산소와 반응하여 물을 만들 때 방출되는 화학적 에너지를 전기에너지로 변환하여 주행한다. 연료 탱크와 배터리의 양쪽에 수소저장합금을 응용한 수소자동차가 제작되었다. 수소저장합금은 냉난방시스템에도 적용되고 있다. 수소저장합금의 압력을 낮추면 저장하고 있던 수소를 내보낸다. 이때 수소를 내보내기 위해 필요한 에너지를 얻기 위해 주위로부터 열을 흡수하게 된다. 이런 방법으로 온도를 영하 30도까지 내릴 수 있고, 반대로 수소가 들어올 때는 열을 방출하기 때문에 난방기로도 사용할 수 있다. 이외에도 수소저장 합금은 화학반응의 촉매, 원자로용 감속재 등과 같이 주로 금속수소화물 재료로서 사용되고 있다. 또한 무공해인 수소를 에너지로 사용하기 위한수소의 저장・수송, 분리・정제, 에너지 변환 등의 기능재료로서 용도가 확대되고 있다.

7.4 초전도재료

초전도 원리

초전도재료는 절대 영도(−273℃)에 가까운 극히 낮은 온도에서 전기저항이 영(0)이 되는 성질을 가지는 재료이다. 전기저항이 영(0)이 되면 완전도체가 되는 동시에, 재료 내부에 흐르고 있던 자속이 외부로 배제되어 자속밀도가 영(0)이 되는 마이스너효과(Meissner effect)에 의해 완전한 반자성체가 된다. 대표적인 초전도 금속재료로는 니오브(Nb)와 티탄합금 등이 있다. Nb-Ti합금은 −264℃에서 전기저항이 영(0)이다.

초전도 현상을 양자역학적인 원리로 설명한 이론이 BCS이론이다. BCS는 바딘(Bardeen), 쿠퍼(Cooper), 그리고 슈리퍼(Schrieffer)의 첫 글자를 모은 것이다. 1957년 바딘은 두 사람과 함께 초전도 현상을 설명하는 BCS이론을 발표하였다. BCS이론의 핵심은 2개의 전자가 쌍(cooper pair)을 이룬 것이라 할 수 있고, 전자가 쌍을 이룬다는 것은 1개의 전자가 격자의 진동이나 불순물 등에 충돌하더라도, 또 1개의 전자가 조정역할을 하여 전자의 진로에는 영향을 미치지 않도록 하는 것이다. 초전도 상태에서 전기저항이 0이 되는 것은 전자의 쌍이 어느 정도 평균속도로 나아가고 있을 때, 1개의 전자가 저항을 받아도 쌍으로서는 전기저항을 받지 않고, 평균속도도 떨어지지 않는다.

전자는 똑같이 (−)전하를 갖고 있기 때문에 서로 반발하는 일은 있어도 서로 끌어당겨 쌍을 이룰 수는 없는 것처럼 보이지만, 격자진동이라는 것이 중요한 역할을 한다. 처음의 전자가 통과한 후에 격자진동이 매체가 되어 이온 핵의 (+)전하가 접근하여 무리를 이루고, 다음전자를 끌어당기는 것이다. 즉, 전자끼리 끌어당기게 하는 힘이 발생하는 것이다. 전자가 격자로부터 에너지를 받았다고 생각할 수 있는데 Phonon이라고 부른다. 결국 쌍 전자는 전자와 전자 사이에 있는 이온 핵의 구름을 매개로 하며 (+)가 끌어당겨 모은 것이다. 따라서 전자가 격자 사이를 통과하면 이것을 따라 주위의 이온 핵이 모여들고, 모여든 이온 핵에 다른 전자가 끌려온다. 그러나 전자는 달라붙지는 않고 이온 핵의 틈 사이를 미끄러지듯 빠져나간다. 끌어온 전자를 놓쳐버린 이온 핵은 다시 새로이 접근하여 오는 또 다른 전자를 끌어들인다. 이런 방식으로 전자의 흐름을 설명한 것이 BCS 이론이다.

초전도재료 및 응용분야

초전도 재료를 얻기 위해서는 온도 T, 자계 H 및 전류밀도 J가 각각 어떤 임계값 T_c, H_c, J_c 이하로 되어야 한다. 그림 5-18에 나타낸 것과 같이 T-H-J 좌표 공간에서 하나의 임계면이 형성되고 그 안쪽에서 초전도 상태로 된다. T_c가 높으면 냉각이 쉬우며, H_c 및 J_c가 높을수록 강한 자계의 발생이 가능하고, 기기가 소형화 될 수 있어 초전도를 이용하는 장점이 증가한다.

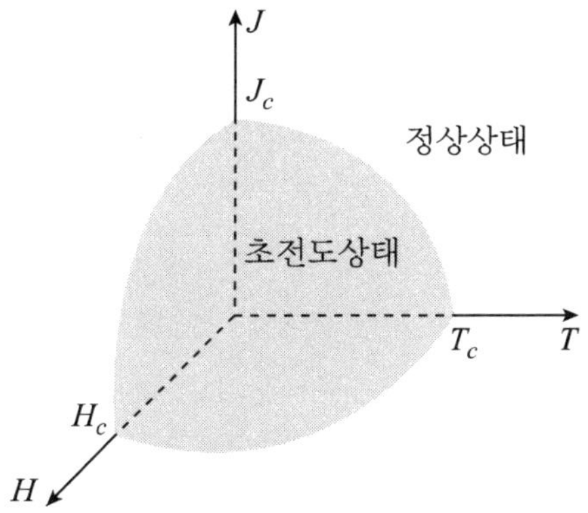

그림 5-18 초전도 상태를 나타내는 T-J-H 임계면

초전도재료의 중요한 특징으로는 완전 도전성과 완전 반자성이며, 이러한 특징을 이용하여 구현할 수 있는 초전도기술의 특징으로는, 고효율특성에 의한 에너지 절약, 고밀도 특성에 의한 기기의 소형화 및 오염물질 사용감소에 의한 환경친화성 등이 있다.

초전도재료는 전기저항이 0이기 때문에 큰 전류를 흘려보낼 수가 있어서 강력한 전자석을 만들기 위해 사용된다. 고온초전도체는 산화물이기 때문에 선재(wire)화시키는 것이 어려우며, 현재 사용되고 있는 초전도체의 대부분은 합금이나 금속간 화합물이다. 합금계에는 Nb-Ti계가 잘 알려져 있고, MRI, 자기부상열차 등에 이용되고 있다. 또 가속기나 핵융합로 등에 초전도 전자석으로도 이용되고 있다. 이것들은 모두 액체 헬륨으로 냉각시켜 사용하고 있다. 금속간 화합물로는 Nb-Sn계나 Nb-Ge계가 있다. 딱딱하고 깨지기 쉬운 금속간 화합물을 선재화 시키기 어렵기 때문에 개발된 것이 브론즈법이다. 구리와 주석의 합금인 청동의 내부에 니오브를 집어넣어 열처리하면 Nb-Sn 초전도층을 생성시킬 수 있다. 또한 송전손실이 없는 초전도 전선으로서는 비스무스계 산화물 초전도체를 이용한 전선이 개발되어 있다. 산화물초전도체를 은합금으로 만든 얇은 천으로 피복하여 선재화가 실현되어 있다. 비스무스계 산화물초전도체는 액체질소온도에서 사용하는 것이 가능하여, 지구 규모의 초전도 전력망의 실현 등 에너지 문제 해결 수단으로 기대되고 있다.

7.5 초내열합금

고온에서 사용되는 금속재료에는 특별하게 뛰어난 성능이 요구된다. 내산화성이나 내식성에 더하여 크리프 특성도 우수해야 한다. 크리프란 재료에 일정한 응력을 가했을 때, 서서히 변형이 진행하여 최종적으로 파괴되는 현상이다. 크리프에는 3단계가 있는데 제2단계인 정상크리프일 때 1,000시간당 어느 정도의 변형이 진행하는지에 대한 크리프 속도가 재료의 선택이나 설계에 중요하다(그림 5-19). 초내열합금은 1,000℃ 이상에서 가동되는 젯트 엔진의 개발과 함께 발전하여 왔다고 볼 수 있다(그림 5-20). 젯트 엔진의 열효율을 높이기 위해서는 연소가스의 온도가 높은 편이 좋고, 엔진 입구의 가스온도가 높을수록 효율이 크게 높아진다. 금속의 강도는 온도를 높이면 점점 약해지는데, 내열합금은 목표 온도에서 장시간 응력을 받아도 변형이 거의 없어야 한다. 또한 내식성도 가져야 하는데, 고온의 연소가스가 고속으로 합금에 접촉하면 표면에 화학반응이 일어나 부식되기 때문이다. 환경문제에 관심이 높은 현재에는 에너지를 효율적으로 이용하기 위한 재료로써 중요한 위치를 점하고 있다. 젯트 엔진이나 발전소의 터빈은 고온으로 운전할수록 에너지효율이 향상된다. 이에 따라 고온에서 사용할 수 있는 초내열합금 개발이 진행되고 있다. 1,400℃ 정도에서 운전되는 초고온가스터빈을 사용하는 발전설비에서는 50% 이상의 열효율이 달성되었다. 초내열합금에는 다양한 합금원소들이 포함되어 있는데, 최근에는 컴퓨터 시뮬레이션에 의해 합금 조성이 검토되고 있다. 일반적으로 초내열합금은 융점이 높기 때문에 주조나 열간가공으로 가공하기 어려운 재료이다. 따라서 초내열합금을 제조할 때는 분말야금 기술이 이용된다, 구성원소의 순금속원소의 분말을 사용하지 않고, 합금분말을 사용한다. 이렇게 하면 다수의 합금원소가 사용되는 초내열합금에서는 편석 등의 현상이 발생하지 않는다.

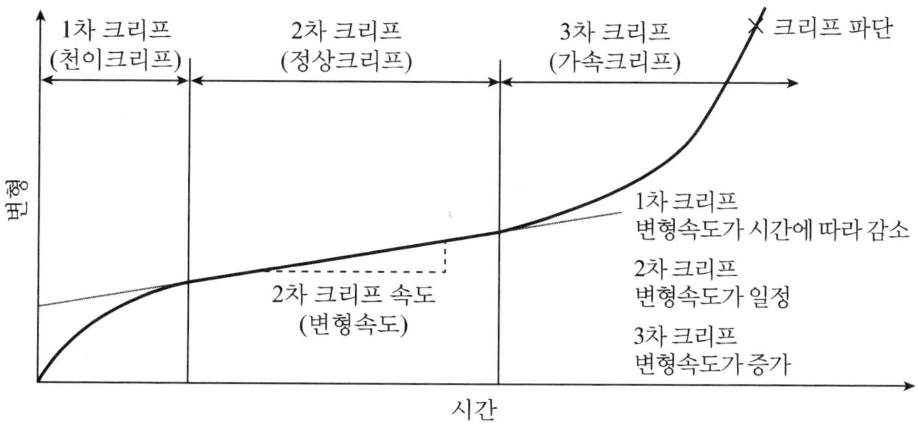

그림 5-19 크리프 곡선

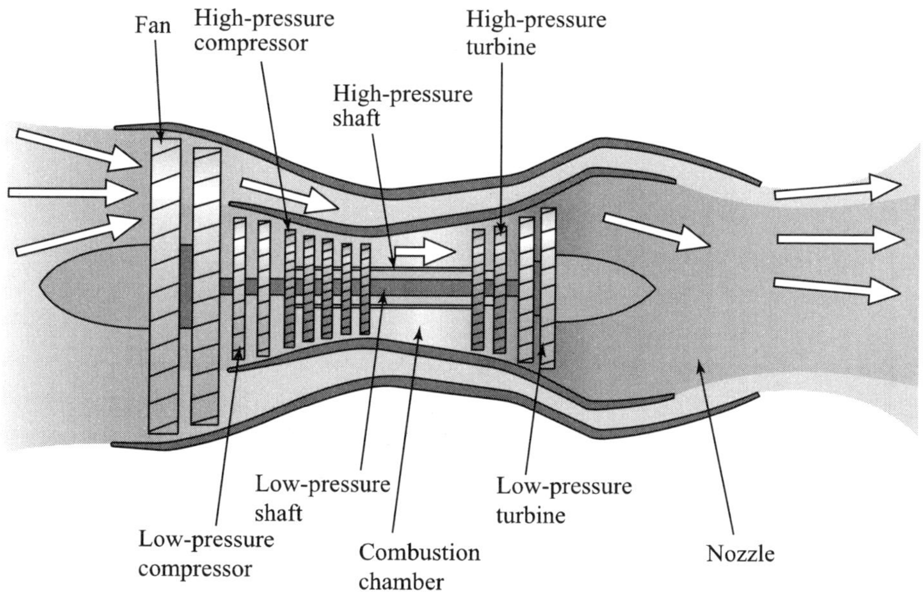

출처 : United States Department of Energy http://www.netl.doe.gov/scng

그림 5-20 가스 터빈 엔진

7.6 아몰포스합금

금속과 같은 결정에서는 원자가 규칙적으로 배열되어 있는 것에 비하여, 아몰포스 물질에서 원자는 액체처럼 무질서하게 배열하고 있다(그림 5-21). 대표적인 아몰포스 물질은 유리이다. 보통 용융시킨 금속을 서서히 냉각시키면 천천히 결정이 성장한다. 그러나 급격하게 냉각시키면 액체와 같은 형태로 균질하게 원자가 분포된 고체로 만들 수가 있다. 이 방법 이외에도 금속증기를 사용하는 진공증착법이나 스퍼터링법 등의 제조방법이 알려져 있다.

아몰포스 합금은 인장강도, 내식성, 자기특성, 촉매성능 등 여러 가지 우수한 특성을 가지는 것으로 알려져 있다. 아몰포스합금 중에서 두께나 지름이 수 mm 이상이며 3차원 형상이 이용 가능한 것을 벌크아몰포스합금 또는 벌크금속유리 등으로 부르고, 여러 분야에서 응용이 기대되고 있다. 비철계 합금에는 마그네슘, 란탄, 지르코늄, 티탄, 납, 구리, 백금계 등이 있고, 철계 합금에는 철, 코발트, 니켈의 합금계이 있다. 각 합금계는 3종 이상의 금속으로 구성되어 있고, 500종 이상의 아몰포스 합금이 보고되어 있다.

자성재료로 뛰어난 특성을 가진 아몰포스합금은 VTR 자기헤드로 이용되어 왔다. 또 높은 투자율은 철손이 적은 변압기 철심으로서의 연구가 진행되고 있다. 동종의 결정계 합금과 비교하여 높은 인장강도와 탄성변형율을 가지는 것으로부터, 고압력용 센서나 계량계 등에 이용이 검토되고 있다. 아몰포스 구조의 금속산화물은 도전성을 가진 투명한 재료로서 이용되고 있다. 가장 흔하게 볼 수 있는 금속산화물은 액정디스플레이나 터치패널 등에 사용되고 있는 ITO (Indium Tin Oxide)이다. 투명하면서도 도전성을 가지는 금속산화물은 자외선 차폐유리, 전자파 차폐 등에의 응용이 연구되어 왔다. 또 투명한 아몰포스산화물반도체는 전자페이퍼나 접는 투명트랜지스터 등에의 이용이 연구되고 있다.

표 5-6 아몰포스 합금의 예

계열	합금조성	특징
Z합금	$Zr_{65}Cu_{17.5}Ni_{10}Al_{7.5}$	과냉각액체안정합금
C합금	$Cu_{42}Zr_{42}Al_8Ag_8$	고강도합금
T합금	$Ti_{50}Cu_{25}Ni_{15}Zr_5Sn_5$	초내식성합금

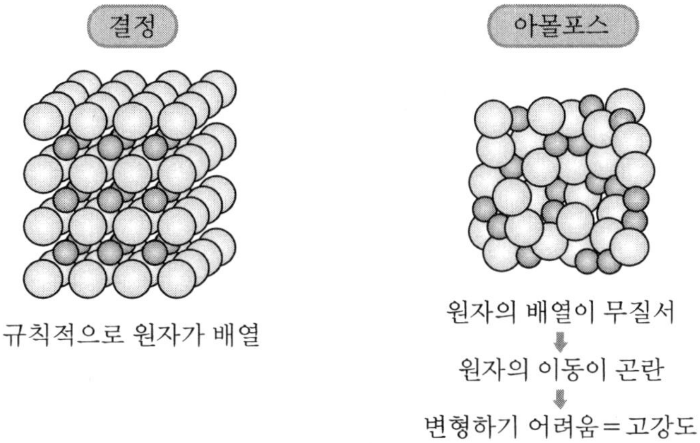

그림 5-21
결정과 아몰포스의 차이

출처 : 三木 貴博 외 7명, 金属材料が一番わかる, chap. 7, 技術評論社, 2014

7.7 방진재료

진동을 감쇠시키는 방법으로서 자동차의 오일댐퍼나 에어댐퍼와 같이 댐퍼를 이용하는 방법, 금속재료와 고분자재료를 서로 교대로 적층한 적층복합재료를 만들어서 진동을 부드러운 고분자재료가 변형되면서 흡수하는 방법 등이 있다. 그 외에 금속재료가 가진 큰 감쇠성능을 활용하여 진동을 억제하는 방법이 있다. 이런 금속을 방진합금이라 한다.

방진합금이 진동을 흡수하는 메커니즘은 외부로부터의 진동에너지를 합금 내부에서 열에너지로 변화시켜, 재료표면에서 방열시키는 것이다. 방진합금의 에너지 변환방법에 따라 복합형, 전위형, 강자성형, 쌍정형의 4종류로 분류할 수 있다(그림 5-22). 복합형은 강하고 인성이 뛰어난 기지재에 연한 제2상이 혼재하는 합금 조직을 가지고 있다. 진동 시에 제2상과 기지재와의 경계면에서 유동이 일어나 열에너지로 변환시킨다. 이런 형태의 재료로는 주철이나 알루미늄합금이 있다. 전위형은 결정 내부의 미끄럼 전위의 운동에 동반하는 내부마찰에 의해 진동을 감쇠시킨다. 이런 합금의 예로는 Mg나 Mg-0.6%Zr 합금을 들 수 있다. 강자성형은 자구 벽의 비가역이동에 따른 자기－기계적정이력에 의한 에너지 손실에 의해 진동을 흡수한다. 강자성재료 특히 연질자성재료와 같이 외부 응력에 의해 자구 벽의 이동이 용이하게 일어나는 경우에 진동이 흡수된다. 이런 재료의 예로서는 Fe-12% 합금을 들 수 있다. 쌍정형은 열탄성 마르텐사이트변태에서 보이는 변태쌍정의 경계가 매우 이동하기 쉬운 성질이 있어, 그 때 큰 감쇠성능이 발생한다. 합금의 예로서는 NiTi, Cu-Al-Ni, Mn-Cu 등이 있다. 이런 방진합금은 공작기계나 모터에 이용함으로써 진동을 억제하여 정밀한 가공을 가능하게 한다.

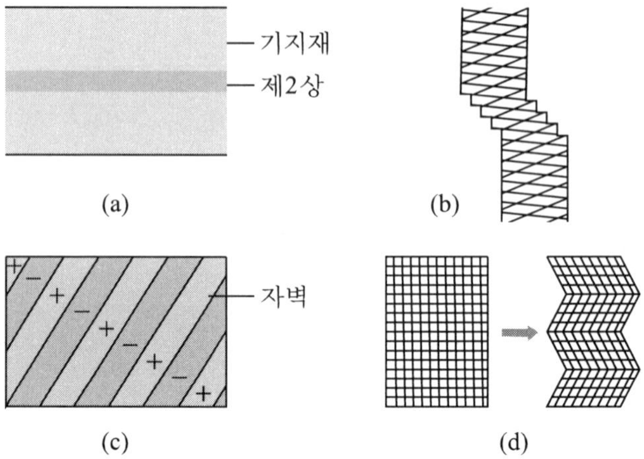

(a) 기지재와 제2상 사이의 마찰에 의해 진동을 흡수한다.
(b) 결정 내부의 미끄럼 전위에 의해 진동을 흡수한다.
(c) 자벽을 만들어 진동을 자벽에서 흡수한다.
(d) 부하를 가하면 쌍정이 발생하여 진동을 흡수한다.

그림 5-22 합금의 진동흡수 메커니즘

출처 : 三木 貴博 외 7명, 金屬材料が一番わかる, chap. 7, 技術評論社, 2014

7.8 금속생체재료

생체재료는 생체 내에서 사용되는 재료로서 강도뿐만 아니라 가혹한 환경에 견디는 내식성과 생체적합성이 요구된다. 생체재료로서 금속재료는 강도, 인성, 탄성, 강성 등의 면에서 뛰어난 장점을 가지고 있다. 금속생체재료는 뼈의 고정재, 인공관절, 치과용 재료, 교정 와이어 등으로 이용되고, 큰 하중이 걸리는 곳에도 사용 가능하여 나사 고정도 가능하다. 예를 들면, 금속생체재료로서 스탠트가 있는데, 이것은 혈관이 막혔을 때 놀러 펴지는 금속으로 짠 메쉬 형태의 관형기구이다(그림 5-23). 삽입할 때는 접혀진 채로 삽입하고 필요한 장소에서 혈관 내벽에 맞는 형상으로 변형하여 금속의 탄성으로 혈관을 지속적으로 확장시킨다. 생체 내에 금속을 집어넣었을 때, 금속이온의 용출이나 미세한 마모 조각의 발생을 줄이기 위해 내식성이나 내마모성을 가진 재료가 필요하다. 또 금속 원소에 따라 세포 독성이 다르고 Ti, Zr, Nb, Ta 등은 영향이 적고, V, Al 등은 악영향을 미친다. 현재 이용되고 있는 금속 생체재료로는 스테인리스강, Co-Cr합금, Ti 및 Ti합금 등이 있다.

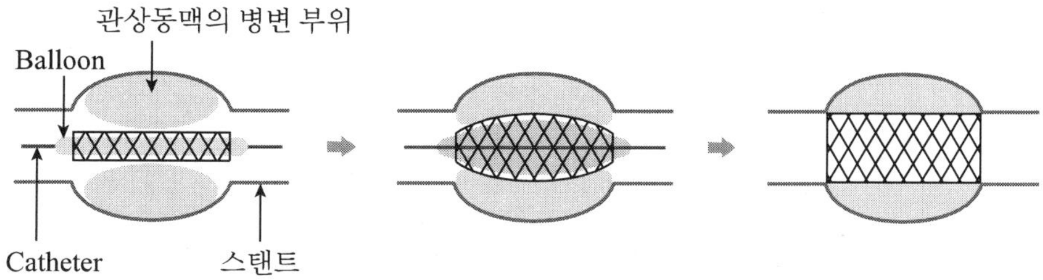

출처 : 三木 貴博 외 7명, 金属材料が一番わかる, p.172, 技術評論社, 2014

그림 5-23 스텐트의 구조

참고문헌

1) 신소재이야기, 사와오카 아키라 저, 성대현 역, 한국경제신문사, 2002.
2) 신소재 이호성 저, 보성각, 2002.
3) http://www.posco.co.kr/homepage/docs/kor5/jsp/product/exper
4) 공학도를 위한 신소재공학, 삼성북스, 백영남 외 5인 공저
5) http://www.attritor.in/attritor_working.html
6) United States Department of Energy - http://www.netl.doe.gov/scng
7) https://commons.wikimedia.org/wiki/File:Kristallstruktur_Zementit.png
8) The Health Science, Shape Memory Alloys, 11/22/201
9) PROPERTIES AND APPLICATION OF SHAPE MEMORY ALLOY, Vaisakh Balakrishnan, Engineering, Published on Oct 16, 2015
10) James Newell, Essentials of Modern Materials Science and Engineering, chapter 3, John wiley & Sons, 2009)
11) McGannon, Harold E. editor (1971). The Making, Shaping and Treating of Steel: Ninth Edition. Pittsburgh, Pennsylvania: United States Steel Corporation
12) https://www.911metallurgist.com/blog/froth-flotation-process
13) 三木 貴博 외 7명, 金屬材料が一番わかる, chap.1, chap. 4, chap.7, 技術評論社, 2014
14) 野口 徹, 中村 孝, 機械材料工學, chap. 4, 2001

연습문제

5-1 철의 제련에 쓰이는 환원제와 그 역할은 무엇인가? (환원제는 다른 물질을 본래 상태로 돌아가게 하고 자신은 산화되는 물질)

5-2 철의 제련에 사용되는 용제로는 어떤 것을 사용하며, 어떤 작용을 하는가?

5-3 제련한 뒤에 남은 찌꺼기를 무엇이라 하는가? 또한 그 조성은?

5-4 철의 제련과정에서 일어나는 주된 반응은 코크스와 석회석에 의한 산화환원반응이다. 코크스(C)는 철광석을 금속 철로 환원시키는데 필요한 환원제인 CO를 만들기 위해 넣어 준다. 또한 석회석($CaCO_3$)은 철광석에 필요한 불순물(주로 SiO_2)을 제거하기 위해 넣는다.

(a). 코크스와 산소의 반응식을 쓰시오

(b). 석회석의 SiO_2 제거 반응식을 쓰시오.

(c). 철광석의 환원반응식을 쓰시오.

5-5 금속재료는 일반적으로 단결정, 다결정 중에서 어떤 형태의 것이 사용되는가?

6

chapter

탄소재료

1. 탄소재료의 정의 및 분류

탄소(carbon)는 비금속 원소로서 지구상에서 네 번째로 많이 존재하는 물질이다. 일반적으로 물질을 분류할 때, 유기물(organic Compounds)이란 분자구조의 기본 골격이 탄소 원자로 이루어지는 화합물이며, 무기물(Inorganic Compunds)은 탄소를 포함하지 않는 화합물들로 분류한다. 유기물은 생명체의 활동에 의해 생기는 것이라는 의미를 가지고 있기 때문에 탄소가 포함된다. 그러나 탄소 중에서도 생명체로부터 얻어지지 않는 물질, 즉 단일 원소물질인 탄소, 산화탄소, 금속의 탄산염, 시안화물, 탄화물 등은 무기물로 분류하고 있다.

탄소는 산소와 함께 생명체에 가장 필요한 원소이다. 그림 6-1에 나타낸 바와 같이 최외각에 4개의 원자가 전자를 가지고 있어서, 이 4개의 전자 모두

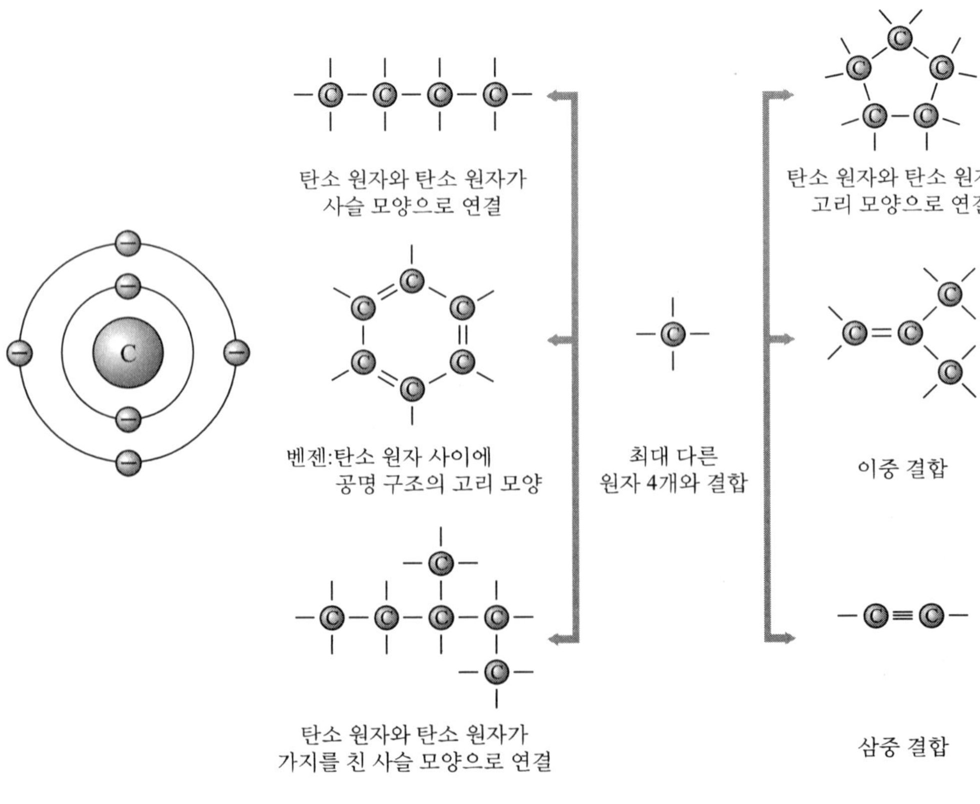

그림 6-1 탄소의 구조와 결합

화학결합에 참여할 수 있다. 따라서, 많은 종류의 원소와 결합할 수 있어서 약 2천만 종류의 화합물을 생성할 수 있다. 또한 배열 순서에 따라 여러 가지 형태의 동소체를 생성하며, 물리적인 특성도 다양하다. 탄소는 원자끼리의 결합 방식에 따라 여러 가지 동소체가 존재한다. 여러 산업분야에 사용되고 있는 흑연과, 모든 광물 중 가장 경도가 높은 다이아몬드, 극저온 상태에서 초전도 현상을 보이는 풀러렌, 반도체의 성질을 가지는 탄소나노튜브, 전기전도성이 매우 우수한 그래핀 등과 같은 동소체가 있다.

2. 흑연

1기압 하에서 안정적인 탄소의 결정구조는 흑연으로 6개의 탄소원자가 6각형으로 배열되어 있다. 이 육각형의 벤젠고리를 하나하나 규칙적으로 깔아 층을 쌓은 것이 흑연구조이다. 면의 가운데에서 탄소 원자와 탄소 원자의 거리는 1.4Å이지만 면의 사이에서는 6.7Å으로 상당히 떨어져 있다. 흑연은 면내의 원자결합이 강하고 전기가 흐르기 쉬운데 반하여 면과 면의 결합은 약한 반데르발스 인력이 작용하고 있기 때문에 의외로 간단히 떨어져 버리고 만다. 이와 같이 면내와 면간의 결합강도의 차이 때문에 흑연의 물성은 방향성에 크게 의존한다. 이차원 평면 내의 결합을 끊기 위해서는 큰 힘이 필요하지만, 면간의 결합을 끊는 데는 큰 힘이 필요하지 않다. 이 성질 때문에 흑연의 분말은 윤활제로 사용된다.

그림 6-2에 나타낸 바와 같이 고순도의 흑연은 3.35Å의 면 간격을 가지고 일반적으로 ABAB … 의 순서로 쌓여진다. 이러한 구조는 Bernal이 1924년에 처음 제안하였다. 이 구조에서 단위정(unit cell) 내에는 4개의 원자들이 포함되어 있다. 한편, 4면체(tetrahedral) 구조를 갖는 다이아몬드 구조에서는 각각의 탄소원자는 4개의 인접 원자와 결합되어 있으며 결합구조는 sp^3 구조를 이루고 있다. 다이아몬드는 흑연보다 덜 안정하기 때문에 상압에서 1,700℃의 온도에서 흑연으로 변한다.

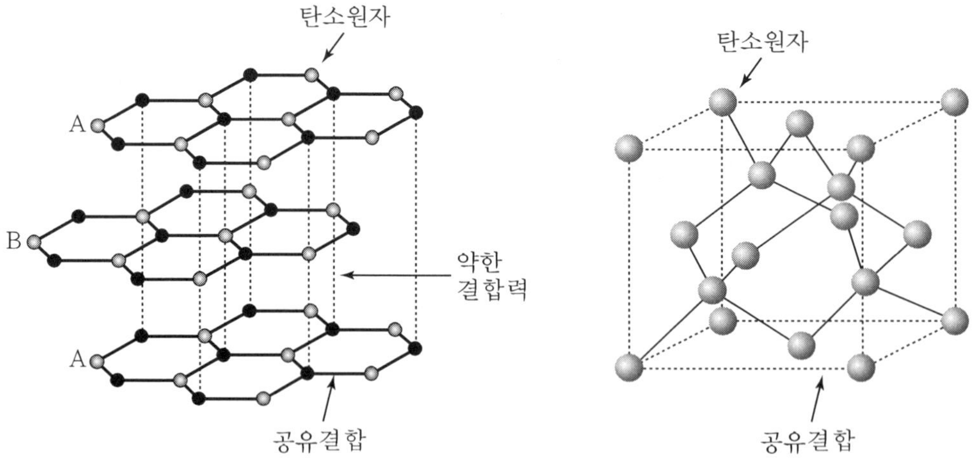

흑연의 구조(Bernal stacking) 다이아몬드의 구조

그림 6-2 흑연과 다이아몬드의 구조

2.1 흑연의 특성 및 제조법

흑연은 모스(Mohs hardness)경도가 약 1～2 사이로 매우 부드러운 소재이며, 녹는점과 끓는점은 명확하지 않다. 비중은 2.23이며 흑색계통의 광택을 가진다. 전기 전도체이며, 전기저항은 방향에 따라 큰 차이를 보인다. 천연 흑연의 결정형태는 육각 판 모양의 편평한 모양이며, 인공 흑연의 결정은 비늘상 또는 덩어리상이다. 내열성, 내열충격성, 내식성이 강하고 전기 및 열 전도성이 좋은 편이다. 흑연은 화학적으로 안정하고 열에 강하기 때문에 2,000℃로 가열해도 강도 저하가 거의 없다. 그러나 공기 중에서 가열하면 700℃에서 연소하기 시작한다. 따라서 진공 중이나 중성가스 분위기에서는 흑연이 고강도 재료로서 가장 우수하다. 3,000℃의 히터나 도가니에도 사용되며 연구용, 공업용 소재로 사용되고 있다.

흑연은 석유로부터 가솔린, 등유와 같은 유효성분을 분리하고 남은 부산물인 피치(pitch)를 원료로 하여 피치를 장시간 고온으로 유지하면서 서서히 탄화시켜 제조한다. 이렇게 피치를 연소시켜서 만든 흑연은 탄소원자가 규칙적으로 배열되어 있지 않다. 즉, 경질화되어 있지 않기 때문에 2,000도 이상으로 가열을 지속하여 흑연화를 촉진시킨다. 흑연화란 흑연구조로 규칙적으로 배열하여 가는 것을 의미하는데, 흑연화가 진행되면 상당히 단단하던 것이 연하게 되어 절삭이나 구멍 뚫기 가공이 용이해진다.

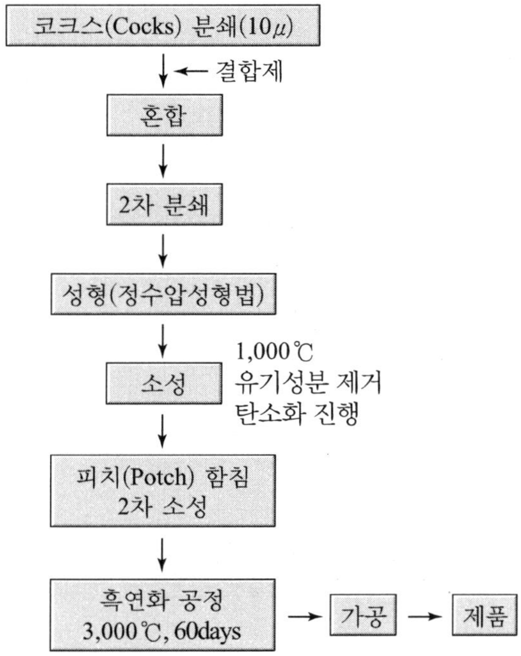

그림 6-3
흑연의 제조법

2.2 흑연과 탄소 동소체의 전도성

그림 6-4에 나타낸 바와 같이 흑연은 평면으로 이어져 있다. 이때 모든 원자는 sp^2구조를 이루고 있어서, 평면에 수직한 p오비탈마다 파이전자가 하나씩 들어가 있다.

탄소원자는 $1s^2 2s^2 2p^2$의 전자배열을 가지고 있다. 탄소원자는 공유결합을 이루기 위해서 2s 궤도함수의 전자 한 개가 2p 궤도함수로 전이한다. 흑연의 결정구조에서 1개의 탄소원자는 3개의 인접 탄소원자와 평면상에서 sp^2으로 표현되는 강한 σ 결합을 이룬다. 나머지 p궤도함수를 갖는 전자는 이 평면과 수직으로 약한 π 결합을 이룬다. 이 약한 결합에 의해서 흑연은 반금속(semi-metal)의 특성을 나타낸다. 그리고 평면상에서 인접 원자들 간의 π 궤도함수의 중첩으로 인하여 상대적으로 큰 전기전도도를 가진다.

다이아몬드는 모든 탄소원자가 sp^3를 구조로 최외각 전자 4개가 모두 시그마 결합에 참여하게 되므로, 파이전자가 존재하지 않아서 컨쥬게이션을 이루지 않는 부도체이다. 즉, 전기전도성이 없다. 다이아몬드는 결합선이 4개고 나머지는 3개이다. 흑연, 풀러렌, 탄소나노튜브의 경우 최대 4개까지 결합을 할 수 있는데 3개만 했으니 전자가 하나 남아서 자유전자로 돌아다닐 수 있다.

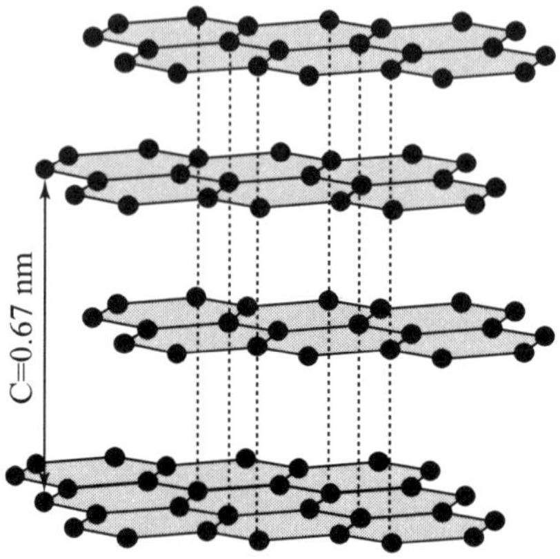

흑연의 결정구조

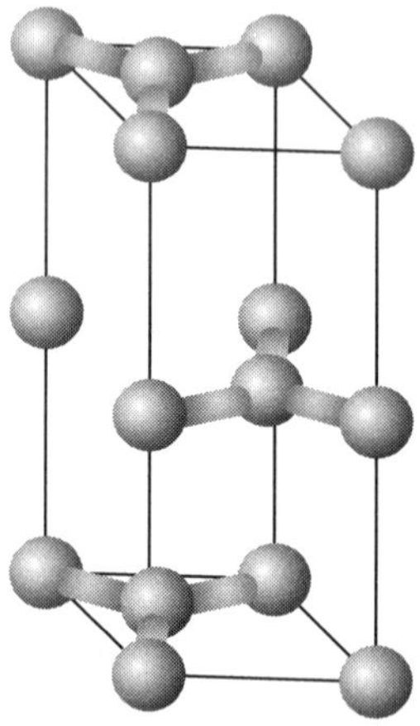
흑연의 단위 격자

모든 원자는 sp^2 구조를 이루고 있어서, 평면에 수직한 p오비탈 마다 파이전자가 하나씩 들어가 있다.

그림 6-4 흑연의 구조와 단위격자

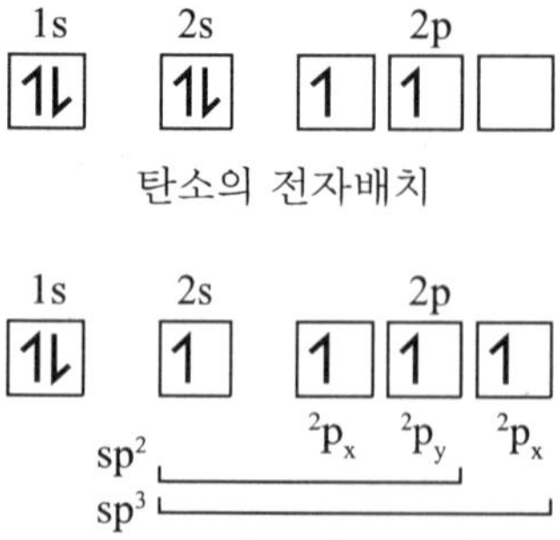

탄소의 혼성화

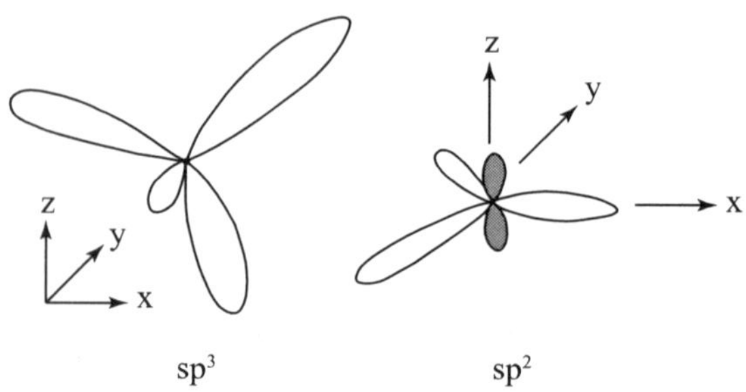

다이아몬드 구조의 sp^3와 흑연의 sp^2

그림 6-5 탄소의 전자배치와 sp^3, sp^2 궤도함수

1S를 채우고 있는 내부전자(core electron)는 반응에 참여하지 않는다. 최외각인 2S와 2P의 전자 4개가 반응에 참여한다. 혼성화가 일어나면 S 궤도의 전자와 P 궤도의 전자가 혼성화되어 동등한 상태가 된다. 이때 sp^2 또는 sp^3 결합이 이루어진다. 탄소간의 결합인 다이아몬드는 sp^3 결합이고, 또 다른 탄소간의 결합인 흑연은 sp^2 결합이다. 탄소의 sp^2 결합에서는 P 하나가 혼성화에 참여하지 않고 남게 되며, 이것이 중요한 역할을 한다. 이러한 sp^3/sp^2 결합은 X-Y-Z 좌표계에서 그림 6-5에 나타낸 것처럼 모식화할 수 있다. sp^3는 각각 낮은 에너지 상태로 있기 위해 최대한 벌어진 각이 되며, sp^2는 혼성화에 참여하지 않은 Pz를 제외한 세 개의 혼성화 궤도가 x-y 평면상에 놓이게 된다.

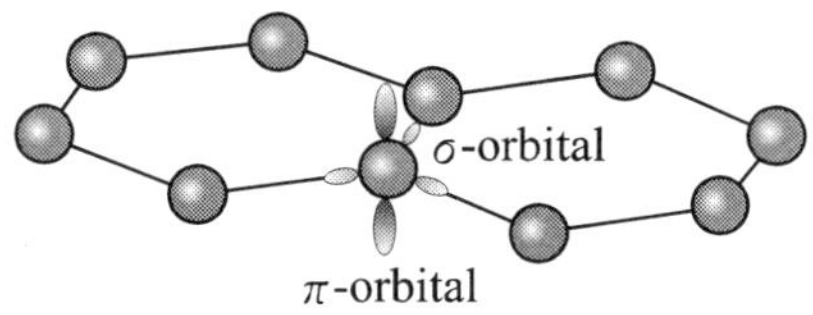

그림 6-6 그래핀(또는 흑연)의 sp^2 결합의 오비탈

흑연 및 그래핀을 이루는 평면상의 sp^2 결합을 σ 결합이라 하고, 강하게 공유 결합하여 전류의 이동에 관여하지 않는 이 전자들의 상태를 σ 오비탈이라고 한다. 평면에 수직한 전자들의 상태(P_z의 전자)는 π 오비탈이라고 한다. 페르미 레벨 근처의 전자들은 π 오비탈의 선형 결합으로서 그래핀의 특이한 물리적인 성질을 결정지으며, σ 오비탈은 그래핀의 2차원 결정성에 관여하게 된다. 따라서 탄소 결합에 있어서 sp^2가 많을수록 흑연에 가까워지며, sp^3가 많을수록 다이아몬드에 가까워진다. 흑연으로부터 그래핀을 얻는 것과 달리 기존의 반도체 성장법으로 그래핀을 얻는 게 힘든 것은, 박막 성장 조건에 따라 탄소간에 sp^2와 sp^3 결합이 혼재하며 깨끗한 2차원계를 이루지 못하기 때문이다.

2.3 흑연의 용도

공기나 산소가 접촉하지 않는 분위기에서 흑연은 고온에서도 안정하다. 따라서 산업용 도가니나 고온에서 힘을 받는 재료로 사용된다. 반도체용 실리콘 결정을 만들 때 원료실리콘은 석영유리의 도가니에 넣고 그것을 또다시 흑연 용기에 넣는다.

실리콘 단결정은 흑연용기에 고주파 전류를 흘려서 여기에서 열을 발생시켜 제조하고 있으며, 반도체용으로 사용하기 위해서는 순도 높은 흑연이 필요하다. 흑연과 실리콘이 직접 접촉되지 않아도 증발에 의해 불순물이 실리콘에 들어가기 때문이다.

또한 흑연은 핵융합로의 내벽에 중성자 차폐재로 사용되며, 철강의 전기 정련용 전극봉, 약 3,000℃ 이상의 온도까지 견딜 수 있는 내열성 장비, 화학공정에서의 내식성 기구의 재료, 윤활제, 감마제로도 사용된다.

3. 활성탄

3.1 활성탄의 특성 및 분류

탄소재료의 분류

탄소재료는 크게 흑연화탄소와 비흑연화탄소로 구분할 수 있다. 흑연화 탄소는 흑연구조를 가진 수 um 크기의 단위 결정들 간의 결합이 아주 약하기 때문에, 충분한 유동성을 가지고 있어서 열처리과정 중에 유체상태를 거치게 되어 잘 정렬된 흑연에 가까운 탄소가 얻어진다. 비흑연화탄소는 온도를 2,700℃ 이

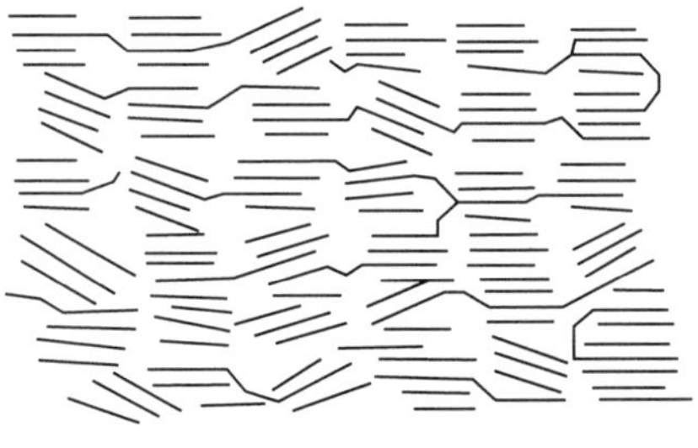

(a) 흑연화탄소

(b) 비흑연화탄소

그림 6-7 흑연화탄소와 비흑연화탄소

상 올려 탄소화시켜도 흑연으로 바뀌지 않는 탄소재료를 말한다. 숯(Char)이 탄소화 과정에서 용융상태를 거치지 않고 바로 탄소로 전환된 경우이다. 아주 작은 수 nm 크기에서는 어느 정도 흑연과 같은 방향족 환 들이 층상구조를 형성하지만, 더 큰 영역에서는 아주 불규칙한 구조를 가지고 있다. 비흑연화 탄소를 활성 처리한 것이 활성탄이다.

탄소소재의 일종인 숯은 참숯, 대나무숯, 야자숯 등이 있으며, 화장품, 담배, 정수기 등 여러 분야에서 사용되고 있다. 이러한 숯(Char)은 탄소질 원료를 탄화만 시킨 상태로 소량의 세공과 흡착능력을 가지고 있으며, 이 숯을 물리화학적으로 활성화시켜 표면적을 매우 넓게 만든 것을 활성탄이라고 한다. 활성탄(Activated carbon)은 흡착성이 강하고 대부분의 구성 물질이 탄소이다. 나무, 석탄, 숯, 야자나무 껍질, 석유코크스 등의 탄소질 원료를 태우는 활성화 과정을 통해 분자 크기 정도의 미세세공을 발달시킨 흡착제이다. 흡착성이 강한 분체상 또는 입상다공성 물질로 내부에는 1 g당 500～1500 m^2 정도의 표면적을 가지고 있다.

3.2 활성탄의 구조 및 흡착특성

활성탄의 구조

활성탄은 다공성 탄소재료로서 주로 화학공정, 약품제조, 식품제조 과정에서 불순물이나 오염물질을 흡착하여 제거하는 데 광범위하게 사용된다. 액체나 기체가 활성탄에 흡착하는 과정은 반데르발스 힘에 의한 물리적인 작용인 것으로 알려져 있다. 따라서 활성탄을 흡착에 적용하기 위해서는 표면적의 크기와 세공 부피(pore volume)가 매우 중요한 성질이다. 모든 활성탄들은 탄소 이외에 산소, 수소 등의 다른 원소들을 포함하고 있으며, 약 20 W% 정도의 미네랄을 포함하고 있다. 활성탄의 미세 결정의 표면에는 산소, 수소를 포함한 다양한 작용기들이 존재하는데, 특히 산소를 가진 작용기는 흡착능력에 직접적인 영향을 미친다. 활성탄의 구조상 모서리 탄소들은 불포화되어 있어, 반응성이 좋고 산소를 매우 잘 흡수한다. 이 흡착된 탄소는 탄소와 반응하여 표면 산소화합물을 형성하는데 이 화합물의 상태와 양은 활성탄의 표면적, 입자크기, 재 함유량, 탄소화 온도와 시간 등에 영향을 받는다. 그림 6-8에 숯과 활성탄의 세공 구조 및 세공분포를 나타내었다(SEM).

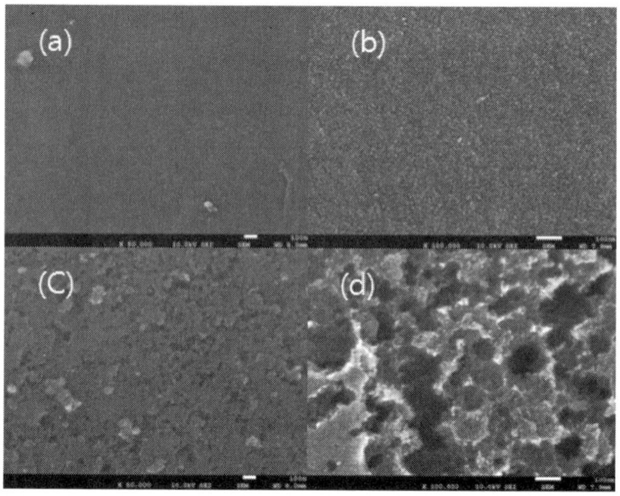

그림 6-8
숯과 활성탄의 미세구조
- 숯 : (a), (b)
- 활성탄 : (c), (d)

흡착특성

일반적으로 흡착(Adsorption)은 고－액, 기－액, 액－액 계면에서 기체 혹은 액체중의 특정 성분이 농축되는 현상을 말한다. 또한 어떤 기체 또는 액체물질이 다른 액체 또는 고체물질과 접하고 있을 때 전자의 농도가 상의 계면과 상의 내부에서 서로 다른 경우에 전자의 흡착이 일어났다고 하며, 전자가 계면에 존재하지 않고 후자의 내부에 들어간 경우를 흡수라고 한다. 상의 내부 보다는 계면근처의 농도가 작은 경우를 (－)흡착, 큰 경우는 (＋)흡착이라고 하며, 일반적으로 흡착이란 (＋)흡착을 말한다. 흡착제의 흡착은 형태에 따라 물리적 흡착과 화학적 흡착으로 분류한다. 물리적 흡착을 지배하는 힘은 Van der waals 힘이고 화학적 흡착을 지배하는 것은 이온결합, 공유결합 등에 의한 화학적 결합력이다. 활성탄에서는 대부분의 경우에 물리적 흡착과 화학적 흡착이 같이 일어나는 것을 볼 수 있다. 기상흡착에는 가역적인 물리적 흡착이 대부분이나, 액상흡착에는 비가역적인 화학적 흡착이 많은 편이다.

표 6-1 흡착의 종류

구분	물리적 흡착	화학적 흡착
결합	Vander Walls 인력에 의한 약한 결합	자유전자의 재배열에 의한 강한 이온결합 또는 공유결합
온도	온도가 높을수록 흡착량이 감소	온도상승에 따라 흡착량이 증가하다가 감소
피흡착질	임계온도 이하의 모든 기체를 흡착	화학반응성이 있는 피흡착질만 흡착
흡착열	적다. 응축열과 같음 (10 Kcal/Mole 이하)	크다. 반응열과 같음 (10～30 Kcal/Mole)
흡착속도	빠름 (Activation이 존재하지 않음)	느림 (활성화 에너지가 필요)

활성탄의 표면은 대부분 비극성이기 때문에 주로 비극성 물질들이 흡착된다. 그러나 산소를 포함한 산성화합물이나 재가 존재하면 극성화합물도 흡착 가능하다. 표면에 있는 산소를 환원분위기에서 열처리하면, 메탄올이나 물의 흡착 능력은 훨씬 감소한다. 그러나 질소나 벤젠 등의 흡착능은 그대로 유지된다. 산소작용기를 활성탄의 표면에 도입시킬 때는 질산이나 과산화수소 등을 이용하여 산화시킨다. 활성탄은 다공성 물질의 세공크기에 따른 분류 상, 작은 세공(세공지름 $<$ 2 nm)에 속한다(중간세공 $<$ 100 nm, 큰 세공 $>$ 100 nm). 활성탄의 탄소는 방향족 고리가 서로 연결된 판상형태가 불규칙하게 형성되어 있다. 이와 같이, 판상들이 불규칙하게 배열되어 있어 그 사이에 빈 공간이 생기게 된다. 이 공간에 타르나 다른 유기물이 분해된 것이 남아 있을 수 있는데, 이들이 활성화 과정에서 우선적으로 작용하여 빈 세공을 만들게 되어 좋은 흡착제로 작용하게 된다.

활성탄의 흡착은 흡착제 표면에 피흡착질 분자가 축적되는 것이며, 흡착될 수 있는 물질의 양은 흡착제의 비표면적 크기에 따라 다르다. 활성탄의 세공은 복잡한 그물 망 구조를 가지고 있으며 거대한 내부표면적을 이루고 있는 모세관들로 구성되어 있다.

표 6-2 세공 종류별 분류

종류	크기	내용
macropore	1000 Å 이상	큰 유효경으로 흡착질을 외부에서 입자 내로 운송
mesopore	20～1000 Å	모세관 응축현상이 발생
micropore	20 Å 이하	가장 작은 반경으로 비표면적 중 95% 차지

흡착이 일어나는 곳은 두 개의 상(相)이 접촉되는 계면이며, 각 상의 밀도는 내부와는 다르다. 예를 들면, 용액에서는 고체와 접촉하는 계면부분 또는 공기와 접촉하는 표면 부분에서의 용질의 농도가, 액 내부의 용질의 농도와 다르게 되는 현상이 흡착이다. 또한 분자가 부착할 수 있도록 표면을 제공하는 물질을 흡착제라고 하고, 표면에 부착되는 분자를 피흡착물이라고 한다. 흡착제는 다공성으로서 내부표면이 대단히 크고, 흡착성이 좋은 고체이다. 흡착은 용액 안에 있는 용해물질을 흡착제의 표면에 모이도록 3단계의 반응으로 이루어지며, 흡착과정의 모형을 그림 6-9에 나타내었다. 1단계는 피흡착질 분자들이 흡착제인 활성탄 외부 표면으로 느린 속도로 이동한다. 2단계에서는 피흡착질이 활성탄의 대세공, 중간세공을 통해 느리게 확산되며. 3단계에서는 확산된 피흡착질이 빠른 속도로 미세공 내부표면과 결합하거나 미세공에 채워진다.

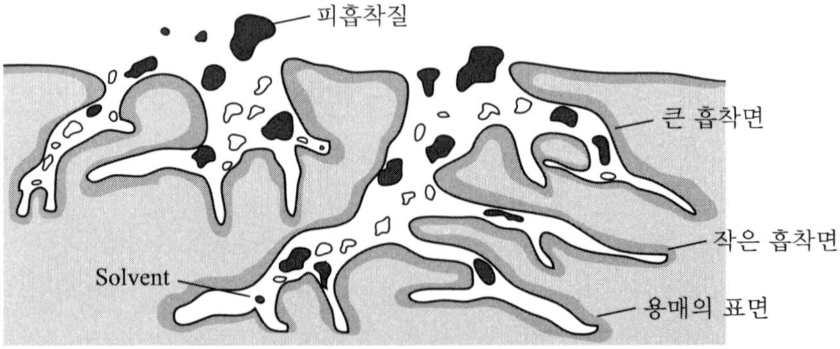

그림 6-9 활성탄의 흡착과정

3.3 활성탄의 제조법

활성탄의 제조방법으로는 물리적 활성화법과 화학적 활성화법이 있다. 물리적 활성화법은 각종 산화성가스(수증기, 이산화탄소, 공기 등)에 의해 800~1,100℃ 정도의 고온가스 활성화 반응으로 부활시킨다. 흡착성능은 산화성 가스의 화학적 성질과 농도, 반응온도, 부활시간, 원료에 포함되어 있는 양과 종류 등에 의해서 결정되며 회전로와 다단로를 이용하여 제조한다. 화학적 활성화법은 인산, 염화아연 용액 등을 사용하여 화학적으로 처리하는 방법으로, 제조공정의 복잡성, 장치부식, 2차 오염 및 경제성 등에 문제가 있다. 현재는 물리적 활성화법인 수증기 부활법이 이용되고 있다.

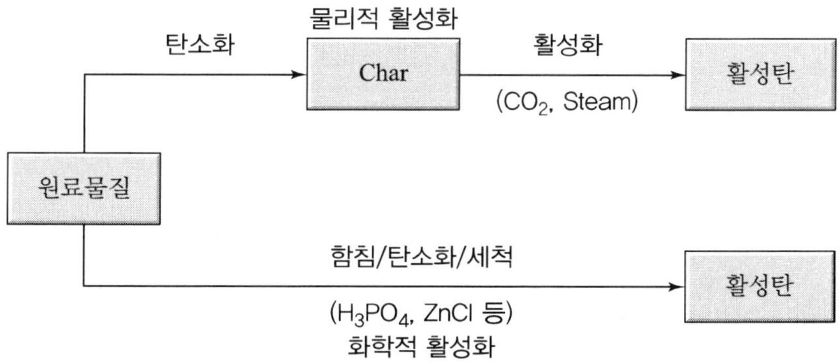

그림 6-10
활성탄의 제조과정

3.4 활성탄의 용도

활성탄은 매우 넓은 표면적, 높은 흡착능 및 여러 가지 표면작용기를 가지고 있어 다양한 공정의 흡착제로 사용된다. 기상공정에서는 가스 성분의 선택적 제거, 흡착 및 정제, 용매회수, 촉매담체로 사용되며, 액상공정에서는 물 및 액상물질 중 선택적 성분의 제거, 폐수처리 공정에서는 생물학적 처리 전후에 활성탄을 이용하여 불순물을 제거한다. 또한, 식품 제조공정에서 당액, 술, 유지의 탈색에 쓰이며 탈취제로도 이용된다.

4. 다이아몬드

다이아몬드는 탄소원자가 면심입방배치(FCC)를 취하고, FCC의 원자배열에서 (1/4, 1/4, 1/4) 위치에 또 원자배열이 존재하는 구조이다. 탄소는 4족 원소이므로 4개의 가전자(valence electron)이 존재하는데, 이 4개의 전자는 가장 가까운 이웃 원자들과 공유된다. 따라서 8개의 공유된 원자가 각 개별 원자와 결합된 상태이다. 다이아몬드의 특별한 물성은 그 결정구조에 기인한다. 다이아몬드는 자연계에 존재하는 가장 단단한 물질(모스경도 10)이다. 대부분의 다이아몬드는 무색이지만 불순물이 존재하면 착색한다. 저 품질 다이아몬드의 노란색은 일반적인 불순물인 질소가 들어있기 때문이다. 질소불순물은 보통 탄소원자가 있는 위치에 들어간다. 다른 불순물에 의해 흰색, 녹색, 적색, 청색 등 다른 색으로 변한다.

천연 다이아몬드는 탄소가 결정성장에 필요한 매우 긴 세월 동안 고온 고압에 노출되어 만들어진다. 대부분의 다이아몬드는 지하 마그마의 분화에 의해 형성되는 용암에 의해 만들어진다. 용암은 다이아몬드 형성에 충분한 고온, 고압으로 되어있다. 천연 다이아몬드는 매우 가격이 비싸고 산업에 이용은 제한된다. 인공다이아몬드는 1953년에 처음 합성되었는데, 인공 다이아몬드 합성에 가장 중요한 과제는 55,00기압의 고압을 실현하는 것이다. 일반적인 공업적 제조법인 HPHT (High pressure high temperature)법은 1,500℃에서 5 GPa의 고압을 유지하는 대형프레스를 사용한다. 이 방법은 시간이 걸리고 장치의 무게가 수 톤에 달하며 고가인 단점이 있다. 다른 합성방법으로는 화학기상성장법(CVD)이 있다. 이 방법에서는 탄소가 포함된 원료가스를 마이크로파를 조사하거나 아크방전에 의해 플라즈마 상태로 만들어 주면 기판위에 다이아몬드 결정이 급격하게 성장한다. 그러나 이 CVD프로세스는 대량생산에 적용하기에는 많은 기술적인 과제가 남아있다.

다이아몬드의 용도는 보석과 공업용으로 크게 나뉜다. 다이아몬드는 매년 25톤 이상 채굴되지만, 색, 크기, 투명도 등의 조건에 맞는 보석으로 이용되는 것은 소량이다. 그 80%가 공업용 다이아몬드로서 컷팅 머신, 드릴 팁, 연마필름 등으로 이용되고 있다. 다이아몬드(C)는 실리콘(Si), 게르마늄(Ge) 등과 같은 구조를 갖는 물질이다. 다이아몬드는 마이크로프로세스에서 반도체로서 큰 가능성을 가지고 있다. 다이아몬드 반도체는 실리콘의 용융온도 이상에서 작동하기 때문에, 다이아몬드 마이크로칩으로 만들어지는 차세대 슈퍼컴퓨터가 기대되고 있다.

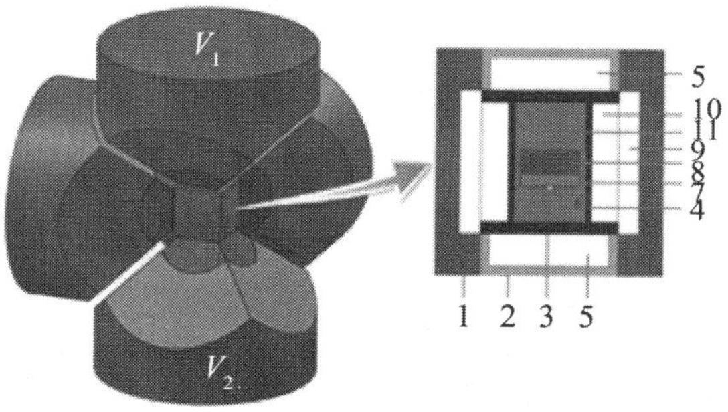

그림 6-11
고온, 고압법(HPHT)에 의한 다이아몬드 합성장치

1. py rophy llite 2. steel cap 3, 4. graphite heater
6. seed 7. cataly st 8. carbon source
5, 9, 10, 11. insulator

출처 : Ya-Dong Li, Xiao-Peng Jia, et. al., Chin. Phys. B., 25(4), 2016.

5. 플러렌

5.1 플러렌의 발견

1985년 크로토, 컬, 스몰리는 레이저 광선을 흑연에 조사하여 기체상태의 탄소원자뭉치(atomic cluster)를 만들고, 이를 질량분석기로 분석하였다.

측정결과 분자량(1몰)이 720 g/mol인 물질이 발견되었다. 이들은 탄소 60개로 형성되어 있고 몰질량이 720 g/mol인 이 물질을 바구니 구조로 예측하고, 이런 구조와 같은 모양의 돔을 설계한 건축가 버크민스터 풀러(Buckminster Fuller)의 이름을 따서 버크민스터 풀러렌이라고 명명하였다. 그림 6-12에 나타낸 것은 모두 플러렌의 구조이다.

플러렌의 구조는 X-ray 회절법과 전자 회절법에 의해서 밝혀졌다. 그림 6-13에 나타낸 것은 Paul W. Dunk 등이 분석한 C_{60}과 C_{70}의 질량분석 결과이다.

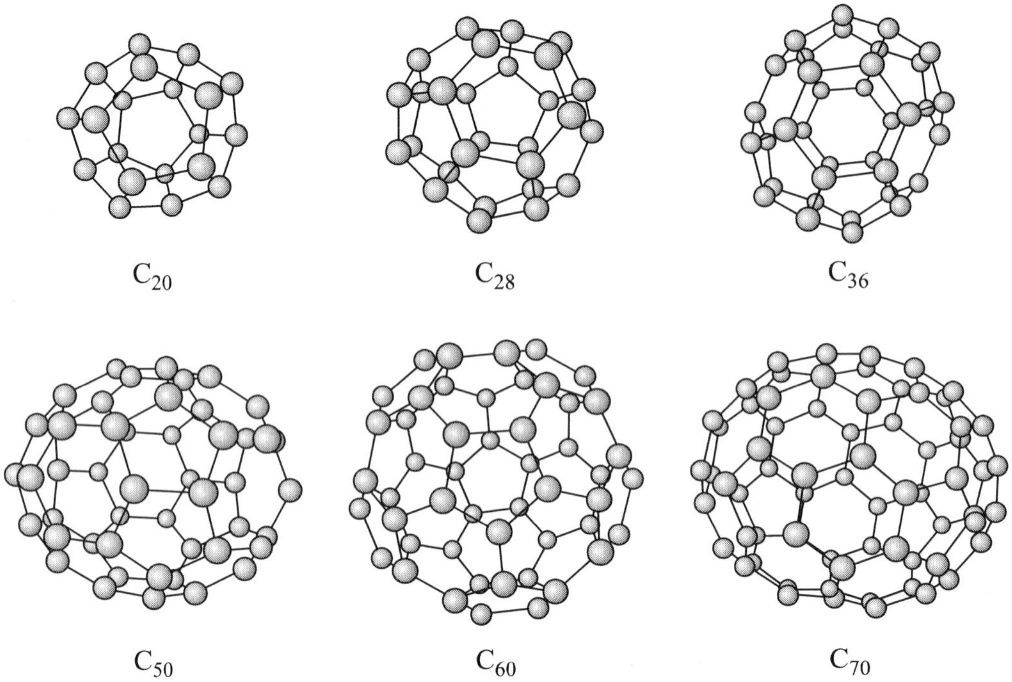

그림 6-12 탄소 원자수에 따른 여러 종류의 플러렌

5.2 플러렌의 구조

플러렌은 축구공과 유사한 구조로 그림 6-9에 표시된 것과 같이 20개의 6각형과 12개의 5각형으로 구성되어 있는 그물 형태의 구조를 가지고 있다. 플러렌의 탄소는 모두 동등하고, 각 탄소는 두 개의 육각형들과 한 개의 오각형을 연결해주는 다리 역할을 해준다. 풀러렌(Fullerene)은 탄소 원자가 구, 타원체, 원기둥 모양으로 배치된 분자를 통칭하는 말이다. 탄소 원자수에 따라 C_{60}, C_{70}, C_{76}, C_{78}, C_{82}, C_{90}, C_{96} 등이 있지만 대표적인 것은 탄소원자가 60개인 C_{60}인데 정 20 면체의 축구공상의 3차원 중공 분자이다. C_{60}은 12개의 5원환과 20개의 6원환으로 이루어져 있으며, 각각의 5원환에는 5개의 6원환이 인접해 있다. C_{60}의 지름은 약 1 nm이다.

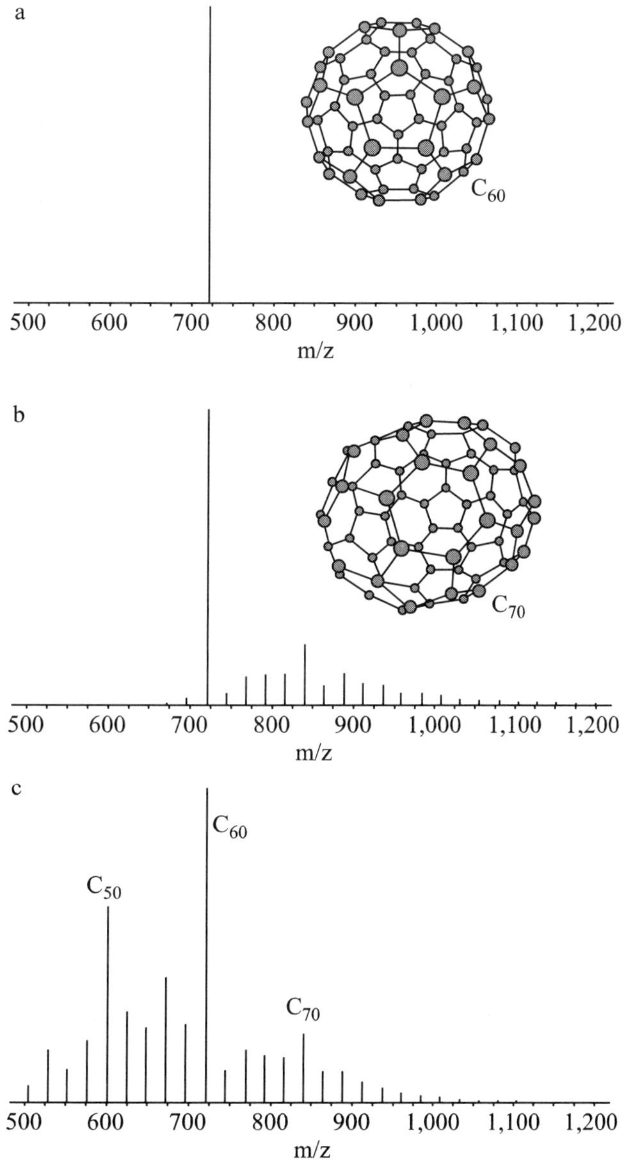

FT-ICR mass spectra of laser-ablated C_{60}
with and without exposure to carbon vapour.

출처 : Paul W. Dunk, Nathan K. Kaiser, et. al.,
Nature Communications 3, Article Number 855.

그림 6-13
C_{60}과 C_{70}의 질량분석

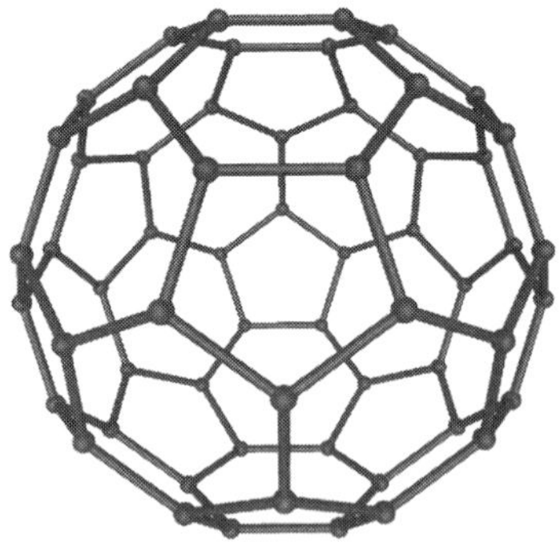

그림 6-14
버크민스터풀러렌 C_{60}

5.3 플러렌의 화학적구성

플러렌은 모든 탄소가 결합을 3개씩 한 sp^2구조를 가지고, 흑연과 마찬가지로 수직한 p오비탈에 파이전자가 하나씩 차 있다. 수직한 p오비탈에 존재하는 파이전자들은 주변의 또 다른 파이전자들과 파이결합을 이루게 된다. 한편, 벤젠에서는 이중결합과 단일결합이 반복되어있는 구조 때문에 공명이 되어서 각 탄소 사이의 결합은 1.5중 결합을 이루게 된다. 이와 같이 이중결합과 단일결합이 반복되어 있는 구조를 컨쥬게이션이라고 한다.

벤젠과 마찬가지로 흑연과 플러렌에서도 이중결합과 단일결합이 반복되어 컨쥬게이션을 이루고 있다. 이와 같이 컨쥬게이션을 이루게 되면 전자가 분자 전체적으로 흐를 수 있게 된다. 따라서 전자의 유동성이 생기게 되고, 이를 통해 전도성을 띠게 된다. 따라서 플러렌과 흑연 모두 전도성을 띠게 된다.

흑연은 모든 탄소원자가 평면상에 존재하여 안정한 sp^2구조를 이룰 수 있다. 그러나 플러렌은 탄소원자간의 결합들이 조금씩 뒤틀려 전체적으로 구형을 이루므로 각 탄소원자는 약간 뒤틀린 sp^2구조를 갖게 된다. sp^2가 약간 뒤틀리게 되면 홀전자(unpaired electron)가 존재하지 않는 부전도성의 sp^3구조에 가까워지게 되어 전도성이 약해지게 된다. 따라서 안정한 sp^2평면구조를 이루고 있는 흑연이 플러렌보다 전도성이 높다. 플러렌은 탄소의 혼성오비탈로서 입체수가 3인 sp^2 혼성을 이루고 있다. 이중결합의 π결합의 전자들은 구름처럼 퍼지는 형태로 비편재화 되어있으며, 각 탄소원자에서 모두 60개의 p오비탈은 혼합되어 60개의 분자오비탈을 형성한다.

5.4 플러렌의 제조

제조 방법

1990년경에는 비활성 기체 분위기 하에서 두 개의 탄소막대(그래파이트) 사이에 전기방전을 걸어주는 아크방전법에 의한 개발이 주로 진행되었지만, 최근에는 탄화수소를 원료로 하는 '연속 연소법'을 채용하여 톨루엔 등의 방향족 화합물과 산소의 혼합가스에 의하여 플러렌을 연속 합성하고 있다.

플러렌류

C_{60}을 합성할 때 풀러렌류라 불리는 축구공 모양의 탄소화합물 유사체들이 동시에 생성된다. 모든 플러렌류는 짝수 개의 원자를 갖고, 탄소의 수도 좀 더 많아진다. 럭비공 모양의 C_{70}이나, 소량이기는 하지만 보다 사이즈가 큰 C_{76}, C_{78}, C_{82}, C_{90}, C_{500}, C_{540}과 같은 큰 풀러렌도 생성된다. 풀러렌(C_{60})을 원료로 하여 2개가 연결된 모양의 2량체(C_{120})나 풀러렌폴리머[$(-C_{60}-)_n$]도 합성되고 있는데, 이것은 가열을 하면 원래의 C_{60}으로 되돌아간다. 또한 C_{60}에는 지름 0.4 nm (0.4×10^{-9} m)의 공간이 있고, 고차 풀러렌에서는 보다 큰 공간이 있기 때문에 금속내포 풀러렌도 만들 수 있다.

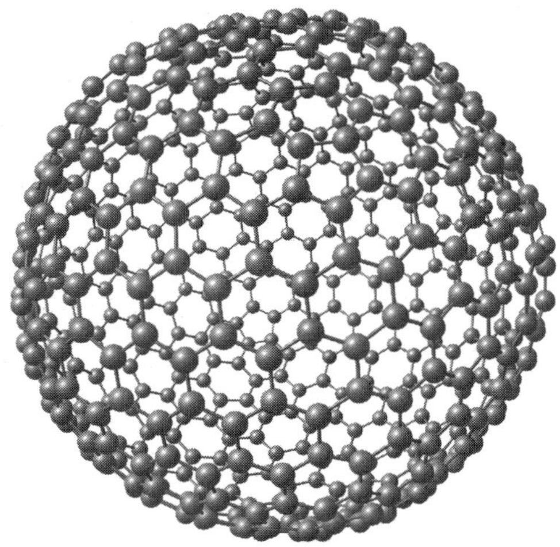

그림 6-15
풀러렌 C_{500}

표 6-3 플러렌의 종류

명칭	분자량	외관
풀러렌 C_{60}	720.66	어두운 갈색 입자
풀러렌 C_{70}	840.77	짙은 검정색 입자
풀러렌 C_{76}	912.84	어두운 갈색 입자
풀러렌 C_{78}	936.86	검정색 입자
풀러렌 C_{84}	1,008.92	갈색 검정 입자

5.5 플러렌의 특징

플러렌은 매우 단단하고 용액에 가용으로 화학작용기를 도입시킬 수 있다. 또한 분자수용체, 라디칼 포촉능력이 높으며, 열에 강하고 열을 통하고, 승화하며, 광을 흡수하고, 고분자로 되기 쉬우며, 내부에 금속을 포함시킬 수 있는 특징을 갖는다.

(1) 쉽게 환원된다. 플러렌 분자는 전기화학적으로 전위를 이용하여 전자가 반결합성 π 결합에 들어감으로써 쉽게 환원된다.

(2) 신규 물질 합성이 용이하다. 플러렌을 합성 시, 탄소수를 계속 늘려가면서 결합시키면, 한쪽으로 길게 늘어나 양쪽이 구 모양인 튜브를 만들 수 있는데, 이것을 나노튜브라고 한다.

(3) 수소를 저장할 수 있다. 플러렌은 오토클래이브(6.9 MPa, 400도)와 촉매를 이용하여, 최대 $C_{60}H_{36}$의 조성까지 탄소화하는 것이 가능하다(4.8 wt.% 상당).

(4) 플러렌의 빈 공간에 다른 금속을 집어 넣을 수 있다. 플러렌을 합성할 때 다른 원자가 있으면 형성되는 캡슐 속에 가둘 수 있다.

5.6 플러렌의 응용

플러렌은 골프클럽, 테니스 라켓 등 스포츠용품을 중심으로 실용화되었고, 각종 첨가제(화장품, 레지스트 등)로서 응용되고 있으며, 에너지분야, 전기전자분야, 의료분야 등 차세대기술 관련의 다양한 연구개발이 진행되고 있다.

6. 탄소나노튜브

탄소나노튜브(Carbon Nanotube; CNT)는 탄소로 이루어진 탄소동소체로서 하나의 탄소가 다른 탄소원자와 육각형 벌집무늬로 결합되어 튜브형태를 이루고 있는 물질이며, 튜브의 직경은 나노미터(nm=10억분의 1미터) 수준이다. 1991년 일본 NEC 연구소의 이이지마 스미오 박사가 투과전자현미경을 통해 처음 발견하였다.

탄소 나노튜브에서 탄소원자 하나는 주위의 다른 탄소 원자 3개와 sp^2 결합을 하여 육각형 벌집무늬를 형성하며, 이 튜브의 직경이 대략 수 나노미터(nanometer, nm) 정도의 매우 미세한 물질이다. 이 탄소나노튜브는 전기 세기가 클수록 더 수축하는 성질을 가지고 있다. 탄소나노튜브는 우수한 기계적 특성, 전기적 선택성, 뛰어난 전계방출 특성, 고효율의 수소저장매체로서의 특성을 가지는 물질이다.

탄소나노튜브는 그래파이트 면(graphite sheet)이 나노 크기의 직경으로 둥글게 말린 상태이며, sp^2 결합 구조를 갖는다. 이 그래파이트 면이 말리는 각도 및 형태에 따라서 전기적으로 도체 또는 반도체의 특성을 보이게 된다. 그림 6-17에 나타낸 바와 같이 탄소나노튜브는 벽을 이루고 있는 결합수에 따라서 단일벽 나노튜브(single walled nanotube) 또는 다중벽 나노튜브(multiwalled nanotube)로 구분하고, 단일벽 나노튜브가 여러 개로 뭉쳐있는 형태를 다발형 나노튜브(rope nanotube)라고 부른다.

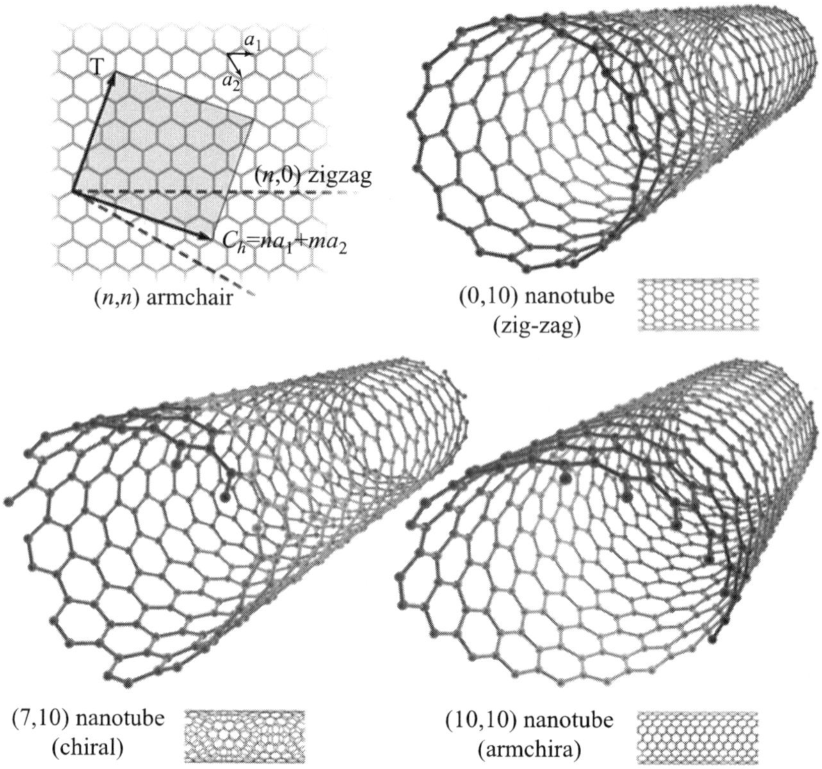

출처 : S. Iijima, Nature (1991) 354, 56.

그림 6-16 탄소나노튜브

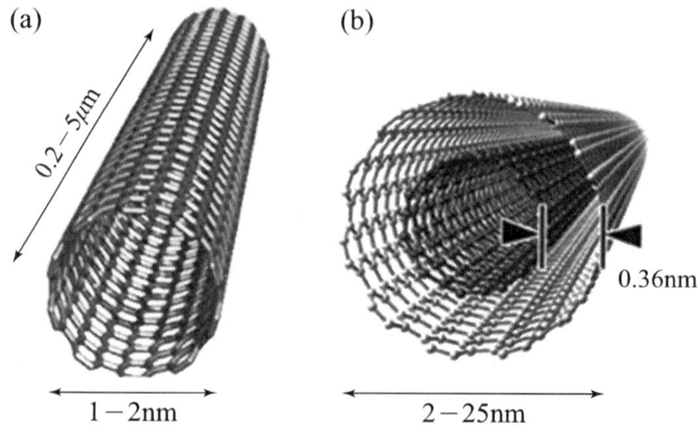

그림 6-17 모식도 (a) 단일벽 탄소나노튜브 (b) 다중벽 탄소나노튜브

6.1 탄소나노튜브의 특성

(1) 지름이 1나노미터 수준(1 nm =)이다.

(2) 길이는 계속 탄소와 결합시켜 처음 길이의 1만 배 이상으로 길게 만들 수 있다.

(3) 모양을 바꾸면 반도체 또는 도체의 성질을 반복하여 띠게 되어, 곧 한계에 다다를 반도체의 집적 정도를 1,000 ~ 10,000배 정도 향상시킬 수 있다. 이들 구조는 원통 내부, 표면에 모두 비편재화 된 π 전자계를 가지고 있기 때문이다. 나노튜브 제조 조건(튜브의 각도, 직경 등)에 따라 탄소나노튜브는 금속과 같은 전기적 도체가 되기도 하고, 또 전기가 잘 안 통하는 반도체가 되기도 한다. 이론적으로는 집적도가 테라(10^{12}, 즉 1조) DRAM인 집적회로를 제작할 수 있다.

(4) 탄성과 강도가 매우 좋다. 강한 탄소 공유결합으로 화학적으로 안정하여 외부 충격이나 마찰에 강하다. 강철보다 1백 배 강하지만 무게는 6분의 1 정도이다.

6.2 탄소나노튜브 합성방법

탄소나누튜브 합성방법으로는 전기방전법(arc-discharge), 열분해법, 레이저 증착법, 플라즈마 화학 기상 증착법 등 여러 가지 방법이 있다.

전기방전법은 두 개의 그래파이트 막대를 음극과 양극으로 사용한다. 두 전극 사이에 직류전원을 인가하면 전극사이에서 방전이 일어나고 방전에 의해 발생된 다량의 전자는 양극으로 이동하여 양극인 그래파이트 막대에 충돌하게 된다. 이때 전자의 충돌에 의해서 양극으로 사용된 그래파이트 막대에서 떨어져 나온 탄소 크러스트들은 낮은 온도로 냉각되어 있는 음극의 그래파이트 막대 표면에 응축된다. 이렇게 음극에서 생성된 그래파이트 덩어리에는 탄소나노튜브와 탄소 나노 파티클(particle) 그리고 탄소덩어리 등이 포함되어 있다.

그림 6-17에 탄소나노튜브 합성에 사용되는 전기방전장치의 구조도를 나타냈다. 이 장치에서 챔버는 진공펌프와 헬륨공급 장치에 연결되어 있다. 양극 그래파이트 막대는 직경이 6 mm인 긴 막대이며, 음극그래파이트 막대는 직경이

9 mm이며 길이는 양극 그래파이트 막대보다 훨씬 짧다. 두 전극 사이에는 일반적으로 직류 전원이 사용되는데, 20~40 V의 전압 범위에서 전류는 50~100 A 정도일 때 전기방전이 잘 일어난다. 안정적인 방전이 일어나는 두 그래파이트 막대 사이의 거리는 1 mm 이하이다. 전기방전법으로 합성시킨 탄소나노튜브는 일반적으로 다중벽 탄소나노튜브 구조를 가지게 된다. 그리고 양극 그래파이트 막대에 구멍을 뚫은 후, 구멍에 그래파이트 파우더와 Co, Ni. Fe, Y 등의 파우더를 적절한 비율로 혼합하여 채워 넣은 후, 전기방전을 시키면 음극표면에서 단일벽 탄소나노튜브가 얻어진다.

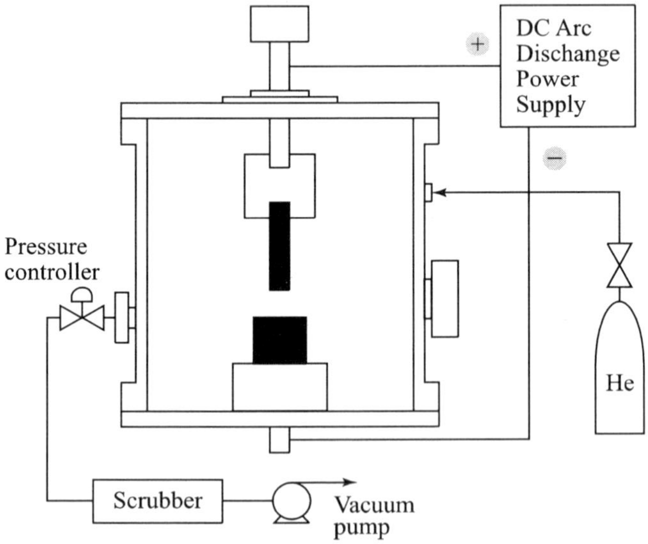

출처 : J.-K. Lee, et. al., APL, 102, 161911, 2013.

그림 6-18 아크방전장치의 구조도

6.3 탄소나노튜브 응용분야

탄소나노튜브는 꿈의 신소재라고 불리기도 하며, 항공우주, 생명공학, 환경에너지, 재료산업, 의약의료, 전자컴퓨터, 보안안전, 과학교육 등 거의 모든 분야에 응용되고 있다. 전계방출소자, CNT를 이용한 주사 탐침 현미경, CNT를 이용한 초미세 나노 저울, CNT를 이용한 나노 구동장치, 나노 핀셋, 나노 화학센서, 메모리 소자, 에너지 저장 소자 등에 응용되고 있다.

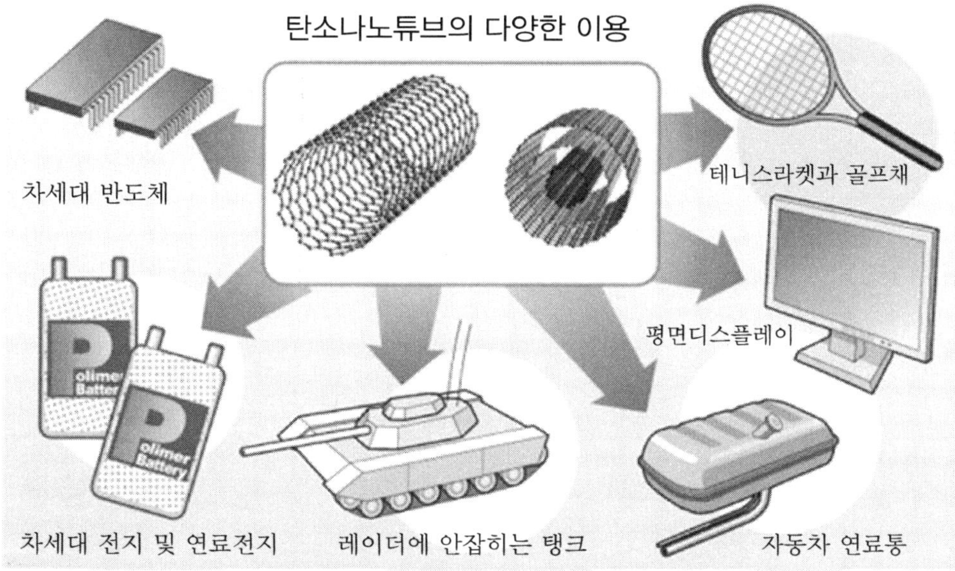

출처 : futurekorea.co.kr., 2004

그림 6-19 탄소나노튜브 응용분야

7. 그래핀

그래핀(graphene)은 탄소 원자들이 2차원 상에서 벌집모양의 배열을 이루면서 원자 한 층의 두께를 가지는 전도성 물질이다. 그래핀은 잘 휘고 방열이 뛰어나고 전기전도성이 높아 응용분야가 매우 넓은 소재로 평가되고 있다.

7.1 그래핀의 성질

그래핀의 결정 구조는, 한 꼭짓점에 세 개의 결합이 붙는 원자 구조(sp^2 결합)에 의해 육각형 형태의 연결이 2차원 방향으로 뻗어나간 모양이다. 결과적으로 넓게 퍼진 벌집 모양의 2차원 결정 모양을 가지게 된다.

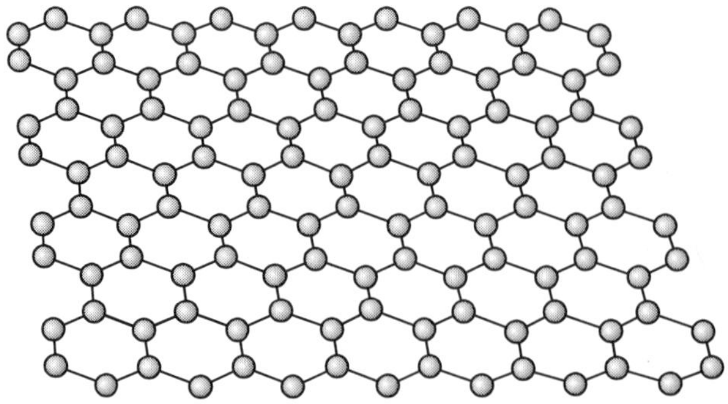

그림 6-20
그래핀(graphene)

이처럼 그래핀은 원자 하나 두께의 얇은 막으로 존재하며, 이 때문에 그래핀은 안정적인 분자 구조로 존재할 수 있는 가장 얇은 재질이다. 이처럼 원자 한 개 두께의 막이기 때문에 그래핀은 굉장히 투명하며, 백색광의 경우 2.3%의 흡수율을 보인다. 또한 탄력이 강하여 물리적으로 20%를 늘려도 각종 전기전자적 성질이 그대로 보존된다.

그래핀은 다른 재질에서 얻을 수 없는 특이한 전기적 성질을 가진다. 그래핀은 반도체와 유사한 밴드구조(band structure)를 가져 반금속(semi-metal)으로 분류되기 때문에, 기존의 실리콘 대신 그래핀으로 반도체를 만들 수 있다. 그래핀 내부의 전자는 이상하게도 질량이 0인 것처럼 행동하며, 그 이동 속도는 광속의 약 1/300로 매우 빠르다. 이러한 성질 때문에 그래핀은 고속 트랜지스터 등 차세대 전자 재료로 기대되고 있다.

그래핀이 나타내는 흥미로운 물리 현상 중 하나로 양자 홀 효과가 있다. 전자 분포가 2차원 평면에 넓게 퍼져 있는 상태에서 강한 자기장을 가할 때, 전자의 궤도나 에너지 준위가 이상적인 값을 띠는 (양자화 되는) 현상이다. 이는 일반적으로 극저온에서만 관찰 가능하고, 반도체의 품질이 높다는 증거로 이용되고 있지만 그래핀에서는 이 현상이 상온에서도 관찰된다. 그래핀은 또한 강철의 200배 이상인 130 GPa로 매우 우수한 물리적 강도를 가지고 있다. 그 이유는 단단한 탄소 결합이 있고 단층에 결함이 존재할 수 없기 때문이다.

그래핀의 열 전도성은 실온에서 약 500 W/mK로 알려지고 있다. 이는 탄소 나노튜브보다 50% 이상 높은 값이며, 구리나 알루미늄 같은 금속보다는 10배 정도 큰 값이다. 이것은 그래핀이 원자진동을 쉽게 전달할 수 있기 때문이다. 이러한 우수한 열 전도성은 전자의 긴 평균 자유 행로에도 영향을 준다.

표 6-4 그래핀과 탄소나노튜브의 특성 비교

구분	그래핀	탄소나노튜브
비저항	$1.0 \times 10^{-6}\ \Omega cm$	$1.6 \times 10^{-6}\ \Omega cm$
밴드갭	0~0.3 eV	0.5~1.0 eV
열전도도	5,300 W/mK	3,000~3,500 W/mK
최대전류밀도	10^8 A/cm^2	10^6 A/cm^2
인장강도	130 GPa	30~180 GPa

그래핀은 빠른 전자이동도와 전자의 긴 평균 자유행로를 가진다. 상온에서 그래핀의 최대 전자이동도는 200,000 cm/Vs이다. 이것은 그래핀의 경우 전자가 움질일 때 방해를 주는 산란의 정도가 매우 작기 때문으로 알려지고 있으며 이로 인하여 긴 평균 자유 행로를 가지게 된다. 따라서 저항이 매우 낮은 구리보다도 35% 이상 저항이 낮은 값을 지닌다.

그래핀은 매우 얇은 두께와 뛰어난 유연성을 가진다. 10% 이상 면적을 늘리거나 접어도 전기전도성을 잃지 않는다. 이러한 유연성으로 인하여 그래핀을 휘게 하여 플러렌과 같은 공 모양의 물질이나 탄소나노튜브 등을 만들어낼 수도 있고, 플렉서블 디스플레이의 투명 전극으로도 활용이 가능하다.

7.2 제조 방법

안드레 가임과 콘스탄틴 노보셀로프가 그래핀을 최초 만들어낸 것은 흑연을 스카치테이프에 붙인 후 그것을 떼었다 붙였다를 반복하는 물리적 박리법이다. 이는 그래핀의 존재를 증명하는 데는 성공했으나 대면적의 그래핀을 만드는 것이 불가능하고, 무엇보다 산업적으로 필요한 대량생산에 적합지 않았다.

그래핀을 상용화하기 어려운 이유는 큰 면적의 그래핀을 만들기가 어렵다는 점이었다. 지금까지 가장 넓은 면적의 그래핀을 만드는데 성공한 것은 화학증착법에 의하여 구리 호일에 그래핀을 형성한 후 롤투롤(roll-to-roll) 공정에 의하여 구리 호일을 제거하고 원하는 표면에 그래핀을 증착시키는 방법이다. 그래핀의 제조 방법은 크게 다음과 같이 분류된다.

물리적 박리법

물리적 박리법은 여러 층으로 구성된 흑연 결정에서 기계적인 힘으로 한 층을 벗겨내어 그래핀을 만드는 방법이다. 연필심에서 종이로 흑연의 얇은 막이 밀리면서 글씨가 부드럽게 써지듯이, 물리적 힘을 이용해 흑연 결정으로부터 한 겹씩 그래핀을 생성시키는 방법이다. 상대적으로 낮은 에너지가 필요하고, 넓은 면적으로 만드는 것이 불가능하며, 결함의 비율이 높고 대량생산이 불가능하다는 단점이 있다.

화학 증착법

화학 증착법은 화학적 박리법과 함께 그래핀의 대면적 성장과 대량생산이라는 목표에 가장 근접한 방법이다. 이것은 고온에서 탄소 또는 합금을 잘 형성하거나, 탄소와의 흡착성이 우수한 전이금속을 촉매로 사용하여 그래핀을 합성하는 방법이다. Ni, Cu, Pt 등과 같이 탄소를 잘 흡착하는 전이금속을 촉매층으로 SiO_2 기판 위에 증착하고, 1,000℃의 고온에서 메탄, 수소 등의 혼합가스 분위기에서 탄소가 촉매 층과 반응하여 적절한 양의 탄소가 촉매 층에 녹아 들어가거나 흡착되도록 한다. 이 후 냉각을 하면 촉매 층에 포함되어 있던 탄소 원자들이 표면에서 결정화되면서 그래핀 결정구조를 형성하게 된다.

7.3 응용분야

그래핀은 터치패널, 플렉서블 디스플레이, 고효율 태양전지, 방열필름, 코팅재료, 초박형 스피커, 이차전지용 전극 등 다양한 분야에 응용되고 있다.

8. 탄소섬유(carbon fiber)

탄소섬유는 92% 이상의 탄소를 함유하는 섬유로, 일반적으로 비그래파이트 물질로 정의된다. 탄소섬유의 최종적인 물성은 원료섬유의 선택과 처리방법이나 제조공정에 의존한다. 이런 차이에 따라 탄소섬유는 물리적, 화학적, 전기적, 열적성질이 크게 변화한다. 이런 다양한 특성으로 인하여 군용항공기나 미사일, 자동차 차체, 스포츠용품, 전지와 콘덴서, 활성탄 등 여러 분야에 적용되고 있는 첨단복합재료의 보강재로 사용되고 있다.

출처 : http://www.hyosungadvancedmaterials.com

그림 6-21
탄소섬유

표 6-5 탄소섬유의 특성

분류	탄소섬유 특성
화학·물리적 성질	• 화학적으로 안정하며 산, 염기, 용매에 강함 • 불연성 • 다공성이며 표면 활성화시키면 흡탈착 성능보유
기계적 성질	• 인장강도, 인장탄성율이 우수 • 내마모성, 윤활성이 우수
열적 성질	• 선팽창계수가 작고 치수안정성 우수 • 고온에서 기계적 특성 유지 • 내마모성, 윤활성이 우수
전기·전자적 성질	• 전도성을 가지며, 전파를 반사함 • X선 투과성 양호

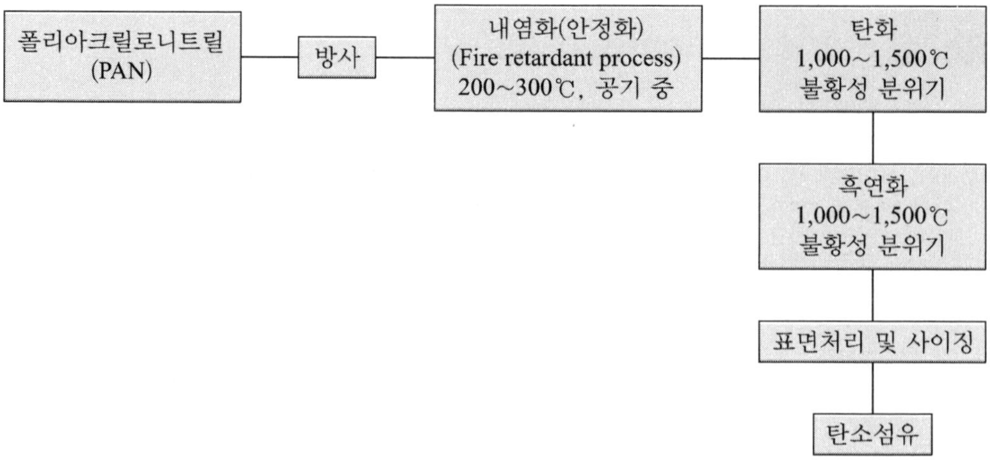

그림 6-22 PAN계 탄소섬유 제조공정

탄소 섬유는 폴리아크릴로니트릴수지, 석유피치 등을 섬유화한 후, 특수한 열처리 공정을 거쳐 만든 미세한 흑연결정구조를 가지는 섬유상의 탄소물질이다. 탄소섬유는 비강도, 비탄성률 중 특히 비탄성률이 높은 것이 특징이다. 수지를 바인더로 하여 경화시키면 가볍고 변형이 잘 되지 않는 재료가 된다. 탄소섬유는 여러 유기고분자 섬유를 약 1,000~3,000℃로 소성하면 생성되는데, 현재 폴리아크리로니트릴(PAN)섬유, 피치섬유 등으로부터 제조하고 있다. 탄소섬유는 주로 탄소원자로 구성된 6원환의 평면으로 구성되어 있지만 이 평면이 섬유 축에 평행에 가깝게 배열된 것(고 배향, 이방성)과 불규칙하게 집합한 것(등방성)이 있다. 비중이 낮고 산, 염기에 부식당하는 일이 없으며, 불활성 분위기 속에서 내열성이 높고, 전기 전도성, 내마모성이 있다.

고배향 탄소섬유는 인장강도, 탄성률이 높아 고성능 탄소섬유로 취급되며, 선팽창계수가 낮다. 그리고 수지와의 접착성을 높이기 위해 표면 처리가 되어 있다. 레이온, PAN, 페놀 섬유로 제조되는 활성 탄소섬유는 입상 활성탄과 같은 정도의 흡착 성능과 훨씬 높은 흡탈착 성능을 나타낸다. 이밖에 벤젠 등을 1,000℃ 전후로 가열하여 10 cm 정도까지 성장시킬 수 있는 탄소섬유가 있다.

시판되고 있는 탄소섬유는 대부분 탄화(탄소화)시켜서 제조하고 있다. 거의 모든 제조공정에서 매우 높은 고온이 요구되는데, 대부분의 섬유는 탄화되기 전에 융해한다. 따라서 원료섬유를 내염화(Fire retardant process ; 안정화)라고 하는 공정을 통해, 고온의 열에 녹지 않는 안정한 상태로 변화시킨다. 다음의 탄화공정에서 무기물, 지방족 탄화물을 제거하고, 그래파이트면이 층상으로 쌓여진 섬유가 만들어진다.

공공이나 불규칙적인 층의 존재는 섬유의 강도를 크게 저하시킨다. 시판되는 탄소섬유의 대부분은 폴리아크릴로니트릴(PAN)로부터 제조되고 있다. PAN을 원료로 하는 탄소섬유는 중량당 강도가 강철의 수배에 달하고, 가장 강한 탄소섬유재료로서는 구조적인 용도로 시장을 거의 점유하고 있다. 시판되는 폴리아크릴로니트릴은 아크릴로니트릴과 유리전이온도를 낮춰 산화내성을 제어하기 위하여 첨가한 기타 모노머(초산비닐, 아크릴산메틸, 아크릴산) 등과의 공중합체이다. 습식방사로 제조된 아크릴섬유가 탄화할 때, 온도상승에 견디기 위하여 섬유가 수축하지 않도록 주의하여 공기 중에서 200℃에서 300℃의 온도, 불활성 분위기에서 탄화시킨다. 열분해 중에 거의 모든 무기물질과 비방향족탄소가 제거된다. 이상적인 탄소섬유를 그림 6-23에 나타내었다. 그러나 실제의 탄소섬유는 그림 6-23에 나타낸 것과 같은 이상적인 구조를 자기고 있지 않다. 실제로는 층간의 일정하지 않은 불규칙한 층을 형성하고, 그 평균거리는 3.35Å보다 크다.

탄소섬유 중에는 피치계 탄소섬유라는 종류가 있다. 피치는 수 백 정도의 평균분자량을 가지고 있는 수 만종의 서로 다른 화합물들로 구성된 석유화학 부산물이다. 이 석유화학 잔사 중의 많은 수의 분자는 많은 방향족 고리로부터 형성되어 있어서 탄소섬유를 만들기 쉬운 구조이다. 피치계 탄소섬유의 하나 중에는 메소페이즈(층상의 액정상을 가짐) 피치를 기본으로 한 섬유가 있어서, 뛰어난 강성, 열전도율, 탄성율을 나타낸다. 성질이 우수한 탄소섬유를 만들기

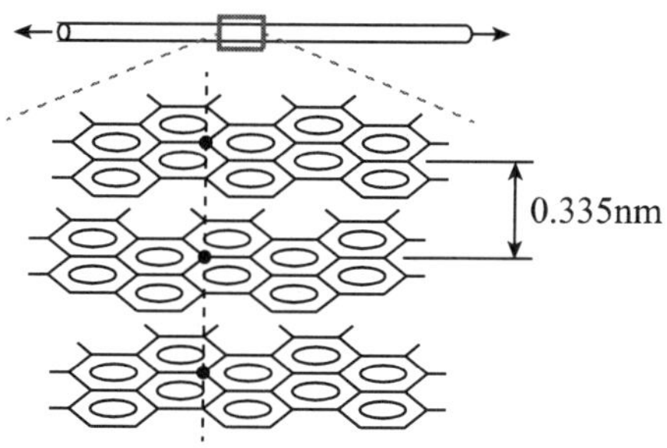

그림 6-23
이상적인 탄소섬유의 구조

출처 : James Newell, Essentials of Modern Materials Science and Engineering, chapter 6, John wiley &Sons, 2009

위해서 피치를 열처리하거나 용매추출한다. 이런 처리를 하는 중에 액정상(메소페이즈)이 형성된다. 전형적인 메소페이즈 피치의 분자구조를 그림 6-25에 나타냈다.

탄소 섬유는 대부분이 구조재료용 복합재료 강화재(reinforce materials)로 사용된다. 특히 고성능 탄소섬유는 에폭시 수지 모재 복합재료(CFRP)로 가장 많이 사용된다. 그밖에 열가소성 수지, 구리, 알루미늄계, 마그네슘계 합금, 탄소(CC콤포지트), 시멘트 콘크리트 등을 모재로 하는 복합재료의 강화재로 사용된다. 각종 탄소섬유 강화 복합재료로 응용이 폭넓게 전개되기 때문에, 탄소섬유의 시장 규모는 해마다 증가하고 있다.

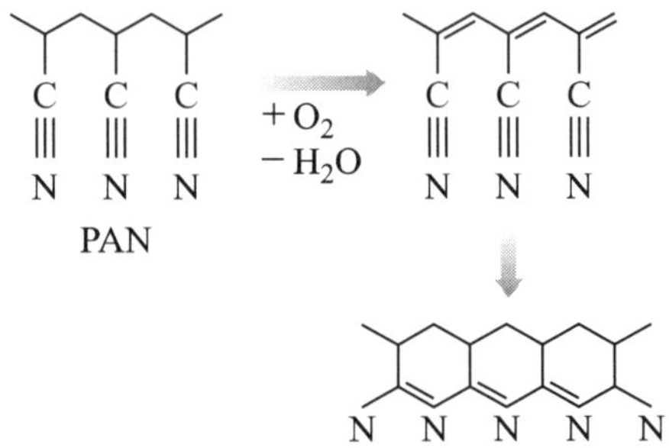

그림 6-24 폴리아크릴로니트릴의 내염화

출처 : James Newell, Essentials of Modern Materials Science and Engineering, chapter 6, John wiley &Sons, 2009

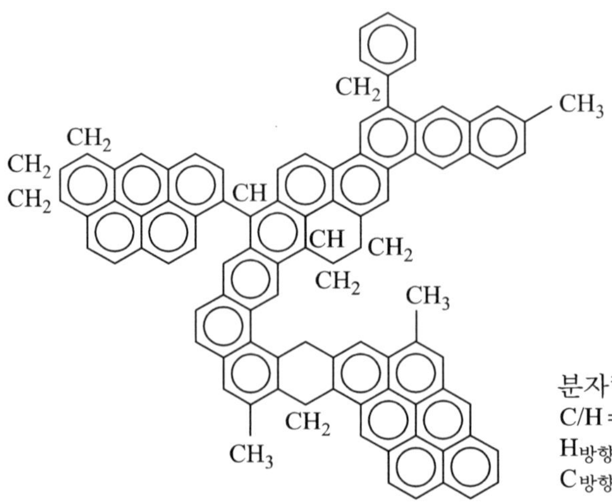

분자량 = 1178
C/H = 1.50
$H_{방향족}/H_{지방족}$ =
$C_{방향족}/C_{지방족}$ =

그림 6-25 대표적인 메소페이즈 피치분자

출처 : James Newell, Essentials of Modern Materials Science and Engineering, chapter 6, John wiley &Sons, 2009

참고문헌

1) Considine, G. D. et al., Van Nostrand's encyclopedia of chemistry, 5th edition, Hoboken: Wiley-Interscience, 2005.
2) Encyclopaedia Britannica, inc., The New Encyclopaedia britannica, 15th edition, Chicago:Encyclopaedia britannica, 2007.
3) Parker, S. P. et al., McGraw-Hill encyclopedia of chemistry, New York: McGraw-Hill, 1993.
4) 化學大辭典編集委員會 편, 성용길, 김창홍 역, 《화학대사전》, 서울: 世和, 2001.
5) 이인복 외 9인, 100주 공업화학, p.878 (2009)
6) http://shincarbon.com
7) Paul W. Dunk, Nathan K. Kaiser, Christopher L. Hendrickson, John P. Quinn, Christopher P. Ewels, Yusuke Nakanishi, Yuki Sasaki, Hisanori Shinohara, Alan G. Marshall & Harold W. Kroto, Nature Communications 3, Article number: 855.
8) S. Iijima, Nature (1991) 354, 56
9) J.-K. Lee et al., Small (2014) 10, 3283-3290
10) J.-K. Lee et al., APL (2013) 102, 161911
11) futurekorea.co.kr, 2004. 02.03.
12) Castro Neto, Antonio H., Selected topics in graphene physics. 《Lecture Notes in Physics》 843: 117-144. (2012년),
13) 차세대 신소재 그래핀의 기술동향 p100-101, 산업은행 기술평가부, 2013년 1월
14) 그래핀 소재로 '실리콘 반도체' 한계 넘는다, 2012.05.18, 한겨레
15) KISTI 미리안 글로벌동향브리핑, 2013.05.21
16) Sukang Bae et al, 30 inch Roll-Based Production of High Quality Graphene Films for Flexible Transparent Electrodes, Nature Nanotechnology 5, 574-578 (2010)
17) 서순애, 그래핀의 매력:새로운 물리현상의 보고, 물리학과 첨단기술, 19 (12): 6-10. (2010).
18) 홍병희, 그래핀 노벨상의 주역들, 물리학과 첨단기술, 19 (12): 2-5. (2010).
19) 안종현, 응용기술 측면에서의 그래핀 노벨상 수상의 의의, 물리학과 첨단기술, 19 (12):11-13. (2010)
20) James Newell, Essentials of Modern Materials Science and Engineering, chapter 6, John wiley & Sons, 2009.
21) Ya-Dong Li, Xiao-Peng Jia, Bing-Min Yan, Ning Chen, Chao Fang, Yong Li, Hong-An Ma, “Effects of catalyst height on diamond crystal morphology under high pressure and high temperature”, Chin. Phys. B. 2016, 25(4)

연습문제

6-1 세라믹스재료가 부식되지 않는 이유를 설명하시오.

6-2 세라믹스는 큰 강도를 가지고 있으나, 취성이 있는 이유는 무엇인가?

6-3 흑연의 층이 분리되기 쉬운 이유를 설명하시오.

6-4 활성탄의 물리적 흡착에 대하여 설명하시오.

6-5 수처리 공정에서 물속에 있는 냄새나 맛을 제거하기에 적합한 것은?

6-6 흑연과 다이아몬드의 전기전도성의 차이를 탄소의 전자배치와 sp^3, sp^2 궤도함수로 설명하시오.

6-7 풀러렌이 그래파이트보다 전도성이 떨어지는 이유를 설명하시오.

6-8 탄소섬유 제조공정 중 내염화공정을 하는 이유와 그 방법에 대하여 설명하시오.

7

chapter

파인세라믹스재료

1. 세라믹스재료

세라믹스란 정제된 광물 · 인공 합성된 무기 화합물 또는 그 조성물로 합성된 소재로, 정밀성형이나 열처리, 가공공정을 통해 다양한 산업적인 기능을 나타내는 소재를 뜻한다. 세라믹스는 전통세라믹스와 파인세라믹스 2종류로 나뉜다. 전통세라믹스에는 도자기, 위생도기, 식기, 타일, 벽돌, 시멘트, 유리 등이 속한다. 오래된 산업 군에 속하지만 최근에는 디스플레이 유리나 우주항공용 타일 등 첨단기술을 접목해 새로운 가치를 만들어내고 있다.

전통세라믹스도 중요한 산업이지만 최근 들어 주목받는 것이 바로 파인세라믹스이다. 파인세라믹스에는 IC기판 · 콘덴서 · 변압기 등에 쓰이는 전자 세라믹스, 엔진부품 · 가스터빈 · 항공기 등 극한 조건에서 쓰이는 기계 · 구조 세라믹스, 태양전지 · 연료전지 · 2차전지 등에 쓰이는 에너지 · 환경 세라믹스, 인공관절 · 헬스케어 센서 등에 쓰이는 바이오세라믹스 등이 있다. 미래 산업의 핵심 소재로 휴대폰, 디스플레이, 연료전지, 센서류에서 이 파인세라믹스가 사용되고 있다.

또한 파인세라믹스는 최근 각광받는 에너지 · IT분야의 핵심 소재이다. 예를 들어, 그린에너지 시장은 앞으로 고성장이 전망되고 있다. 친환경에너지 산업의 핵심 필수 소재로서 리튬이차전지, 고체연료전지, LED 등에 파인세라믹스 소재와 부품이 사용되고 있다.

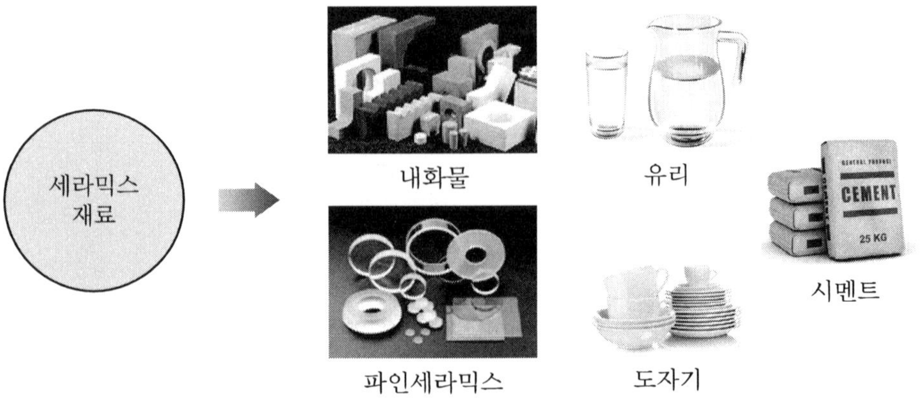

그림 7-1 세라믹스재료

세라믹스는 비금속 무기물질로서 금속원소와 비금속원소간 또는 비금속원소 상호간에 강한 화학결합으로 이루어진 화합물로 정의할 수 있다. 대부분의 세라믹스재료는 양이온과 음이온의 이온결합에 의해 연결된 물질이며, 이온결합이 대부분을 차지하나 공유결합이나 금속결합이 모체를 이루고 있는 것도 있다. 이러한 점 때문에 원소사이의 조합의 수도 많아지게 되고 다양한 기능을 가지게 된다.

세라믹스의 공통적인 특징으로서 다음과 같은 점을 들 수 있다.

① 기계적 변형이 일어나기 어렵고 취성파괴가 일어난다.
② 전기적으로 절연성, 반도성을 가지는 것이 많으며, 자기적, 유전적인 성질 등 다양한 기능성을 가진다.
③ 내열성이 우수하다.
④ 화학적으로 매우 안정하며 대부분의 산, 알칼리 용액과 반응하지 않는다.
⑤ 인성이 낮다.

이러한 세라믹스재료의 특성은 재료의 용도에 따라 어떤 것은 장점이 될 수도 있고, 단점이 될 수도 있다. 그러므로 단점을 극복하고 목적에 맞는 우수한 성질을 발휘할 수 있도록 기술개발이 이루어져 왔다. 이러한 기술개발의 결과로써 등장한 것이 파인세라믹스(fine ceramics)라는 명칭을 갖는 새로운 세라믹스 재료이다.

파인세라믹스는 정제된 순수한 원료를 사용하여 비교적 복잡하고 잘 제어된 공정을 통해 만든 제품을 의미한다. 이를 위해 세라믹스의 미세구조를 잘 조절해야 하며, 고성능의 기기를 이용하여 정밀한 분석을 수행해야 한다. 파인세라

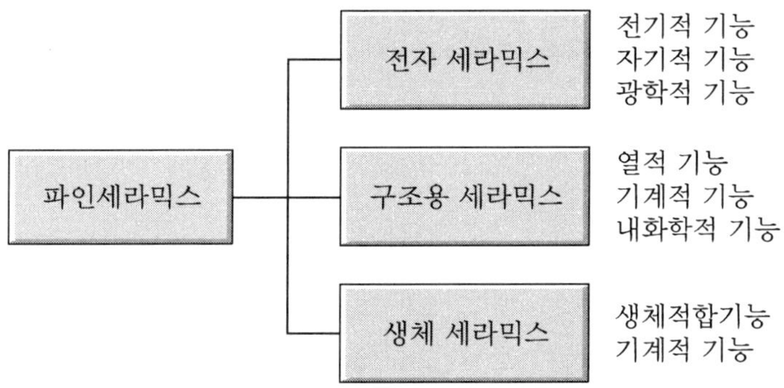

그림 7-2
파인세라믹스의 분류

믹스라는 용어는 처음에는 소결체에 대해서만 사용하였는데, 최근에는 단결정, 박막, 유리재료 등에도 사용하고 있다. 세라믹스는 산화물이나 비산화물과 같이 금속원소와 비금속원소의 조합으로 구성되는 화합물로 이루어지는 것이 일반적이기 때문에, 종류가 많고 기능면에서도 광범위하다는 특징이 있다. 물질의 기능은 저급 분말을 단순하게 성형하여 소성하는 것만으로는 얻어지지 않는다. 각각의 용도에 맞게 가치 있는 기능을 가지는 세라믹스 제품을 제조하기 위해서는 고도로 정선된 원료분말을 사용하여 정밀하게 설계된 화학조성과 잘 제어된 성형, 소결방법에 의하여 세라믹스를 합성하여야 한다. 이와 같은 과정을 거쳐 제조된 세라믹스를 파인세라믹스라고 한다.

파인세라믹스재료는 원료, 첨가제, 사용 형태, 가공 방법 등에 따라 다음과 같은 특징이 있다.

(1) 원료 : 화학적으로 정제된 또는 합성한 고순도 원료를 사용하며, 산화물계와 비산화물계 원료로 구분한다.
(2) 첨가제 : 세라믹스 모재와는 서로 다른 성분을 첨가하여 소결성을 향상시키거나, 내부의 미세 구조를 제어하는 역할을 한다.
(3) 사용형태 : 분체재료, 섬유, 박막, 후막, 초미세 분체, 소결체, 단결정, 아몰퍼스 등 여러 종류의 형태로 기능에 맞게 사용된다.
(4) 가공 : 정밀성형, 소결, 박막화, 섬유화 등 고도의 기술을 적용하여 제조한 다음 마무리 가공을 한다.
(5) 특성 : 내열성, 고융점, 내식성, 전자기특성, 광학적 특성, 기계적 강도, 고온강도, 경도, 화학, 생화학적특성 등에 뛰어난 물성을 가지면서도 금속재료에 비해 가벼운(비중 3∼4) 특징을 가진다.

표 7-1 각종 재료의 파괴강도

특성	이론적 파괴강도 (kg/mm^2)	특성	이론적 파괴강도 (kg/mm^2)
고탄소피아노선	1,400	MgO	2,450
붕소	3,480	SiC(핫프레스)	4,900
글래스	693	Si_3N_4(핫프레스)	3,850
Al_2O_3	5,000	AlN	2,800

표 7-1에 각종 재료의 파괴강도를 나타내었으며, 이 자료로부터 파인세라믹스소재가 얼마나 뛰어난 재료인지 알 수 있다.

2. 세라믹스의 물성

세라믹스는 일반적으로 융점과 경도가 높고 상온부근에서 변화나 압축이 어려우며 산화나 부식에 강한 특성이 있다. 세라믹스의 이러한 기계적, 화학적, 열적 특성은 주로 세라믹스를 구성하는 원자의 배열과 움직임에 의한 것이다. 그러나 이러한 특징은 세라믹스를 제조하는 단계에서는 단점이 될 수 있다. 즉, 사용할 수 있는 형상으로 세라믹스를 제작하기 위해서는 고온에서의 소성이 필요하고, 제작한 제품을 여러 가지 형상으로 가공하는 것이 쉽지 않다. 따라서 세라믹스의 기본적인 제조공정에서는 소성 전에 사용할 형상으로 미리 성형하는 조작이 행해진다. 이때 소성과정에서 일어날 수 있는 변형을 예측하여 성형할 필요가 있기 때문에 고정밀도의 제품을 만드는 것은 쉬운 일이 아니다.

유리나 단결정을 제외하면 일반적인 세라믹스는 분말원료를 소결시킨 다결정체이고, 미시적으로 관찰하면 그림 7-3과 같이 주성분인 결정상 이외에 입계상, 기포, 불순물 결정상 등으로 이루어져 있다. 결정립 내의 원자 레벨의 결정구조에 비하여 좀 더 큰 레벨의 구조를 미세구조(microstructure)라고 부르고 있다. 이러한 미세구조가 존재하기 위해서는 일루미나 소결체라 하더라도 Al_2O_3로 표기하는 화합물만으로 이루어지는 이상적인 다결정과는 다른 성질을

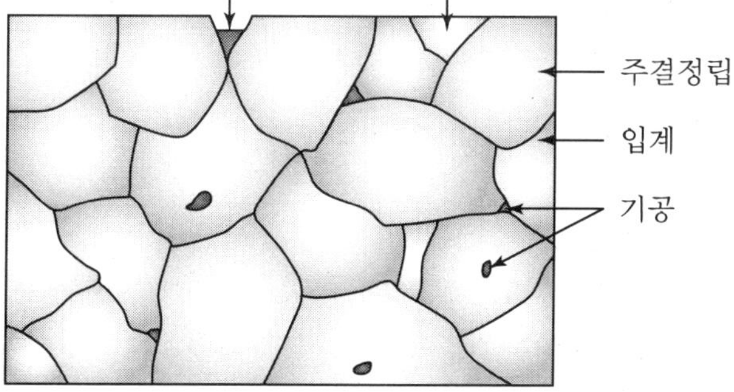

그림 7-3
세라믹스 소결체의 미세구조

나타낸다.

두 개의 다른 상이 존재하는 상태를 가정하고, 세라믹스의 입자와 입계의 상태를 나타내면 그림 7-4(a)와 같이 하나의 독립된 상(분산상)의 사이에 연속한 2상(매트릭스)이 혼재되어 있는 상태이다. 한편, 다공질체에서는 기포가 연속적으로 존재하기 때문에 그림 7-4(d)와 같이 두 개의 상이 얽혀져 존재하는 상태가 된다. 이것에 비하여 그림 7-4(b)나 7-4(c)와 같이 두 개의 상이 분리된 층상구조나 모자이크 구조에서는 두 개의 층이 서로 불연속적으로 존재한다.

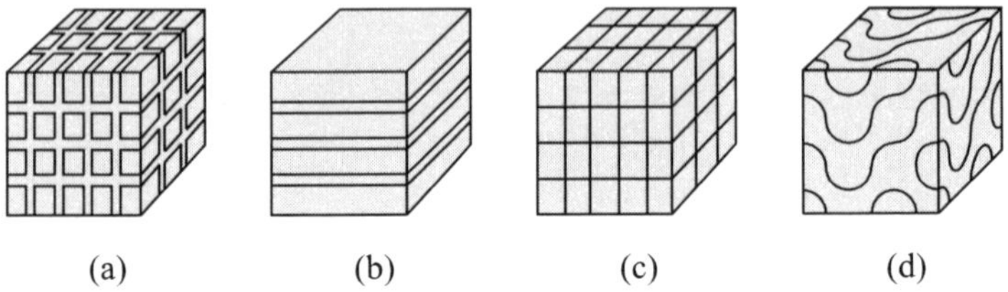

그림 7-4 두 개의 상으로 되는 복합세라믹스의 혼합상태

두 개의 다른 상을 혼합한 경우에는 두 성질의 합으로 나타나는 효과와, 한편이 뛰어나거나 또는 뒤떨어진 성질이 강조되는 효과가 있다. 두 성질의 합으로 나타나는 효과라 하더라도, 구성하는 성분의 배열이 영향을 미치는 것과 그렇지 않은 것이 있다. 예를 들면 겉보기 부피나 비열 같은 성질은 두 개의 상의 치수나 배열에 의하지 않고서 각각의 부피분율로 결정된다. 한편, 탄성율이나 열전도율은 방향성이 있기 때문에, 두 개의 상이 같은 체적분율을 가지고 있더라도 두 개의 상의 상대적인 구조나 그 형상, 배향 등에 의존해서 복합체의 성질이 변한다. 즉, 그림 7-4(b)와 같이 세로방향과 가로 방향에서는 마치 두 개의 전기저항을 직렬로 이을 것인지, 병렬로 이을 것인지에 따라 전체 저항이 다른 것처럼 탄성율이나 열전도율은 다르게 된다. 이와 같이 두 상으로 이루어지는 경우라도 구조를 정하지 않는 한 특성은 결정되지 않는다. 그림 7-4와 같은 복잡한 구조를 갖는 세라믹스에서는 그 특성을 명확히 나타내고자 하면, 다음과 같은 원자 수준으로부터 미세구조 수준까지의 광범위한 지식이 필요하다.

① 구성입자 내에서의 원자수준의 조성, 구조 및 결합 상태
② 구성입자수준의 입경이나 배향 등의 미세구조와 공극의 형태
③ 입계나 표면의 조성, 구조 및 형태

3. 파인세라믹스의 종류

파인세라믹스에서 파인(fine)이라는 의미는 종래의 전통세라믹스에 비하여 내부 조직의 형태가 미세하다는 뜻에서 유래하였다. 정제된 원료분말의 사용하여 고도의 기술이 요구되는 정교한 성형과 소결공정 등을 거친 최종 제품을 제조하는 전 과정을 의미하는 용어라고 볼 수 있다. 파인세라믹스는 그 물질을 구성하는 원소에 따라 크게 산화물계와 비산화물계로 나눌 수 있다.

3.1 산화물계 세라믹스

Fe_2O_3, ZnO, TiO_2, SnO_2 등과 같이 철, 아연, 주석, 티탄, 지르코늄, 바륨 등의 광범위한 금속원소와 산소가 결합하여 이루어진 화합물이다. 이 금속 산화물들은 종래에는 단순히 물리적으로 선별, 배합하여 전통 세라믹스 원료로 사

표 7-2 파인세라믹스의 종류

산화물계	복합산화물계	비산화물계
BeO	$LiNbO_3$ (Mn, Ni, Co) O	SiC
MgO	Zn_1-$xMn_xFe_2O_3$	TiC
AL_2O_3	$SrO \cdot 6Fe_2O_3$	ZrC
SiO_2	$Y_3Al_5O_{12}$	HfC
γ-Fe_2O_3	ZnO-Bi_2O_3	WC
ZnO	$BaTiO_3$	UC
ZrO_2	YSZ (Y_2O_3-doped ZrO_2)	BN
NiO	$Ca_5(PO_4)_3(OH)$	AlN
CuO	$(W_mZnO_2)_n \cdot nH_2O$ W = Na, Ca, Ba, Sr Z = Si + Al	Si_3N_4
TiO_2	YAG ($Y_3Al_5O_{12}$)	TiN

용하였다. 파인세라믹스로 사용되는 산화물계 세라믹스는 고도의 정제를 거친 다음 여러 단계의 화학적 변화 등을 통하여 원료 분말의 입자의 크기나 모양이 적절하게 조절된 고순도 산화물이다. 이런 산화물들을 복합화시킨 복합산화물 또는 다성분계 산화물을 합성하여 보다 정교한 기능성 재료를 만들어 다양한 응용분야가 만들어지고 있다. 표 7-2에 산화물계 및 비산화물계 파인세라믹스의 종류를 나타내었다.

3.2 비산화물계 세라믹스

비산화물계는 산화물계에서의 산소(O)의 역할을 탄소(C), 질소(N), 붕소(B) 등이 대신하고 있는 화합물이다. 비산화물계에는 탄화규소(SiC), 질화규소(Si_3N_4), 질화붕소(BN) 등이 있으며, 천연적으로 존재하는 것이 아니라 인공적으로 합성한 세라믹스 소재이다. 이와 같이 어떤 원소의 탄화물, 질화물, 붕소화물 등을 원료로 한 비산화물 세라믹스가 고도의 내열성을 가지며, 기계적 강도, 열적 충격 특성 등과 같이 많은 유용한 성질을 함께 가지고 있다는 점에서 빠르게 개발이 진행되고 있다. 탄화물, 질화물, 붕소화물 등의 비산화물 세라믹스는 내열성, 내식성, 기계적강도, 경도 등의 성질에서는 산화물과 매우 유사하지만, 그 화학결합의 성질이나 결정구조의 모양은 산화물 세라믹스와 많이 다르다. 즉, 산화물의 대부분은 이온결합으로 이루어져 있는 것에 반하여, 비산화물계 세라믹스들은 공유결합 또는 금속에 가까운 화학결합을 가지고 있다.

이것은 산화물계와 비산화물계 간의 결합구조의 차이를 나타내는 것으로, 예를 들면 산소의 이온반경 1.4Å과 질소의 원자반경 0.17Å을 비교해보면 결합구조가 다름을 알 수 있다. 그러나 모든 원소의 비산화물계 화합물이 특수 세라믹스로서의 성질을 가지는 것은 아니다. 거의 모든 원소의 탄화물, 붕소화물, 질화물은 화학적 활성이 크게 불안정하고 염을 형성하기 쉬운 화합물이다. 규소나 티탄, 크롬, 바나듐, 지르코늄, 하프늄 등의 경우에는 초내열성, 초경도 그리고 뛰어난 내식성을 나타내는 세라믹스물질이 얻어진다. 표 7-3에는 산화물과 비산화물계 세라믹스의 차이점을 나타내었다.

표 7-3 산화물계와 비산화물계세라믹스의 비교

특성	산화물	비산화물	특성	산화물	비산화물
결합방식	이온결합	공유결합	내식성	낮다	높다
내열성 / 열안정성	낮다	높다	고온강도	낮다	높다
열팽창율	크다	작다	산화저항	높다	낮다
열전도도	작다	크다	소 결 성	양호	나쁘다

4. 파인세라믹스 제조법

4.1 파인세라믹스의 일반 제조공정

세라믹스 소재는 금속재료 등에 비해 용융점이 상대적으로 높기 때문에, 주조방법으로 부품을 제조하는 것은 비실용적이다. 또한 세라믹스 재료가 가지고 있는 취성 때문에 소성 가공 공정을 거쳐서 부품을 제조하는 것이 거의 불가능하다. 따라서 많은 세라믹 부품은 원료 분말을 부품의 형태로 성형한 다음, 건조, 소성하여 제조하고 있다. 전통세라믹스인 유리 제품의 경우에는 고온에서 유동성이 있는 상태에서 부품 형태로 성형한 후 냉각시킨다. 시멘트는 유동성이 있는 페이스트 상태에서 성형한 후 수화반응에 의하여 경화되어 최종 형태를 가지게 된다. 또한 점토를 기초로 한 제품에는 천연 원료 분말에 물을 첨가하여 가소성을 부여하고 원하는 형상을 만든 후 소성하거나, 슬립캐스팅 등의 방법으로 제조하고 있다. 그러나 파인세라믹스의 제조에는 출발원료의 입자 상태, 성형 방법이나 조건 등 전 공정을 고도로 제어하여 목적에 맞는 기능성을 가진 부품을 제조하고 있으며, 일반적인 파인세라믹스 제조공정은 다음과 같이 설명할 수 있다.

① 원료의 조합(혼합) : 정제된 고순도의 원료를 조성에 맞게 혼합한 후 건조한다.

② 분쇄(분체 제어) : 볼밀 등으로 입도, 입자사이즈를 조절한다.

③ 성형 : 각 사양에 적합한 성형방법을 선택하여 생소재(Green Body)를 만든다.

④ 1차 가공 : 생소재를 최종 제품에 근접한 형상으로 만든다.

⑤ 하소 : 유기물 등의 제거를 위한 1차 열처리를 실시한다.

⑥ 소결 : 적합한 로를 선택하여 최적 온도조건에서 소결을 한다.

⑦ 2차 가공 : 다이아몬드 휠 등을 이용하여, 고정도의 정밀 치수가공을 한다.

⑧ 검사 및 평가 : 제품의 치수, 물성 및 특성을 평가한다.

⑨ 완제품

그림 7-5에는 파인세라믹스 제조공정의 예로써, Si_3N_4 소결체의 제조공정을 나타내었다.

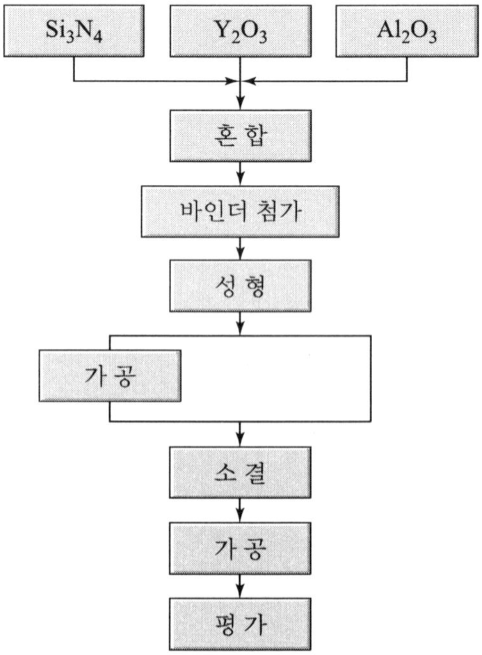

그림 7-5
Si_3N_4 소결체의 제조공정

4.2 파인세라믹스의 제조특성

원료입자 준비

산화물계 파인세라믹스는 액체 상태의 콜로이드 화학기술에 의해 원료 분말을 제조하는 습식기술을 이용한다. 습식법은 원료분체를 증류수나 에탄올 등의 액상 용매와 함께 섞어 슬러리 상태로 만든 후, 각종 유기물을 첨가하여 원료의 혼합도와 균일도를 증가시키는 방법이다. 이에 비해 비산화물계 파인세라믹스는 기체상의 반응에 의해 분말의 결정입자의 핵생성과 성장을 제어함으로써, 그 크기나 모양 및 분포 등을 조절한다는 것에 차이가 있다. 이때 사용되는 파인세라믹스 원료 분말은 고순도의 분말을 그대로 사용하거나 목적에 따라 서로 적당한 비율로 혼합하기도 한다. 또한 여러 가지 특성 향상을 위한 첨가제를 첨가하기도 하며, 그 배합비와 첨가량이 정밀하게 조절되어야 한다. 또한 원료분체의 혼합 상태가 최종 제품의 특성에 큰 영향을 미치게 된다. 따라서 혼합을 최대한으로 균일하게 하기 위한 여러 가지 혼합 기술이 사용되고 있다.

제조 공정 제어

최종 제품을 만드는 단계 중 가장 첫 단계인 원료분체의 제조에 있어서 파인세라믹스는 상당한 주의와 기술이 요구된다. 이와 마찬가지로 제품을 만드는 과정에 있어서도 기존의 세라믹스와는 상당한 차이를 보이고 있다. 종래의 전통 세라믹스는 천연원료를 물리적으로 선별, 배합한 원료 분말을 가지고 원하는 모양을 성형한 다음, 일반적으로 공기 중에서 열을 가하여 굳히는 비교적 단순한 공정에 의해 제조된다.

파인세라믹스는 그 형상을 만든 다음 열을 가하여 소결한다는 기본적인 공정은 동일하다. 그러나, 그 형상을 만드는 방법이나 소결을 하는 방법 등에 있어서 그 최종 목적에 따라 다양한 방법과 기술이 응용되고 있다. 즉 파인세라믹스는 단순히 공기 중에서 가열하여 최종제품을 얻는 방식이 아닌, 특별한 기체 분위기(비산화 분위기, 환원분위기 등)를 얻기 위해 각종 가스(산소, 아르곤, 질소, 혼합가스)를 사용한다. 이런 분위기에서 소결함으로써 성형체의 소결성을 조절한다. 또한 성형체와 기체 성분과의 화학적 반응에 의해 성형체의 성분

변화나 새로운 물질의 합성 등을 일으켜서 최종 제품의 특성을 조절한다.

또한 압력의 조절도 가능하다. 대부분의 기존 세라믹스는 소결 시 대기압의 공기 중에서 열을 가하여 소결한다. 그러나 파인세라믹스는 열을 가함과 동시에 인위적으로 높은 압력을 가함으로써, 성형체의 소결성을 좋게 하여 더 낮은 온도에서 소결이 가능하다. 이렇게 함으로써 뛰어난 물성의 최종제품 제조와 제조공정상의 비용 절감이 가능하다. 또는 치밀하고 균일한 미세구조가 만들어지도록 하여, 최종 제품의 특성을 제어하는 방법을 사용하기도 한다.

파인세라믹스가 이처럼 복잡하고 정밀하며 다양한 공정에 의해 제조되어야 하는 데는 여러 가지 이유가 있다. 가장 중요한 이유는 미세구조의 조절에 의한 특성의 개선 때문이다. 미세구조는 결정입자, 기공, 그리고 상들의 모양, 크기 그리고 분포 등을 의미한다. 미세구조와 그 구성물질의 특성은 원료 분말의 특성과 성형체의 제조 기술이나 방법 그리고 성 형체의 소결 기술이나 방법 등에 의해 주로 결정된다. 따라서 파인세라믹스의 제조에는 이런 복잡한 공정이 필요하다. 파인세라믹스 제조에서 또 하나의 중요한 요소는 표면상태의 마무리이다. 금속재료와는 달리 세라믹스는 경도가 높고 취성을 가지고 있기 때문에, 표면의 작은 흠이 전체 세라믹스의 강도를 크게 떨어뜨리는 요인으로 작용한다. 따라서 특히 구조용 세라믹스는 표면 연구가 많이 진행되고 있으며, 이에 따른 다양한 연마 기술 들이 개발되었다.

4.3 원료 분체의 제어

원료의 선택

파인세라믹스는 전통 세라믹스와는 달리 정밀하게 제어된 조성과 구조를 가지고 있으며, 전통 세라믹스에서 적용하기 어려운 용도를 만족시킬 수 있어야 한다. 따라서 최종 제품이 요구하는 물성을 좌우하는 출발원료의 선택이 무엇보다 중요하다. 즉 순도, 입자크기 분포, 반응성, 결정상과 같은 요인들이 제조 초기단계부터 고려되어야 한다.

(1) 순도

순도는 강도, 응력파괴 수명 및 내산화성과 같은 고온 물성에 큰 영향을 미친다. 불순물의 영향은 원 조성과 불순물 모두의 화학적 성질, 불순물의 분포 및 시간, 온도, 응력, 분위기 등의 사용조건에 따라 변한다. 예를 들어, Ca는 MgO를 소결조제로 첨가한 질화규소의 크리프저항성을 현저히 감소시키지만, Y_2O_3를 첨가한 질화규소에서는 거의 영향을 미치지 않는다.

개재물(inclusion)로 존재하는 불순물은 크리프나 산화와 같은 특성에는 거의 영향을 미치지 않으나, 응력이 집중되거나 인장강도를 감소시킬 수 있는 결함으로 작용할 수 있다. 강도에 미치는 영향은 세라믹스의 입자크기에 대한 첨가물의 크기와 기지물질과 개재물간의 상대적인 열팽창이나 탄성에 좌우된다. Si_3N_4에 첨가된 WO는 강도에는 거의 영향을 미치지 않는다.

(2) 반응성

불순물은 기계적 성질에도 영향을 미치지만 전자기 특성 및 광학적 특성에도 영향을 준다. 전자기 및 광학적 성질은 보통 특별한 목적을 위하여 dopant를 첨가한다. 세라믹스의 전자기 및 광학적 특성은 dopant의 분포나 농도의 매우 작은 변화에 의해 물성이 크게 변화한다. 따라서 첨가하는 dopant의 양은 정밀하게 계산하여 정한다. 여기서 불필요한 불순물이 존재하면 dopant의 효율성이 떨어지고 소자는 원하자 않는 동작을 할 수도 있다.

입자크기 분포와 반응성은 소결에 필요한 온도와 시간을 결정하는데 매우 중요하다. 분말이 미세하고 비표면적이 클수록 소결을 위한 농도는 낮아지고, 소결시간은 짧아진다. 이는 강도에 중요한 영향을 미치는데 어떤 온도에서 소결시간을 길게 한다면, 입자성장이 증가하게 되어 강도는 낮아지게 된다. 적당한 강도를 가지려면 입자성장을 최소로 하여 빠르게 치밀화가 될 수 있는 분말이 필요하다.

(3) 결정상

화학조성은 같은 물질인데 결정구조가 다른 것을 말하며, 세라믹스는 여러 가지 다른 형태의 결정상을 가지고 있다. 대부분의 세라믹스 제품은 최종 물성을 만족시키기 위해서 대부분 한 가지 결정형만을 선택하여 제조한다. 예를 들면, α-Al_2O_3는 γ-Al_2O_3나 δ-Al_2O_3에 비해 밀도가 크고 결정성이 좋아 고온 가압소결을 위한 출발원료로 더 우수하다. SiC의 경우 고온에서 안정한 상은 육방정 α-SiC이다. α-SiC는 상변태 없이 비교적 넓은 온도범위에서 고온 가압이나 상압 소결법에 의해서 치밀화 시킬 수 있다. 그런데 β-SiC는 소결은 가능하지만 매우 제한된 온도범위를 가진다.

(4) 입자크기

입자크기 분포는 치밀화나 성형방법에 따라 그 중요성이 다르다. 대부분의 경우 성형공정에서는 최대의 입자충진과 균일성을 유지하기 위해 소결하는 동안 최소의 수축율과 잔류기공이 요구된다. 모든 입자의 크기가 같을 때는 충진이 잘되어도 30%의 빈 공극이 생긴다. 하지만 가장 큰 공극과 같은 크기의 입자를 첨가한다면 공극율은 20% 대로 떨어지게 된다. 더 작은 입자를 첨가하면 기공율을 더 낮출 수 있다. 따라서 충진율을 가장 크게 하려면 일정한 크기범위를 갖는 입자의 조합이 필요하다.

한편 최대의 강도와 제품의 재현성을 위해서도 균일한 입자크기 분포가 중요하다. 강도는 재료의 결함에 의해 조절되므로 다른 입자보다 특별히 큰 입자는 최종제품의 강도를 제한하는 결점으로 작용할 수 있다. 마찬가지로, 불규칙한 입자크기 분포나 비슷한 크기의 초기입자가 많을 경우, 생성되는 큰 기공은 소결하는 동안 제거되기가 어려울 뿐만 아니라 강도를 제한할 수 있다.

파인세라믹스 제조를 위한 출발원료가 적당한 입자크기를 가져서 사용 조건에 적합하도록 하기 위해서는 출발원료의 입자사이즈를 적절하게 조절하는 작업이 필요하다. 이를 위해 사용되는 방법은 볼 밀링, 체거름, 해머분쇄, 공기에 의한 분급, 침전, 레이저 분쇄, 어트리션 밀링, 진동 분쇄, 하소, 유체에너지 분쇄 등과 같은 여러 가지 방법들이 있다. 그림 7-6에는 일반적인 분쇄기의 작동에 원리에 대해서 나타낸 그림이다. 여기서는 체거름과 볼 밀링에 대해 설명한다.

진동 체거름(vibration sieving)

체거름 (sieving)은 입자를 크기별로 분류하는 가장 간단하고 확실한 방법이다. 특정한 크기의 구멍을 갖는 한 종류의 체나 혹은 구멍의 크기가 연속적으

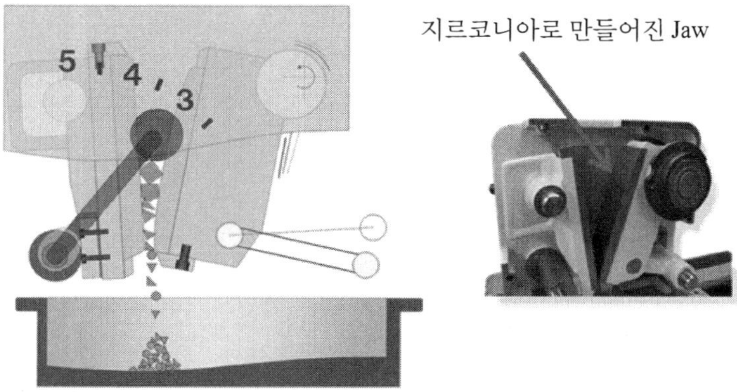

(a) Jaw Crusher 분쇄기

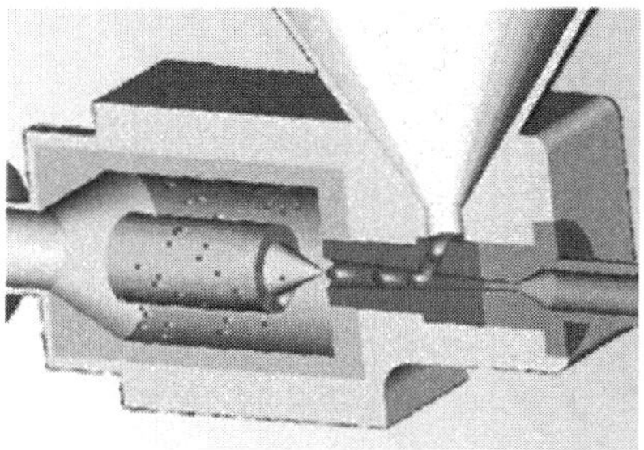

(b) 초음속(마하 2) Jet 분쇄기

(c) 초미세분말 분급기

그림 7-6
분쇄기 및 분급기

로 작아지도록 위 아래로 적층된 체 다발을 사용한다. 체 다발 위에 분말을 부은 후 진동 sieving 장치를 이용하여 적절히 흔들면 분말은 일정한 크기로 분류된다. 체의 구멍보다 큰 입자는 체 위에 남게 되고, 작은 입자는 체를 통과하게 된다. 입자의 크기는 직선의 길이가 1 inch인 사각형 안에 있는 구멍의 수에 따라 분류되며, 이를 mesh라 부른다. 즉, 200 mesh의 체는 1 $inch^2$에 200개의 구멍이 있다는 뜻이다. 체거름은 건조한 상태나 slurry 속에 분산 된 상태에서 할 수 있다. 건조 상태에서의 체거름은 큰 입자를 분류할 경우 자주 사용되며 빠르고 효율적이라는 장점이 있다. 보통 건조상태의 체거름으로 325 mesh (< 45μm)까지 효과적으로 분류할 수 있다. 이보다 작은 입자(44μm)는 매우 미세하기 때문에, 입자끼리 응집되거나 체의 구멍을 막게 된다. 그러나 공기 흐름이나 진동을 이용한 몇 가지 자동 체거름 장치를 이용한다면 이 보다 작은 입자를 얻을 수 있다. 증류수나 다른 현탁액에 입자를 분산 시키면 더 미세한 분말을 얻는데 도움이 된다. 현탁액에 고상입자가 적고 유동성이 크다면 정상적으

로 최소한 500 mesh (< 25μm)까지도 쉽게 분류될 수 있다. 이 방법은 매우 미세한 분말을 원하는 크기의 입자만 얻을 수 있는 유용한 방법이다. 체거름 장치를 그림 7-7에 나타냈다.

출처 : www. russellfinex.com

그림 7-7
체거름 장치

볼 밀링

볼 밀링은 가장 많이 사용되는 파인세라믹스 원료 분쇄 방법이다. 분쇄하려는 분말을 볼(ball)과 함께 밀폐된 원통형 용기 속에 넣고, 용기를 회전시켜 볼이 용기 벽을 타고 오르다가 떨어지도록 한다. 이때 사용되는 볼은 스틸, 지르코니아, 알루미나 재질의 볼을 주로 사용한다. 세라믹스 분체는 입경이 큰 볼들의 사이나 용기 사이로 움직이게 되기 때문에, 연속적으로 작은 입자로 분쇄된다. 분쇄속도는 볼과 분말과의 상대적인 입자크기, 비중, 경도 등에 의해 결정된다. 볼 밀링에 의한 분쇄는 건식과 습식으로 나눌 수 있다. 건식 밀링은 분쇄된 분말을 용액으로 분리하지 않아도 되는 장점이 있으나, 습식법에 비해 분쇄가 잘 되지 않는 단점이 있다. 습식분쇄는 물과 같은 유체를 분말을 함께 용기에 넣어 분쇄하는 방식으로, 유체와 분말 및 그리고 볼의 비율의 조절에 의해 효율적으로 작업할 수 있다. 볼 밀링에 의해 얻어지는 입자는 체거름에 의해 얻어진 입자보다 더 넓은 입자크기 분포를 보인다. 볼밀에 의한 분쇄로 분체의 평균입경을 5μm 이하로 조절할 수 있다.

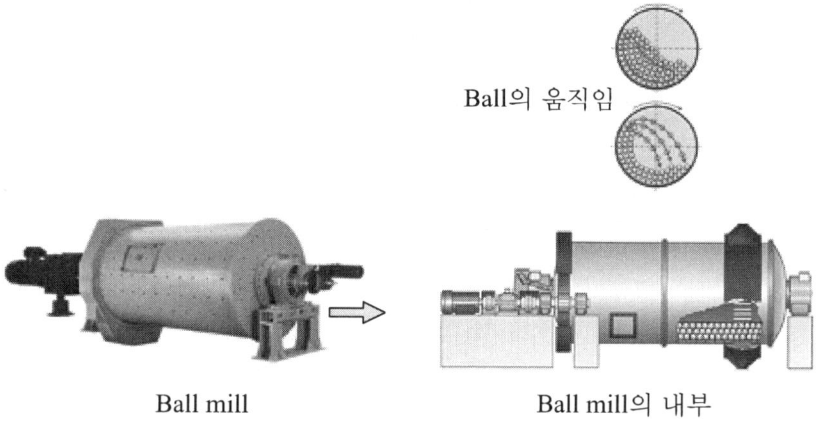

그림 7-8
산업용 볼밀

출처 : http://www.hosokawamicron.co.jp

4.4 성형공정

건식성형

건식 성형법에는 원료분체를 금형 안에 충전시켜 가압하는 것에 의해 성형체를 만드는 일축가압성형법, 파스칼 원리에 의해 액체를 가압하여 성형체를 얻는 정수압가압성형법(CIP), 가열하면서 상하로 일축가압성형을 하는 핫프레스 성형법(HP), 가열하면서 압력전달매체를 사용하여 등방적으로 압력을 가하는 열간정수압가압성형법(HIP) 등이 이용된다. 가압성형법은 소량의 물 또는 결합제(binder)를 혼합한 분말에 압력을 가하여 일정한 형태로 성형하는 방법이다. 최대의 압축 밀도를 얻기 위하여 큰 입자와 미세한 입자를 적정한 비율로 혼합한다. 일축 가압성형(그림 7-9)은 금속 다이 내에서 한 쪽 방향으로 압력을 가하여 압축, 성형하는 방법으로서, 성형된 부품은 다이의 형상과 압력을 가하는 압반(platen)의 형상에 따르게 된다. 이 방법은 원료 분말을 금형을 이용하여 강제적으로 성형하기 위하여 다른 성형법과 비교하면 제품의 형상이 다소 간단한 것으로 한정되지만, 치수정밀도가 좋은 것이 만들어진다. 또한 제품의 양산성도 우수하지만, 완전하게 균일한 제품을 얻는 것이 어렵고, 성형밀도가 불균일하기 때문에 열처리한 것의 강도는 편차 등이 발생하기 쉽다.

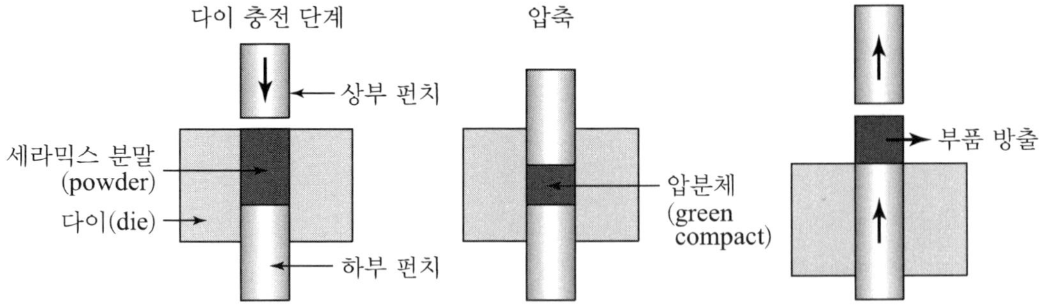

[작동순서] 1. 분말에 의하여 다이의 공간이 채워진다.
2. 분말이 상부 다이에 가해진 압력에 의하여 압축된다.
3. 압분체를 아래 펀치가 밀어서 다이 밖으로 배출한다.
4. 분말 공급 장치가 압분체를 밀어내고 분말을 충진하는 단계가 반복된다.

출처 : http://www.substech.com

그림 7-9 일 방향 분말압축공정

밀착성이 좋지 않은 분말 또는 소결하기 어려운 분말의 경우에는 온도를 가해주면서 가압하는 핫프레스법(그림 7-10)이 이용되지만 양산성 및 경제성이 떨어진다. 등압성형법은 정수압성형이라고도 하며 분말재료에 모든 방향에서 동일한 압력을 가하여 성형하는 방법이다. 일축 가압성형에 비하여 복잡한 형태의 제품 제조가 가능하나, 시간이 많이 걸리고 제조원가가 높은 단점이 있다.

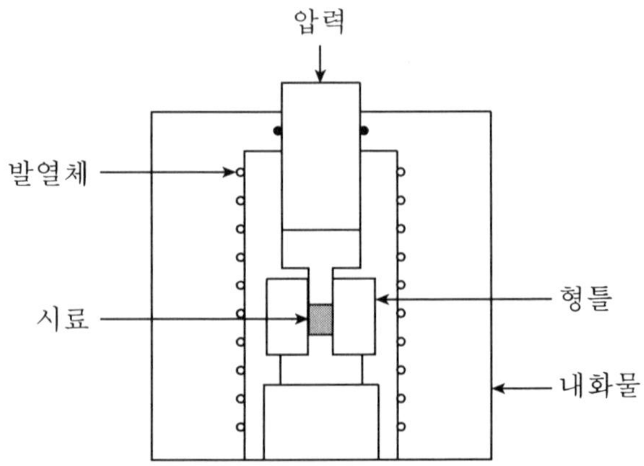

그림 7-10 핫프레스법

출처 : Hiroaki Yanagida, セラミックスの化学, 2nd edition, Maruzen Inc., 1996

가소성 성형(hydroplastic forming)

(1) 압출 성형(Extrusion)

산화물계 세라믹스 분체는 물과 혼합했을 때 가소성이 잘 얻어지지 않기 때문에, 유기바인더를 첨가해서 가소성을 부여하여 슬립보다는 점도가 높은 혼합 원료를 만든다. 가소성에 영향을 미치는 요인으로는 수분의 양, 입자의 크기, 흡착 이온의 종류, aging 등이 있다. 압출 성형은 혼합 원료를 원하는 제품의 단면 형상을 가진 구멍으로 밀어내어 성형하는 방법이다. 벽돌, 타일, 관, 봉과 같은 제품이 제조된다.

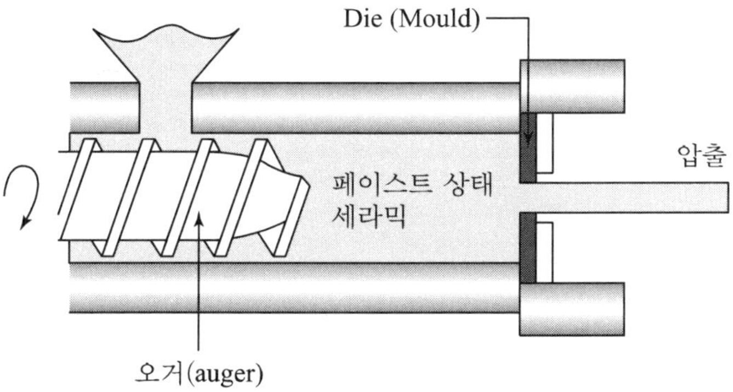

그림 7-11 압출기의 구조 및 압출 제품

(2) 사출 성형(Injection molding)

공급 원료에 열가소제, 가소제, 분산제, 바인더(고분자 수지 등) 및 용제를 첨가하여, 유동성을 나타낼 수 있을 정도의 가소성을 가지도록 100~130℃ 정도로 가열한다. 배럴 내에서 가열된 가소성의 재료를 가압하여 사출 금형의 빈 공간으로 밀어 넣는다. 사출된 성형품의 결합제를 제거하여 소결시키면 복잡한 형태를 가진 제품이 얻어진다. 원료 대비 첨가제가 많이 들어가기 때문에, 건조 시 균열발생 등의 문제점이 있다.

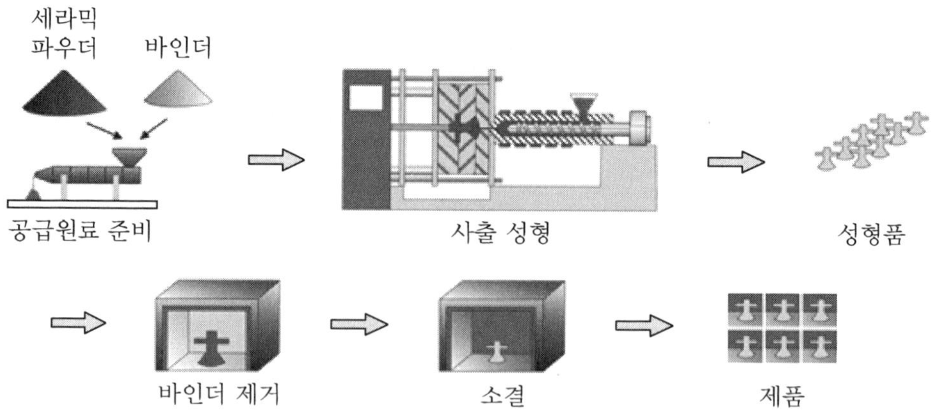

출처 : http://www.powderinjectionmoulding.com/pim-prozess.jpg

그림 7-12 사출성형 공정

슬립캐스팅(slip casting)

슬립(slip)이란 점토 또는 다른 비가소성 재료가 물과 혼합된 현탁액을 의미한다. 그림 7-13과 나타낸 바와 같이 현탁액을 기공이 많은 소석고 성형틀에 부으면, 슬립 내의 물이 성형틀에 흡수되고 성형틀 표면에 고체층을 형성한다. 이 때 몰드 벽의 두께는 시간에 따라 증가한다.

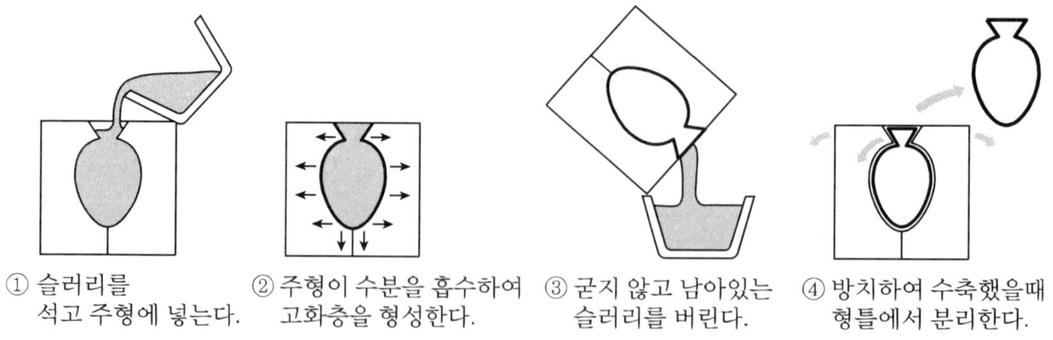

출처 : 野浪 享, 材料工学, chap. 6, 技報堂出版社, 2014

그림 7-13 석고 성형틀을 이용한 슬립캐스팅

주입되는 슬러리는 적절한 비중을 가져야 하고, 주입이 가능하도록 유동성이 있어야 한다. 이러한 특성은 첨가되는 물의 비율과 다른 첨가제의 영향을 받으며, 주입속도도 조절되어야 한다.

테이프 캐스팅(tape casting)

세라믹 분체에 용매, 분산제를 가하여 유동성을 가지는 슬러리(slip)를 만들어서, 이것을 형틀 안으로 흘려 넣어서 성형하는 방법이다. 이 방법은 캐스팅 공정을 이용하여 얇고 유연한 테이프를 제조하는 공정으로, 슬립 캐스팅(slip casting)과 같은 범주의 기술로 분류할 수 있다. 테이프캐스팅 공정에 사용되는 슬러리는 세라믹 입자가 바인더, 가소제 등이 포함되어 있는 유기 용매에 분산되어 있는 상태이다. 바인더는 테이프에 강도를, 가소제는 유연성을 부여하기 위하여 첨가된다. 이 방법에서는 slip의 조정 단계에서 slip의 유동성을 함유한 콜로이드적 성질이 적절하게 조절되어야 한다. 그림 7-14에 나타낸 바와 같이 실제 테이프의 제조 공정에서는 먼저 슬러리를 캐리어 필름(폴리머 필름) 위에 도포하고, 닥터블레이드가 일정하고 얇은 테이프 형태로 도포시킨다. 건조 공정에서는 슬러리에 포함되었던 휘발성 성분들이 증발에 의하여 제거되고, 두께 수 십 미크론(μm)의 유연한 green sheet가 만들어 진다. 이 그린시트를 가공(절단, 천공 등)하여 소성공정으로 이동된다. 이 테이프캐스팅 공정은 $BaTiO_3$ 등

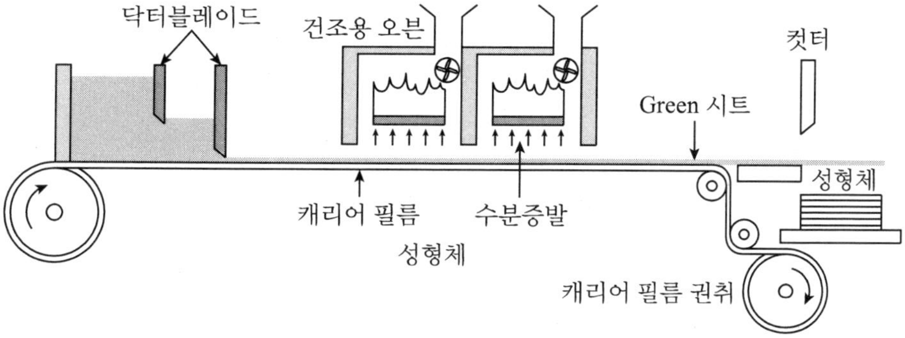

출처 : 齋藤 肇, ファインセラミックスの活用(上), Part 1, p.30, 大河出版, 1986

그림 7-14 닥터블레이드를 이용한 테이프캐스팅 성형법

의 전자소자나 다층 커패시티(capacitor)의 기판용 세라믹을 제조하는데 주로 적용되고 있다.

4.5 건조 및 소성

세라믹스 성형체는 건조시킬 때 약간 수축하게 된다. 건조 초기단계에서는 세라믹스 입자가 물의 박막에 둘러싸여 상호 분리되어 있다. 건조가 진행됨에 따라서 물이 제거되고 입자간의 간격이 감소하여 성형체가 수축하게 된다. 성형체 내부의 건조 과정은 물 분자가 표면까지 확산되고 표면에서 대기 중으로 증발함으로써 일어난다. 만약 증발되는 속도가 확산되는 속도보다 크면, 표면이 내부보다 빠르게 건조되어 결함 발생 확률이 높아진다. 따라서 표면에서 물이 증발하는 속도가 내부에서 확산하는 속도보다 작도록 조절해야 한다. 증발 속도는 온도, 습도 및 통기 속도를 이용하여 조절한다. 두께도 성형체의 건조에 영향을 미는데, 두꺼운 부품은 불균일 수축 및 결함 생성의 가능성이 더욱 커진다. 또한 물의 함량이 많으면 수축율이 크기 때문에, 성형할 때 수분 함량을 최소로 하는 것이 좋다. 입자의 크기도 수축에 영향을 미친다. 입자의 크기가 작을수록 수축이 크기 때문에, 수축을 최소화하기 위하여 큰 입자를 사용하거나 비가소성의 큰 입자 분체에 점토 등 작은 입자를 첨가한다. 수축이 큰 고온의 건조공정대신 마이크로웨이브를 이용하면 50℃ 정도에서 세라믹 부품의 건조가 가능하다.

세라믹스 입자들을 결합시키기 위해서는 소결공정이 필요하다. 압축성형 등 성형 후 건조된 세라믹스(압축된 분체)는 소결공정을 통하여 강도가 향상된다. 소결과정에서 성형제품은 가열되어 인접한 입자들 상호 간에 입자의 성장이 일어나면서 결합한다. 결국 입자간의 공극이 점차 줄어들면서 치밀하게 된다. 건조된 세라믹스 제품은 보통 900～1,400℃의 온도에서 소성되는데, 소성 온도는 성분 및 최종 제품이 요구하는 특성에 따라서 결정된다. 소성 과정 중 기공이 감소하기 때문에 밀도가 증가하며 기계적 강도가 향상된다(그림 7-15). 용도에 따라 여러 가지 방법으로 성형한 세라믹스 제품을 강화하고 치밀화 시키기 위하여 사용하는 방법이 소결이다. 소결과정에서 분말 성형체는 융점 이하의 온도로 가열되어 분말입자가 서로 응착하는 치밀화 과정을 거쳐서 다결정체로 변한다. 소결의 목적은 입자크기, 소결밀도, 기공의 크기와 분포 등의 소결 변수를 조절함으로써, 완전히 치밀화된 미세한 결정립 조직을 갖는 소결체를 얻는 것이다.

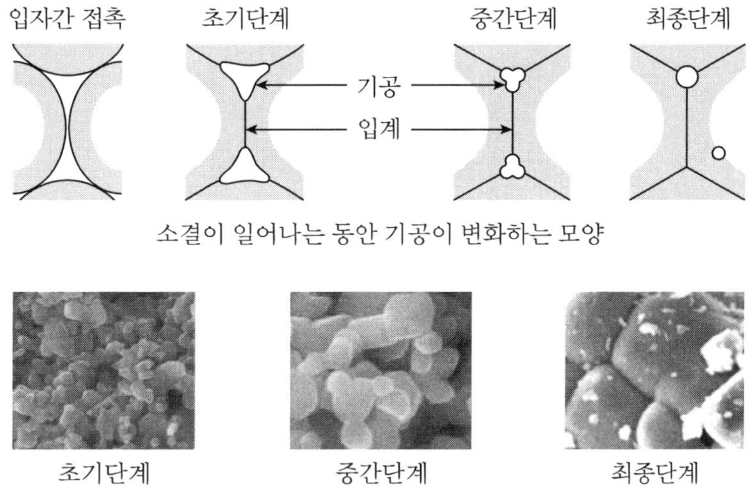

그림 7-15
소결 과정 중 입자의 형상 변화

5. 파인세라믹스 신소재

파인세라믹스 신소재는 그 기능에 따라 기계적 강도, 열적 특성 등을 향상시킨 구조용 세라믹스, 전자기적 기능과 광학적 기능을 갖는 전자세라믹스 및 생체 재료 등으로 이용되는 바이오세라믹스 등을 들 수 있다. 전자세라믹스는 물질의 전자기적 기능을 이용하여 전자 부품 등에 응용하고 있는 세라믹스를 말한다. 전자산업의 발전에 따라 절연재, 콘덴서, 바리스터, 서미스터, 압전체 등과 같은 전자회로를 구성하는데 필수적인 소자 및 부품 들이 개발되었다. 세라믹스의 전자기적 기능은 절연성, 전기전도성, 압전성, 반도성, 자성, 유전성, 이온전도성 등으로 나눌 수 있다. 이러한 전자세라믹스 신소재는 그 종류가 매우 많기 때문에 여기서는 기능별로 몇 가지만 소개하고자 한다.

5.1 구조세라믹스

구조세라믹스는 하중을 지탱하고 열과 환경에 견뎌야 하는 구조물 또는 그 부품에 사용하는 세라믹스이다. 세라믹스는 금속에 비하여 고강도, 고경도, 내열성, 내마모성, 내부식성이 우수하지만, 인성이 부족하여 깨지거나 부서지기 쉬운 취성을 가지는 것이 결점이다. 구조세라믹스는 높은 강도와 경도, 내마모성, 내식성 및 내열성 등의 특성을 가지고 있다. 구조세라믹스 소재로는 질화규소(silicon nitride ; Si_3N_4), 탄화규소(silicon carbide ; SiC), 지르코니아(zirconia ; ZrO_2), 알루미나(alumina ; Al_2O_3), WC, BN 등이 있다. 또한 Al_2O_3-TiC, Si_3N_4-TiC 등과 같은 이성분계 복합재료로 구성된 것도 있다. 구조용 세라믹스는 절삭공구, 단열재, 엔진부품, 볼베어링과 같은 산업부품에 응용되고 있다. 구조 세라믹스로 널리 사용되고 있는 것이 Si_3N_4이다. Si_3N_4는 실리콘과 질소가 강한 화학결합에 의해 이루어진 물질로서 결합특성은 주로 공유결합 성격이 강하다(그림 7-16). 이 공유결합 특성 때문에 강도가 높고 산화나 부식, 그리고 마모에 대한 저항이 크며, 다른 세라믹스에 비해 열충격 저항성이 매우 뛰어난 장점을 가지고 있다. 이런 특성들이 1,000℃ 이상의 고온에서도 유지된다.

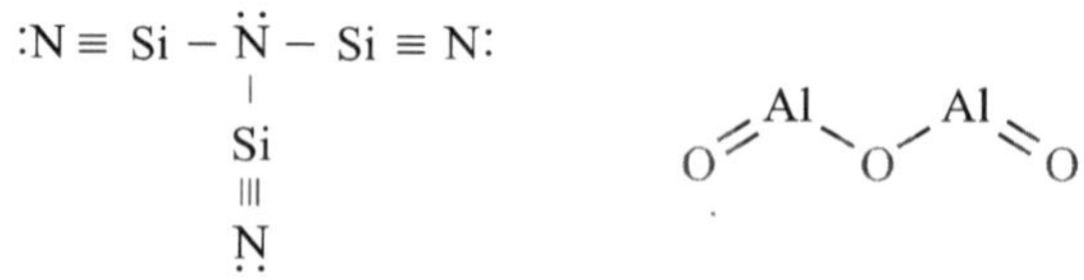

Si_3N_4 Al_2O_3

그림 7-16
Si_3N_4와 Al_2O_3의 결합

고온에서 고강도를 나타내는 재료로는 공유결합성이 큰 비산화물계 화합물인 Si_3N_4, SiAlON, SiC 등이 있으며, 실온에서 고강도를 갖는 재료로는 부분안정화 지르코니아, Al_2O_3 등이 있다. 구조용 세라믹스는 고온에서 고강도가 요구되는 가스터빈용 세라믹스, 높은 경도가 요구되는 절삭공구, 연삭공구, 지그 등에 사용되며, 금속과 접합하여 실린더 라이너, 디젤용 핫 플러그, 로커암 패드 등과 같은 자동차 엔진 부품으로 널리 사용되고 있다. 표 7-4에 구조용 세라믹스와 금속합금이 접합된 엔진부품을 나타내었다.

표 7-4 세라믹스와 금속이 접합된 자동차 엔진 부품

부품명	세라믹스	금속	접합법
핫 플러그	Si_3N_4	Al합금	끼워 맞춤
터보 차저 로터	Si_3N_4	Ni합금	브레이징
포트 라이너	Al_2TiO_5	Al합금	주물 조합

5.2 유전체 세라믹스

물질은 양의 전하를 가진 입자(원자핵, 양이온)와 음의 전하를 가진 입자(전자, 음이온)로 구성되어 있기 때문에, 물질의 표면과 속에 전극을 대고 외부로부터 전기장을 가해주면, 양의 전하를 가진 입자는 음극 쪽으로, 음의 전하를 가진 입자는 음극 쪽으로 끌어 당겨진다. 이 때, 양과 음의 전하를 가지고 있는 입자는 아주 조금만 이동하기 때문에 전류는 흐르지 않는다. 이처럼 양과 음의 전하의 분포가 변화하여 한쪽으로 치우진 상태를 분극(polarization)이라고 한다.

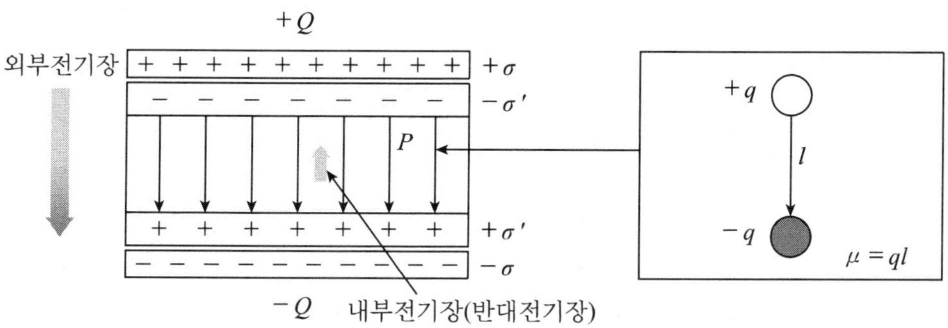

(a) 분극의 발생 (b) 전기쌍극자

출처 : Adachi Ginya, Minami Tsutomu,
현대무기재료과학, 화학동인, 제5장, 유전체, 콘덴서재료, 2007

그림 7-17 전하분포에 따른 분극의 발생

금속에서는 금속 내의 자유전자가 전기장에 의해 간단하게 움직이기 때문에, 외부의 전극까지 전자가 이동하여 정상적인 전류가 흐르기 때문에 분극은 일어나지 않는다. 한편, 금속산화물 등 이온의 결정으로 이루어진 절연체(insulator)에서는, 하전입자인 이온이 전자보다 크고 무겁기 때문에 움직이기 어렵고, 양이온과 음이온의 전하가 서로 역방향으로 아주 조금만 그 위치를 움직여서 서로 마주 보면서 정렬한다.

두 장의 전극판 사이에 절연체를 끼우고, 전극에 전원을 연결하면, 양과 음의 전하 $+Q$와 $-Q$가 축적되고, 그 때 전극표면의 전하밀도를 $+\sigma$, $-\sigma$라 하면, 그림 7-17과 같이 절연체의 표면에 반대 부호의 전하(전하밀도 $+\sigma'$, $-\sigma'$)가 유도된다. 물질의 표면에 전하가 유도되는 성질을 유전성이라고 하고, 유전성을 나타내는 물질을 유전체라고 한다. 다시 말하면, 유전체는 분극현상으로 인하여 전하를 재료의 내부에 잡아둘 수 있어서, 극히 적은 누설 전류가 흐르는 물질이다. 주변에 있는 플라스틱, 세라믹스, 석영, 기름 등이 유전체이며, 금속 등과 같이 도전성이 큰 물질에서는 유전성이 나타나지 않는다. 한편, 절연체에서는 유전성이 쉽게 나타나기 때문에, 즉 전압을 걸었을 때 대전하는 성질을 가지고 있기 때문에 절연체를 유전체라고 한다. 유전체(그림 7-17)의 내부에는 전하의 차이에 의해, 그림 7-17(b)에 나타낸 것과 같이 아주 작은 쌍극자가 여러 개 발생하는 것으로 볼 수 있다. 이 전기쌍극자에 의해 외부전기장을 상쇄하는 방향으로 내부전기장이 생겨, 전극간의 전기장은 약해진다. 여기서 전기쌍극자란 두 개의 점전하 $+q$와 $-q$가 근접하여 존재하고 있는 것으로, 이 두 개의 점전하의 거리를 l이라고 하면, ql의 크기와 $+q$에서 $-q$로의 방향을 가진 벡터 μ를 전기쌍극자모멘트라고 한다. 분극이란 전기쌍극자 모멘트가 생기는 것과 그것이 점점 크게 되는 현상이다.

유전성이 생기는 원인은 물체(유전체) 내부에 전기 쌍극자 모멘트가 생기는 것이다. 이것을 유전 분극이라고 하며, 전자 분극, 이온 분극, 배향 분극, 공간 전하 분극으로 분류한다(그림 7-18). 전자분극은 원자 내에서 원자핵에 대한 전자구름의 상대적인 변위 때문에 생기는 분극이다. 즉, 핵을 중심에 감싸고 있던 전자구름이 전계를 가하면 비틀어져 형성된다. 즉, 한쪽으로 치우치는 현상이다. 이온분극은 이온결합 상태의 결정에 전계를 가하면, 각각의 양이온, 음이온 중심의 차이에 의해 생기는 분극이다. NaCl과 같은 이온 결정의 경우, 외부에서 전기장을 가하면 Na^+와 Cl^-이 상대적으로 변위하여 쌍극자가 발생한다.

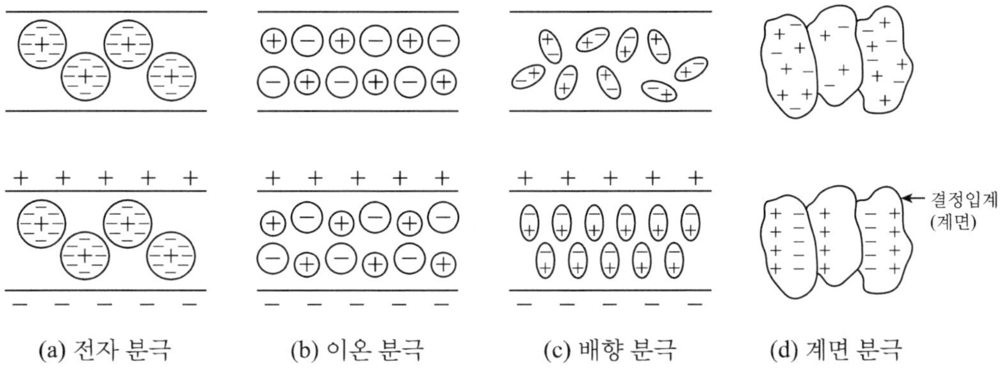

그림 7-18 전기분극의 4가지 형태(전기장을 가했을 때 아래 그림과 같이 분극한다)

분자 중의 원자핵과 전자구름의 평균위치의 차이에 의한 분극을 원자분극이라고 한다. 배향분극은 영구쌍극자모멘트를 가진 분자에 전기장을 가했을 때 발생하는 분극이다. 이들 영구쌍극자모멘트를 가진 분자는 전기장을 가하지 않은 경우에는 무질서한 상태(모멘트의 합이 0)이나, 전기장을 가하면 이 쌍극자모멘트가 외부 전기장에 대해 안정한 방향으로 배향을 바꾸려고 하기 때문에 생기는 분극이다. 배향 분극은 일반적으로 쌍극자 모멘트가 전자 분극과 이온 분극보다 크다. 계면분극은 다결정체 등의 불균질한 유전체에서, 전하담체가 불균일한 계면 등의 특정한 공간이나 계면에 축적하여, 공간전하가 생기기 때문에 일어나는 분극이다.

유전체의 분극에는 외부에서 전류를 가했을 때만 분극이 생기는 물질(상유전체 ; paraelectrics)과 외부 전기장이 없는 상태에서도 자발적으로 분극이 생기는 물질(강유전체 ; ferroelectrics)이 있다. 강유전체는 일단 분극이 일어나면 전압이 0으로 되어도 분극은 0으로 돌아가지 않는 성질을 가진다. 이런 현상이 일어나는 이유는, 물질을 구성하고 있는 원자의 배치가 전압에 의해 변해버리기 때문이다. 이런 변화는 전압을 반대로 걸어주지 않으면 원래대로 돌아가지 않는다. 이러한 전자의 이동은 특별한 재료에서만 일어난다. SiO_2 등은 큰 전압을 걸어주면 원자와 전가가 튕겨져서 깨져버리기 때문에 처음으로 돌아가지 않는다.

이러한 재료를 사용하여 전압을 받을 수 있도록 한 것이 세라믹스 유전체(콘덴서)이다. 세라믹스 콘덴서 재료로 사용하기 위해서는 절연파괴전압이 높고 유전상수가 커서 많은 양의 전하를 축적할 수 있어야 한다. 또한 교류전압에 의한 유전손실이 적어서 열로서 에너지를 잃지 않아야 한다. 유전율이란 전기장 내에 물체를 놓았을 때 양 측으로 +와 −전하가 어느 정도 분리되어 끌려가는 가의 정도이다. 유전율은 일종의 비례상수이다. 유전상수는 물리적인 방법과 화학적인 방법으로 그 값을 제어할 수 있다. 물리적인 방법은 유전체의 단면적을 조작함으로써 가능하다. 유전상수는 유전체의 두께와 전극의 면적에 관한 함수로써 다음 식과 같이 정의된다.

$$C = k * A/d \tag{7-1}$$

여기서, C : 캐패시터, 단위는 F(페럿)

k : 유전율

A : 도체 판의 면적

D : 절연체의 두께

표 7-5 절연체의 유전상수와 유전강도

재료	유전상수		유전 강도 (V/mil) [a]
	60 Hz	1 MHz	
세라믹			
티탄산염 세라믹	−	15~10,000	50~300
운모	−	5.4~8.7	1000~2000
스테아타이트($MgO-SiO_2$)	−	5.5~7.5	200~350
소다−석회 유리	6.9	6.9	250
자기	6.2	6.0	40~400
용융 실리카	4.0	3.8	250
폴리머			
페놀−포름알데히드	5.3	4.8	300~400
나일론 6.6	4.0	3.6	400
폴리스티렌	2.6	2.6	500~700
폴리에틸렌	2.3	2.3	450~500
폴리테트라 플루오르에틸렌	2.4	2.1	400~500

a One mil = 0.0025 cm. 이 유전강도 값은 평균 값이며, 시험편의 두께와 모양, 인가된 전계의 지속 시간 및 속도에 의존한다.

출처 : William D. Callister, WILEY, Materials Science and Engineering, ISV 8e.

식에 나타낸 바와 같이 유전율은 유전체의 두께에 반비례하고 면적에 비례한다. 즉, 유전체가 넓고 얇을수록 유전상수가 크게 된다.

화학적인 방법으로도 유전체 물질의 조성이나 그 미세구조의 특성을 이용하여 유전상수를 제어할 수가 있다. 유전체 세라믹스는 페로브스카이트(perovskite : ABO_3) 구조를 갖는 물질이 대표적이다. 이런 구조의 물질로는 $PbTiO_3$계, $BaTiO_3$계, $SrTiO_3$계가 있다. 여기서는 강유전체인 티탄산바륨의 결정구조를 예를 들어 유전특성에 대하여 설명한다. 티탄산바륨은 전기장이 없는 경우에도 분극이 나타나는 강유전체이다 강유전체에는 영구적인 전기 쌍극자가 존재해 있다. 그림 7-19에 나타낸 티탄산바륨의 단위정 내에 위치한 Ba^{2+}, Ti^{4+}, O^{2-} 이온들의 위치 때문에 자발적 분극이 나타난다. Ba^{+} 이온은 정방 대칭구조를 가지고 있는 단위정의 꼭지점에 위치하고 있다. 쌍극자 모멘트는 단위결정의 측면 구조에서 보이는 것과 같이 O^{2-}와 Ti^{4+} 이온들이 자신의 대칭되는 위치로부터 상대적으로 이동된 결과이다. O^{2-} 이온은 6개 각 면 중심의 약간 아래에 위치해 있고, 반면에 Ti^{4+} 이온은 단위정 중심으로 약간 위쪽으로 이동되어 있다. 그러므로 각 단위정에는 영구 이온 쌍극자 모멘트가 형성된다. 그런데 티탄산바륨이 강유전체 큐리온도인 120℃ 이상으로 가열되면, 단위결정은 등축정계(cubic)로 바뀐다. 그렇게 되면 이 재료는 페로브스카이트 결정구조를 가지게 되어 더 이상 강유전체 특성을 나타내지 않는다. 이런 강유전체 특성을 보

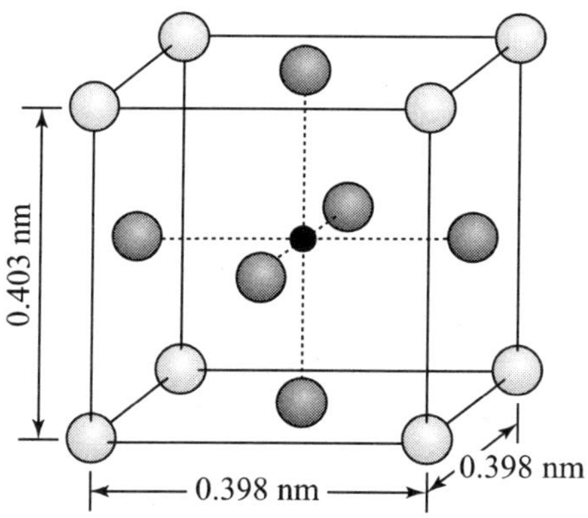

(a) 등축투영도

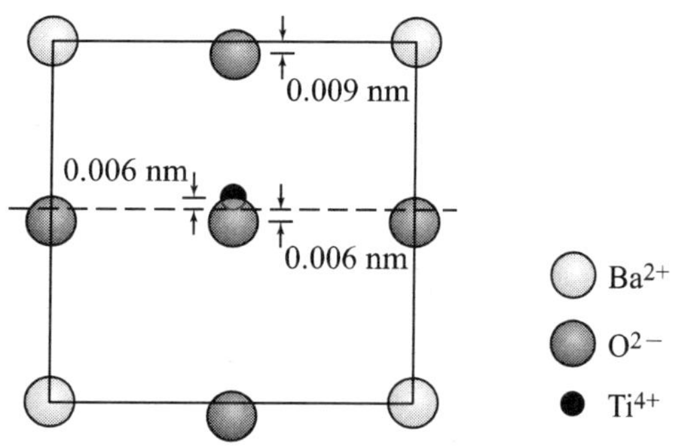

(b) 위에서 보았을 때의 Ti_4와 O_2^-의 쌍극자 모멘트가 형성된 모양

출처 : William D. Callister, WILEY, Materials Science and Engineering, ISV 8e

그림 7-19 티탄산바륨($BaTiO_3$)

이는 재료로는 칼륨니오브산염($KNbO_3$), 납지르콘산염－티탄산염[$Pb(ZrO_3, TiO_3)$] 등이 있다. 강유전체는 비교적 낮은 주파수의 전기장이 가해지는 경우 매우 높은 유전상수를 가진다. 티탄산바륨의 경우 상온에서 유전상수가 5,000 정도의 높은 값을 보이고 있다. 따라서 이런 재료들로 제조된 콘덴서는 다른 재료로 만들어진 콘덴서에 비해 훨씬 작은 면적을 사용하여도 같은 용량의 유전특성이 얻어진다.

적층세라믹콘덴서(MLCC ; Multi Layer Ceramic Condenser)의 대표 제품(삼성전기, 2013년 현재)인 '0603'의 경우 가로 0.6 mm, 세로 0.3 mm의 크기이다. 내부에는 유전체와 전극이 300층 이상 쌓여있어 전기를 저장했다가 필요할 때 공급한다. 스마트폰이나 가전, 자동차뿐 아니라 무기와 의료기기, 로켓, 로봇까지 전기가 쓰이는 모든 제품에 수백～수천 개씩 사용된다. 적층세라믹콘덴서의 소형화, 대용량화를 위해서는 그림 7-20에 나타낸 세 가지 요구가 충족되어야 한다.

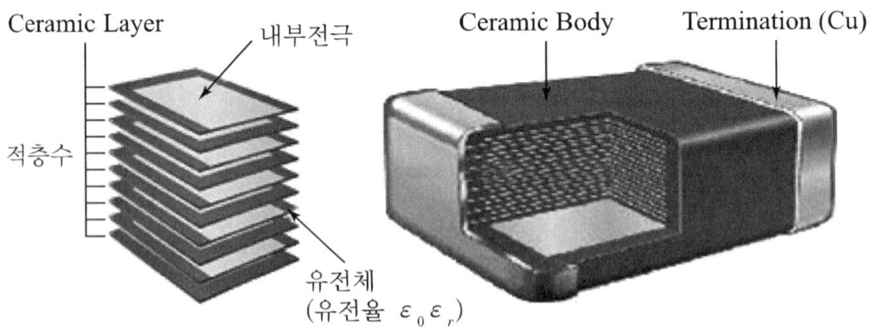

정전용량 $C = \epsilon_0 \epsilon_r \dfrac{S}{d} N$

여기서, C : 정전용량　　ϵ_0 : 진공상태 유전율

ϵ_r : 유전체의 비유전율　　S : 전극의 면적

d : 유전체 층간거리　　N : 적층 수

1. 유전체층을 얇게 한다.
2. 적층 수를 늘린다.
3. 유전체의 유전율을 높인다.

중간에 있는 물질이 유전체 세라믹스이며, 두께는 약 10～100μ이다.

출처 : http://www.samsungsem.com/kr

그림 7-20 MLCC의 단면도

5.3 압전세라믹스

압전세라믹스는 외부 힘에 의한 응력(압력, 전단력, 장력) 등을 가하면 이것에 비례하여 분극이 생기고, 반대로 전기장을 가하면 그것에 비례하여 결정변형(수축, 신장, 비틀림 등)이 생기는 유전체의 일종이다. 압전체는 기계적 에너지를 전기적 에너지로(1차 압전효과), 전기적 에너지를 기계적 에너지(2차 압전효과)로 바꿀 수 있는 물질이다. 이 때 에너지의 크기는 분극의 크기에 비례한다.

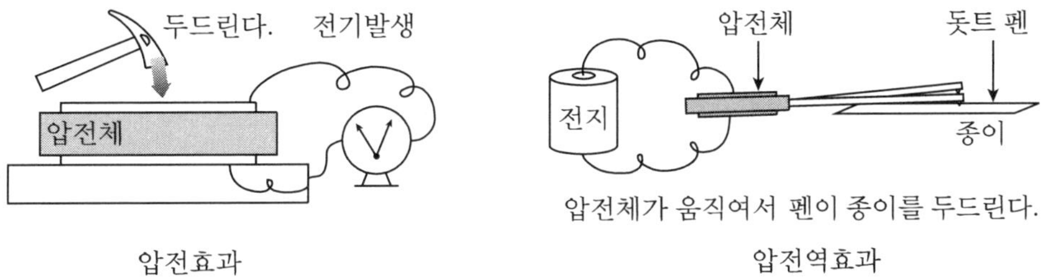

출처 : Arakawa Tsuyoshi, et. al., 무기재료화학, 제2장 고체의 유전성과 자성, 삼공출판, 1994

그림 7-21 압전효과와 압전역효과

어떤 재료의 결정 구조 내에서 양의 전하와 음의 전하의 위치가 약간 어긋나 있어 원자나 분자 단위에서 그 주변에 전기장을 형성시키는 경우가 있는데, 이를 전기쌍극자(electric dipole)라고 한다. 전기쌍극자를 가진 재료에 물리적인 외부응력(external stress)을 주었을 때에는 결정을 구성하는 분자 간 혹은 이온

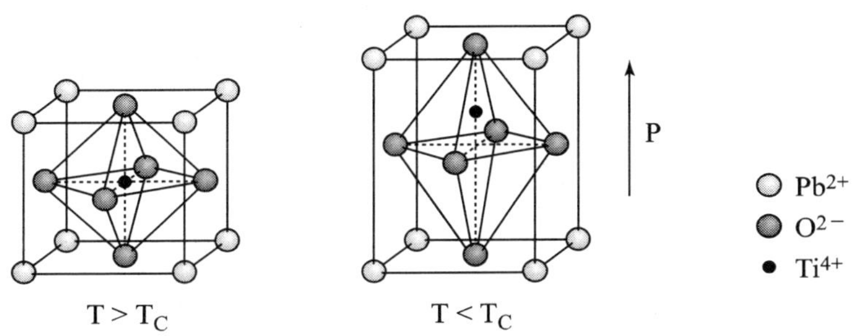

출처 : http://ko.wikipedia.org

그림 7-22 압력에 의한 $PbTiO_3$의 결정구조 변화

간 상태변화가 발생한다. 재료가 힘을 받으면 결정 구조가 찌그러지면서 전기쌍극자의 크기(전기쌍극자 모멘트)의 변화를 일으켜 주변의 전기장이 바뀌게 된다(그림 7-22).

그림 7-23은 압전 직접효과를 나타낸 것으로 (a)에서는 자발분극이기 때문에 양쪽 전극에 각각 다른 전하가 생기고 있다. 외부 응력이 없는 상태이므로 출력전압은 생기지 않는다. 이 결정에 압축응력을 가하면, (b)와 같이 양이온과 음이온간의 거리가 짧아지기 때문에, 쌍극자 모멘트가 조금 작아지게 되어, 전극을 연결하면 전하가 회로를 흐르게 된다. 한편, (c)에서와 같이 인장응력을 가하면, (a)의 경우보다도 전극에 축적되는 전하는 증가하며, 압축력을 가했을 경우와 반대 현상이 발생된다.

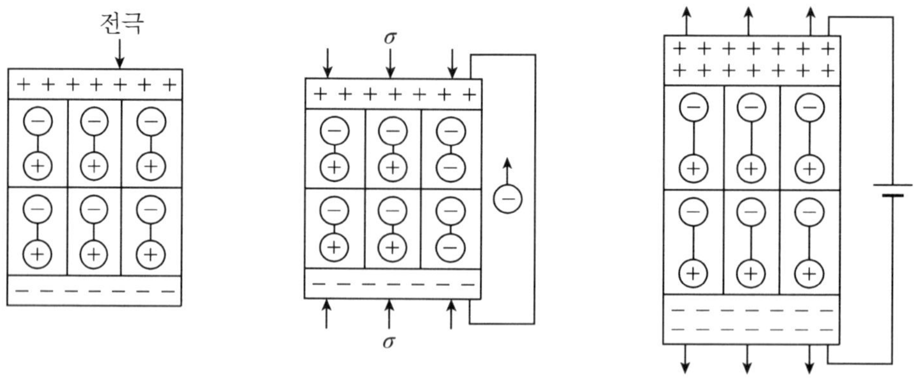

(a) 응력＝0 (b) 압축응력을 가했을 때 (c) 인장응력을 가했을 때

출처 : Arakawa Tsuyoshi, et. al., 무기재료화학, 제2장 고체의 유전성과 자성, 삼공출판, 1994

그림 7-23 분극이 발생한 결정의 1차 압전효과 모식도

압전특성을 가지는 소재를 이용해 만든 압전 소자(piezo eletric devices)는 진동을 전기적인 에너지로 변환할 수 있는 원리를 이용해 가속도 센서에 적용된다. 또한 가청영역의 소리를 전기에너지와 상호 변환할 수 있는 원리를 이용해 레코드 디스크의 픽업, 마이크로 폰, 스피커, 버저 등의 소자로 이용되고 있다. 그리고 초음파를 투과하고 받을 수 있어, 초음파 센서의 프루브(Probe), 어군탐지기 등으로 사용된다. 압전 2차 효과에 의한 전기에너지의 기계적인 변환은 정밀 제어가 가능한 액추에이터 모터 등에 사용한다.

표 7-6 압전 소재의 분류와 특징

재료의 형태	압전 소재	특 징
단결정	α-$AlPO_4$ (Berlnite), α-SiO_2 (Quartz), $LiTaO_3$, $LiNbO_3$	• 좁은 공진주파수 대역 • 매우 작은 온도계수 • Oscillator 소자와 탄성표면파 필터
다결정	PZT계, PT계, PZT-Complex Perovskite계, $BaTiO_3$	• 우수한 압전특성, 저렴한 가격 • 초음파 wlsehdw, 필터, 레조네이터 • 착화소자 및 센서
박막	ZnO, CdS, AlN	• 탄성표면파 필터 • GHz 대역 FBAR Bandpass Filter

5.4 절연세라믹스

재료가 전기를 통과시키는 정도를 저항율(비저항) 값으로 표시했을 때, 상온에서 저항 값이 큰 것($>10^8\ \Omega\ cm$)을 절연체, 중간 정도의 것을 반도체($10^{-3}\sim10^8\ \Omega\ cm$), 매우 큰 것을 금속($<10^{-3}\ \Omega\ cm$) 그리고 저항율이 0인 것을 초전도체라 한다. 절연체는 직류나 저주파 교류를 절연하는 데 쓰이는 것과 초단파와 같은 고주파를 절연하는 데 쓰이는 것이 있다. 저주파나 직류의 절연은 고무나 플라스틱과 같은 유기재료로 충분하지만, 고주파일 때는 이런 재료들로는 절연이 되지 않기 때문에 절연성이 우수한 세라믹스 소재를 사용한다. 알루미나, 마그네시아, 규산마그네슘, 규산알루미늄 등이 우수한 절연체이다. 송전애자, 내연기관의 점화플러그와 같은 기존의 용도에 더하여 전자회로 기판, 고집적회로 소자의 기판 등에 사용된다.

전기 및 전자기기를 사용할 때 절연성능은 매우 중요하며, 기기의 종합적인 성능과 수명 및 고장이 전기절연에 의존하는 경우가 많다. 우수한 절연특성을 갖는 제품을 제조하기 위해서는 균일하고 기공이 없는 치밀한 조직을 얻어져야 한다. 따라서 분말의 크기와 모양 등에 대한 제어와 고도의 소결 기술 등이 필요하다.

표 7-7 절연 세라믹스의 분류와 특징

절연 세라믹스	특징 및 용도
Al_2O_3	• 내열성, 열전도성, 강도, 내전압성 우수 • 고순도 일수록 절연특성 우수 • 전자회로기판
BeO	• 우수한 열전도성 • 고집적회로(VLSI) 소자의 기판
SiC+BeO	• 열전도도 매우 우수 • 낮은 열팽창 계수 • 반도체 모듈, 패키지 재료
AlN	• 열전도성이 Al_2O_3보다 10배 우수 • 열전도성, 열방산성 소재

5.5 바이오세라믹스

세라믹 생체재료는 바이오세라믹스라고 부르기도 하며, 인체 내에 이식되어 단기간 또는 장기간 동안 손상된 인체의 조직이나 기관의 기능을 치료・대체・회복시키는데 사용되는 소재이다. 바이오세라믹스는 골조직과 화학적으로 유사하거나 우수한 기계적 특성 및 생체친화성을 가지고 있기 때문에 생체 내의 경조직 재건이나 재생에 주로 이용되고 있다. 바이오세라믹스는 이식된 소재의 인체 내 생물학적 반응성에 따라 생체불활성(bioinert)과 생체활성(bioactive)으로 나뉘며, 생체활성 세라믹은 또 다시 흡수성(resorbable)과 비흡수성(non-resorbable)으로 분류된다. 화학적 조성에 따라 알루미나, 지르코니아, 티타니아, 인산칼슘계 등의 산화물계, 실리카를 포함하는 유리계, 그리고 카본계로도 구분할 수 있다. 또한 그 형상에 따라서 분말, 섬유, 코팅, 벌크계 혹은 다공체와 치밀체로 분류하기도 한다.

금속에 비해 비교적 생체적합성이 높은 무기질 소재인 세라믹스는 질서정연하게 배열된 결정구조를 가진다. 세라믹의 우수한 생체적합성은 바로 이들 원자들이 정렬됨으로 인해 체액으로 이온이 용출되기 어렵기 때문에 나타난다. 그러나 이들 세라믹은 결정들이 정렬되어 나타나는 매우 높은 강도와 함께 격자결손에 의해 일어나는 매우 높은 취성을 가지는 특성이 있다. 따라서 하중이 많이 가해지는 생체 부위에 사용할 경우 쉽게 깨지므로 이를 보완하기 위해 격자 재배치나 단결정화 방법을 사용하기도 한다.

표 7-8 인공뼈와 인공관절로 사용되는 바이오세라믹스

생체불활성	알루미나(Al_2O_3) 지르코니아(ZrO_2 ; PSZ)
생체활성	Bioglass®(Na_2O-CaO-SiO_2-P_2O_5계 유리) Ceaavital®(Na_2O-K_2O-MgO-CaO-SiO_2-P_2O_5계 결정화유리) 수산화아파타이트[$Ca_{10}(PO_4)_6(OH)_2$]
생체흡수성	B-인산3칼슘[$Ca_3(PO_{43}$] 탄산칼슘($CaCO_3$)

의료용 세라믹스로서 최초로 사용된 알루미나는 높은 압축강도를 가지고 있는 반면 낮은 인장강도(tensile strength)와 취성을 가지고 있다. 이후에 이러한 결점을 보완한 알루미나 단결정체가 개발되었다. 인체에 이식된 알루미나의 표면은 높은 친수성(hydrophilicity) 때문에 얇은 수막(water layer)을 형성하여 주위 조직과의 계면으로서 윤활 역할을 나타내므로 높은 생체친화성을 나타낸다.

수산화아파타이트[hydroxyapatite : $Ca_{10}(PO_4)_6(OH)_2$]는 대표적인 생체 이식용 세라믹 재료이다. 치아와 뼈와 같은 인체 경조직을 구성하는 대부분의 무기질은 아파타이트 결정형태의 인산칼슘으로 구성되어 있다. 인체 내에 이식된 수산화아파타이트의 표면은 체액을 매개로 뼈 조직에 존재하는 아파타이트와 화학적으로 결합하여 뼈와 일체화 된다. 수산화아파타이트는 강도가 알루미나보다 낮고 단결정화하기가 거의 불가능하지만 생체적합성이 매우 뛰어나다. 240℃ 이상의 온도에서 합성하고, 1200℃ 이상의 온도로 소결(sintering)하면 매우 높은 강도를 얻을 수 있다. 또한 100℃ 이하에서 합성하고 800℃이하로 가열, 하소시킨 것은 시간이 경과됨에 따라 체내에서 분해될 수 있기 때문에 생체분해성 세라믹으로 사용할 수 있다. 현재 수산화아파타이트는 골 결손부의 충전재 및 비골(코뼈)과 같이 생리적 하중을 받지 않는 골의 대체물로 사용된다.

표 7-9 바이오세라믹스의 소재와 뼈의 기계적 성질

재료	곡강도(Mpa)	압축강도(Mpa)	Young율(GPa)
뼈	160~180	89~164	15.8
연골	–	1.9~7.0	0.18~0.33
다결정 알루미나	200~370	980	364
단결정 알루미나	210~1300	–	–
지르코니아(PSZ)	900~1200	–	140~200
수산화인산칼슘(HAp)	110~250	500~900	80~90
A/W glass ceramic	230	1080	117

5.6 세라믹스 섬유

세라믹스 섬유 중에서 가장 일반적으로 대량 생산되는 것은 유리섬유이다. 유리섬유에는 장섬유와 단섬유가 있다. 장섬유 제조법에는 로드법과 핫 프레스(hot process)법이 있다. 로드법에서는 글래스 봉의 끝단을 연화시켜서 끌어당겨서 만든 섬유를 드럼에 감는 방법이다. 간단한 방법이지만 직경이 가는 섬유(μm 스케일)는 만들 수 없다. 핫 프레스법은 2종류가 있다. 그림 7-24에 나타낸 것처럼 용융시킨 유리를 여러 개의 구멍으로부터 나오게 하여, 이것을 결합제를 사용하여 1개의 실로 모으는 방법이다. 또 하나의 방법은 고압가스의 분사에 의해 늘어난 글래스 섬유 가닥들을 일단 드럼에 모아서, 이것들을 묶어서 하나의 섬유로 만드는 방법이다. 글래스 울이라고 알려져 있는 단섬유의 제조법은 용융 유리를 고압가스 분사에 의해 컨베이어에 불어 붙여서, 성형로 안에서 매트 형태로 제조한다.

SiO_2, Al_2O_3, TiO_2, ZrO_2 등의 세라믹스섬유의 제조에는 간편한 졸-겔법이 많이 적용되고 있다. 졸을 적당히 조정하여 약 10 P (10^{-1} N s m^{-2}) 이상의 점성을 가진 용액으로 만든 다음, 이것을 방사하여 겔 섬유를 만든다. 이것을 열처리하여 결정화된 섬유로 변환시키는 방법이다. SiO_2, Al_2O_3, TiO_2, ZrO_2 등과 같은 단일 산화물뿐만 아니라, $PbTiO_3$ 등과 같은 복합산화물의 세라믹스섬유도 졸-겔법으로 제조할 수 있다.

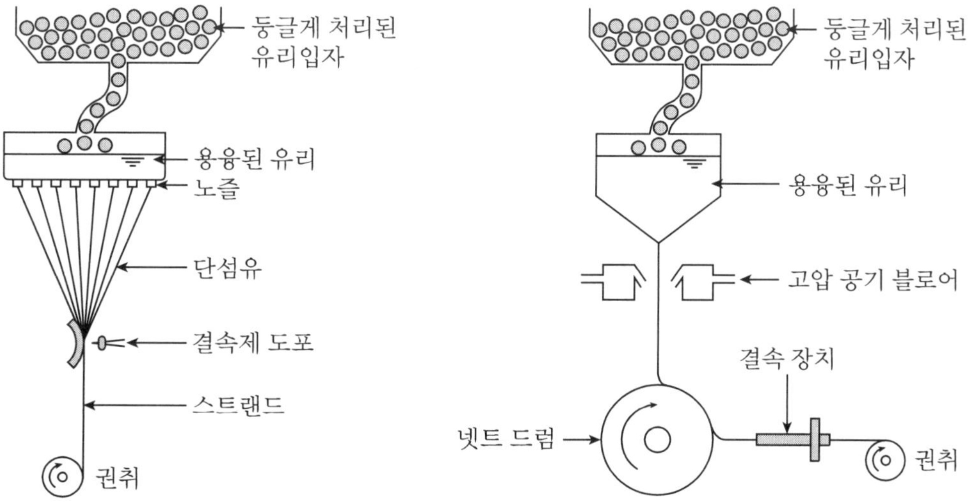

출처 : Hiroaki Yanagida, セラミックスの化学, Chap.3 세라믹스의 반응, 2nd edition, Maruzen Inc., 1996

그림 7-24 Hot Process에 의한 유리섬유의 제조법

탄화규소(SiC) 섬유는 폴리카르보실란(Polycarbosilane ; $(CH_3SiHCH_2)_n$)을 전구체로 이용하여 제조한다. 폴리카르보실란은 상온에서는 고체이지만, 이것을 고온에서 용융, 방사하면 섬유가 만들어진다. 이것을 불융화처리(열처리에 의해 섬유표면에 가교반응을 일으키는 것) 시킨 후, 불활성분위기에서 1200~1500℃에서 가열처리하면, 열분해가 일어나 β-SiC 섬유가 얻어진다. 질화규소(Si_3N_4) 섬유도 폴리실라젠(polysilazane ; SiH_2NH)으로부터 동일한 방법으로 제조된다. 이외에 단결정 세라믹스섬유인 위스커(whisker)는 결함이 매우 적기 때문에 강도가 월등하게 큰 특징을 갖는다. 무기섬유는 표 7-10에 나타낸 바와 같이 기계적 성질(강도, 탄성율)과 내열성(고융점)이 우수한 특징을 가지고 있다.

표 7-10 각종 무기섬유의 성질

섬유의 종류	직경(μm)	융점 또는 연화점(℃)	밀도, ρ (g/cm^3)
석영유리섬유	10	1,600	2.20
SiO_2 · Al_2O_3섬유(50 : 50%)	11	1,750	3.0
SiC섬유	10	2,690	3.17
BN섬유	7	2,980	2.0
Al_2O_3섬유	200	2,020	3.96

참고문헌

1) 파인세라믹스공학, 황규섭 역, 세라믹스의 기초사항, 10p, 1986
2) Siokawa Jirou, 工業化學, 137p, 2001
3) http://upload.wikimedia.org/wikipedia/commons/c/cc/corundum-3D-ball
4) http://www.chemtube3d.com/solidstate/SS-Si3N4.htm
5) http://www.powderinjectionmoulding.com/pim-prozess.jpg
6) Hiroaki Yanagida, セラミックスの化學, 2nd edition, Maruzen Inc., 1996
7) Touyama Masao, Yamamoto Ryouichi,セラミック材料, 東京大學出版會, 1986
8) Arakawa Tsuyoshi, Egashira Makoto, Hirata Yoshihiro, Matsumoto Yasumichi, Muraishi Haruto, 無機材料化學, 三共出版, 1994
9) Siokawa Jirou, 入門無機材料, (株)化學同人, 1997
10) Adachi Ginya, Minami Tsutomu, 現代無機材料科學, (株)化學同人, 2007
11) 斎藤 肇, ファインセラミックスの活用(上), Part 1, p.30, 大河出版, 1986
12) 野浪 享, 材料工学, chap. 6, 技報堂出版社, 2014

연습문제

7-1 산화물세라믹스인 MgO는 이온결합성이 크고, 비산화물세라믹스인 Si_3N_4는 공유결합성이 크다고 볼 수 있다. 그 이유를 설명하고 화학식으로 표시하시오.

7-2 비산화물계 세라믹스가 산화물계 세라믹스보다 산화 저항성이 낮은 이유는?

7-3 질화물 세라믹스와 탄화물 세라믹스에는 어떠한 것이 있는가?

7-4 $BaTiO_3$는 어떤 분극현상이 일어나는지 설명하시오.

7-5 질화규소 세라믹스의 특징, 용도 등에 대하여 설명하시오.

7-6 티타늄－카바이드(TiC), 텅스텐－카바이드(WC)에 대하여 설명하시오.

7-7 핵연료용 세라믹스에는 어떠한 것들이 있는가?

8

chapter

고분자 신소재

1. 고분자란

유기화합물은 탄소, 이산화탄소, 탄산 및 그 염류 등 소수의 간단한 탄소화합물들을 제외한 전체의 탄소화합물을 의미하며, 주로 C, H, O, N, S, P, 할로겐 등의 원소로 구성된 물질이다. 이 중에서도 C, H, O, N의 4원소로 이루어진 것이 대부분이다. 유기 고분자는 이러한 원소들로 이루어진 고분자량의 유기물질이다. 표 8-1에 나타낸 것처럼 알칸계 유기화합물의 탄소수가 증가함에 따라 물질의 상태 및 성질은 매우 현저하게 변화한다. 자연 생태계에는 식물의 골격을 유지하는 셀룰로오스와 동물의 체내에서 만들어지는 단백질과 같은 다양한 고분자들이 존재하고 있다. 동식물로부터 얻어지는 천연상태의 고분자 재료는 셀룰로오스와 단백질을 비롯하여 고무, 면사, 모직, 가죽, 비단, 효소, 녹말 등이 있으며, 이런 천연고분자들은 동물과 식물의 생명유지 활동에 중요하게 작용하고 있다. 19세기 후반부터는 고분자들이 인공적으로 합성되기 시작하였고, 20세기 초에는 페놀과 포름알데히드를 반응시켜 만든 베이클라이트(페놀포름알데히드수지)와 나일론이 합성되었다. 이후 석유유도체로부터 폴리에틸렌, 폴리메틸메타크릴레이트, 폴리비닐클로라이드 등 여러 종류의 고분자가 합성되었다. 이런 합성고분자들은 저비용으로 대량생산이 가능하며, 자연 상태의 물질보다 우수한 특성을 나타내었다.

현대 사회에서는 일상 생활용품에서부터 첨단 산업분야에 이르기까지 광범

표 8-1 탄화수소계 화합물의 탄소수 증가에 따른 물질의 특성 변화

사슬의 탄소수	상태 및 성질	화합물의 예	용도
1~4	기체	C_3H8, C_4H_{10}	LPG, 부탄가스
5~11	액체	C_6H_{14}	가솔린
9~16	액체(약한 점성)	$C_{16}H_{34}$(세탄)	경유(디젤유)
16~25	액체(높은 점성)	$C_{18}H_{34}O_2$ $C_{24}H_{60}$	식물성 기름 그리스(grease)
25~50	고체	$C_{31}H_{64}$	파라핀 왁스(양초)
1000~3000	플라스틱 고체	$-(CH_2-CH_2)_n-$	플라스틱용품

위하게 합성고분자가 사용되고 있다. 옷을 만드는 합성 섬유로부터 플라스틱을 비롯한 각종 생활용품에 이용되고 있으며 자동차부품, 내열재료, 구조재료, 전도성고분자 등 금속과 세라믹스재료를 대체하는 영역에 이르기까지 다양한 산업 분야에 적용되고 있다.

고분자(polymer)는 단량체(monomer)라고 부르는 작은 분자들의 화학적 결합에 의해 만들어진다. 그림 8-1에 서로 다른 세 종류의 단량체가 고분자로 되는 모식도를 나타냈다. 고분자는 분자의 크기가 매우 큰 분자, 즉 분자량이 매우 큰 화합물로서, 여러 화합물이 물리적으로 혼합되어 있는 것이 아니라 화학결합에 의해 결합되어 있는 하나의 화합물이다. 수 천 이상의 분자량을 갖는 것을 고분자라 하며, 합성고분자의 분자량은 보통 1만～10만 정도이다. 알려진 고분자 중에서 가장 분자량이 높은 것은 세포핵에 자리 잡고 있는 생체고분자인 DNA이며, 이것의 분자량은 20～30억 정도이다. 자연에서 만들어진 천연고분자와 사람이 만든 합성고분자의 기본구조는 서로 비슷하다. 이들은 모두 기본단위를 이루는 구조체가 있고, 기본단위들이 수없이 많이 모여 긴 사슬 모양으로 공유결합을 이루고 있다. 천연고분자나 생체 고분자와 같이 자연에서 만들어지는 고분자의 반응은 항상 효소의 조절 하에서 일어나고 저온에서도 빠르게 진행된다. 그러나 합성 유기 고분자의 중합반응은 일반적으로 높은 온도, 높은 압력 그리고 적정한 반응 시간이 필요하다.

합성고분자로 구성되는 고분자재료는 일반 용도의 고분자재료와 기능성 고분자재료로 크게 분류할 수 있다. 범용고분자재료는 플라스틱, 고무, 섬유, 도료, 접착제 등과 같이 널리 사용되는 고분자재료이다. 기능성고분자재료는 의료용 고분자재료, 이온교환수지, 감광성수지, 도전성고분자재료 등과 같이 재료자체가 보다 고도한 기능을 발현할 수 있는 재료이다. 이처럼 어떤 특정한 분야에 이용 가능하도록 인공적으로 합성되었으며, 특징적인 기능을 가지는 고분자들을 기능성 고분자(functional polymer)라 한다. 전기전자, 의료, 기계 등 여

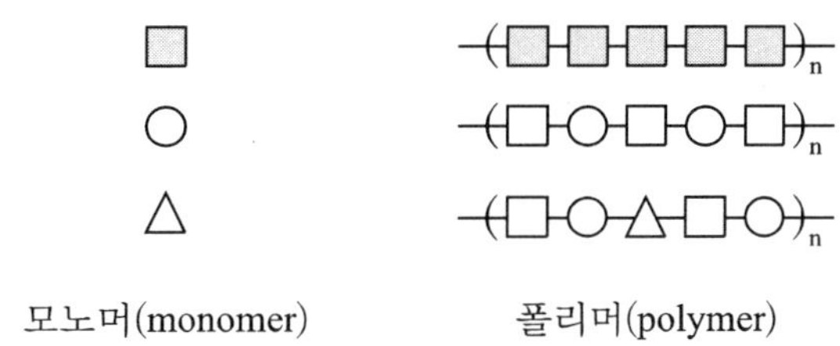

그림 8-1 단량체(monomer)로부터 고분자(polymer)의 생성 모식도

러 산업분야에서 우수한 성능이나 작용성을 가지는 기능성 고분자재료가 요구되고 있다. 공업적으로 생산되고 있는 것도 있으나, 아직 개발 단계인 기능성 고분자 재료도 많이 있다. 8장에서는 고분자의 형태, 종류, 분자량 등 기초 이론에 대하여 간단하게 설명하고, 기능성 고분자 재료에 대하여 기술하였다.

고분자화합물의 특징

고분자화합물은 다음과 같은 특징이 있다.

① 단량체(monomer)와는 전혀 다른 물리적, 화학적 성질을 나타내며 화학적으로 안정하다.
② 분자량이 일정하지 않고 특별한 용매 이외에는 녹지 않는 것이 많다.
③ 가열하면 가소성이 있는 것이 있으며, 열과 전기에 강한 성질을 가지고 있다.
④ 결정이 되기 힘들며 녹는점이 뚜렷하지 않고 분리 정제가 어렵다.
⑤ 결합한 작용기나 불포화도에 따라 화학적 성질이 다르다.
⑥ 탄성(elasticity), 점성(viscosity) 및 가소성(plasticity)을 가진다.

단량체와 올리고머

Monomer는 고분자로 전환될 수 있는 물질을 의미한다. 예를 들면, propylene monomer는 중합반응을 하여 polypropylene으로 된다. 또한 아미노산(amino acid)은 monomer 인데 반응 중에 물을 잃고 단백질(polypeptide)로 된다. 각각의 반응을 그림 8-2에 나타내었다. 모노머들의 중합반응은 연속적으로 일어나는데, monomer 두 개가 반응하여 이량체(dimer)로 되고, 이 이량체가 또 다른 모노머와 반응하여 삼량체(trimer)가 된다. 이런 방식으로 사량체(tetramer), 오량체(pentamer) 등이 생성되며 계속하여 분자사슬이 늘어나게 된다(그림 8-3). 적은 수의 모노머가 중합하여 생성된 소규모 중합체를 올리고머(oligomer)라 하며 선형(linear) 또는 고리형 구조를 가진다. 이런 올리고머는 고분자가 아니며 분자량 약 1,500 이하의 화합물이다.

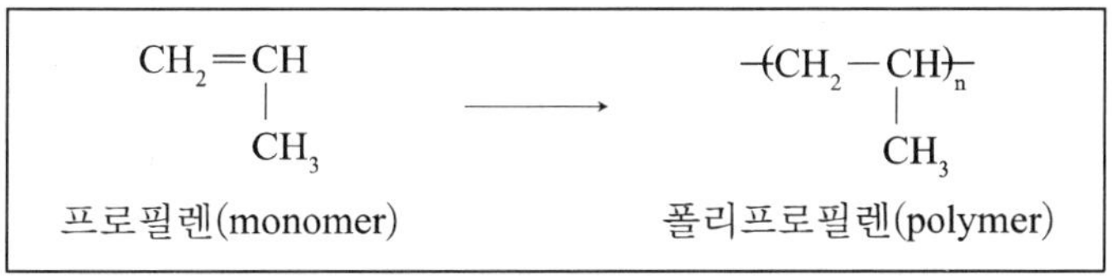

(a) 프로필렌으로부터 폴리프로필렌

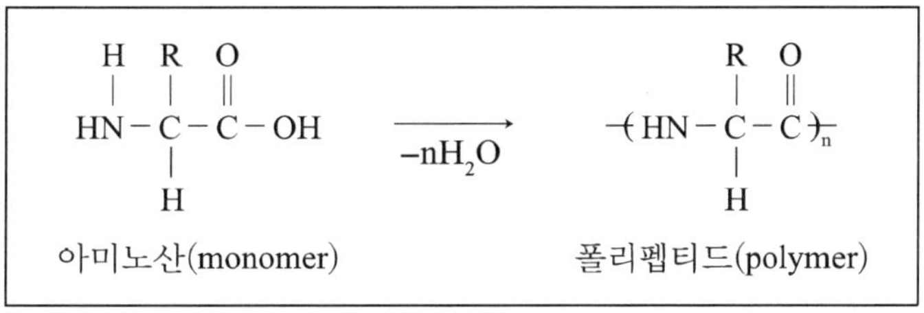

(b) 아미노산으로부터 폴리펩티드의 합성

그림 8-2
모노머의 중합반응

2. 합성고분자

2.1 부가고분자와 축합고분자

부가고분자(addition polymer)

부가고분자란 올레핀이나 아세틸렌, 알데히드, 기타 불포화결합을 가지는 화합물이 부가반응(첨가반응)을 통해 형성된 고분자를 의미한다. 단량체의 구조단위와 생성된 고분자의 반복단위가 동일한 경우이며, 대부분의 열가소성(thermoplastic) 고분자들이 이에 속한다. 부가 중합반응에 의해 생성되는 고분자로는 폴리에틸렌(PE), 폴리염화비닐(PVC), 폴리프로필렌(PP), 폴리비닐아세테이트(PVAc) 등이 있다. 그림 8-3에 나타낸 것과 같이 불포화결합을 가진 단위체들로 구성된 에틸렌이나 부타디엔과 같은 고분자는 적당한 촉매와 반응시키면 이중결합이 단일결합으로 되면서 첨가반응을 일으켜 사슬모양의 고분자를 만든다.

그림 8-3에서 알 수 있는 바와 같이 부가중합으로 생성된 고분자는 단량체의

구조와 생성된 고분자의 반복단위의 구조가 동일하며, 이중결합을 가진 단량체들이 첨가반응에 의해 중합체가 형성된다. 2개 이상의 이중결합이 하나의 단일결합을 사이에 끼고 구성되어 있는 형태를 가지고 있는 단위체(monomer)인 부타디엔, 클로로프렌, 이소프렌 등은 공역이중결합 구조(conjugated diene;이중결합이 하나 건너 나오는 구조)를 만든다.

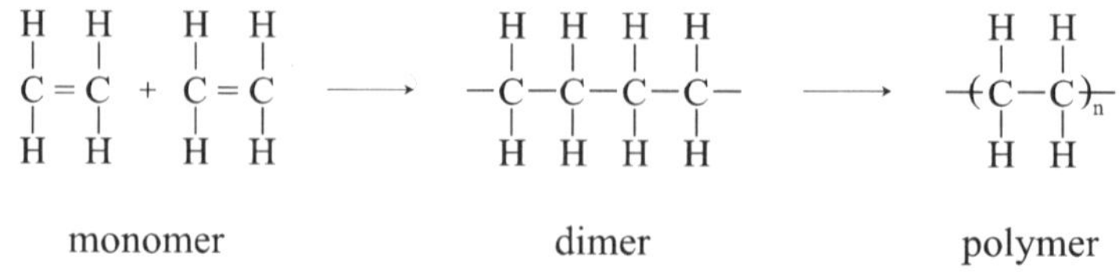

(a) Ethylene의 부가중합에 의해 생성되는 이량체

$$\mathrm{CH_2=CH-CH=CH_2 + CH_2=CH-CH=CH_2}$$
$$\longrightarrow \mathrm{-CH_2-CH=CH-CH_2-CH_2-CH=CH-CH_2-}$$
$$\longrightarrow \mathrm{\left(CH_2-CH=CH-CH_2\right)_n}$$

(b) Butadiene의 부가중합에 의해 생성되는 이량체

그림 8-3 부가중합에 의한 이량체와 폴리머의 생성

표 8-2 부가반응으로 생성되는 고분자	
폴리에틸렌(PE)	$\mathrm{nCH_2=CH_2 \rightarrow \left(CH_2-CH_2\right)_n}$
폴리비닐클로라이드(PVC)	$\mathrm{nCH_2=\underset{\displaystyle Cl}{\underset{\vert}{CH}} \rightarrow \left(CH_2-\underset{\displaystyle Cl}{\underset{\vert}{CH}}\right)_n}$
폴리아크릴로니트릴(PAN)	$\mathrm{nCH_2=\underset{\displaystyle CN}{\underset{\vert}{CH}} \rightarrow \left(CH_2-\underset{\displaystyle CN}{\underset{\vert}{CH}}\right)_n}$
폴리스티렌(PS)	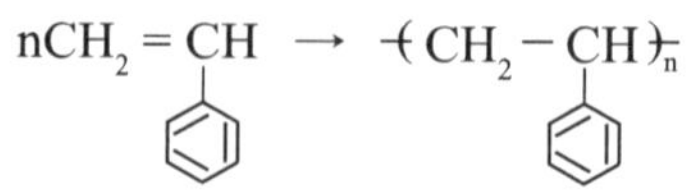
1,4-폴리부타디엔	$\mathrm{nCH_2=CH-CH=CH_2 \rightarrow \left(CH_2-CH=CH-CH_2\right)_n}$
1,4-폴리이소프렌	$\mathrm{nCH_2=CH-\underset{\displaystyle CH_3}{\underset{\vert}{C}}=CH_2 \rightarrow \left(CH_2-CH=\underset{\displaystyle CH_3}{\underset{\vert}{C}}-CH_2\right)_n}$
폴리테트라플루오르에틸렌	$\mathrm{nCF_2=CF_2 \rightarrow \left(CF_2-CF_2\right)_n}$

축합고분자(condensation polymer)

축합반응이란 두 개 이상의 분자들이 서로 반응하여, 물이나 암모니아 등을 동시에 잃어버리면서 반응하는 것을 의미한다. 즉, 사용된 단량체의 구조에서 −H, −OH, −Cl 등의 원자들이 떨어져 나가면서 형성되는 고분자이다. 축합반응으로 생성되는 고분자로는 나일론 6,6, 폴리에스테르, 페놀수지, 요소수지, 에폭시수지 등이 있다. 그림 8-4에 나일론 및 폴리에스테르수지의 축합중합반응을 나타내었다. 나일론 6,6은 헥사메틸렌디아민과 아디픽에시드가 반응하여 만들어지며, 폴리에스테르(Polyethyleneterephthalate ; PET)는 테레프탈산(디카르복시산)과 에틸렌글리콜(디올)을 반응시켜 만든다.

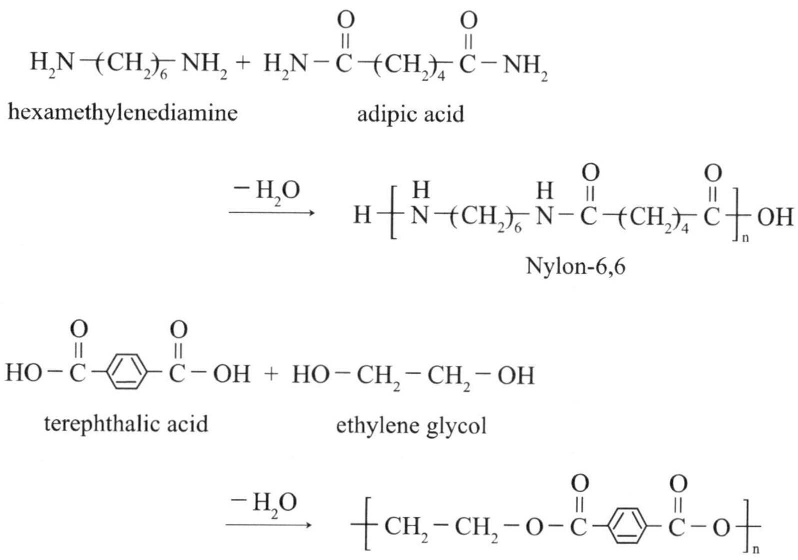

그림 8-4
축합반응으로 생성되는 고분자

2.2 고분자의 형태

선형고분자(linear polymer)

치환기가 붙은 골격 원소들이 긴 사슬을 이루고 있으며 일반적으로 용매에 녹는다. 선형고분자들은 보통 온도에서 고체 상태인 고무상의 유연한 물질 또는 유리상의 열가소성 상태로 존재한다. 선형고분자에는 폴리에틸렌을 비롯하여 polyvinylchloride (PVC), polymethylmethacrylate (PMMA), polyacrylonitrile과 nylon66이 있다.

가지고분자(branched polymer)

선형고분자에 가지가 붙어 있는 구조이며, 가지는 주 사슬과 동일한 기본구조를 갖는다. 성질이 선형고분자와 유사하며 선형고분자와 같은 용매에 잘 녹는다. 그러나 선형고분자에 비해 결정성이 낮고 용액의 점도도 다르며, 광산란성이 있다. 매우 가지가 많은 가지고분자의 경우에는 특정한 용매에 팽윤하며 완전히 용해되지 않는다.

가교고분자(crosslinked polymer)

망상형고분자(network polymer)라 부르기도 하는데, 사슬사이에 화학결합이 존재하기 때문에, 용매에 의해 팽윤은 되지만 용해되지는 않는다. 이러한 비용해성이 가교구조를 측정하는 중요한 요소로 사용되고 있으며, 액체에 의해 팽윤되는 양은 가교밀도에 따라 다르다. 가교도가 커지면 팽윤량은 적어지게 되고 고분자는 매우 단단해지게 되어, 높은 융점을 갖는다. 약하게 가교된 사슬은 고무상태인 탄성체의 성질을 갖는 물질을 생성한다.

스타고분자와 덴드리머고분자

스타고분자(별모양고분자)는 중심으로부터 팔을 펴고 있으며, 다관능성을 갖는다. 중합반응에 의해 팔의 길이가 자라나면서 제조되거나, 미리 준비된 고분자들이 분자의 중심에 첨가되는 식으로 만들어진다. 별모양고분자 내의 팔의 길이는 제한이 없다.

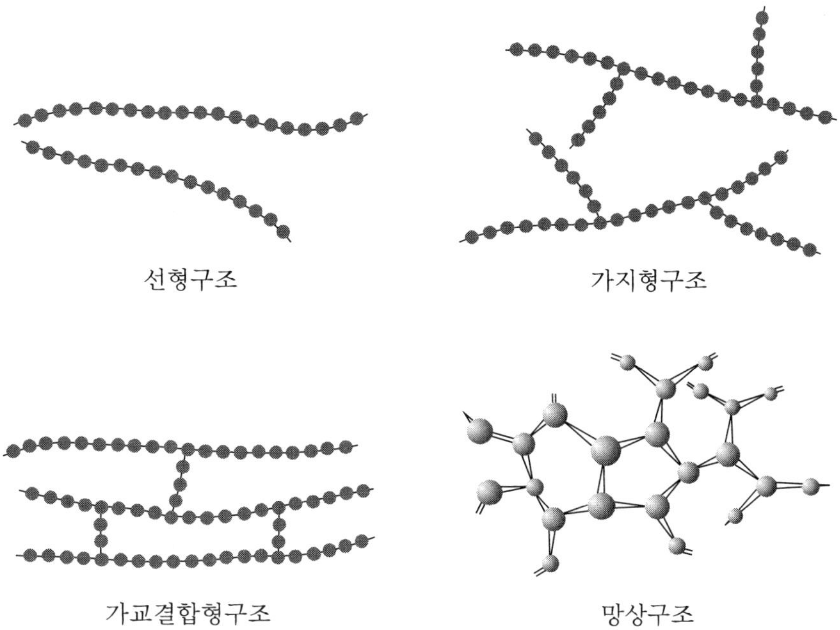

그림 8-5
고분자의 구조 (형태)

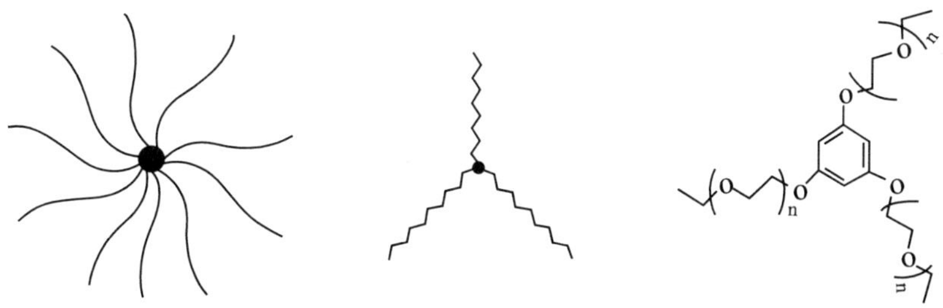

그림 8-6
스타고분자

덴드리머고분자의 구조는 3차원이며 최종 외곽의 형태는 구형이다. 덴드리머는 두 가지 방법에 의해 제조되는데, 중심(centerpost)우선법과 팔(arm)우선법이 있다. 중심우선법은 3관능기 이상의 기능성을 갖는 단량체의 다관능성 중심을 반응시켜 제조하는 방법으로서, 연속된 층 또는 세대(generation)들이 중심에서 더욱 멀리 움직이면서 분자의 성장이 일어나며 각 세대에서는 분자의 외곽 쪽으로 관능기의 수를 배가시킨다. 가지점들의 수가 증가할수록 그리고 반응영역이 중심에서 더 바깥쪽으로 움직일수록 그 다음 반응에 필요한 공간이 더 작아진다. 그러므로 이런 분자들은 3～4세대만 성장하면, 그 크기와 구형의 모양이 더 이상 성장될 수 없다.

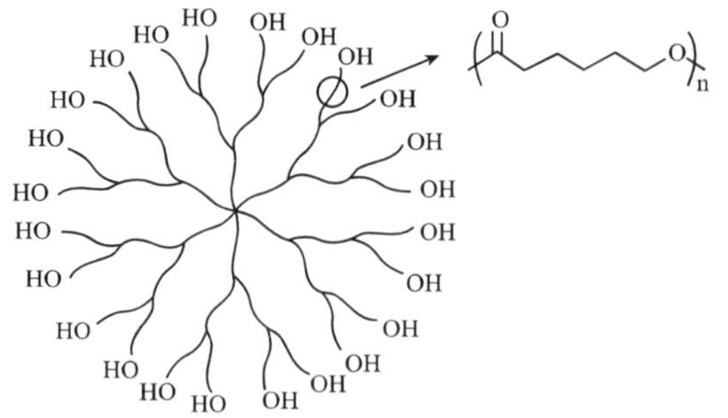

그림 8-7
덴드리머 고분자

팔우선법은 각각의 가지가 많은 팔을 먼저 합성하고마지막 단계에서 이 팔들을 중심에 연결시켜 합성하는 방법이다. 덴드리머 고분자의 용액물성과 고체물성은 분자량이 같은 선형고분자들에 비해 용액 및 벌크 점도가 더 작다. 덴드리머의 구형모양이 분자간 엉김(entanglement)을 방지하기 때문이다.

고리화선형고분자(Cyclolinear polymer)

고리계를 연결하여 형성되는 선형고분자의 특별한 형태이며, 벤젠고리가 이러한 형태의 고분자에 주로 도입되지만, 헤테로고리나 무기계 고리를 이용하여 고리화 선형고분자를 만들 수도 있다. 성질은 선형고분자와 유사하나, 용해도가 낮고 결정화 경향이 높다.

그림 8-8
고리화 선형 고분자

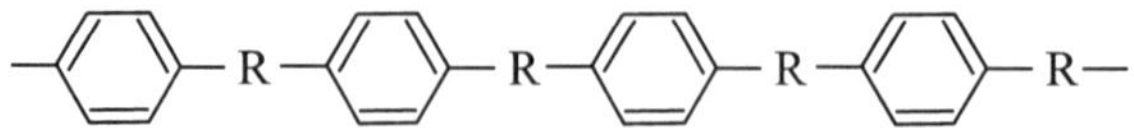

사다리형고분자(ladder polymer)

사다리형고분자는 사다리처럼 두 개의 주 사슬들이 가교에 의해 연결되어 선형 형태를 이루고 있는 고분자이며, 방향족 고리들이 연결 단위를 구성하고 있다. 선형고분자보다 더 단단한 분자구조를 가지고 있으며 용해도가 낮은 반면, 열안정성은 우수하다.

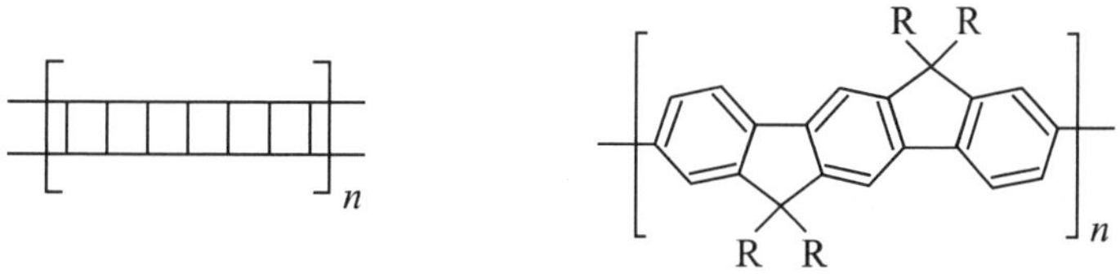

그림 8-9
사다리형 고분자

고리화망상고분자(cyclomatrix network polymer)

고리구조가 연결되어 3차원 형태를 이루는 고분자이며 polyphosphazene, 실리콘수지 등이 이에 속한다. 3차원 결합망이 형성되므로 용매에 녹지 않으며, 단단하고 높은 융점을 가지며 고온 안정성이 우수하다. 그림 8-10에 나타낸 phosphazene cyclomatrix network 고분자는 다른 고분자수지와 블랜드 했을 때 높은 난연성을 나타낸다.

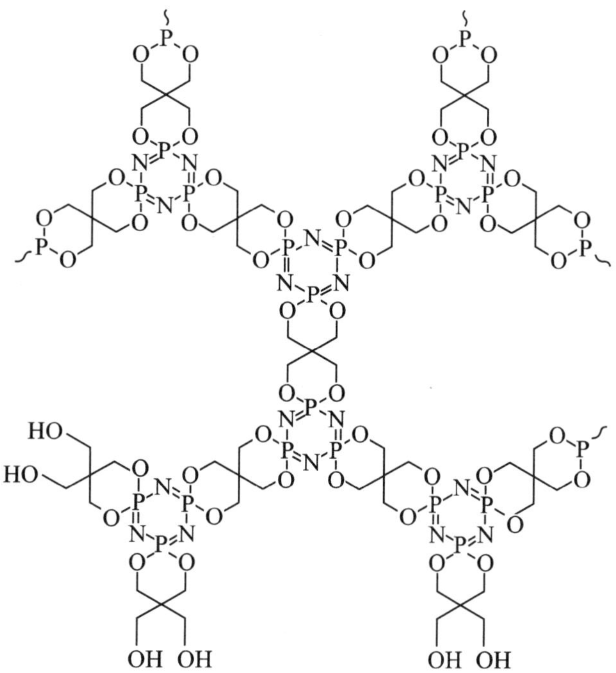

그림 8-10
고리화 고분자

phosphazene cyclomatrix network polymer

2.3 공중합체의 종류

공중합체(copolymer)

공중합체란 두 종류 이상의 단량체를 화학적으로 결합시켜 합성한 고분자를 말한다. ethylene과 1-butene을 공중합하면 1-butene의 함량에 따라 중밀도 폴리에틸렌(MDPE), 선형저밀도폴리에틸렌(LLDPE) 등 다양한 성능을 갖는 공중합체가 얻어진다. 그림과 같이 ethylene과 1-butene이 함께 주 사슬에 위치하게 되어, 모노머와는 다른 특성을 띄는 poly (ethylene-co-butene)이 중합된다. 이 공중합체는 LDPE보다 밀도가 낮진 않지만, HDPE보다 밀도가 낮은 중밀도 폴리에틸렌 MDPE, LLDPE 등의 중합체를 얻을 수 있다.

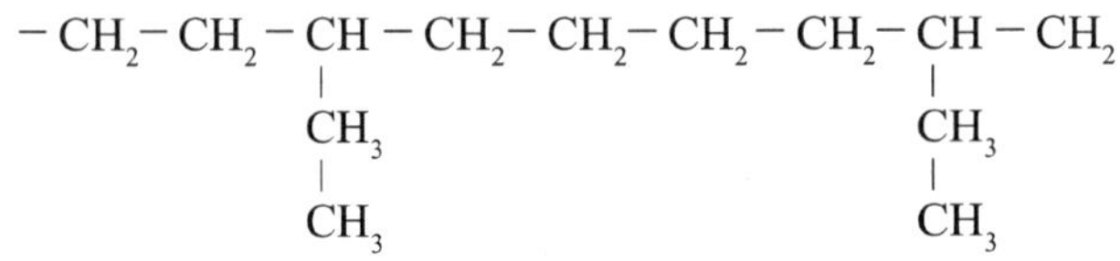

그림 8-11 ethylene ($CH_2=CH_2$)과 1-butene ($CH_2=CH-CH_2-CH_3$)의 공중합체

(1) 랜덤 공중합체(random copolymer)

－A-B-B-B-A-A-A-A-A-B-A-A-B-A-A-B-A-B-B-B－

단량체 배열은 일정한 규칙이 없으며, 일반적으로 랜덤 공중합체는 올레핀 형태의 단량체들이 자유 라디칼형 반응공정에 따라 공중합 될 때 생성된다. 랜덤 공중합체의 성질은 관련된 단일중합체(homopolymer), 즉 －A-A-A-A-A－ 또는 －B-B-B-B-B－와는 성질이 전혀 다르다.

(2) 교대 공중합체(alternating copolymer)

－A-B-A-B-A-B-A-B－

단량체들이 교대로 나열된 구조이며, 이온중합 메커니즘에 의해 생성되는 올레핀 중합으로 교대공중합체가 제조가능하다. 교대 중합체의 성질도 단일중합체의 성질과 다르다.

(3) 블록 공중합체(block copolymer)

－A-A-A-A-A-A-A-A-B-B-B-B-B-B-B-B－

한 단량체로 된 블록과 다른 단량체로 된 블록이 연결된 것으로, 일반적으로 이온중합에 의해 생성된다. 다른 중합체와는 달리 두 단일중합체의 물리적 특성을 많이 가지고 있다.

(4) 그래프트 공중합체(graft copolymer)

그래프트 공중합체는 일반적으로 두 개의 서로 다른 고분자들이 함께 연결되어 있다. 그래프트 중합은 가지 폴리머를 기본 폴리머에 접붙여 두 폴리머의 기능을 결합하거나 새로운 기능을 부여할 수 있다. 이와 같은 그래프트 공중합체는 단독 중합체에 γ-선이나 X-선을 쬐어주어 합성하거나, 또는 두 개의 단독 중합체를 기계적으로 혼합하여 제조한다. 그래프트 공중합체는 두 단독중합체의 성질을 모두 가지고 있다.

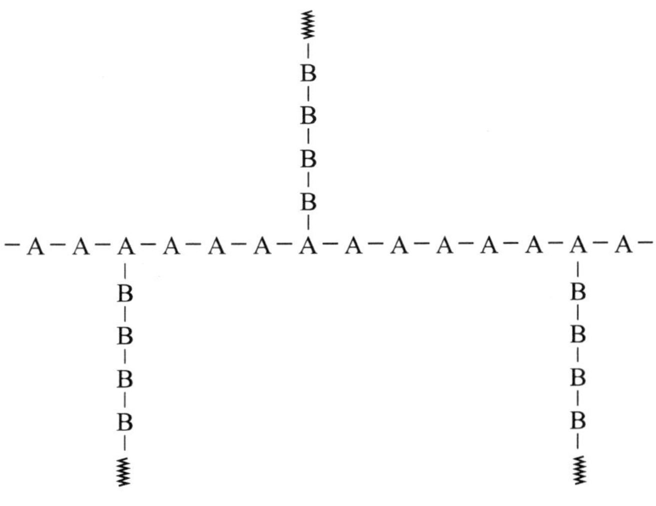

그림 8-12
그래프트 공중합체

(5) 3원 공중합체(terpolymer)

3개의 다른 단량체 단위들을 가지고 있으며, 불규칙적으로 혹은 블록을 이루며 연결되어 있는 공중합체를 말한다.

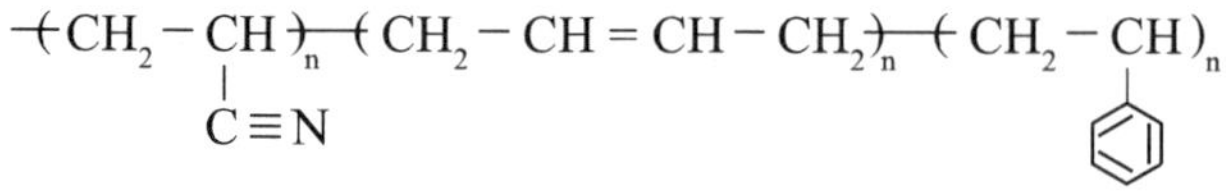

Acrylonitrile-Butadiene-Styrene Copolymer

그림 8-13
3원 공중합체

그림 8-13에 나타낸 ABS수지는 3원 공중합체이다. 이 공중합체의 구성성분인 폴리스티렌은 단독으로 사용했을 때 단단하고 깨지기 쉬운 단점을 가지고 있다. 한편 폴리부타디엔은 너무 부드러워서 단독으로는 사용하기 어려운 단점을 가지고 있다. 재료로 사용하기 어려운 이런 단점을 개선하기 위하여 스티렌, 부타디엔, 아크릴로 니트릴 모노머를 중합시킨 수지이다. ABS 수지에서 아크릴로 니트릴 분자 수가 증가하게 되면 경도, 인장강도, 탄성률, 내충격성, 내용제성, 내열성 증대되고, 고무 성분인 부타디엔 분자 수가 증가하면 인장강도, 탄성률, 경도가 감소되고 내충격성, 내마모성, 신장이 증대되며 매우 취약하게 된다. 한편, 스티렌 분자의 함량이 증가하면 성형성, 전기적 특성 증가 및 용융유동성이 증가되고 단단하게 된다. 그림 8-14에 에틸렌과 초산비닐모노머의 각각의 단일폴리머(homopolymer)와 공중합체(copolymer)의 생성과정 및 물성에 대하여 나타내었다.

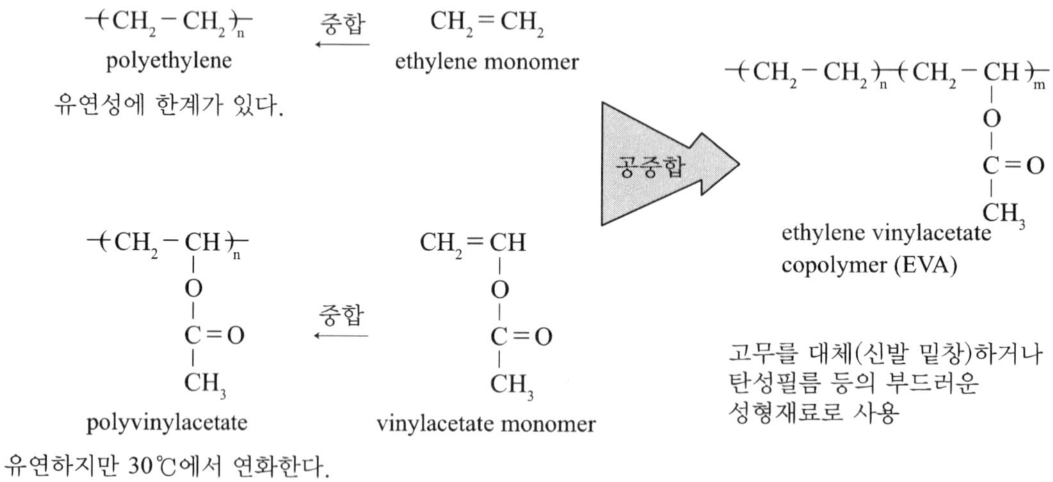

그림 8-14 에틸렌-초산비닐 공중합체(ethylene-co-vinylacetate copolymer)

2.4 고분자 블렌드

고분자 블렌드(polymer blend)

두 가지 이상의 고분자들을 기계적으로 함께 혼합하여 생성한 물질을 고분자 블렌드 또는 폴리머 알로이(alloy)라 부른다. 폴리머 블렌드 및 폴리머 알로이 기술을 사용하면 폴리머의 물리 및 화학적 상호 작용을 통해 폴리머를 두 개 이상 결합하여, 각각의 개별 폴리머로는 불가능한 새로운 특성 및 성능을 가지게 할 수 있다.

고분자 블렌드는 각각의 고분자들과 다른 성질을 가지며, 잘 섞이는 것(miscible, compatible)과 섞이지 않는 것(immiscible)으로 분류한다. 여기에서 miscible상태는 각각의 고분자들이 분자 단위의 수준까지 혼합된 단계이며, compatible상태는 분자 단위까지는 아니지만, 실용적인 범위 내에서 목표치에 달성될 수 있을 만큼 혼합된 단계를 말한다. 상용성이 없을 경우 graft 또는 block 공중합체를 이용하여 blend의 상용성을 증대시킬 수 있으며, 이를 상용화제(compatibilizer)라고 한다. 고분자 블렌드는 두 고분자의 특성을 개선시키는 것을 목적으로 주로 물리적인 혼합에 의해 만들어진다. 반면에 고분자 공중합체는 두 단량체가 화학적으로 결합하여 만들어진 고분자로, 처음의 단량체와는 특성이 완전히 달라진다. 고분자의 물성을 개질할 때, 서로 다른 고분자를

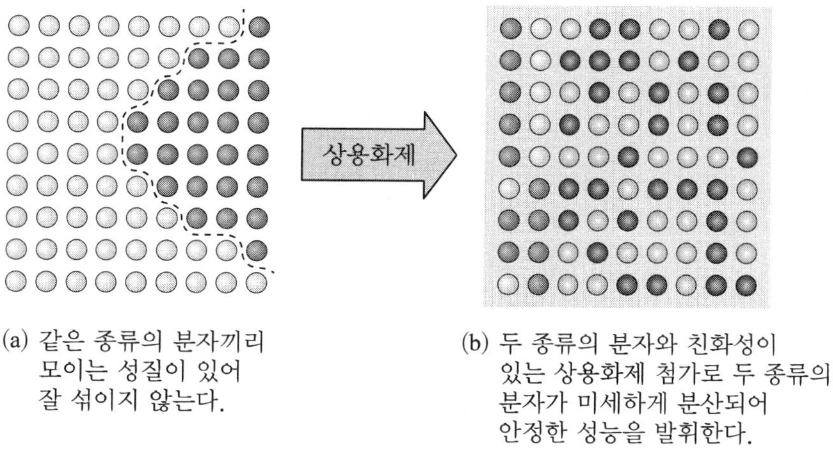

그림 8-15 고분자 블렌드를 만드는 방법

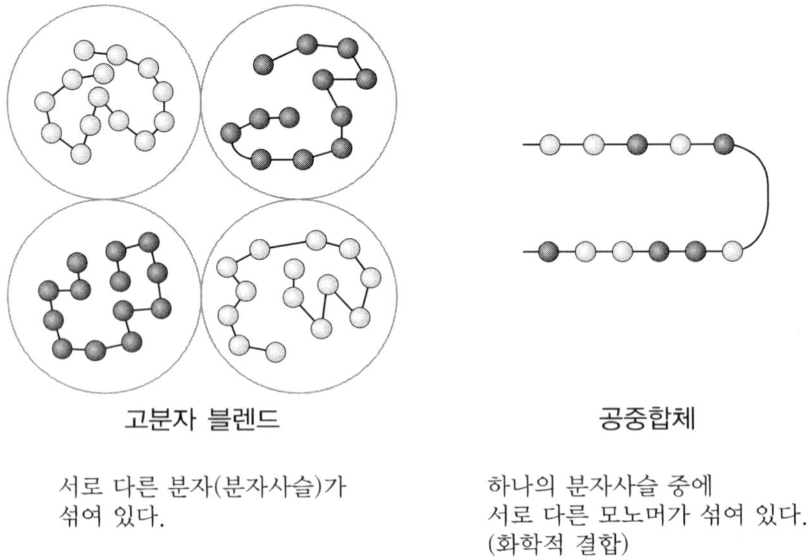

그림 8-16 고분자 블렌드와 공중합체의 차이

물리적으로 혼합하는 고분자 블렌드 방법이, 공중합체를 합성하는 방법보다 훨씬 다양한 물성을 구현할 수 있고 비용도 적게 든다.

2.5 고분자의 분자량

고분자의 분자량

고분자는 분자량이 큰 것이 특징이며, 중합과정에서 개시, 성장, 사슬이동, 중지반응 등 여러 과정을 거치기 때문에, 분자길이가 다르고 분자량이 다른 분자들이 만들어진다. 벤젠, 에틸렌과 같은 작은 분자들과 달리, 합성고분자는 정확한 분자량을 갖고 있지 않다. 고분자는 같은 시료 내에서도 분자량이 작은 것부터 큰 것까지 분자량분포를 갖게 되어 분자량을 정확히 하기 어렵다. 따라서 그 분자량을 평균적인 값으로 나타낸 값, 즉 평균분자량으로 나타낸다. 평균분자량은 점도나 삼투압과 같은 여러 가지 물리적 성질의 측정에 의해 산정될 수 있다.

고분자의 분자량 계산

평균분자량을 정의하는 방법에는 여러 가지가 있는데, 여기서는 수 평균분자량(molecular average molecular weight)과 무게 평균분자량(weight average molecular weight)에 대하여 기술한다. 수 평균분자량(M_n)은 분자의 수에 대한 평균값이다.

시료 전체의 무게(w) : $w = \sum w_i = \sum M_i N_i$

여기서, M : 분자량

N : 몰수

$$M_n = \frac{\text{총 무게}}{\text{총 몰수}} = \frac{w}{\sum N_i} = \frac{\sum M_i N_i}{\sum N_i}$$

여기서, 수 평균분자량(M_n) : 시료 내 분자들의 총 무게를 총 몰수로 나눈 분자량

무게평균분자량(M_w)은 일정 무게 범위 내에 속하는 분자들의 무게 분율에 의하여 산출되며, 다음의 식에 의하여 계산된다.

$$M_w = \frac{\sum M_i^2 N_i}{\sum M_i N_i}$$

여기서, 무게평균분자량(M_w) : 각 i종의 평균값에 대한 기여도를 그들의 무게 분율에 비례하여 나타낸 분자량

고분자의 길이를 나타내는 또 다른 방법은 중합도(degree of polymerization : DP)를 이용하는 것이다. 중합도는 사슬 내의 반복 단위의 평균 개수를 나타내며, 수 평균 분자량 M_n과 다음과 같은 관계가 있다.

$$\mathrm{DP} = M_n / m$$

여기서, m : 반복 단위의 분자량

많은 고분자의 성질은 고분자 사슬의 길이에 영향을 받는다. 예를 들면, 녹

는점 및 연화온도가 분자량이 증가함에 따라 증가한다. 분자량이 1,000 g/mol 정도인 분자의 경우에는 왁스상의 고체 또는 연한 레진으로 존재한다. 고체상 고분자는 분자량이 10,000에서 수백만 g/mol의 범위를 가지는 재료이다. 따라서 동일한 고분자라 하더라도 분자량이 다르면 매우 다른 특성을 가질 수 있다.

2.6 열가소성과 열경화성

합성고분자 중에서 가장 많이 사용되고 있는 플라스틱은 열가소성 플라스틱과 열경화성 플라스틱으로 나눌 수 있다. 열가소성 플라스틱은 열을 가했을 때 유동성을 가진 부드러운 물질로서 가역적 변화를 갖는 물질을 말한다. 농업용 필름으로 사용되는 폴리에틸렌과 스티로폼을 만드는 폴리스티렌 등이 열가소성플라스틱이다. 열경화성 플라스틱은 처음 열을 가했을 때는 열가소성 플라스틱처럼 유동성을 갖지만 계속 열이 가해지면 다시 녹지 않는 단단한 구조를 형성한다. 다리미의 손잡이, 식기 등이 열경화성 플라스틱으로 만들어진 것들이다.

열가소성

열가소성이란 열을 가하면 유연하게 되는 성질로서 무정형 고분자, 결정성 고분자 및 액정 고분자들의 열가소성 특성을 그림 8-17에 비교하여 나타내었다. 주된 물성 차이는 중간온도 범위에서 나타나는데, 무정형인 고분자는 고무 또는 검(gum)이고, 결정성 고분자는 질기고 유연한 물질이다. 액정상을 나타내는 물질은 규칙적인 액체상을 띤다. 무정형, 결정성, 액정성 등의 거동은 모두 선형고분자, 가지고분자, 공중합체, 고리화 선형고분자의 특성이다. 일반적으로 이러한 특성들은 가교가 많은 고분자들이나 고리화고분자에서 찾아볼 수 없다. 이런 고분자들은 가열하여도 강한 성질을 유지하고 있다. 용융현상은 단지 가교 단위나 주 사슬결합이 열에 의해 끊어졌을 때 일어난다. 약하게 가교된 고분자들은 열가소성을 나타내지만, 액체상을 이루지는 못한다.

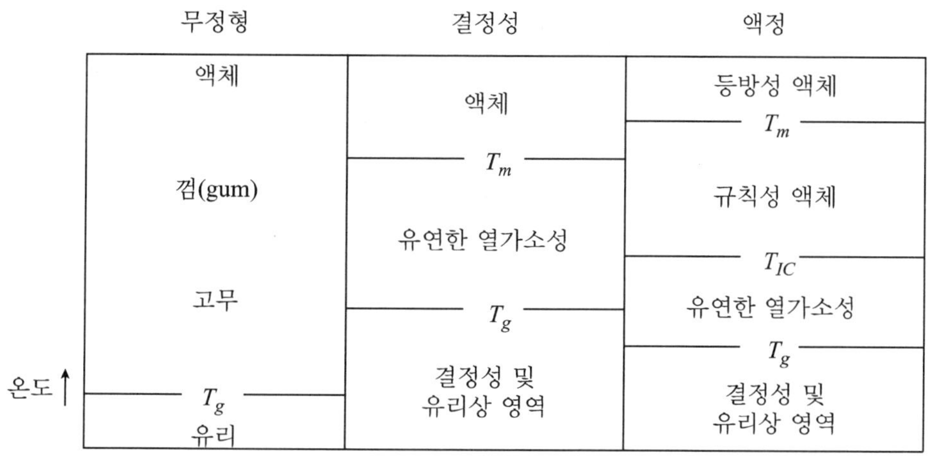

그림 8-17 **무정형, 결정성, 액정 상태의 온도에 따른 거동 특성**

유리전이온도

무정형 또는 결정성 열가소성 플라스틱들은 저온에서 유리상을 하고 있고, 온도를 상승시키면 유리상에서 탄성체로 변화한다. 이 변화는 대체로 좁은 온도 범위에서 일어나며, 이 전이점을 유리전이온도(T_g)라고 한다. 대부분의 고분자에 있어서 유리전이온도는 가장 중요한 특성이다. 유리전이온도는 저분자량 화합물의 특성인 녹는점(용융성)과 유사할 수 있으나, T_g란 일반적인 의미의 녹는점은 분명히 아니다. T_g 이상에서는 무정형 고분자가 결정성 고분자와 다르게 거동한다. 무정형 고분자의 온도가 상승하면, 고무상 탄성체 형태가 점차적으로 유연해지고 늘어날 수 있는 고무상이 된 후, 검(gum)과 같은 형태에서 최종적으로 액체가 된다. 즉, 무정형 고분자에서는 상(phase)간의 급진적인 전이는 일어나지 않으며, 점진적으로 물성변화만이 일어난다. 한편, 결정성 고분자는 T_g 이상에서 고무상 탄성체의 성질이나 유연한 성질을 유지하여 용융점(T_m)에 이르게 된다. 이 온도에서 물질은 액체가 되며, 동시에 용융되어 결정상을 잃게 된다.

표 8-3 열가소성 수지(thermoplastics resin)

ABS 수지	acrylonitrile butadiene-styrene copolymer (ABS)
아세탈 수지	polyoxymethylene (POM)
아크릴 수지	acrylics, polymethy methacrylate (PMMA)
초산 셀룰로스	cellulose acetate (CA)
불소 수지	Polytetrafluoroethylene (PTFE)
폴리아미드(나일론)	polyamide (PA)
폴리카보네이트	polycarbonate (PC)
폴리에틸렌	polyethylene (PE)
폴리이미드	polymide (PI)
폴리페닐렌 옥시드	polyphenylene oxide (PPO)
폴로프로필렌	polypropylene (PP)
폴리스티렌	polystyrene (PS)
폴리술폰	polysulfone (PSul)
염화비닐 수지	poly vinyl chloride (PVC)

고분자화합물의 유리전이온도(2차 전이온도, T_g)

(1) 1차 전이온도(T_m)

고분자형태(polymer morphology)라고 불리는 고분자 사슬집단의 배열은 무정형(amorphous)과 결정성(crystalline)으로 구별된다. 고분자들의 규칙적인 배열이 전혀 없는 경우를 무정형이라 하고, 반면, 고분자 사슬들이 어떤 규칙적인 배열을 하였을 때를 결정성이라고 한다. 결정의 용융온도, 즉 용융점(melting point)은 1차 전이온도(T_m) 또는 상전이온도라 부른다. 1차 전이는 잠열을 동반하는 특징적인 열역학적 상변화를 의미한다. 고분자의 용융점은 보통의 저분자 결정들의 용융점만큼 예리하지 못하고 대개는 어느 정도의 온도범위에 걸쳐서 나타난다.

(2) 2차 전이온도(T_g)

고분자가 냉각되고 온도가 저하되면, 무정형 영역에 있는 고분자 사슬들의 운동성이 감소한다. 온도가 내려갈수록 고분자 사슬은 더욱 강직해져서 마침내 전이점에 이르게 되고, 이 온도를 지나면 전형적인 유리상으로 거동하게 된다. 이 전이점을 2차 전이온도 또는 유리전이온도(T_g)라고 부른다. 2차 전이점에서는 강직성(stiffness) 이외에도 비체적, 열함량, 열전도도, 굴절률, 유전손실 등의 변화가 나타나게 된다.

열경화성(thermosetting)

초기에는 액체로 존재하나, 고체화반응을 일으켜 가교도가 높은 구조를 형성하는 성질을 의미한다. 메틸올 멜라민(Methylol melamine)이 축합반응을 통해 딱딱해지며, 가교된 멜라민 수지가 되는 반응을 예로 들 수 있다. 대부분의 열경화성 수지의 출발물질로 사용되는 프리폴리머(prepolymer)는 부분적으로 중합된 물질로서, 액체와 같이 흐르는 성질을 나타낸다. 가교되지 않은 열가소성 수지는 가열에 의해 다양한 형태로 개질할 수 있지만, 경화 반응이 완료된 열경화성수지는 개질할 수 없다.

표 8-4 열경화성 수지(thermosetting resin)

아미노 수지	우레아 수지 멜라민 수지	amino resin	urea resin (UF) melamine resin (MF)
에폭시 수지		epoxy resin (EP)	
페놀 수지		phenolics (PE)	
불포화 폴리에스텔 수지		lolyester, unsaturated polyester (UP)	
실리콘 수지		silicon (SI)	
폴리우레탄		polyurethane (PUR)	

3. 기능성고분자 신소재

3.1 이온교환수지

이온교환수지는 이온 교환이 가능한 산이나 염기성 관능기를 가지고 있으며, 물이나 용매에 녹지 않게 하기 위하여 가교화시킨 3차원 구조의 고분자수지이다. 여러 분야에서 비교적 오래전부터 실용화되어 있는 고분자 기능재료이며, 양이온을 교환할 수 있는 것을 양이온 교환수지, 음이온을 교환시키는 것을 음이온 교환수지라 한다. 이온교환수지의 주된 용도는 초순수 제조 등 수처리 분야에 사용되지만 그 이외에도 유기화학반응의 촉매 등으로 사용된다. 또한 특정한 금속이온과 결합하는 관능기를 고분자 수지 모체에 결합시키는 것에 의해 그 금속이온을 선택적으로 흡착시키는 킬레이트수지를 만들 수 있다. 이온교환수지 자체는 다공성을 가진 불용성이지만, 관능기가 친수성이기 때문에 수중에서는 팽윤되고, 수용액은 수지의 다공질 내부까지 침투한다. 양이온 교환수지는 고분자 모체에 $-SO_3H$, $-COOH$ 등의 관능기를 함유하고, 음이온 교환수지는 고분자모체에 아미노기($-NH_2$, $-NHR$, $-NR_2$) 등의 염기성 관능기를 가지고 있다.

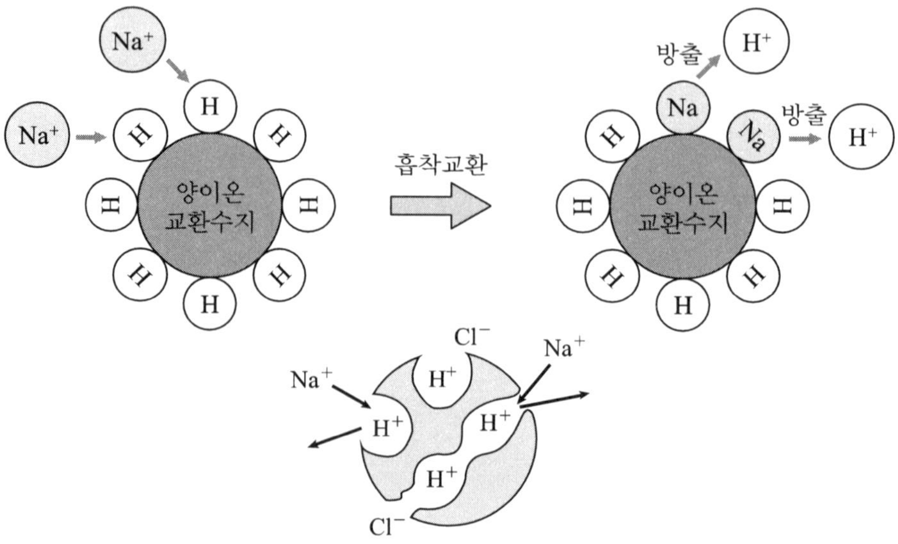

그림 8-18 양이온교환수지

이온교환수지에 사용되는 고분자 모체로서는 스티렌과 디비닐벤젠 등의 공중합체가 주로 이용되고 있다. 보통의 스티렌-디비닐벤젠 공중합체는 무색투명한 구상의 입자이며 거의 균일한 고분자상을 이루고 있어서, 겔(gel)형 수지라고 한다. 일반적으로는 스티렌에 디비닐벤젠을 10% 정도 혼합하여 현탁중합시키면 3차원 구조의 구형입자가 얻어진다. 이 공중합체의 조성을 변화시키면 3차원망상구조의 가교점의 크기를 변화시키는 것이 가능하다.

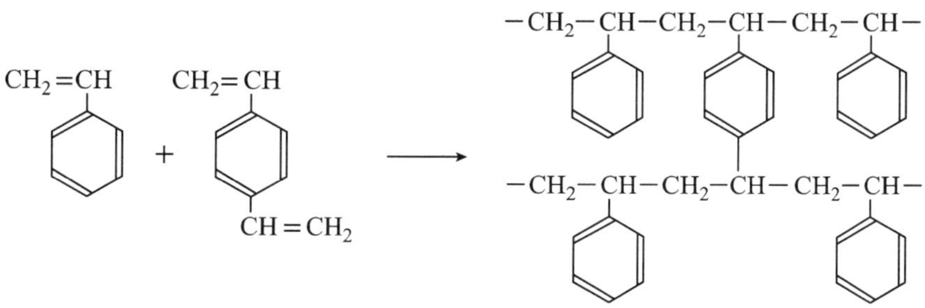

그림 8-19 스티렌-디비닐벤젠 공중합체

가교형 폴리스티렌 입자에 각종 화학반응을 적용하여 관능기를 도입시키면 이온교환수지로서의 기능을 가지게 된다. 예를 들면, 가교폴리스티렌을 황산으로 처리하면 강산성 양이온교환수지가 얻어진다. 음이온교환수지는 가교폴리스

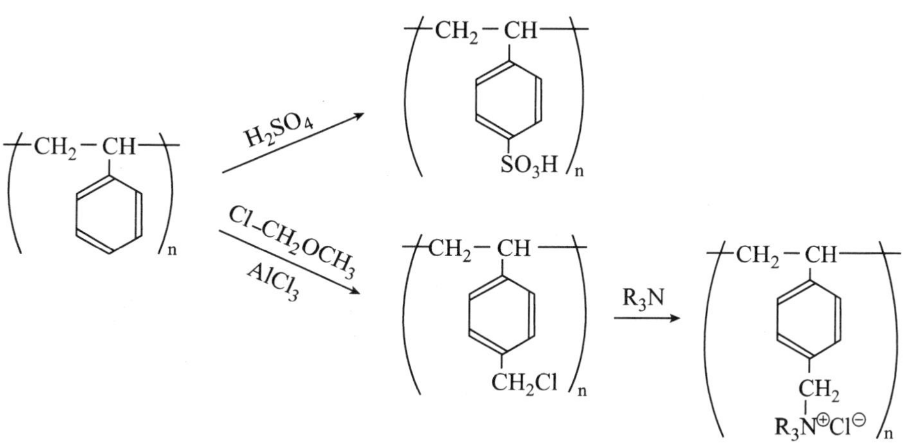

출처 : J. Shiokawa, N. Sonoda, H. Kameoka, 工業化學, (株) 化學同人, p.255, 1987.

그림 8-20 가교폴리스티렌으로부터 양이온교환수지, 음이온교환수지의 제조

티렌을 염화암모늄 존재 하에서 클로로메틸에테르로 처리하여 클로로메틸기를 도입시킨 후, 아민과의 반응에 의해 만들어진다. 음이온교환수지 제조에 이용되는 가교된 클로로메틸화폴리스티렌은 여러 가지의 관능기를 도입시킬 수 있기 때문에, 고분자 촉매, 효소 고정화, 액체크로마토그래피용 담체 등에 폭 넓게 이용되는 고분자 소재이다.

3.2 기능성 고분자막

물질을 분리하는 조작은 공업적으로 매우 중요한 공정이며, 물질을 분리하는 방법으로 여과, 증류, 투석, 크로마토그래피 등 여러 가지 방법이 적용되고 있다. 이런 분리조작 중의 하나가 고분자 막(membrane)에 의한 분리이며, 고분자 분리막은 필요한 물질만을 선택적으로 분리하는 기능을 가진다. 종래에는 천이나 거름종이 등을 이용한 여과법으로 물질을 분리해 왔으나, 아주 작은 미립자는 분리가 불가능 하였다. 고분자 분리막의 개발로 이런 한계를 극복하게 되었으며, 해수의 담수화, 기체 성분의 분리도 가능하게 되었다. 고분자 분리막은 분리의 성능을 극대화하기 위해 막소재의 선정과 막의 물리적 구조형상에 따라 분리형태가 다양해질 수 있다. 분리막을 이용해서 제조한 여러 종류의 분리막

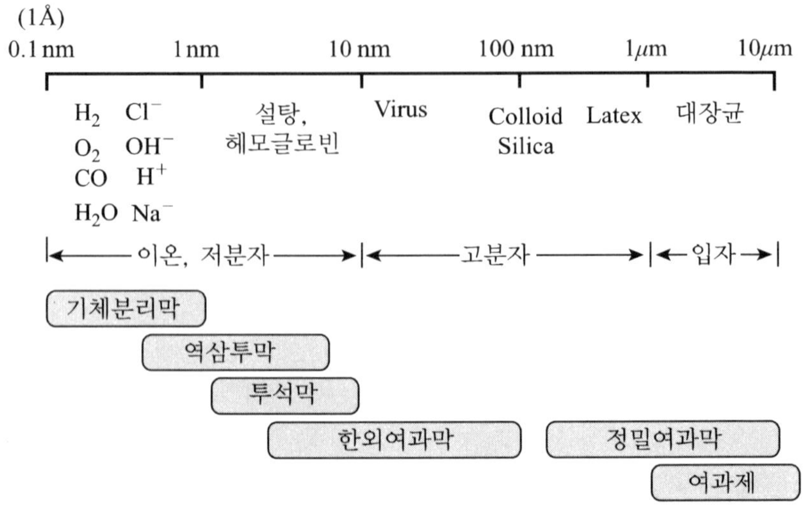

그림 8-21
분리막의 분리 성능

모듈로는 평판형, 관형, 중공사형 등이 있다. 분리막 소재로 사용되는 고분자로는 polyimide, polysulfone, polyamide, polyoelfin, polyacrylonitrile, cellulose acetate, Silicon계 polymer, polymethacryl, 방향족 polyamide 등이 있다. 이온교환막을 비롯하여 역침투막, 기체투과막, 한외여과막, 투석막 등의 기능을 가진 고분자막들이 실용화되어 있다.

이온교환막

이온교환막은 입상의 이온교환수지와 폴리스티렌, 폴리프로필렌, 폴리염화비닐, 불소수지 등의 막 형성 고분자를 배합하여 박막으로 한 것이다. 막에는 미세한 세공이 있고 그 안에 물 또는 용매의 투과가 가능한 가교 구조로 되어 있다. 이 가교구조에는 다수의 이온교환기가 결합하여 있기 때문에, 구조상으로는 이온교환수지와 본질적으로 같은 것이지만, 그 형태가 다르기 때문에 기능은 전혀 다르다. 양이온교환수지에는 Na^+와 H^+가 바뀌어서, Na^+는 수지 내에 들어가지만 양이온 교환막에서는 Na^+는 막을 통과하지만, Cl^-는 막을 통과하지 못하고 이온의 선택투과가 일어난다. 이온교환막은 조작하는 것도 이온교환수지와는 달라서 재생조작이 필요하지 않고, 연속 조작이 가능하기 때문에 수지의 교환용량에 따라 반응의 용량이 제한되는 일이 일어나지 않는다. 이온교환막에는 이온의 선택투과, 분리, 탈염, 농축, 복분해, 가수분해 및 확산투석 등의 기능이 있으며, 해수의 농축, 염수의 탈염, 폐수처리, 바닷물이나 망초의 전기분해, 전극반응의 격막 등으로 널리 응용되고 있다.

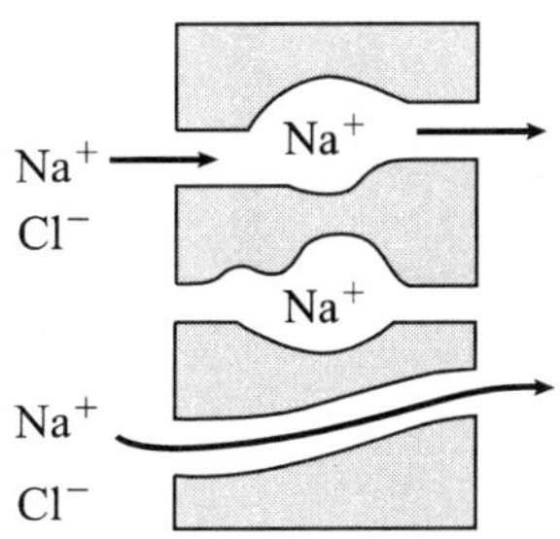

출처 : J. Shiokawa, N. Sonoda, H. Kameoka, 工業化學, (株) 化學同人, p.256, 1987.

그림 8-22
양이온 교환막

역삼투막(reverse osmosis membrane ; RO)

역삼투막은 지지층과 분리기능을 가지는 활성층으로 구성되어 있으며 역삼투 현상을 이용하여 용매와 용질을 분리하는 막이다. 염수와 담수 같이 농도차가 있는 용액을 반투막으로 분리해 놓고 일정시간이 지나면 저농도 용액의 물이 고농도 쪽으로 이동하여 수위에 차이가 나게 된다. 이것을 삼투현상이라 하며, 이때 발생하는 수위의 차이가 삼투압이다. 이때 반대로 고농도 용액에 삼투압 이상의 압력을 가하면 저농도 용액 쪽으로 물이 이동하게 되는데, 고농도 쪽의 용질은 반투막에 걸려 통과하지 못하고 용액만 반투막을 통과하여 저농도 용액 쪽으로 이동하게 되어 고농도 쪽의 용액은 농도가 더욱 상승한다. 이러한 현상을 역삼투(Reverse Osmosis)현상이라 하며, 이 원리를 이용한 막이 역삼투막이다(그림 8-23).

물은 통과시키지만 저분자의 염류는 통과시키지 않는 막을 이용하여 이것을 순수와 염수 사이에 두면 삼투압이 생기기 때문에, 이 삼투압 이상의 압력을 염수용액 쪽에 가해주면, 막은 염을 통과 시키지 않고 물만을 통과 시킨다. 역삼투막은 압력을 가해 주는 고분자막의 하나이며 2중의 구조로 되어 있고, 겉으로 보기에는 구멍이 없는 치밀한 층과 이것을 받치고 있는 다공질 층으로 되어 있다. 막의 소재로는 cellulose acetate 등이 사용되고 있다. 이러한 역삼투막을 이용하여 바닷물로부터 담수를 분리하거나 저분자 유기물의 분리 농축, 의료용수 처리, 초순수 제조 등에 이용되고 있다. 역삼투막의 세공 크기는 보통 0.001～0.0001μm이며, 조작압력은 40～100 kg/cm^2 정도이다.

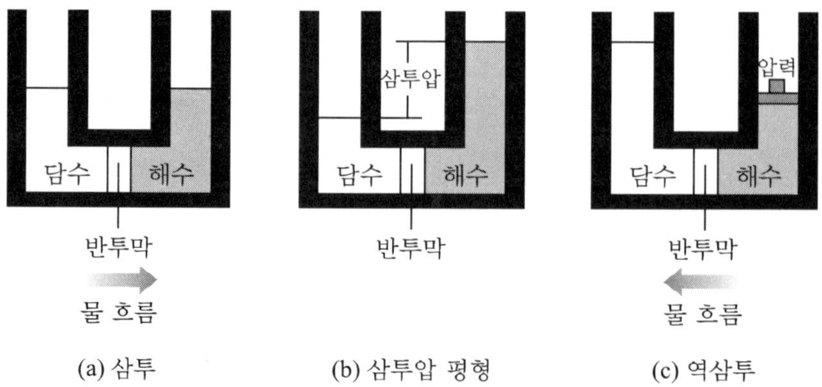

그림 8-23
역삼투 현상

기체투과막

여러 종류의 기체가 막을 통과할 때 투과도의 차이를 이용하여 혼합기체의 성분 분리를 위하여 개발된 막이다. 막의 세공의 크기와 기체분자의 크기의 차를 이용하는 다공질막에서는 막을 구성하는 고분자의 종류에 그다지 관계없이, 그 막의 세공 크기와 다공성의 정도가 성능의 중요한 요인이다. 이것에 비해 비다공질막은 고분자 사슬이 중첩되어 형성되어 있기 때문에 기체의 투과에는 그 고분자에 대한 기체의 용해도와 확산이 성능의 중요한 요인으로 된다. O_2, N_2, H_2, He, CO, CO_2 등의 분리가 실용화 되어 있다. 공기 중의 산소를 막을 이용하여 농축하는 것은 연소용, 의료용, 발효공업 등 산소부화에 의한 효과를 기대하는 분야에서 이용이 시작되었다. 이 목적을 위해서는 투과계수가 큰 디메틸실록산막 등이 이용되고 있다. 또한, 수소나 헬륨을 함유하는 혼합기체로부터 H_2, He 등의 크기가 작은 분자를 분리하는 것에는 초산셀룰로오스, 폴리술폰, 폴리아크릴로니트릴 등의 막이 이용되고 있다.

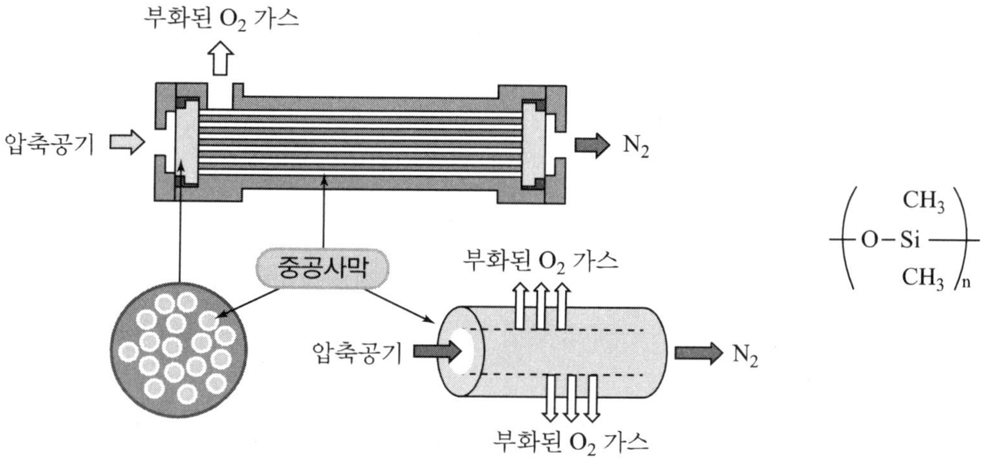

그림 8-24 산소부화막의 모식도와 폴리디메틸실록산

의료용 막

혈액을 정화하기 위해 사용되는 대부분의 의료용 기기에는 중공사막이 사용

되고 있다. 의료용 기기들에 사용되는 분리막은 용도에 따라 다르게 적용이 되는데, 처리가 곤란한 독성물질이 체내에 들어오는 경우나, 생체의 본래 기능에 결함이 있는 경우에 인공막을 사용한다. 막을 사용하여 생명을 유지하는 경우는 대사계 인공장기가 중심이며, 대사노폐물을 제거할 때는 인공신장을 사용한다. 이 때 분리, 투과, 흡착 등의 원리를 이용한다. 막의 선택투과성과 분리능을 이용한 의료용 분리막 기기로서 대표적인 것으로서는 인공신장 혈액투석기와 막형 인공심폐기이다.

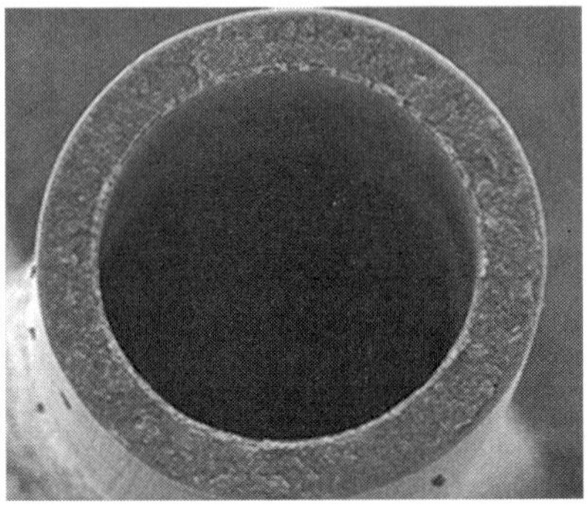

그림 8-25
중공사막의 단면

3.3 고분자 응집제(polymer flocculant)

고분자 응집제는 수중에 현탁되어 있는 미세입자를 흡착, 가교화하여 응집, 침전시키고, 폐수처리 및 다양한 산업분야에서의 농축, 여과, 탈수 등과 같은 고액분리공정에 사용되는 고기능성 수용성 고분자(water soluble polymer)이다. 유기화합물은 대부분 수중에 현탁 분산되어 있는 미세입자를 결합시키는 능력 즉, 응집력을 가지고 있다. 유기화합물 중 분자량 1000이상의 고분자로서 강력한 흡착관능기를 가지는 화합물을 고분자응집제라 한다. 천연 고분자 응집제는 전분, 아교, 셀룰로오스, 젤라틴, 아라비아고무 등이 있다. 합성 고분자 응집제는 주로 acrylamide 모노머를 원료로 합성하여 만들어진 polyacrylamide계가 대부분이며 $-COOH$, $-OH$, $-CO$, $-CONH_2$ 기를 포함하는 구조를 갖는다. 아크릴아마이드 단독 중합에 의한 비이온성, Acrylate계 모노머와 공중합하거나 아크릴아마이드를 가수분해한 음이온성 및 양이온성 모노머를 적용한 양이온성 고분자 응집제로 구분한다. 대부분의 고분자 응집제는 분자량이 수천에서 수백만 정도이며, 이온성 또는 음이온성 100 mol%부터 양이온성 10 0mol%까지 다양한 이온성을 가진다. 이온성이란 응집제의 긴 사슬에 이온성을 가진 부분이 몇 개가 있는지에 대한 것이다. 양이온성 20 mol%라면 10개 중 2개가 양이온성을 가지고 있다는 것이다. 응집현상은 콜로이드 입자가 모여서 집합체를 형성하는 것이다. 응집제의 역할은 미세 플럭(flock)의 크기를 크게 하여 침강성을 개선하거나, 슬러지의 탈수효율을 증가시키는 것이다.

양이온성 응집제

제4암모늄염 구조를 가지는 고분자 물질이 가장 많이 이용되고 또는 공중합체로부터 유도되는 다음과 같은 구조단위를 가지는 것이 유용하게 이용되고 있다.

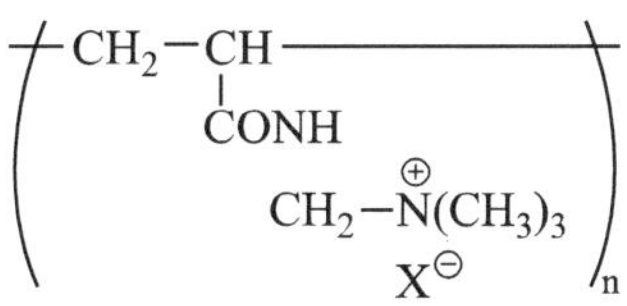

그림 8-26
양이온성 고분자 응집제

음이온성 응집제

폴리아크릴산의 나트륨염이나 술폰산의 나트륨염이 일반적으로 많이 사용되고 있다. 또한 폴리아크릴아미드를 부분적으로 가수 분해시킨 카르복실기를 가진 것은 약한 음이온성 응집제이다. 아크릴산과 아크릴아미드의 공중합체로부터 만드는 것도 가능하다.

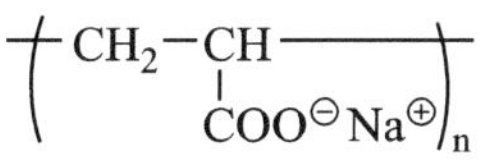

(a) 폴리아크릴산나트륨염

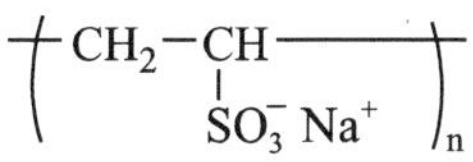

(b) 폴리에틸렌술폰산나트륨염

그림 8-27
음이온성 고분자 응집제

3.4 흡수성 고분자재료(super absorbant polymer)

고흡수성 수지(Super Absorbent Polymer)는 물을 단시간에 흡수, 팽윤하여 하이드로겔로 되어 보수성을 나타내는 재로로서, 자체 무게의 수백 배에서 천 배를 넘는 것도 제조되고 있다. 유아용 또는 성인용 기저귀, 위생용품 산업에 사용되어 왔으며, 최근에는 우수한 흡수성, 보수성을 이용하여 보냉 및 보온용 팩, 농업용 수분 유지재, 전선용 수팽창 지수재, 폐기물 응고제, 식품용 포장재 산업의 원료로서 광범위하게 사용되고 있다. 재료로서는 전분−아크릴로니트릴계 이외에도 폴리아크릴산염 가교체, 폴리에틸렌옥사이드유도체 등이 있다(그림 8-28). 어느 것이나 많은 수의 수산기나 카르복시기 등 강한 친수성기를

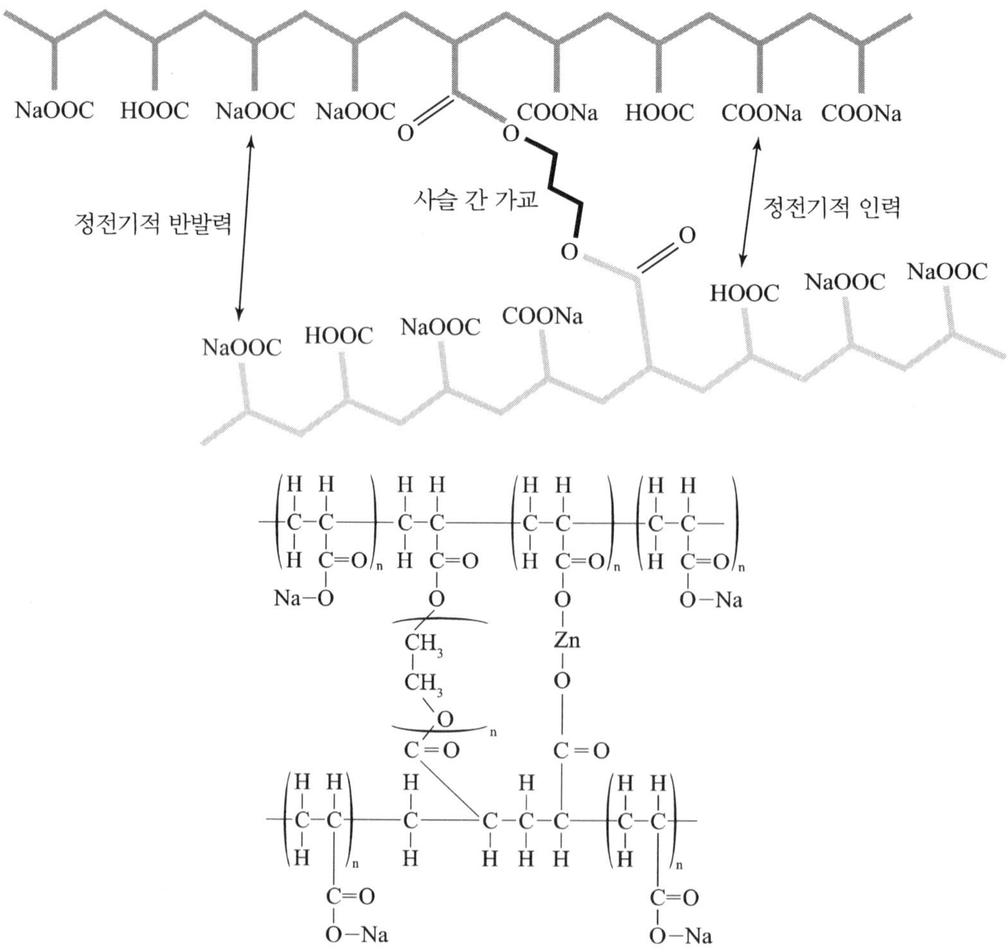

그림 8-28 고흡수성수지

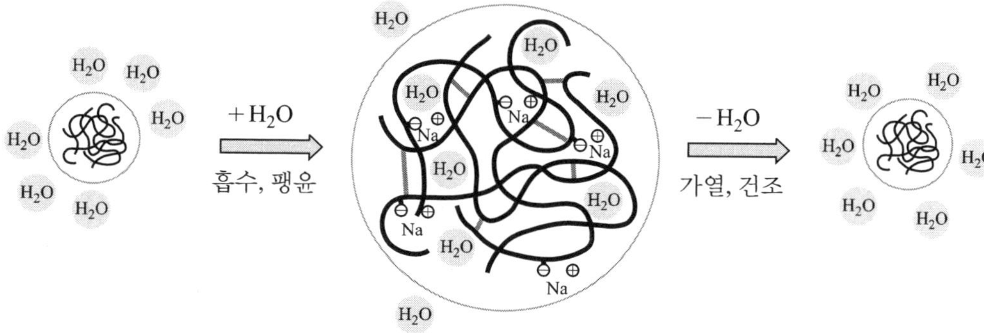

흡수성수지 바깥에 있는 물분자들과 평형상태

그림 8-29 고흡수성수지의 흡수 작용

가진 전해질 고분자이다. 이 전해질 고분자의 가교도를 낮춰서 물 분자를 빨아들이기 쉬운 구조로 만들어서 흡수성을 높인 것이다. 이러한 고분자 전해질 가교체의 정전반발에 의해 고분자 사슬이 확장되고, 그 사이로 물이 들어가서 큰 보습능력을 가지게 된다(그림 8-29). 탈지면, 스펀지 등 종래의 재료는 자기무게의 20배 정도를 흡수하지만, 고흡수성 고분자수지는 500~1,000배의 흡수능력을 가졌으며 또한 압력을 가하여도 보습 능력을 가지고 있다.

3.5 의료용 고분자재료

의료용으로 사용되는 고분자재료로서는 의료용품으로서의 재료, 인공장기 재료 및 고분자 의약 소재 등 세 가지로 크게 구별할 수 있다. 이 중에서 의료용 재료는 여러 가지의 일반 범용수지를 사용하여 제조되는 주사기, 진료용 기구, 각종 수술용품을 비롯하여 혈액 팩 등이 제조되고 있다. 인공장기 재료로서는 표 8-5에 나타낸 바와 같이 나일론, 폴리메타크릴산메틸, 실리콘 고무 등이 있으며, 인공장기, 인공혈관이나 인공피부 등의 개발이 진행되어 실용화 된 것도 있다. 이런 인공장기 재료로 사용하기 위해서는 사람의 생체와 고분자재료와의 생체적합성이 가장 중요한 문제이다. 생체적합성과 함께 항균성, 항혈전성, 재료안정성 등이 동시에 확보되어야 인체에 적용할 수 있기 때문에, 보다 최적의 성능을 가지는 의료용 고분자재료의 개발이 중요하다. 인공장기재료로

표 8-5 현재 사용되는 인공장기 재료

인공장기	고분자 재료
인공혈관	나이론, 테프론, 테토론 등
인공피부	천연고무, 폴리우레탄, 태프론, 실리콘고무
인공심장	에폭시수지, 폴리에틸렌, 실리콘고무, 테프론 등
인공신장투석막	콜로지온, 셀룰로오스, 폴리메타크릴산메틸, 재생 콜라겐 등
인공연조직	실리콘고무 등
인공각막	아크릴수지, 실리콘고무 등
인공 간	셀로판, 투석막 등

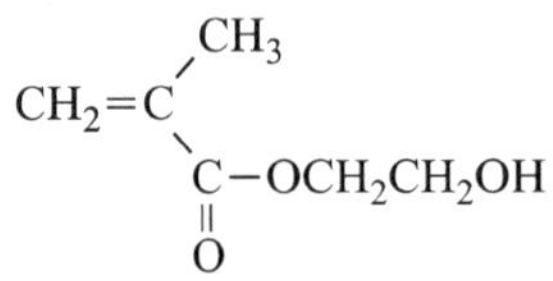

(a) 메타크릴산하이드록시에틸

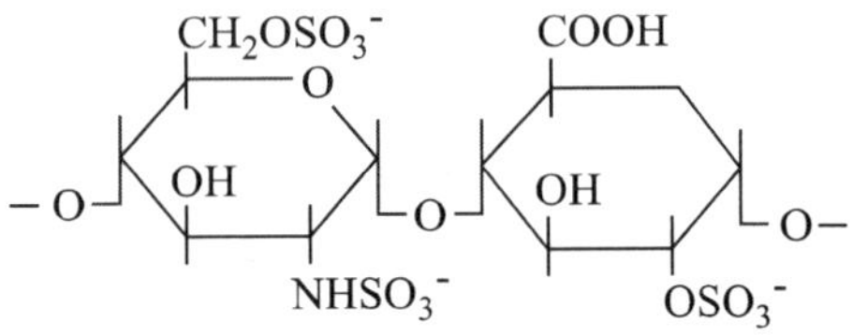

(b) 헤파린

그림 8-30 메타크릴산하이드록시에틸(HEMA)과 헤파린의 구조

서는 넓은 의미에서 치과재료나 콘택트렌즈, 의안 등도 포함된다. 콘택트렌즈에는 메타크릴산수지 중에서 친수성, 산소투과성이 있으며 경질성이 개선된 메타크릴산하이드록시에틸(HEMA) 등이 이용되고 있다.

치과재료에는 폴리우레탄수지, 에폭시수지 또는 폴리에스터수지에 여러 가지의 아크릴 단위체와 자외선 경화 촉매를 배합해서 만든 자외선 경화용 치아충전수지가 사용되고 있다. 이 자외선으로 경화되는 치아충전 고분자수지는 자외선에 의해 수지가 가교되어 3차원 망상구조를 가지기 때문에, 경도가 높고 탄성도 우수하며 장기간 사용할 수 있다. 생분해성을 가지는 수술용 봉합사는 글리콜산(Glycolic acid)과 젖산(Lactic acid)의 중합에 의해 제조한다(그림 8-31). 젖산은 동물의 우유 속에 들어 있는 화합물이며, 글리콜산은 동물의 신진대사 과정에 관여하는 화합물이다. 이 두 화합물의 공중합체로 만든 봉합사가 체내에서 고분자로 존재하는 동안에는 기계적 강도를 발휘해서 나을 때까지 상처의 봉합 상태가 유지된다. 시간이 지나 상처가 아물면, 이 고분자 봉합사는 신체 내의 효소 등에 의해 가수 분해되어 글리콜산과 젖산으로 변하여 체내에서 분해된다.

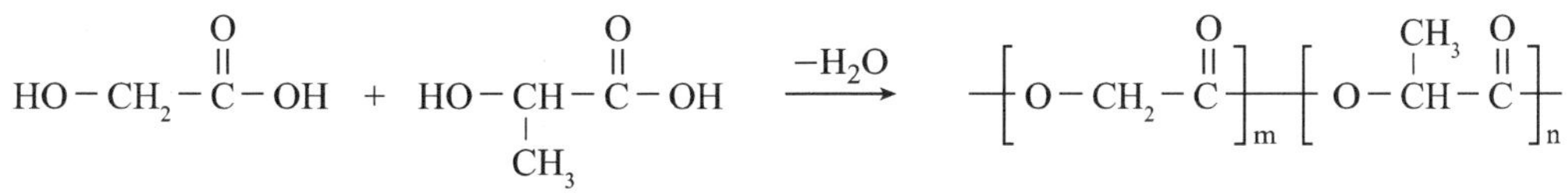

Glycolic acid　　Lactic acid　　Polyglicolicacid-lacticacid copolymer

그림 8-31 Poly glycolic acid-lactic acid copolymer

3.6 엔지니어링플라스틱

내열성, 내구성, 내충격성이 우수하고 고강도를 가지는 플라스틱은 금속이 사용되었던 분야를 대체하여 사용할 수 있다. 이런 고분자재료를 엔지니어링플라스틱이라 하며 금속보다 가볍고, 성형이 용이한 장점까지 가지고 있다. 일반적으로 100℃ 이상의 온도에서 상시 사용할 수 있으며, 인장강도는 500 MPa 이상이며, 내마모성, 내약품성, 내피로성이 높은 것이 엔지니어링 플라스틱으로서 요구되는 성질이다. 보다 높은 온도인 150℃에서 300℃ 가까운 온도에서도 사용가능한 엔지니어링플라스틱은 수퍼 엔지니어링플라스틱으로 구분하고 있

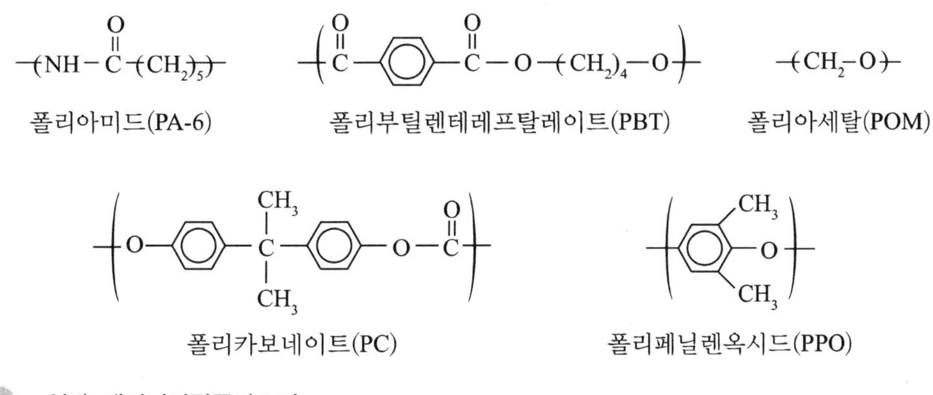

그림 8-32 일반 엔지니어링플라스틱

다. 한편, 에폭시수지나 페놀수지와 같은 열경화성수지의 대부분은 내열성능 면에서는 엔지니어링플라스틱과 비슷한 수준이지만, 엔지니어링 플라스틱에 포함시키지는 않는다. 엔지니어링 플라스틱의 종류는 많이 있으나 그 중에서 폴리아미드, 폴리카보네이트, 폴리아세탈 등은 범용엔지니어링플라스틱이라 부르며, 내약품성, 내열성, 내마모특성이 우수하다. 자동차, 전기, 기계부품 등에 많이 사용되고 있다.

수퍼 엔지니어링플라스틱으로는 폴리페닐렌술파이드, 폴리술폰, 폴리에테르이미드 등과 같이 분자사슬 중에 구조적으로 움직이기 어려운 벤젠핵을 가지는 것이 많고, 열에 의한 연화가 일어나기 어려워 내열 특성이 매우 우수하다. 용도는 자동차부품, 전자부품, 정밀기계부품, 항공기용부품 등으로 널리 이용되고 있다.

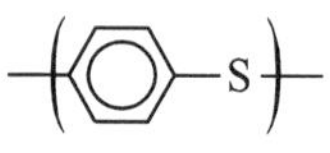

폴리페닐렌술파이드(PPS)

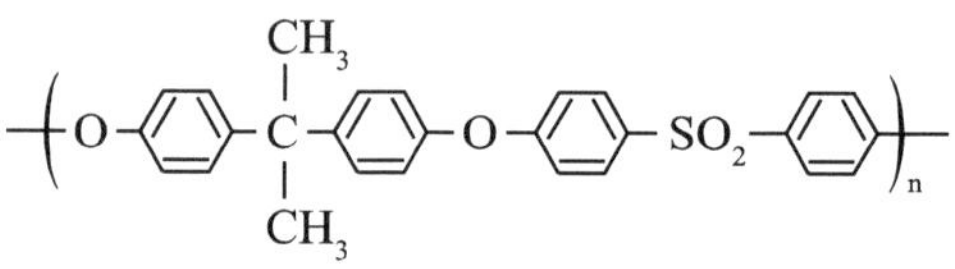

폴리술폰(PSF)

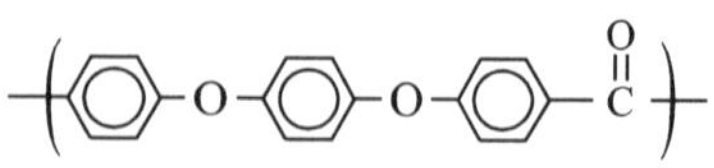

폴리에테르에테르케톤(PEEK)

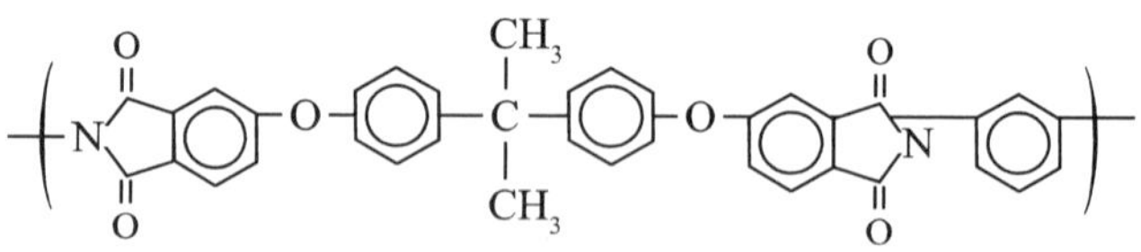

폴리에테르이미드(PEI)

그림 8-33 수퍼 엔지니어링플라스틱

재료의 사용한계 온도를 결정하는 내열성은 매우 중요한 물성이다. 고분자재료의 내열성은 단기내열성과 장기내열성으로 구별하여 생각할 필요가 있다. 단기내열성은 물리적인 내열성으로, 고온에서 고분자가 연화하여 물성 값이 한계값 이하로 되기 때문에, 고체재료로서 사용할 수 없게 되는 온도이다. 한편, 장기내열성은 화학적 내열성이라고도 하며, 고온에 다다랐을 때의 화학반응에 의한 열화로 인해 물성값이 한계 값 이하로 되는 것을 말하며 온도와 시간으로 결정한다. 화학반응에 의한 것이기 때문에 비가역적이다. 물리적 내열성을 높이기 위해서는 분자 간 상호작용을 크게 하여 분자의 대칭성을 높여서 강직성을 부여하면 된다. 에테르결합, 아미드결합이나 이미드결합 등 극성이 높은 관능기를 도입시키거나, 또는 파라 위치방향족 환을 도입시키면 물리적 내열성이 높아진다. 한편, 화학적 내열성을 높이기 위해서는 결합해리에너지가 큰 결합을 도입시키는 것이 유용하기 때문에 단일결합보다는 다중결합, 또는 방향환(aromatic ring)이나 복소환(heterocyclic ring)의 공명안정화가 유효하다. 지방족 보다는 방향족 또는 복소환 분자가 더 화학적 내열성이 높다. 내열성이 높아지면 성형가공성이 현저하게 떨어지기 때문에, 내열성을 떨어트리지 않으면서 성형가공성을 높이는 것이 엔지니어링 플라스틱의 앞으로의 과제이다.

3.7 액정(liquid crystal)고분자

일반적으로 물질은 고체, 기체, 액체의 3가지로 구분되지만, 이들 3가지 중 어느 상태에도 속하지 않는 특이한 성질을 가진 것을 액정(liquid crystal)이라 한다. 액정이란 액체결정의 줄인 말로 액체와 고체의 성질을 모두 가지고 있다. 액정은 고체 결정처럼 분자가 규칙적으로 배열되어 있지는 않지만, 용액이나 용융상태에서 자발적 또는 전기장의 영향을 받아 정돈된 상태로 배열할 수 있는 특성을 가진 고분자이다. 액정상을 형성하는 주요구조단위를 액정단위(mesogenic unit)라 하는데, 액정이 형성되는 상태에 따라 유방성(lyotropic : 용액에서 액정형성)액정과 열방성(thermotropic)액정으로 나눌 수 있다. 유방성 액정은 다른 종류의 물질과 혼합되면 액정의 성질이 나타나는 것으로 아직까지 많이 응용되고 있지는 않으며, 생체공학 분야 등에서 다루어지고 있다. 서모트로픽액정은 일정한 온도 범위에서 액정상태가 나타나는 것으로 화면표시장치 등에 많이 이용되고 있다. 서모트로픽 액정은 네마틱(nematic)액정, 스메틱(smetic)액정, 콜레스트릭(cholesteric)액정으로 나뉜다. 분자구조에 따라 가열하여 용융상태에서 액정형성 사슬 액정중합체와 곁사슬 액정중합체로, 전체적인 배열형태에 따라 종방향의 질서는 있으나 횡방향의 질서가 없으면 네마틱(nematic) 중합체, 종방향의 질서와 횡방향의 적층구조가 함께 있으면 스멕틱(smectic) 중합체라 한다. 한편 콜레스테릭(cholesteric) 중합체는 스멕틱의 특수한 형태로 분류된다. 화학조성에 따라서는 폴리펩티드, 폴리에스테르, 폴리아미

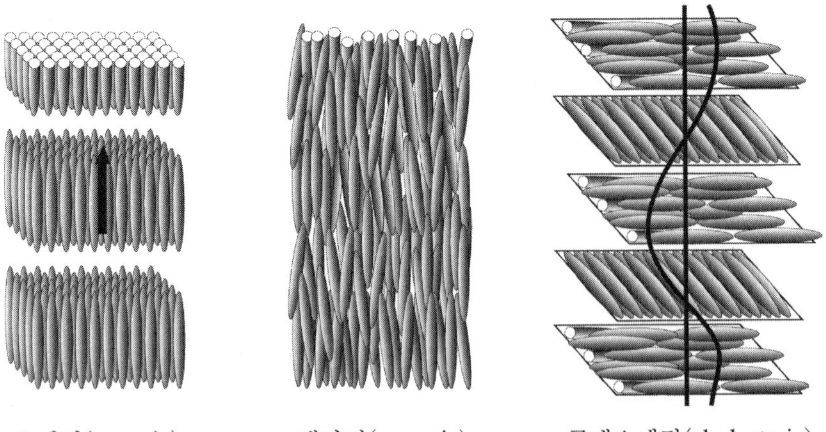

그림 8-34
액정의 구조에 따른 분류

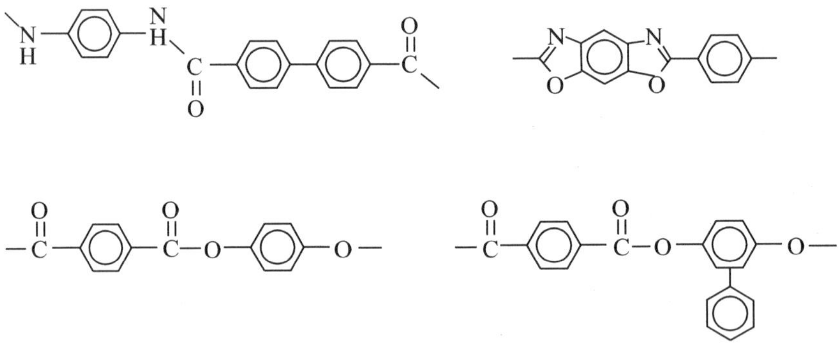

그림 8-35
액정고분자

드, 콜레스테릭계 액정중합체로 분류한다. 빛의 반사 및 투광을 조절할 수 있으며, 우수한 기계적 성질을 가진 플라스틱 제품을 만드는 데 이용된다. 특히 분자량이 적은 액정 화합물은 전기장 안에서 단일 방향으로 배향될 수 있어 디스플레이 장치에 이용된다.

액정폴리머는 내열성과 기계적 특성이 보통 플라스틱에 비하여 매우 우수한 결정성의 열가소성 플라스틱으로, 폴리이미드계 다음으로 고내열성과 우수한 기계적 특성을 가진다. 용융되었을 때 결정구조를 가지고, 그것이 성형 경화된 후에도 배향된 상태에서 유지되고 우수한 기계적 특성을 발휘하는 원인으로 된다. 액정폴리머의 특징을 요약하면 다음과 같다.

① 강도와 탄성계수가 우수하다.
② 용융 시에 유동성이 우수하여 두꺼운 부분의 수지 충전성이 좋으므로 고정밀도의 성형품이 얻어진다.
③ 성형수축율 및 선팽창율이 낮고 치수 안정성이 우수하다.
④ 내가수분해성, 내약품성이 우수하며 난연소성이다.

3.8 방향족 고분자섬유

고강도, 고탄성율을 가지는 고분자 섬유를 만들기 위해서는, 고분자 사슬을 잡아 당겨서 정열하여 결정화시켜야 한다. 폴리에틸렌과 같은 잘 구부러지는 고분자는 초고분자량의 고분자 사슬을 여러 가지 방법으로 잡아 당겨서 고강도, 고탄성율의 섬유를 만들 수 있다. 한편, 봉 형태의 방향족 고분자 사슬은 뻗어 나가다가 끊어진 구조를 취하고 있다. 따라서 섬유로 만들기 위해서는 성형할 때 고분자사슬의 배향 방식을 같은 방향으로 정렬해주면 된다. 그림 8-36에 나타낸 바와 같이 방사노즐의 끝을 좁게 하여 방사시키면 고분자사슬이 배열하게 되고, 고강도, 고탄성율의 섬유가 얻어진다.

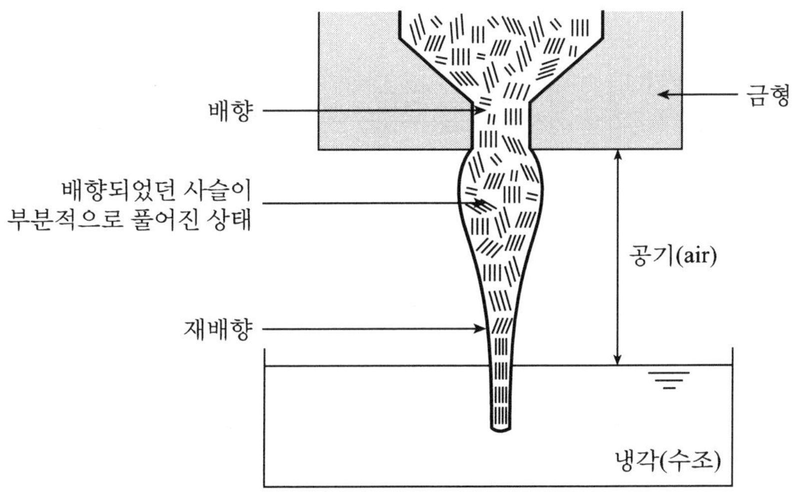

그림 8-36 건습식방사공정에 의한 분자배향의 모식도

아라미드 섬유

방향족 폴리아미드섬유를 기존의 지방족 폴리아미드섬유와 구분하여 아라미드라고 부른다. 표 8-6에 나타낸 바와 같이 아라미드섬유는 내열성과 난연성의 특징을 가지는 메타형 아라미드섬유와 고강도 고탄성율의 특징을 가지는 메타페닐렌프탈아미드섬유로 나눌 수 있다. 탄성율은 120 GPa, 인장강도는 0.8 GPa 정도로, 역학적 특성은 슈퍼섬유에 미치지 못하지만 소방복, 산업용품 등 내열성, 방재성능이 요구되는 곳에 사용되고 있다.

파라형 아미드섬유의 대표적인 것이 듀폰사의 케블러로 내열성도 우수하여 수퍼섬유의 대명사이다. 표 8-6에 나타낸 바와 같이 강직한 고분자 폴리파라페닐렌테레프탈레이트(PPTA)는 결정성이 높고 용융도 하지 않으며 유기용매에도 거의 녹지 않기 때문에 성형하기가 매우 어렵다. 1968년 듀폰사는 진한 황산에 용해시켜 얻은 액정용액을 방사하는 획기적인 섬유제조기술 개발에 성공했다. 보통의 합성섬유와는 달리, 액정방사로 얻어진 고분자사슬은 배향되어 있기 때문에 연신공정이 없이도 고성능을 나타내었다. 얻어진 섬유의 탄성율은 70～144 GPa로 매우 높다. 인장강도는 2.3～3.4 GPa이며, 내열성도 우수하여 분해온도는 약 550℃이며, 그 이하의 온도에서 융점은 없다. 케블러는 집합체로서 로프, 안전용 장갑, 방탄재료 등에 사용되며, 고분자 매트릭스 강화재로로써 우주항공분야의 첨단복합재료 등으로 사용되고 있다.

한편, 테크놀러섬유는 강직성, 내열성, 용해성, 연신성, 내피로특성 등의 균형

표 8-6 아라미드 섬유

구분	화학적 구조	특징	상품명
메타형	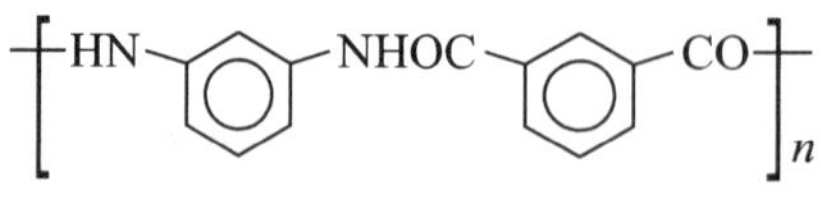 PPTA	내열성 난연성	Nomex (DuPont)
파라형	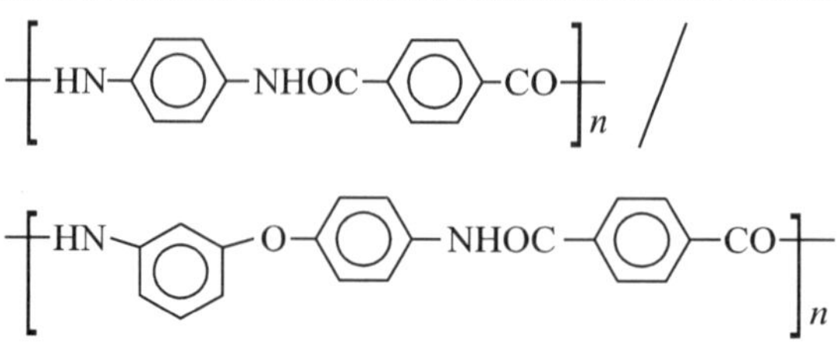	고강도 고탄성율 내열성	Kevlar (DuPont) Technora (Teijin)

을 고려하여 설계된 공중합체 형태의 파라형 아라미드섬유이다. PPTA성분을 50% 함유하고 있지만, 그림 8-37과 같이 에테르 결합을 가진 디아민을 제3성분으로 더해주고 있다. 그 결과 그림 8-38과 같이 메타 위치의 에테르기가 약간의 유연성을 부여하게 됨으로써, 아미드계 유기용매에 녹기 때문에 진한 황산을 사용할 필요 없이 중합용액에서 바로 방사하고, 그 후에 고온에서의 연신하는 방법으로 제조하고 있다. 이렇게 만들어진 섬유는 무배향, 비결정성 상태이지만, 세탁 건조 후에 약 500℃에서 10배 정도까지 늘어나는 고강도, 고탄성율 섬유이다. 탄성율은 72 GPa로 케블러보다 훨씬 우수하며, 강도는 3.4 GPa, 연신율은 4.6%로 케블러보다 우수하다. 이런 특성을 살려서 로프, 그물 등으로 이용되며, 최근에는 테크놀러 페이퍼와 에폭시수지를 적층판을 결합시킨 소재가 휴대전화용 프린트 기판으로 사용되고 있다.

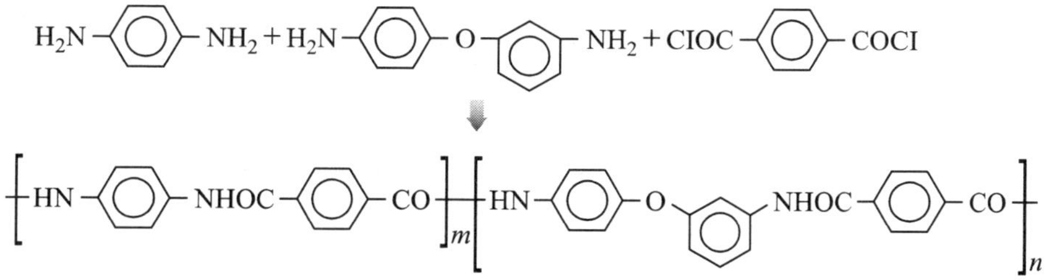

출처 : 尾崎邦弘, 松浦一雄, 高分子材料一番わかる, 技術評論社, p.106, 2011.

그림 8-37 Technora의 화학구조

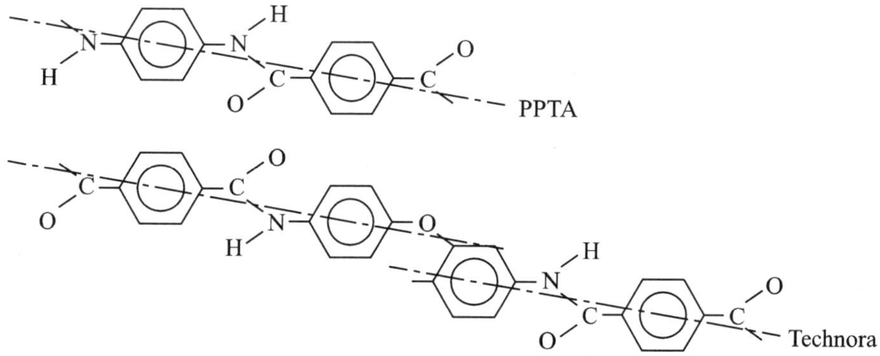

출처 : 尾崎邦弘, 松浦一雄, 高分子材料最前線, 工業調査会, p.105, 2002.

그림 8-38 Technora의 직선성

표 8-7 아라미드섬유의 특성				
구분	Technora	kevler	PET	Nylon 6
밀도(g/cm^3)	1.39	1.44	1.39	1.14
인장강도(GPa)	3.4	2.9	1.2	1.0
인장탄성율(Gpa)	72	72	13	4.9
파단신율(%)	4.6	3.6	13	19
열분해온도(℃)	> 500	> 500	260	260

3.9 전도성 고분자

일반적으로 종래의 고분자 물질은 절연체 또는 유전체로서의 기능을 가지고 있어서, 전자분야에 능동적으로 이용되지 못하였다. 그러나 최근에는 이 분야의 연구개발이 급속하게 진전되어 전도성 고분자를 사용한 새로운 제품이 계속 출시되고 있으며, 앞으로도 발전이 크게 기대되는 재료이다. 전도성 고분자는 기존의 고분자 소재들이 가지고 있던 가공성을 가지면서 기존의 무기소재들이 가지고 있었던 전기적, 광학적 성질을 갖는 새로운 소재로써 큰 역할을 하고 있다. 전도성 고분자는 전자(electron) 또는 정공(hole)을 이동시킬 수 있는 전자전도성 고분자와, 이온을 이동시킬 수 있는 이온전도성 고분자가 있다. 전자전도성 고분자는 반도체 또는 금속으로서의 기능을, 이온전도성 고분자는 전해

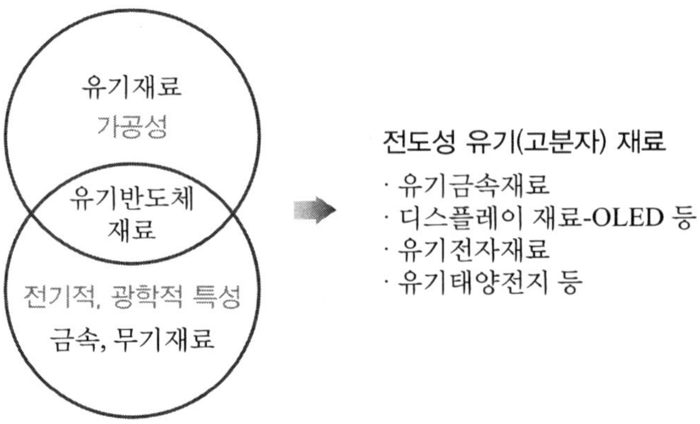

그림 8-39 전도성 고분자의 응용

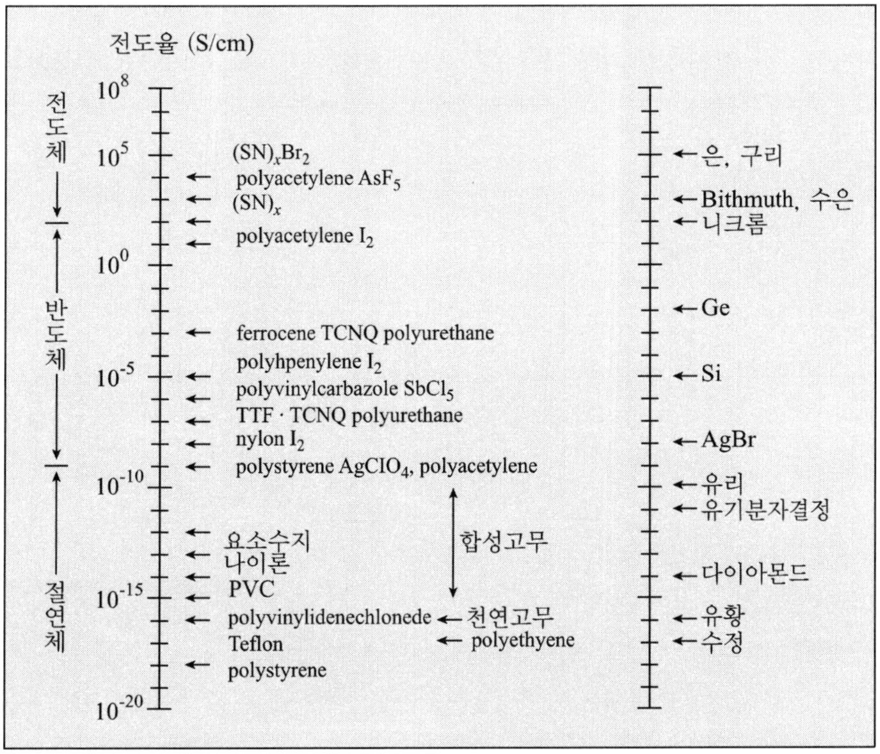

그림 8-40 고분자 및 물질의 전도성

질로서의 기능을 가지고 있다.

1977년 미국의 앨런 히거 교수와 앨런 맥더미드 교수는 일본의 시라가와 교수가 합성한 폴리아세틸렌 필름에 할로겐 원소들을 도핑시킨 결과 전기전도도가 수백만 배 이상 급격히 증가하는 현상을 발견했다. 전기전도도뿐만 아니라 열기전력 실험 등 여러 물리적 특성 조사 결과를 통해 폴리아세틸렌 필름을 도핑하면 부도체－도체 상전이 현상을 보인다는 것을 발견하였다. 그 결과 지금까지 대부분 부도체 혹은 반도체적인 특징을 보이던 유기 고분자 물질 가운데 도핑에 의해 금속과 같은 전도성을 보이는 물질도 존재할 수 있다는 사실을 알게 되었다(그림 8-40).

최초로 합성된 전도성 고분자인 폴리아세틸렌 이외에도 폴리디아세틸렌, 폴리파라페닐렌, 폴리피롤, 폴리티오펜, 폴리아닐렌 등 많은 전도성 고분자들이 합성되었다(그림 8-41). 전도성 고분자들은 다양한 치환기를 주사슬 또는 곁사슬에 도입하는 것에 의해 파이(π) 전자농도를 조절할 수 있으며, 전도성 고분자의 전도성을 결정하는 에너지밴드 간격은 파이(π) 전자농도에 의해 결정된다.

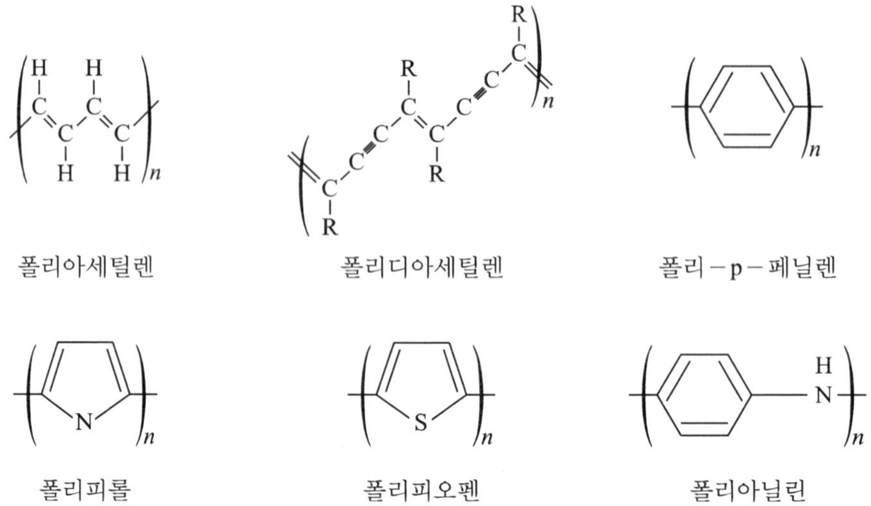

그림 8-41 선상공역계 고분자

전도성 고분자의 에너지 밴드구조

일반적인 고분자들의 화학구조는 주로 포화탄화수소 구조이며, 이런 고분자들의 주사슬은 시그마(σ) 공유결합으로 이루어진다. 시그마 결합에서 HOMO (highest ouuupied molecular orbital)와 LUMO (lowest unouuupied molecular orbital) 사이의 에너지 차이는 매우 크기 때문에 절연체 특성을 나타낸다(그림 8-42). 이런 절연성을 이용하여 기존의 고분자들은 전선 피복재, 포장재, 전자제품의 케이스, 자동차 재료, 건설토목용 자재 및 일상 생활용품 등에 폭넓게 사용되고 있다. 여기서 HOMO는 분자 오비탈 diagram에서 전자가 채워진 오비탈 중 가장 높은 곳에 위치한 오비탈을 의미하며, LUMO는 분자 오비탈 diagram에서 전자가 채워지지 않은 오비탈 중 가장 낮은 곳에 위치한 오비탈을 의미한다. 이와는 다르게 전도성 고분자는 주사슬에 불포화탄화수소 구조를 가지고 있다. 즉, 단일결합과 이중 결합이 교대로 반복되는 구조를 가지고 있으

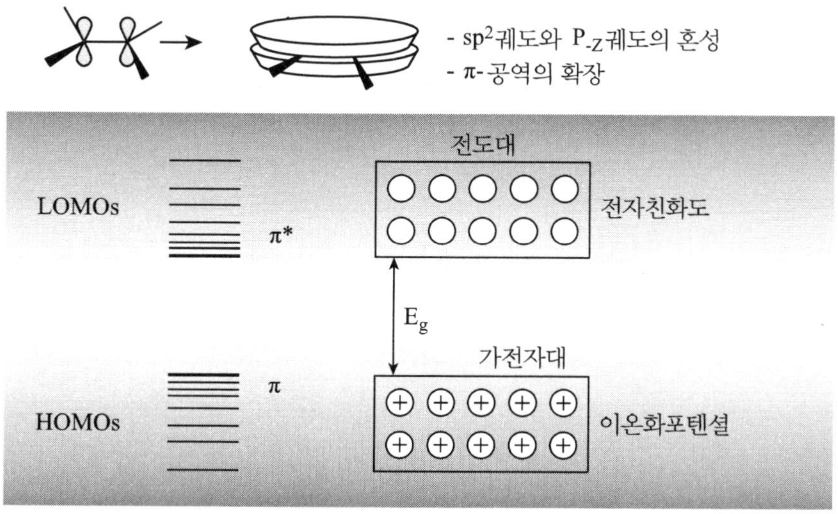

그림 8-42 공역 고분자의 공유결합과 에너지 밴드

며, 이런 구조적 특성 때문에 파이 공역고분자(π-conjugated polymer)라고 부른다. 이러한 π-공역고분자에서는 주사슬의 탄소원자에 sp^2와 p_z궤도가 존재하고, sp^2 혼성궤도에 의한 시그마 결합 외에 p_z 전자궤도는 이웃하는 또 다른 p_z 전자궤도와 함께 파이 공유결합을 이루게 된다. 파이 공유결합에서는 $\pi-\pi^*$ 간의 에너지 차이가 HOMO와 LUMO간의 에너지 차이가 되며, 이 간격은 앞에서의 시그마 공유결합에 비하여 작아지게 된다. 이렇게 좁아진 에너지 차이, 즉 좁아진 밴드 간격에 적절한 방법으로 도핑을 하면 전기가 흐를 수 있을 정도의 낮은 에너지 밴드 간격을 가지게 된다.

그림 8-43에는 티오펜을 기본단위가 연결된 고분자의 단순 휴겔법에 의한 전자상태의 양자화학계산 결과를 나타내었다. 이 그림에서 특징적인 점은 티오펜 단위가 길어짐에 따라 HOMO와 LUMO의 갭이 좁아져서 반도체와 같이 되는 것을 알 수 있다. 단 티오펜 기본단위수가 무한대로 되는 이상적인 고분자가 얻어졌다고 가정하여도 HOMO와 LUMO의 갭은 존재하기 때문에, 금속과 같은 상태로는 되지 않는다. 또한 HOMO 내에서 각각의 준위간의 간격, LUMO 내에서 각각의 준위간의 간격이 모두 좁아지게 되어 전자가 충만한 가전자대, 전자가 존재하지 않는 전도대의 전자구조를 취하게 된다. 이런 특징은 폴리아세틸렌, 폴리피롤 등 대다수의 전도성 고분자의 공통된 특징이다.

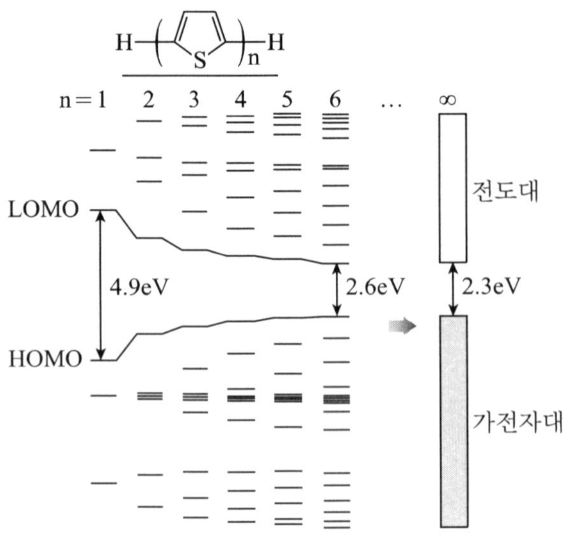

그림 8-43
티오펜 유도체의 전자상태

출처 : 尾崎邦弘, 松浦一雄, 高分子材料一番わかる, 技術評論社, p.138, 2011.

참고문헌

1) M2 Polymer Technologies, Inc. (http://www.m2polymer.com)
2) 생활 속의 화학과 고분자, 정진철, 자유아카데미, 2010.
3) 21세기 IT를 위한 고분자재료화학, 이정화, 삼광출판사, 2001.
4) 図解 高分子材料 最前線, 오자키 구니히로, 마쓰우라 카즈오, 공업조사회, 2002.
5) A novel phosphazene cyclomatrix network polymer: Design, synthesis and application in flame retardant polylactide, Kang Tao, Juan Li*, Liang Xu, Xiulan Zhao, Lixin Xue, Xinyu Fan, Qing Yan, Polymer Degradation and Stability 96 (2011) 1248-1254.
6) 전도성 고분자란, 이정익, 화학세계, 2006년 02호
7) Y. Nishikitani, Thesis, Universite de Paris XIII, France (1989)

연습문제

8-1 중합도가 2,000인 폴리에틸렌의 분자량은 얼마인가?

8-2 다음 고분자들에 대한 단위체(모노머)의 구조를 그리시오.

(a) 폴리비닐알코올

(b) 폴리프로필렌

8-3 어떤 폴리프로필렌의 수평균분자량이 2,000,000 g/mol이다. 이 경우 중합도를 계산하시오.

8-4 다음 표는 폴리프로필렌의 분자량 자료를 나타낸 것이다. 다음을 계산하시오.

(a) 수평균분자량

(b) 무게평균분자량

(c) 중합도

분자량 범위(g/mol)	xi (개수분율)	wi (무게분율)
8,000~16,000	0.05	0.02
16,000~24,000	0.16	0.10
24,000~32,000	0.24	0.20
32,000~40,000	0.28	0.30
40,000~48,000	0.20	0.27
48,000~56,000	0.07	0.11

9
chapter

자성재료

1. 자성의 원인

자성체란 자기장 안에서 자석이 되는 물질이다. 지구상에 존재하는 물질은 모두 자성체라고 할 수 있으며, 지구도 거대한 자성체이다. 지구 중심부의 외핵은 고온의 액상 철 등이 주성분이기 때문에 자성을 가질 수 있는 조건이 되지만, 외핵의 온도가 큐리온도보다 높아 영구자성을 가질 수 없다. 그러나 지구 중심에서 발생하는 열에 의한 대류와, 지구 자전으로 인해 액체로 되어있는 외핵부분의 이동에 의한 대류가 발전 작용(dynamo action)을 일으켜 지구자장이 발생되는 것으로 추정된다.

원자핵을 둘러싼 전자는 원자핵의 주위를 돌면서 고속으로 자전하고 있다. 전자의 자전을 스핀(Spin)이라 하는데, 물질이 자성을 가지는 주된 요인은 전자의 스핀에 의한 것이다. 코일에 전류가 흐르면 자계가 발생하는 것처럼, 음전하를 가진 전자가 자전운동을 하면서 원자핵 주위를 궤도를 따라 돌면 자기가 발생한다(그림 9-1). 전자는 마이너스 전하를 가지고 있기 때문에 전자의 자전은 원전류(circular current)가 흐르는 것과 같다. 원전류는 오른 나사의 법칙(right handed screw rule)에 따라 자계가 발생한다. 따라서 자전하는 전자 그 자체가 미니 자석으로의 성질을 가진다(그림. 9-1). 즉, 자성을 나타내는 재료는 원자를 구성하고 있는 전자의 운동에 의해 발생하는 미소자석의 집합체이고, 이 원자에 의한 미소자석은 자기모멘트라고 부른다.

전자는 재료가 나타내는 여러 가지 특성의 원인이다. 재료의 자기적 특성도 전자가 직접적인 원인이다. 원자와 원자 사이의 결합을 이루어 기계적 특성, 열

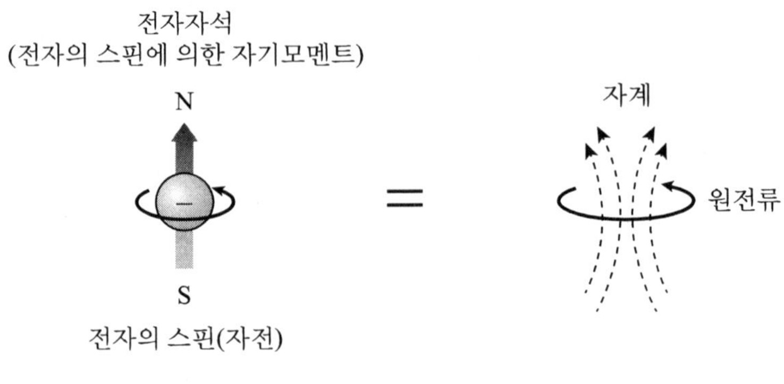

그림 9-1 전자의 자기적 특성

적 특성 등을 나타낸다. 외부에서 전압이 걸려오면 거시적 이동을 하여 직접적으로 전기전도를 일으키거나, 간접적으로 이온전도를 일으킨다. 외부에서 전기장(electric field)이 걸려오면 중심점이 원자핵의 중심점과 조금 벗어나 유전 특성을 나타낸다. 원자핵을 중심으로 공전 및 스핀(spin)을 하여 초미세 전류를 흐르게 하고, 이로 인한 자장(magnetic field)을 발생시켜 자기적 특성(magnetic properties)을 나타낸다. 이와 같이 전자(또는 전하)가 존재하는 한 반드시 자장이 발생한다.

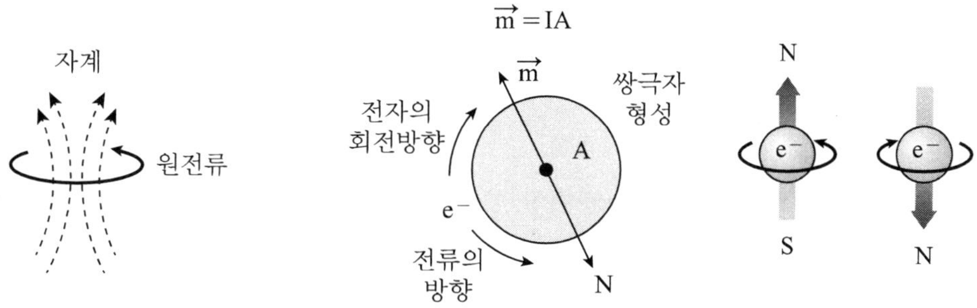

전자의 자전은 원전류가 흘러지는 것과 동일하다. 원전류는 자계를 발생시키므로 전자 그 자체가 자석으로서의 성질을 갖는다.

원자핵 주위를 회전하는 전자의 궤도 운동

전자의 회전 운동(자전)

전류의 경로와 전자의 회전을 합한 힘이 자성의 원인이다.

그림 9-2 자성의 원인

자성재료는 Fe, Mn, Co 등의 천이금속원소나 Eu, Ga 등의 희토류 원소의 산화물을 구성성분으로 포함하고 있다. 천이금속원소는 멘델레예프가 발견한 주기율에서 Fe, Mn, Co, Ni, Ru, Ir, Pt 등이 성질이 비슷하며, 제7족에서 제1족으로 옮기는 과도적인 것이므로 제8족에 붙인 이름이지만, 현재는 전자의 d 궤도가 완전히 채워지지 않은 원소를 천이원소라고 한다. 원자에 속하는 전자는 원자핵을 중심으로 하는 특정한 에너지 준위를 갖는 궤도에 속하고 있다. 그 궤도 안에서 전자는 자전운동을 하고 있기 때문에 그 방향에 따라 자기모멘트를 갖게 된다. 그림 9-3과 같이 자전에는 우회전과 자회전이 있어 이와 같은 두 가지 전자가 하나의 궤도에 들어서면 각 전자에 회전을 위한 자기모멘트가 서로 상쇄되어 없어지므로 외부에는 자기모멘트가 나타나지 않는다.

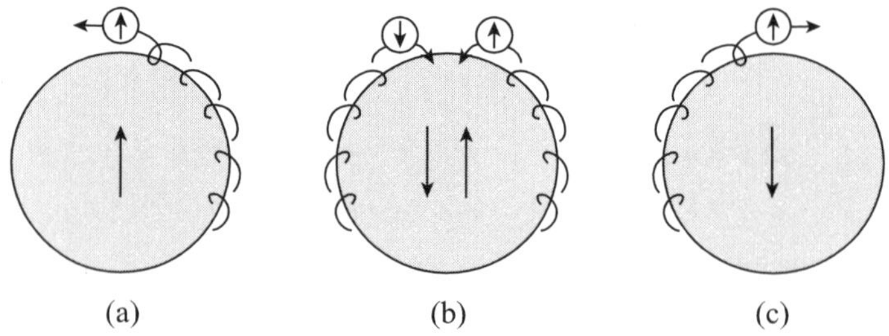

그림 9-3 전자의 자전과 자기모멘토

(a) 부대전자는 자기모멘트를 준다.
(b) 전자가 두 개 들어가면 서로 상쇄된다.
(c) (a)와 반대방향의 전자는 반대방향의 자기모멘트를 준다.

2. 전자의 배열과 자성재료

원자로부터 발생하는 자기모멘트는 2종류로 분류할 수 있고, 전자의 궤도운동에 의한 원전류에 의한 것은 궤도자기모멘트, 전자의 자전운동에 의한 것은 스핀자기모멘트, 원자핵 자체의 핵자기모멘트가 있다. 이 중에서 스핀자기모멘트가 자화의 가장 강력한 원인이기 때문에 Cr, Mn, Fe, Co, Ni 등 천이원소에서는 3d 궤도의 부대전자의 수만큼 자성의 크기가 크게 된다.

반자성체

원자 내의 전자는 원자 주위의 궤도 내에서 제일 낮은 궤도부터 채워지게 되고, 같은 에너지 준위의 궤도에는 두 개까지의 전자가 들어갈 수 있다. 그러나 파울리의 원리에서 이 두 개의 전자는 서로 반대방향의 자전을 해야만 된다. 따라서 자기모멘트는 어떤 궤도에 전자가 하나만 들어간 부대전자가 있을 때 나타나게 된다.

원자번호가 20까지의 원소에서는 전자를 제거하거나 덧붙여서 화합물 중에 안정하게 존재할 수 있는 상태를 만들면 그림 9-4와 같이 최외각의 궤도는 전자로 완전히 채워져서 부대전자는 나타나지 않는다.

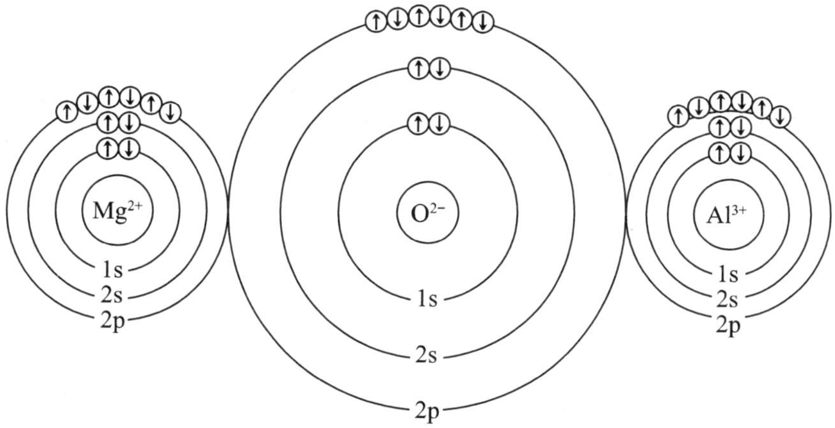

그림 9-4
반자성체 이온 내에서의 전자상태

따라서 MgO, CaO, Al_2O_3, SiO_2 등의 보통 산화물 중에서 원자 또는 이온에 의한 자기모멘트는 생기지 않는다. 이와 같은 물질을 자장 내에 두면 전자의 회전운동의 속도가 달라지므로, 가해진 자장과 반대방향에 자기모멘트가 생기며 전체적으로 외부의 자장과 반대방향으로 약한 자화가 생긴다. 이 때문에 자석을 가져다대면 뒤로 밀려난다. 이와 같은 물질을 반자성체(dimagnetic material)라 한다.

원자번호가 21번 이상이 되면 4p궤도보다 3d궤도가 안정하기 때문에 전자는 3d궤도를 채운다. 3d 궤도는 그림 9-5와 같이 5개의 궤도가 겹쳐 각자의 위에 두 개의 전자가 들어가므로, 원자번호 30번의 Zn에 이르기까지 10개의 원소에서 3d궤도 내의 전자는 순차적으로 증가하게 된다. 이때 5개의 d궤도 내에서 전자는 가능하면 스핀이 평행으로 되게 배열하는 것이 안정하다. 즉, 5개의 궤도 전부가 부대전자로 채워져 있는 상태와 완전히 쌍으로 채워진 상태가 가장 안정하다. 따라서 Cr에서는 $3d^4 4s^2$보다도 $3d^5 4s^1$의 전자상태를, 또한 Cu에서는 $3d^9 4s^2$보다는 $3d^{10} 4s^2$의 전자상태를 취한다. 이와 같은 현상은 이온의 상태에 대해서도 성립하여 $Fe(3d^6 4s^2)$에는 $Fe^{2+}(3d^6)$와 $Fe^{3+}(3d^5)$의 상태가 있지만 5개의 부대전자를 갖는 Fe^{3+}가 안정하다. 이들 원소를 제1천이원소라 하지만 이 중 대부분의 것은 부대전자를 가지고 있어 자기모멘트를 갖는다.

상자성체

자기모멘트를 가지는 상자성체 원자나 이온은 자성원자 또는 이온이라고 하지만 서로 상호작용이 없는 상태에서 존재한다면, 표 9-1과 같이 자기모멘트의 방향은 자유이므로 무질서하게 되어 전체적으로 서로 상쇄되기 때문에 자화를 나타내는 일이 없다. 그러나 자장이 외부에서 주어지게 되면 자장의 방향으로 배열을 바꾸기 때문에 자장의 강도에 따라서 자화된다. 이런 물질을 상자성체(paramagnetic material)이라 한다. 물질 내에 반자성을 표시하는 이온이 존재하면 위에서 기술한 바와 같이 반대방향으로 자화가 일어나지만, 그 강도는 자성원자 또는 이온의 자화에 비교하면 훨씬 약하기 때문에 물질의 자화율은 자성이온의 강도에 따라 거의 결정되고 있다. 제1천이계열에서는 3d궤도의 부대전자가 자화의 원인으로 되지만 4d궤도가 부대전자로 되는 Y에서 Cd에 이르는 원소는 제2천이원소이며 마찬가지로 상자성을 표시하는 것이 많다. 상자성을 나타내는 원소는 Al, Pt, Mg, W 등이 있다. 또 그 위쪽의 4f궤도에 부대전자를 갖는 것이 희토류이며 그 중에 자성원소로 중요한 Sm, Eu 등이 있다.

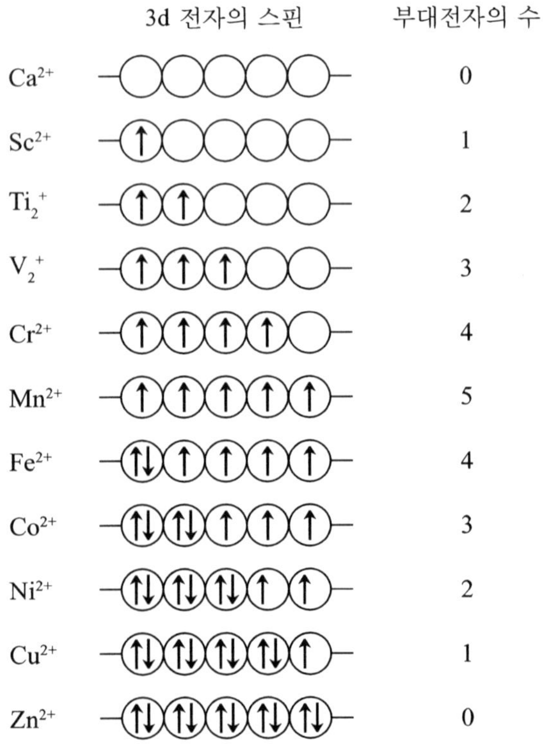

그림 9-5
2가 금속이온의 3d 전자스핀과 부대전자

종류		자기모멘트	재료의 예
강자성	페로자성	→ → → M → → → M → → → M → → → M	Fe, Co, Ni, Gd, Tb, Dy 등 FeSi, NiFe, CoFe, Sm_2Co_{17} $Sm_2Fe_{17}N_3$, $Nd_2Fe_{14}B$, CoCr 페로자성 원소를 포함하는 화합물, 합금
	페리자성	→ → → M → → → M → → → M → → → M	TbFe (Fe, Co 와 희토류원소의 금속간 화합물) Fe_3O_4, YIG, $BaO_6Fe_2O_3$, $CdCr_2S_4$ 등 스피넬, 가넷트
약자성	상자성	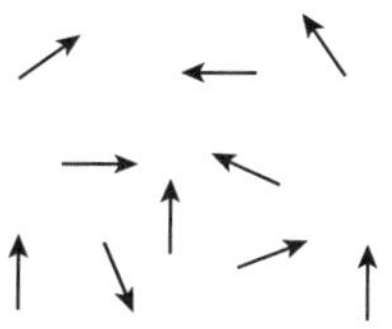	O_2, Pt, Rh, Pd Li, Na, K 등(1A원소) Be, Mg, Ca 등(2A원소)
	반강자성	→ ← → M ← → ← M → ← → M ← → ← M	Cr, Mn, Ce, Pr, Nd, Sm, Eu, 등 (3d, 4f 천이원소 일부) MnO, MnF_2, FeF_2, $CoCl_2$, $TiCl_3$, Cr_2O_3 등 Mn을 포함하는 합금
반자성		궤도전자의 세차운동에 의해 발생	Cu, Ag, Au, C, Si, Ge N, P, As, Sb, Bi, S, Te, Se F, Cl, Br, I He, Ne, Ar, Kr, Xe, Ru

표 9-1 자성체의 종류와 자기모멘트

강자성체

자성이온의 숫자가 많아져서 서로 가까워지면 그림 9-6과 같이 자기모멘트의 상호작용이 나타난다. 예를 들어, 철 등의 금속에서는 원자의 자기모멘트는 서로 인접한 원자 간의 상호작용 때문에 스핀이 평행으로 배열하는 것이 안정하게 되어, 외부에서의 자장이 없어도 스스로가 자기를 갖고 있다. 이와 같은 자발적인 자화를 나타내는 물질을 강자성체(ferromagnetic material)라 한다. 실온에서 강자성을 나타내는 원소는 철, 코발트, 니켈의 3종이며, 이것들을 철족원소라고 한다.

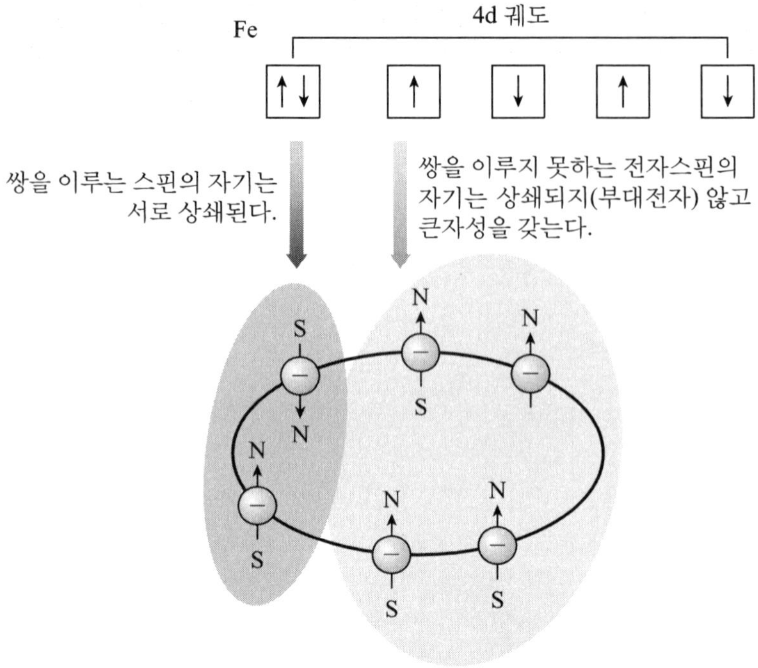

그림 9-6
철원자의 전자스핀 배치와 자성의 발현

원자 궤도상에 있는 전자는 스핀방향이 역방향인 두 개의 전자가 한 쌍이 되는 상태를 취해야 낮은 에너지 상태로 되어 안정하게 된다. 이렇게 되면 자석으로서의 성질이 없어지게 된다. 물질의 대부분이 자석에 달라붙지 않는 비자성체인 것은 이 때문이다. 그런데 철족원소에서는 예외적으로 한 쌍(Pair)이 되지 않는 전자(unpaired electron, 부대전자)가 궤도상에 복수로 존재한다. 철족원소에 있어서는 원자끼리의 거리와 이들의 전자끼리의 거리가 절묘하게 간격이 있기 때문에 동일한 스핀방향의 부대전자가 공존하게 된다. 이 때문에 전자자석으로서의 성질이 철족원소에서는 없어지지 않고 남아 이것이 마크로(Macro)적으로 강자성체로서의 성질을 나타내는 것이다.

그러나 FeO, NiO, CoO 등 천이원소의 산화물을 구성하는 이온은 자기모멘트를 가지고 있지만 산소와의 이온 간 결합의 영향 때문에 그림 9-7(a)와 같이 인접한 이온의 자장이 서로 반대방향으로 되어 서로 상쇄되기 때문에 전체적으로는 자기모멘트가 영(0)으로 되어 자발자화를 표시하지 않는다. 이와 같은 것을 반강자성체(antiferromagnetic material) 라고 한다. 다른 자기모멘트를 갖는 두 종류 이상의 이온을 포함하는 물질에서는 반대 방향으로 된 자장의 크기가 다르므로 그림 9-7(b)와 같이 그 차이(서로 다른 금속이온 M^{2+}와 M'^{2+})에 상당하는 자화를 일정한 방향으로 표시하게 되는데, 이런 자화를 나타내는 것을 페리자성체(ferrimagnetic material)라 한다.

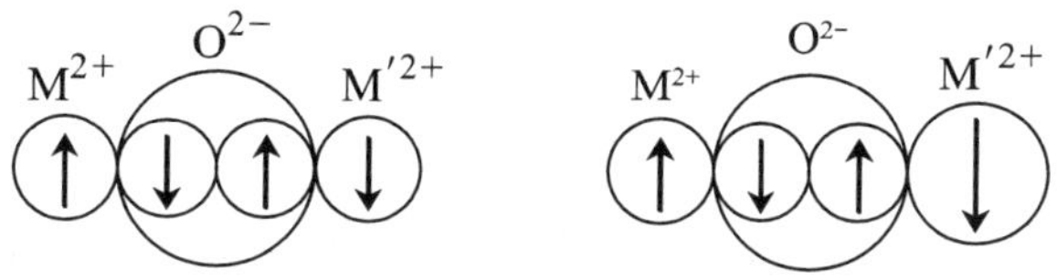

(a) 반강자성체 (b) 페리자성체

그림 9-7 반강자성체와 페리자성체

자성체 성질의 강약을 표현하는 단위를 투자율 μ(비 투자율 μr)라 한다. 상자성체는 이 투자율이 1보다 조금 크고, 반자성체는 1보다 조금 작고, 비 자성체는 1과 비슷하다. 또한 강자성체의 경우에는 1보다 훨씬 크다(자유공간보다 6,000배 이상). 자성체 내에서 원자를 재배열시키는 척도를 자화율(Magnetic Susceptibility)이라 하고 χ m으로 나타낸다. 다시 말하면 자화율이란 매질이 자화(Magnetization)되는 정도이다.

물질이 나타내는 자성의 정도는 물질 특성에 따라 큰 차이가 있다. 따라서 철과 같이 강한 자성을 나타내는 것을 강자성체(Ferromagnetic body), 알루미늄과 같이 거의 자성을 나타나지 않는 것을 상자성체(Paramagntic body)로 구분한다(상자성체는 비자성체라고도 말한다). 상자성체에는 금, 구리와 같이 반자성을 나타내는 물질도 있는데, 그것들은 특히 반자성체로 구분하고 있다. 반자성체는 강자성체와는 전혀 반대의 성질을 가진 것이지만, 그 작용은 극히 미약하기 때문에 구분할 때 상자성체에 포함시킨다. 반자성체는 자력선이 물질의 내부에 침입하는 것을 거부하는 현상이라고 볼 수 있다. 이 현상은 금, 구리와 같은 양도체에서 일어나지만, 철과 니켈 등이 가지는 강자성에 비교하면, 그 레벨은 1,000분의 1 이하이며, 일반적으로 이 힘을 이용하는 것은 불가능하다. 그러나 같은 반자성에도 초전도체에 일어나는 마이스너효과는 매우 강력한 반자성을 나타낸다. 반자성체는 N, S 어느 쪽의 자극에도 흡인되지 않는다.

물질의 자성은 스핀의 정열 상태에 따라 각각 다르게 나타난다. 스핀의 정열은 가장 안정한 상태를 찾아 자장에 평행해서 또는 반대로 일어나는데, 이것은 원자의 전자 배치와 재료의 결정구조에 따라 결정된다. 자성의 종류는 5가지이지만 자성의 응용에 중요한 것은 강자성체(ferromagnetic)와 준강자성체(ferrimagnetic)의 두 가지이고, 페라이트 등 자성 세라믹스에서 중요한 것은 준강자성체이다. 자성체가 외부자계의 영향에 따라 물질 내부의 원자가 형성하는 자기쌍극자가 어떻게 재 정렬 하는가에 따라 크게 3종류로 나눌 수 있으며, 표 9-2에 각 자성체의 성질을 나타내었다.

표 9-2 자성체의 성질

구분	반자성체	상자성체	강자성체
영구 자기 쌍극자 모멘트	없음	있으나 약함	있으며 강함
외부 자기장에 대한 유도 자기장 방향	반대방향	같은 방향	히스테리시스 가짐
외부 자기장 영향	전자 궤도 자기 모멘트 형성	전자 스핀 자기 모멘트 형성	영구 자기 모멘트 (영구자석, 자구)
자화율	$\fallingdotseq -10^{-5}$	$10^{-5} \sim 10^{-2}$	$\fallingdotseq 10^{6}$
투자율 μ_r	≤ 1	≥ 1	$\gg 1$
물질 예	구리, 금, 은 등 거의 모든 물질에서 발견됨 비 자기적 재료	알루미늄, 칼슘, 마그네슘, 텅스텐 등 비 자기적 재료	철, 니켈, 코발트, 일부 희토류 등 자기적 재료

3. 온도의존성, 자기이방성, 자구, 자벽

자기모멘트가 한 방향으로 질서 있게 정렬된 강자성체라고 할지라도, 어떤 온도가 되면 열에너지에 의해 정렬되었던 자기모멘트가 무질서하게 방향성을 잃어버리고, 자발자화가 줄어든다. 더 온도가 높아지면 자발자화가 없어지는데, 이온도를 큐리온도(Curie temperature)라고 한다. 표 9-3에 자성체의 큐리온도를 나타내었다.

표 9-3 자성체의 큐리온도

물질	Fe	Co	Ni	Gd	$BaFe_{12}O_{19}$	$SmCo_5$	Sm_2Co_{17}	$Nd_2Fe_{14}B$
큐리온도(℃)	769	1115	357	293	450	727	920	313

출처 : Adachi Ginya, Minami Tsutomu, 現代無機材料科学, p.96, (株)化学同人, 2007.

Gd는 293℃에서 강자성을 잃어버린다. Co는 큐리온도가 매우 높고, Co가 포함된 합금에서도 이런 경향이 나타난다. $BaFe_{12}O_{19}$는 바륨페라이트라고 불리는 페리자성체이다. 페리자성체에서 자발자화의 온도의존성은 페로자성체에 비교했을 때 복잡한 특징이 있다.

자성체에는 그 원자배열을 반영하여, 자화하기 쉬운 방향과 자화하기 어려운 방향이 있다. 이것을 자기이방성(magnetic anisotropy)라고 한다. 자화하기 쉬운 방향과 자화하기 어려운 방향을 각각 자화용이축(easy axis of magnetization) 및 자화곤란축(hard axis of magnetization)이라고 한다. 외부자화가 없으면, 자성체 내의 자화는 자기용이축 방향으로 향하게 된다.

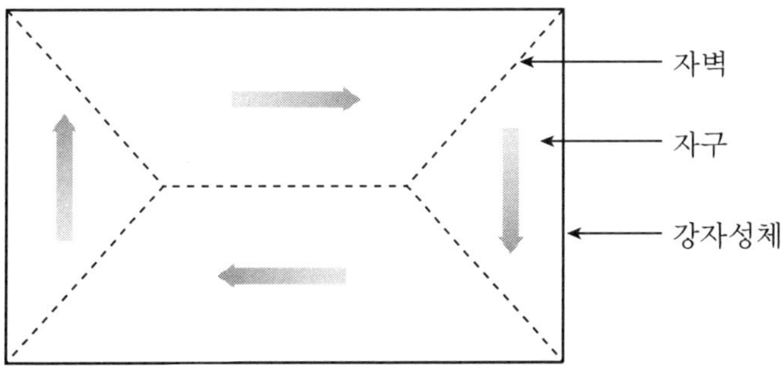

그림 9-8
지구와 자벽

강자성체는 자발자화를 가지고 있기 때문에, 미시적으로 보면 각 원자의 자기모멘트는 한쪽 방향(자기용이축 방향)으로 향하고 있다. 한편, 거시적으로는 강자성체의 자화는 자계와 함께 변화한다. 당연히 거시적인 자화가 0으로 될 때도 있다. 어떻게 보면 모순적이라고 생각되지만, 강자성체의 내부는 자구라고 불리는 소영역으로 분할되고(그림 9-8), 각각의 자구 내에서의 자발자화가 자화용이축의 방향으로 정렬하고 있는 것에 의해, 미시적 및 거시적인 조건이 만족된다. 그림에 나타낸 바와 같이 각각의 자구의 자화방향은 정렬되어 있지 않고, 전체적으로 보면 자화의 값이 0으로 되는 경우도 있다. 자구와 자구를 분리하는 경계부분을 자벽이라고 한다. 자벽 내에서는 각 원자의 자기모멘트의 방향이 서서히 회전하여, 양 쪽 끝에서는 접촉하는 자구 내에서의 자화의 방향과 일치한다.

4. 자화과정

4.1 자화과정

자화곡선을 관찰하면 자성재료의 특징을 알 수 있다. 자성체에 자장을 걸면, 방향성에 따라 자화되는 차이가 나타난다. 결정구조에 기인하는 이방성은 결정자기이방성이라고 한다. 결정이방성은 결정격자의 대칭성에 의해 생기는 것으로, 자화하기 쉬운 결정방향(자기용이축)과 자화하기 어려운 결정방향(자화곤란축)이 있다(그림 9-9). 또 자화에 동반하여 형태가 변하는 자성재료도 있다. 이 현상은 자기이방성의 일종인 자기왜곡의 영향 때문이다. 자기왜곡이 생기는

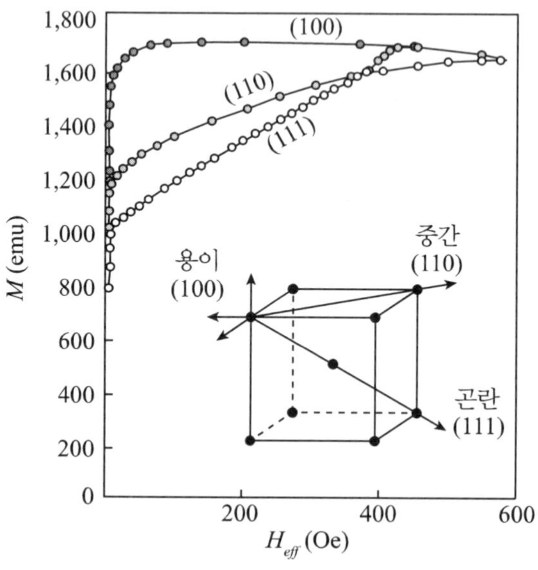

그림 9-9
Fe 단결정의 자화곡선

출처 : Handbook of Multifunctional Ceramics, Chapter 3, p.174, NTS, 2011.

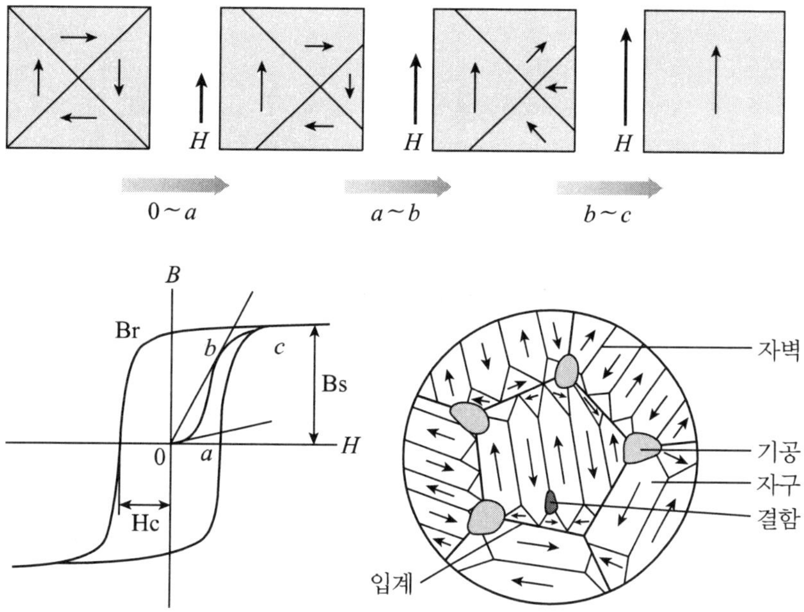

출처 : Handbook of Multifunctional Ceramics, Chapter 3, NTS, 2011.

그림 9-10 자화과정의 변화와 미세구조와의 관계

것은 외부 자계에 동반한 스핀의 변화에 의해 결정 내의 원자간 인력이 변하여 원자간 거리에도 영향을 미치기 때문이다. 자화과정은 자성재료의 미세구조에 의해서도 변화한다. 자성체의 내부는 자구라고 부르는 영역으로 나눠지고, 자구내의 자발자화 영역은 정렬하고 있지만, 자구별로 그 방향은 다르다.

또 자구와 자구의 경계에는 자벽이 존재한다. 외부자계의 변화에 따라, 자구내의 자발자화의 방향과 자구의 체적이 변화하여 자벽의 이동이 생긴다. 자성체에 가해지는 자계의 크기를 증가시켜 가면, 각 자구의 자발자화의 방향이 정렬하여, 최종적으로는 모든 자화가 외부자계의 방향으로 포화상태가 된다(그림 9-10). 실제 자성재료의 미세구조에는 결정입계나 여러 가지 결함이 존재하기 때문에, 그 것들이 자구구조의 형성이나 자구의 이동에 영향을 준다. 잔류자화의 발생 원인은 격자결함, 다른 결정상이나 기공의 존재, 결정입계, 외부응력 등의 존재에 의해 최초의 자구구조로 돌아오지 않고, 자기이방성과 관계되어 임의 방향으로 자화가 강하게 생기기 때문이다. 보자력은 자기모멘트가 반전하기 어려운 재료, 역자구의 핵생성이 적은 재료에서 크게 된다.

4.2 자기이력곡선

일반적으로 사용되는 자성재료는 큰 자화를 나타내는 강자성체와 페리자성체이다. 이런 자성체에 자계(외부에서 가해주는 자기장)를 가하면 그림 9-11의 곡선과 같은 이력(Hysteresis) 특성을 나타낸다. 철과 같은 강자성체를 자기장 안에 넣어서, 자화시키면 자기장을 벗어난 뒤에도 자성이 남아있다. 이 자성도 가해준 자기장의 세기에 따라 달라진다. 이처럼 물체의 성질을 현재의 상태만으로는 알 수 없고, 과거의 이력이 어떠했는가에 따라 다른 현상을 히스테리시스 현상이라고 한다. 이런 큰 자화를 가진 자성체들이 그림 9-11과 같이 히스테리시스(Hysteresis) 특성을 나타내는 이유는 다음과 같이 설명할 수 있다. 그림 9-11의 상태 A에 있는 자성체는 자기쌍극자의 방향이 정렬된 자구라고 부르는 미세한 영역으로 되어 있고, 이들 자구의 경계는 자벽이라고 부르는 얇은 벽으로 구분되어 있다. 각각의 자구(자구 1개)는 자기장을 가하지 않아도 자기쌍극자의 방향이 정렬되어 있기 때문에 자성을 가지고 있다. 그러나 자구들이

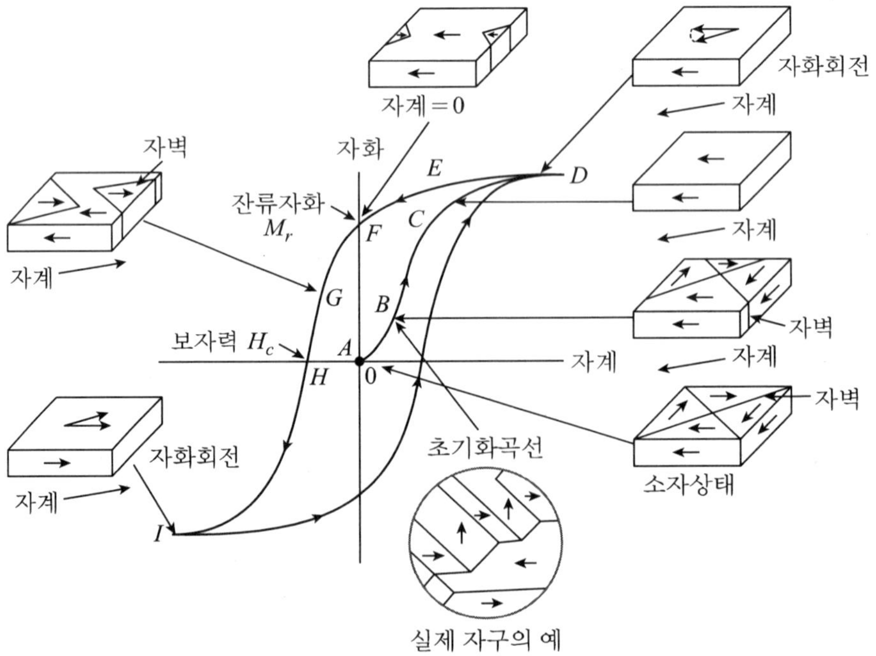

출처 : 세라믹스의 모든 것, 일본세라믹스협회, p.41, 일간공업신문사(일), 1996

그림 9-11 자성체의 자화곡선과 자화상태

각자 서로 다른 방향으로 무질서하게 배열되어 있기 때문에, 이 자구들의 집합인 자성체는 자성을 가지고 있지 않다. 이런 자성체에 자기장을 가해주면, 자기장방향으로 향하고 있던 자구의 체적이 증가하고(상태 B), 자기장을 더 강하게 가해주면 자기장방향의 자구체적이 증가하는 것과 함께, 자화의 회전이 일어나(상태 C), 자성체 내의 모든 자화와 자기장이 평행하게 되어, 자화의 포화가 일어난다(상태 D). 이 상태에서 자기장을 약하게 해주면 다른 방향으로 자구가 발생되고, 그 체적이 증가하여 가지만(상태 E), 자기장을 0으로 되돌려도, 자화상태는 이전의 상태로 돌아가지 않고, 잔류자화라고 불리는 인가된 자기장 방향의 자화성분이 남아있는 상태로 된다(상태 F).

이 상태에서 반대방향으로 자기장을 걸어주면, 역자기장방향의 자구체적의 증가에 의해 전체의 자화는 급격하게 감소하고(상태 G), 결국 자속밀도는 0으로 되며, 이때의 자기장의 세기를 보자력(coercive field ; −Hc)이라고 한다(상태 H). 자장의 세기를 반대방향으로 계속 증가시키면 자화의 회전도 더해져서, 모든 자화가 역자기장 방향으로 향하는 상태로 되어. 결국 자속밀도가 역자기포화점에 도달하게 된다(상태 I). 다시 정방향으로 자기장의 세기를 증가시키면 정방향으로의 자속밀도가 계속 증가하여 자기이력곡선(D−F−H−I−D)이 완성된다. 자성체가 가진 이런 자화특성을 이용하여 여러 가지 자기소자가 만들어진다. 자기적 성질과 자기이력곡선은 자성재료의 종류와 상태에 따라 많이 달라지며, 화학적인 조성은 물론 입자의 크기나 미세구조에 의해 영향을 받게 된다.

4.3 자기적 특성 값

초기자화곡선(Virgin curve)

시편이 전혀 자회되지 않은 상태에서 자장의 세기(H)를 증가시키면, 처음에는 자속밀도가 매우 급격하게 증가하다가 점차 증가되는 속도가 느려지고, 어느 시점에 도달하게 되면 자속밀도가 포화상태로 되어 더 이상 증가하지 않게 된다. 점선 1～4곡선을 초기자화곡선, 점 4를 자기포화점이라 한다.

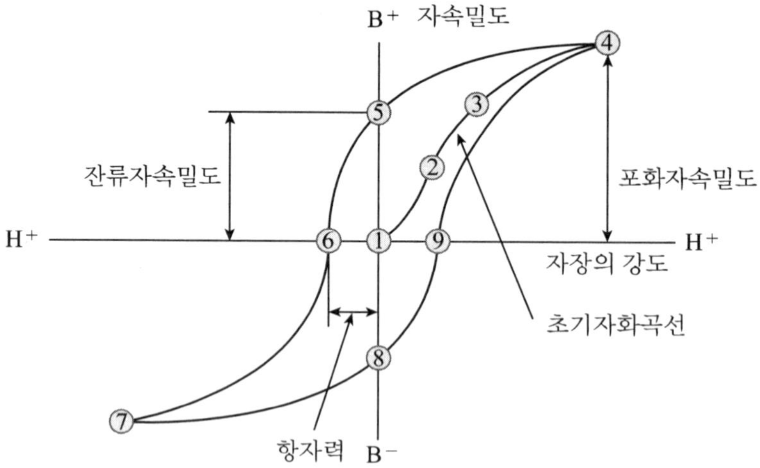

그림 9-12 자기이력곡선과 자기적 특성 값

잔류자기(Residual magnetism)

자기포화된 상태로부터 자장의 세기를 처음의 1점까지 점차적으로 감소시키면, 초기자화곡선을 따라 자속밀도가 감소되는 것이 아니라, 4∼5곡선을 따라 감소하게 되어 자속밀도는 1∼5의 값을 갖는다.

보자력(항자력 ; Coercive force)

자장의 세기가 1점인 상태에서 남아있는 잔류자기를 제거하기 위해 자장을 반대방향으로 증가시키면(전류의 방향을 반대로 걸어주면) 자속밀도는 5∼6곡선을 따라 감소하고, 잔류자기가 영(0)이 될 때까지 걸어주는 자화력을 보자력(1∼6)이라 한다.

강자성체는 자기포화 상태까지 자화되면 외부 자기장이 제거되어도 자화된 방향으로 잔류 자기를 가지고 있다. 이것을 제로(0)로 하려면 반대방향의 외부 자기장을 가해야 한다. 잔류자기를 제로로 하는데 필요한 자기장의 세기를 보자력이라 한다. 보통 H_c로 표기하여 단위로는 OERSTED (Oe)로 나타낸다.

1 Oe(CGS단위) = 79.6 A/m(MKS단위)

자장강도(H, Magnetic Field Intensity)

코일에 전류를 통하면 전자의 회전운동으로 생기는 것이 자장강도이다. H는 단위 코일 길이 당 전류가 클수록, 코일을 감은 횟수가 많을수록 크다.

자속밀도 또는 자기감응강도(B, Magnetic Flux Density)

자장 내에 있는 물질이 자장의 영향을 받아 나타내는 내부 자장의 밀도 크기가 자속밀도이다. B(Tesla)는 당연히 H에 비례한다.

투자율(μ , Permeability)

자장 내에 있는 물질이 자장의 영향을 받는 정도는 물질마다 틀리는데, 물질의 자성과 자화의 크기를 나타내는 것이 투자율이다. 따라서, 투자율은 물질의 자기감응강도(B)와 자장강도(H)의 비례이다. 즉 $\mu = B/H$이다. 예로써, 진공이라면 $B = \mu_o H$로 나타내는데, 이 때 $\mu_o = 1.257 \times 10^{-6}$ Henry/m로서, 진공의 투자율(permeability)을 뜻한다. 따라서, 자장 내에 진공 대신 어떤 재료가 있다면 그 재료의 $B = \mu H$이고, 이 때 μ는 그 재료의 투자율을 뜻한다. 어떤 물질의 투자율과 진공투자율의 비를 상대 투자율이라고 한다. 상자성물질의 투자율은 보통 $\mu < 1$이고, 반자성물질의 투자율은 $\mu > 1$이며, 강자성물질의 투자율은 자화된 자장강도의 변화에 따라 변한다.

자화강도(M, Magnetization)

M(ampere/m) ≡ Magnetization

포화자화강도(M_s = saturation magnetization)

자화율(χ, Magnetic Susceptibility)

자화율이란 자화강도(M)와 외부 자장강도(H)의 비례이다.

$$\chi = M/H$$

물질은 외부자장(H)에 의해 자화되는데, 물질마다 자성이 같지 않아 자화되는 정도도 같지 않다. 예로써, 상자성물질의 자화율은 $\chi > 0$이고 반자성물질의 자화율은 $\chi < 0$이다. 강자성물질의 자화율(χ)은 외부자장(H)의 변화에 따라 변화한다.

5. 페라이트

스펀지가 물을 흡수하는 것처럼 자성재료는 자속을 흡수한다. 흡수하기 쉬운 정도를 나타내는 것이 투자율이다. 얼마나 많은 양의 자속을 흡수 할 수 있는가를 나타내는 것이 포화자속밀도이다. 철로 대표되는 금속계 재료는 포화자속밀도가 큰 것이 특징이다. 페라이트는 산화철을 주성분으로 하는 복합산화물계 세라믹스이다. 페라이트의 일반식은 MFe_2O_4 (M은 2가의 금속)라는 화학식으로 표시된다. 자성원자(철 등)에는 없는 산소원자를 가지고 있기 때문에 포화자속밀도에 있어서는 금속계 재료를 능가하지는 못한다. 예를 들어, 전자석의 코아는 포화자속밀도가 큰 만큼 보다 강력해진다. 이 때문에 전자석의 코아에는 연철(연자성의 철)등이 사용된다.

자성재료는 금속계와 산화물계로 구분된다. 산화물계의 대표적인 자성재료가 페라이트이다. 페라이트가 금속계의 자성재료와의 근본적인 차이점은 전기저항치가 매우 높다는 점이다. 페라이트는 주원료인 산화철에 다른 금속산화물 및 미량첨가물을 추가한 분말원료를 혼합. 성형. 소성하여 만들어지는 자성세라믹이다. 소성공정에서 원료는 고용되어 미세한 결정립이 집합한 다결정체가 된다. 결정립들의 경계를 입계라고 한다. 다결정체인 페라이트는 이 삼차원 그물망 구조의 고저항의 입계에 의하여 절연물에 가까운 높은 저항치를 나타낸

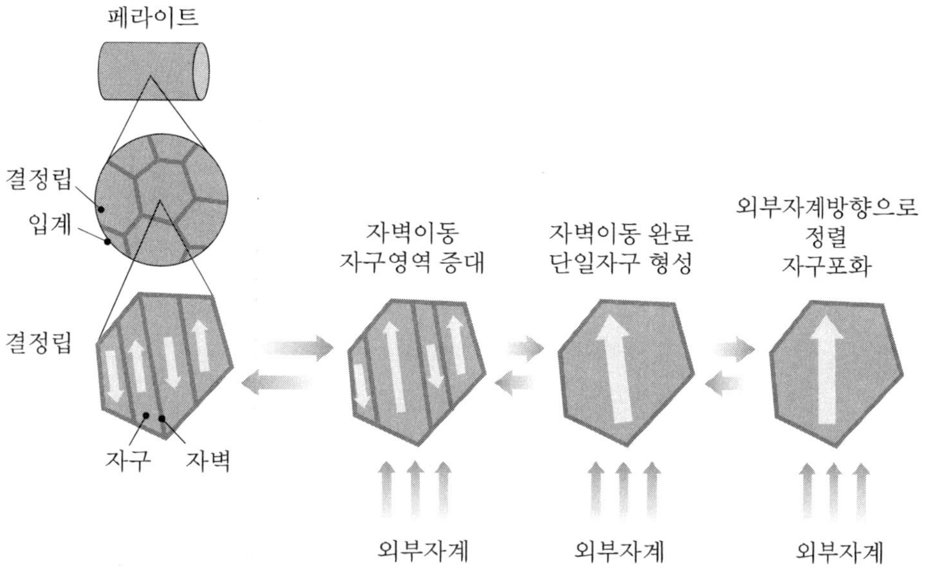

외부자계를 제거하면 원래의 상태로 돌아간다. 경자성 재료는 자화된 상태로 남는다.

그림 9-13 외부 자계에 의한 페라이트의 자화과정

다. 또 미세첨가물의 대부분은 이 입계에 모여지기 때문에 입계는 페라이트 특성에 있어 중요한 역할을 한다. 그림 9-13에 페라이트를 자화시키는 과정을 나타내었다. 페라이트의 자기적인 Hard/Soft는 미세조직의 모양과 관계되며, 결정구조에 따라 3종류로 나눈다. 연질자성의 소프트페라이트는 스피넬형(Spinel type) MFe_2O_4 (M : Mn, Ni, Zn 등)과 가넷트형(Garnet type) $R_3Fe_5O_{12}$ (R ; 희토류 등)의 결정구조가 알려져 있다. 한편, 경질자성의 하드페라이트로서 마그넷트프란바이트(Magnetoplumbite)의 M형 $AFe_{12}O_{19}$ (A : Ba, Sr 등)이 알려져 있다. 스피넬형 페라이트는 전자부품재료로 사용되고 있다.

6. 자성재료의 종류

자성재료의 교류자장에 대한 자장과 자속밀도의 관계는 그림 9-14에 나타낸 바와 같이 일반적으로는 직선관계가 아니고, 히스테리시스 특성을 나타낸다. 곡선의 경사가 투자율인데, 변압기의 철심이나 자기헤드에 사용되는 자성체는 될 수 있는 한 작은 자성으로 크게 자화되는 고투자율특성이 요구된다. 히스테리곡선으로 둘러싸인 면적이 1사이클의 자화과정에서 잃어버리는 에너지 손실로서, 변압기 등에서는 매우 작을 것이 요구된다. 또한 그림에 나타낸 바와 같이, 경자성재료와 연자성재료로 분류한다. 경자성재료는 자성체의 외부에 작용하는 자속을 이용하는 것으로, 보자력과 자류자화가 높고, 외부자장의 영향을 받지 않는 특성이 요구된다. 연자성재료는 자성체 내부의 자속을 이용하는 것으로, 외부로부터 인가되는 자장에 의해 자화되기 쉬운 재료를 의미한다. 또한 인가된 자장이 없어지면 자성체 내부에 남는 잔류자기가 낮은 것을 의미한다. 그림 9-14에는 각각의 이상적인 직선을 점선으로 표시했지만, 각형의 히스테리시스와 직선적인 변화가 이상적이다. 경자성재료는 영구자석으로 사용되는 반면에 연자성재료는 교류 전자기파에 의한 에너지 손실을 최소로 할 필요가 있을 때 사용된다.

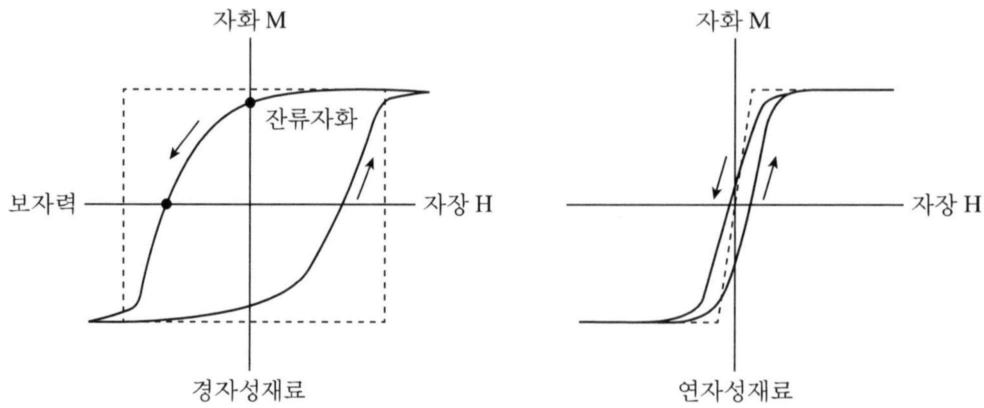

출처 : Siokawa Jirou, 入門無機材料, 化学同人, p.58, 1997.

그림 9-14 경자성재료와 연자성재료

표 9-4 자성재료의 용도

영구자석	회전기기	서브 모터, 가정용 모터, 음향기기용 모터, 스핀들 모터
	음향기기	스피커, 헤드 폰, 이어 폰, 광 픽업
	통신 / 계측 / 제어기기	가동코일 전기기기, 엔코더, 부저
	응용기기	전자레인지, 자기공명진단장치(MRI, NMR), 입자가속기
고투자율재료	각종 전파, 변압기, 변성기, 자기헤드, 자기매체, 자기테이프(HD, FD)	

표 9-5 자석의 고기능화와 스피커 중량

재료	알니코	Ba페라이트	Sm-Co	Nd-Fe-B
중량(g)	1346	940	442	351

표 9-4에 영구자석재료와 고투자율재료(연자성재료)의 각각의 용도를 나타내었다. 자성재료는 음향기기의 주요 부품인 스피커에 사용된다. 스피커에 사용되는 자성재료의 고성능화에 따라 스피커의 경량화가 이루어 졌다(표 9-5). Moving coil 구동용으로 알니코자석 사용했을 때 1.3 kg이던 것이, Nd-Fe-B 자석을 사용하면 350 g이면 되기 때문에, 음향기기의 소형화에 크게 기여하였다.

강자성체의 자화는 다른 자성체와 비교했을 때 현저하게 크다. 따라서 상자성체 등과 비교해서 강자성체의 응용 예가 압도적으로 많다. 여기서는 강자성체(소프트페라이트)를 응용한 변압기나, 자기헤드 등에 응용되는 연자성재료(soft magnetic material), 자석에 응용되는 경자성재료(hard magnetic material), 하드디스크 등의 기록매체로 되는 자기메모리재료 등에 대하여 기술한다.

7. 경자성 재료

경자성 재료는 인가되는 자계에 대하여 자화의 방향이 변하지 않는 재료, 즉 외부장이 없을 때에도 자화되어 있어야 하는 재료로서 그 주된 용도는 자석이다. 경자성재료에 필요한 특성을 자기적인 특성값으로 표시하면 잔류자화(B_r)가 클 것(외부에 고자화를 만들기 위해), 보자력(H_c)이 클 것(외부자계에 의해 자화가 반전하지 않게 하기 위해)이다. B_r과 H_c를 최대로 만들기 위해서는, 미세구조를 조절하여 지구의 이동도를 최소화시켜야 하며, 영구자석용 재료에서는 쌍극자 회전이 어려워야 한다. 이 두 가지의 조건은 반드시 양립하지 않는 경우도 있다. 즉, 보자력은 큰데 잔류자화는 적다 던지, 역으로 잔류자화는 크지만 보자력은 적다 던지 하는 일이 생기기도 한다. 따라서 잔류자화나 보자력의 크기를 종합한 평가지표가 필요하다. 이런 지표로서 최대에너지 곱$(BH)_{max}$이 이용되고 있다. 경자성재료는 비희토류금속계재료(금속계재료), 페라이트계재료, 희토류계재료로 구별한다. 각각의 재료로 만들어져 시판되고 있는 자석을 표 9-6에 나타내었다.

금속계 재료를 사용한 자석의 대표적인 것이 알니코자석(Alnico magnet)이다. 알니코자석은 Fe-Al-Ni에 Co와 소량의 Cu를 넣은 것이다. 페라이트 중에서 magnetoplumbite형 결정구조를 대표로 하는 육방정 페라이트는 강한 일축이방성을 나타내고, 경자성재료로서 이용되고 있다(그림 9-15). 이런 형태의 페라이트의 조성은 $MO\text{-}6Fe_2O_3$이고, M은 Ba, Sr, Pb, Ca 등이 있다. 페라이트 자석은 포화자화가 작기 때문에 얻어지는 $(BH)_{max}$는 희토류자석이나 알니코자석에 비해 상당히 작다(표 9-6). 그러나 가격 당 에너지밀도가 크기 때문에, 널

표 9-6 시판 자석의 특성

종류	재료계	잔류자속밀도 B_r/T	보자력 H_{CB}/kA^{-1}	최대에너지적 $(BH)_{max}/kJm^{-3}$
금속계	알니코	0.8	151	47.8
		1.10	119	79.6
		1.35	58	62.1
페라이트계	BaM	0.145	167	29.8
	SrM	0.44	227	36.6
희토류계	Sm_2Co_{17}	1.07	770	215
	$Nd_2Fe_{14}B$	1.45	915	406

출처 : Adachi Ginya, Minami Tsutomu, 現代無機材料科学, p.101, (株)化学同人, 2007.

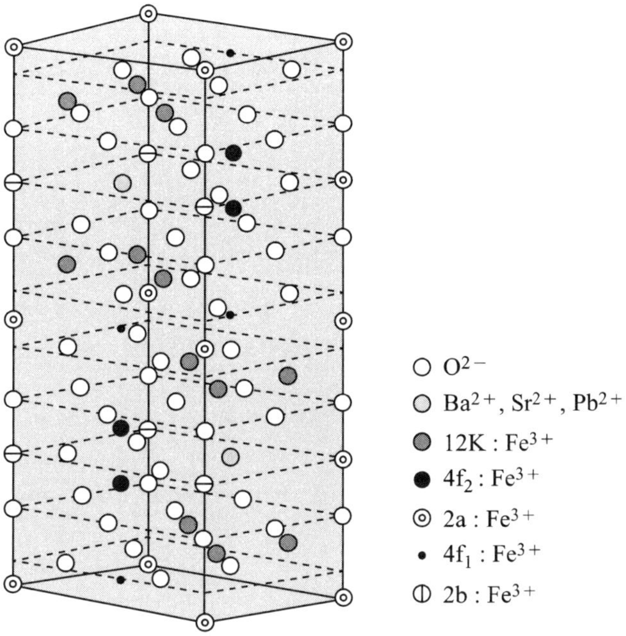

그림 9-15
Magnetoplumbite형 페라이트의 단위격자

출처 : ファインセラミックスの活用(下), part 4, p.64, 大河出版, 1987.

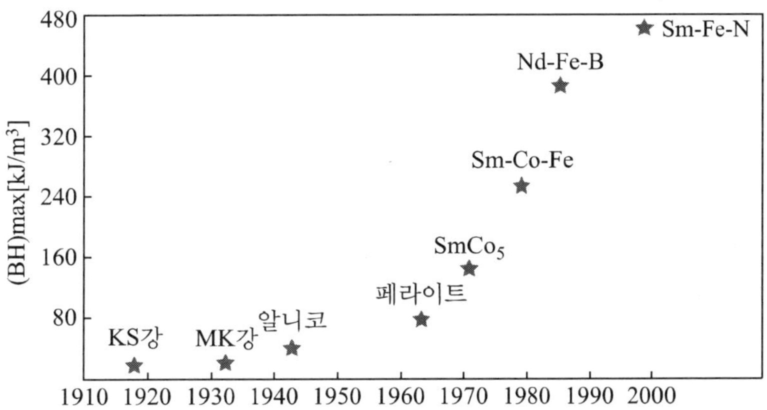

그림 9-16
영구자석의 특성 개선 과정

출처 : 上西勝三, 図解電子材料, 工業調査会, p.149, 2005.

리 이용되고 있다. 영구자석재료는 자석으로 일단 만들어 놓으면, 필요한 자력을 얻기 위해 전원을 사용할 필요가 없으며, 산업분야에서 매우 귀중한 재료이다. 영구자석의 특성이 향상되어 온 과정과 영구자석의 조성을 그림 9-16과 표 9-7에 나타내었다. KS강이 발명되고 나서 새로운 소재가 계속 개발되었다.

$(BH)_{max}$는 영구자석의 성능지수인데, 그림에서 보는 바와 같이 약 50년 동안은 자기에너지적[magnetic energy product ; $(BH)_{max}$]이 100 KJ/m^3 정도였다. 이것이 1970년 이후에 급속하게 특성이 개선되었다. 희토류철붕소계 금속화합물에서는 자기에너지적 400 KJ/m^3 이상을 실현하였다. 그림 9-17에 네오디움철붕소자석의 제조법을 나타내었다

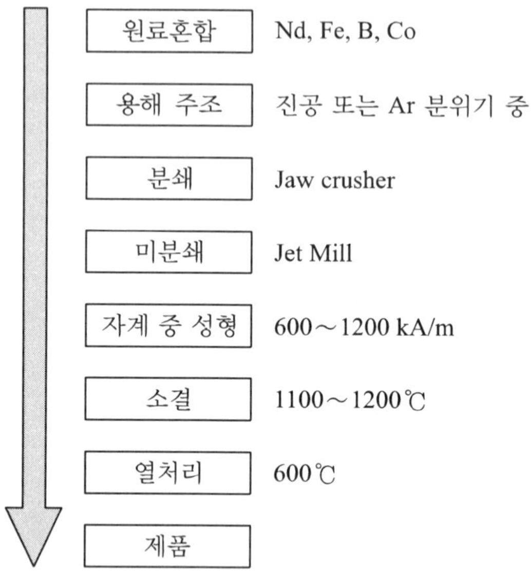

그림 9-17 Ne-Fe-B계 영구자석 제조법

출처 : 上西勝三, 図解電子材料, 工業調査会, chapter 6, 2005.

표 9-7 영구자석의 조성과 특징

종류	재료	$(BH)^{max}$ KJ/m^3
페라이트자석	Fe, Ba, Sr 산화물	6.5～30
알니코자석	Fe-Ni-Al	9～80
사마리움코발트자석	$SmCo_5$	40～223
네오디움철붕소자서	Nd-Fe-B	290～400
질화사마리움철자석	Sm-Fe-N	480 정도

8. 연자성 재료

연자성 재료는 외부자계에 의해 그 자화의 방향이 용이하게 변화하는 재료이다. 이런 재료는 변압기 철심(전기에너지 ↔ 자기에너지), 자기 헤드(전기신호 ↔ 자기신호), 회전기의 철심(자성 경로의 형성) 등에 이용되고 있다. 연자성 재료에 필요한 특성은 투자율(permeability, μ)이 크고, 보자력(coercive, Hc)이 작아야 한다. 이런 특성이 얻어지기 위해서는 자기이방성 및 자기 변형이 적어야 한다. 재료의 자화과정에는 자화회전과정과 자벽이동과정이 있는데, 어느 것이나, 원자가 가지고 있는 자기모멘트의 회전을 동반하는 현상이다. 자기이방성은, 자기모멘트의 회전을 억제하여 투자율을 저하시킨다. 자기변형은 그림 9-18에 나타낸 것과 같이 자화의 회전에 동반하여 자성체의 크기가 변하는 현상이다. 자기변형이 존재하는 재료에서는 자화의 회전이 탄성에너지의 증가로 이어지기 때문에 자화변화가 억제된다. 또 기계적 변형이 존재해도 자기변형을 통해서 자기이방성이 발생하고 투자율이 저하된다. 이것을 자기탄성효과(magnetoelastic effect)라 부른다. 이상과 같이 연자성 재료의 개발은 자기이방성과 자기변형이 작은 재료의 개발이다. 고포화자화 연자성 재료의 대표적인

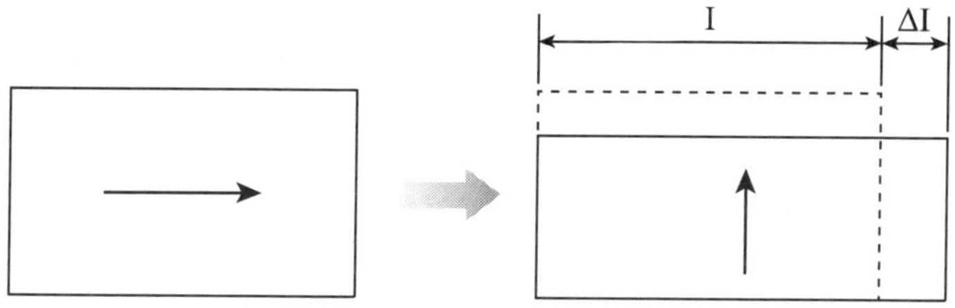

그림 9-18
자기변형

표 9-8 무방향 규소강판의 자기적 특성

Si 양	판의 두께	보자력	비최초투자율
3.5 w%	0.35 mm	20 Am^{-1}	3300
비최대투자율	자기손실	여기자장주파수	최대자속밀도
9600	2.4 Wkg^{-1}	50Hz	1.5T

출처 : Adachi Ginya, Minami Tsutomu, 現代無機材料科学, p.99, (株)化学同人, 2007.

것은 Fe와 Si의 합금을 압연하여 판상으로 만든 규소강판(silicon steel sheet)이며, 변압기나 전동기의 철심에 널리 사용되고 있다. 표 9-8에는 무배향(자기용이축의 방향이 제 각각인) 규소강판의 예를 들었다.

변압기철심

변압기 철심으로 사용되는 재료에는 교류 전기장과 자기장이 계속 가해지기에 이런 용도로 사용하기 위한 재료는 자기이력과 와전류 손실(eddy current power loss)을 최소화하는데 기초하여야 한다. 교류 자기장에 의해 와전류가 흐르게 되면 저항열에 의한 전력손실은 V^2/R로 나타낼 수 있으므로, 변압기 철심의 저항을 최대로 하여 와전류 손실을 최소화할 수 있다. 자기 이력손실을 최소화하기 위해서는 변압기 철심을 연자성 재료로 만들어야 한다.

결정자기이방성을 가지지 않은 비정질자성재료에서는 우수한 연자기특성이 실현된다. 그 중에서도 Fe를 주성분으로 하는 철계비정질재료는, 자기변형이 크기는 하지만 포화자화가 비교적 크고 저가이기 때문에 전력용이나 고주파영역용으로 이용되고 있다. 표 9-9에는 철계비정질재료의 자기특성을 나타내었다. Fe-B-Si계 재료는 상용주파수에서, Fe-B-Si-Cr계 재료는 수 10 KHz 영역의 주파수에서 사용되는 것이 많다.

연자성을 나타내는 대표적인 산화물자성재료로서는, 스피넬(spinel)형 페라이트가 있고, 그 조성식은 $M^{2+}Fe_2^{3+}O_4^{2-}$ (M^{2+}는 2가의 금속이온)로 나타낸다. M^{2+}로서는 Mn 또는 Zn을 주성분으로 하는 페라이트를 Mn-Zn페라이트라 부른다. Mn-Zn페라이트는 자기이방성이나 자기변형이 0에 가깝다.

표 9-9 철계 비정질 합금의 자기특성

합금계	포화자화 T	포화자기 변형	큐리온도 (℃)	결정화온도 (℃)	보자력 Am^{-1}	최대투자율
Fe-B-Si	1.56	27	415	550	2	6×10^5
Fe-B-Si-C	1.61	30	370	480	3	3×10^5
Fe-B-Si-Cr	1.41	20	358	535	5	3.5×10^4

출처 : Adachi Ginya, Minami Tsutomu, 現代無機材料科学, p.100, (株)化学同人, 2007.

9. 자기기록 재료(Magnetic storage material)

자기기록의 원리는 그림 9-19에 나타낸 것과 같이, 좁은 틈새를 가진 자기코어와 매트릭스소재 위에 형성된 자성막을 접촉시켜서 기록 시에는 자성코어로 자성막을 자화시키고, 기록된 내용을 불러올 때는 코어의 틈새로 자성막의 자계가 통과하게 하여 유도되는 기전력으로 읽어낸다. 1936년에 독일의 프로이마에 의해 음성, VTR용의 기초가 되는 미세분말자석을 고분자필름에 도포한 자기테이프가 발명되었다. 자기테이프는 카세트테이프, 화상용 VTR 등에 적용되어 50년 이상 사용되었다. 테이프 형태로는 시리얼 정보를 입력한 것을 읽어내기 때문에 임의의 위치에 기록되어 있는 정보를 읽어내기에는 적합하지 않았다. 따라서 정보기기용으로 사용되는 기록은 테이프 형태에서 랜덤억세스가 가능한 원반 형태의 자기 쉬트(플로피 디스크), 자기디스크(하드디스크)가 사용되었다. 이런 자기기록재료는 반경자성 재료라고도 하며, 연자성과 경자성의 중간적 특성을 가진다. 자기기록 소자로 사용하기 위한 재료에서 요구되는 특성은 우선 쉽게 자화될 수 있어야 한다. 즉, 낮은 보자력(H_c)을 가져야 한다. 또한 외부장을 제거한 후에도 대부분의 자화가 유지되어야 한다. 즉, 높은 잔류자화(Br)를 가져야 한다. 이러한 형태의 소재의 장점은 크기 H_c의 자기장을 반대 방향으로 가해줌으로써 자기 소자에 기록된 정보를 쉽게 지울 수 있다는 점이다.

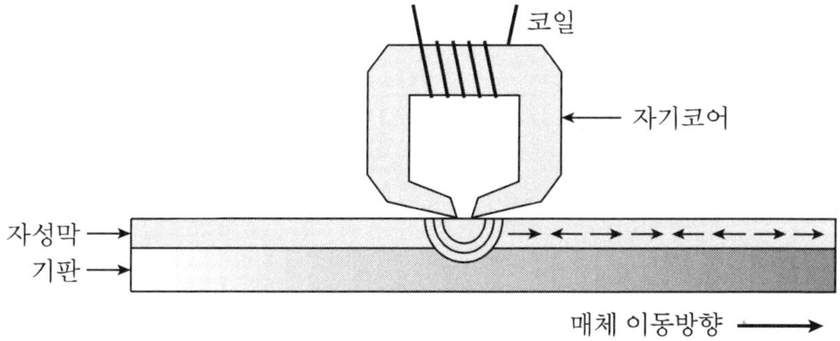

출처 : 上西勝三, 図解電子材料, 工業調査会, chapter 8, 2005.

그림 9-19
자기기록방법

10. 자성유체(Magnetic liquid)

자성유체는 1965년 NASA의 우주프로그램 수행과정에서 개발되었다. 무동력상태에서 액체연료를 운반하려면 어떻게 하면 될까, 액체에 철의 미분말을 섞으면 어떻게 될까 하는 발상으로부터 만들어졌다. 자성유체는 액체이지만 자화되어 있어서 자석으로 자유롭게 변형시키거나 이동시킬 수 있는 특이한 성질이 있다. 자성유체는 수 nm～수십 nm의 크기를 가진 자성유체의 표면을 계면활성제로 완전하게 피복한 초미세입자를 기름이나 물 등의 용매에 고밀도로 분산시킨 안정한 입자콜로이드로서 침강하거나 응집되지 않고, 거시적으로는 고분자용액과 같이 연속체로 볼 수 있는 것이다. 그림 9-20에 나타낸 바와 같이 각 자성입자는 계면활성제로 둘러 싸여 용매에 섞이기 쉽게 되어 있고, 각 자성입자 사이에는 반발력이 작용해서 안정적으로 분산되어 있다.

자성입자로서 마그네타이트(Fe_3O_4), Mn-Zn페라이트와 같은 산화물자성체, 계면활성제, 그리고 유체로서의 기능을 가지는 에스테르, 폴리페닐에테르, 알킬나프탈렌, 플르오르카본유 등의 분산용매 3성분으로 구성된다. 실용화되어 있는 것은 자성미립자 마그네타이트(Fe_3O_4)로서, 그 평균직경이 10 nm로 아주 미세하기 때문에 중력에 의한 침강이나 분리가 일어나지 않는다. 또한 자성미립자들이 계면활성제에 둘러 싸여 있기 때문에, 미립자는 브라운 운동을 하고 있어서, 강한 자기장에도 응집이 일어나지 않는 콜로이드 상태의 액체이다.

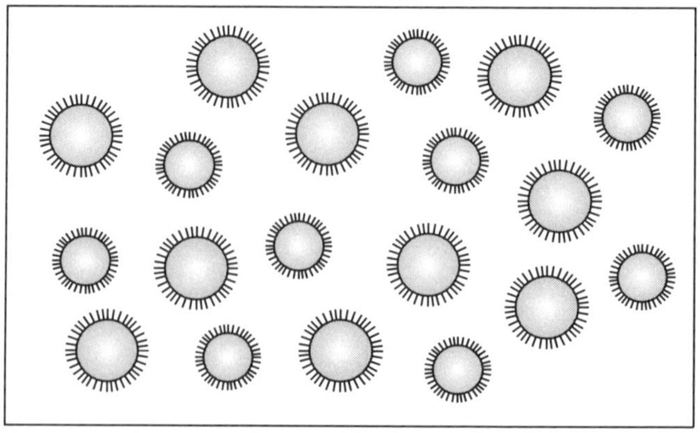

그림 9-20 자성입자의 분산

출처 : 上西勝三, 図解電子材料, 工業調査会, chapter 6, 2005.

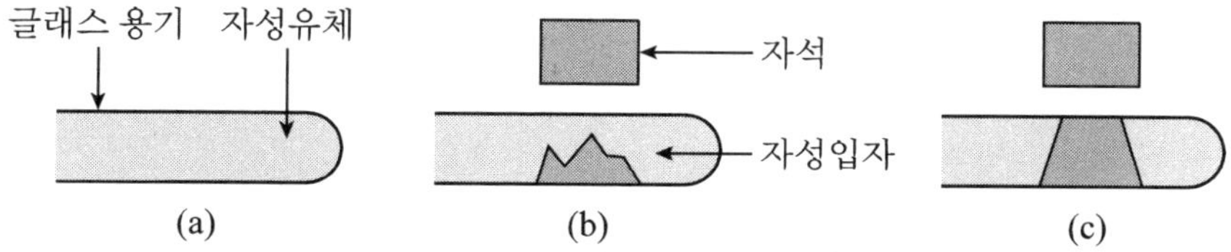

출처 : 上西勝三, 図解電子材料, 工業調査会, hapter 6, 2005.

그림 9-21 자성입자의 움직임

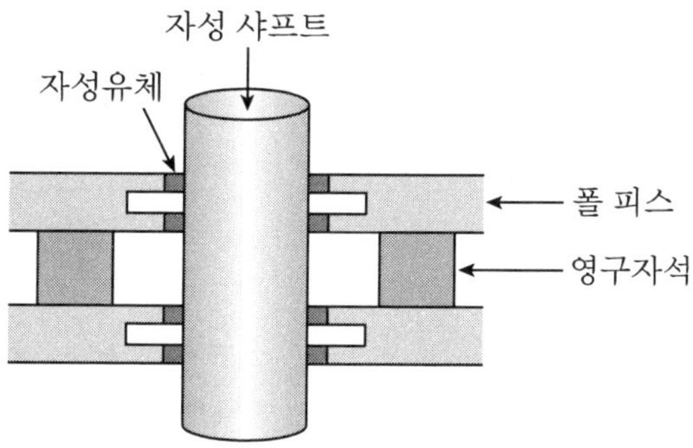

그림 9-22 자성유체에 의한 실링

출처 : 上西勝三, 図解電子材料, 工業調査会, chapter 6, 2005.

자성유체는 자장을 가하면 자화하지만 자장을 제거하면 자화는 사라진다. 사용되고 있는 자성입자가 경질이면서도 초 미세입자이기 때문에 이런 특성을 가진다. 그림 9-21에 나타낸 바와 같이 유리용기 안에 자성유체를 넣고, 자석을 옆에 가져다 대면 자성입자가 끌려오고, 자석을 더 가까이 대면 자성입자는 끌어 당겨진다. 그러나 자석을 멀리 떨어뜨리면 원래의 위치로 되돌아간다.

자성유체는 자성체 seal에 이용되고 있다. 그림 9-22에 나타낸 바와 같이 샤프트와 폴 피스가 형성하는 간극에 자계를 가하여, 그 틈에 자성유체를 오게 하여 자성유체는 유체 O링과 같은 형태로 되어 틈새를 완전하게 밀봉하는 seal의 역할을 한다. 점성저항이 작기 때문에, 회전축의 마찰로 분진 발생이 염려되는 영역의 dust seal로서, 레이저 프린터의 폴리곤 거울의 축받이, 자기디스크 모터의 축받이, 클린 룸 내의 로봇이나 모터 등의 축받이 회전 부분에 사용된다. 저증발량의 자성유체이기 때문에, 신뢰성이 높고, 패킹의 역할을 해서 단수를 겹쳐서 설치하면 10^{-8} torr의 초고진공에서도 성능 저하 없이 잔공 seal재료로 사용되고 있다.

참고문헌

1) 페라이트 세계(Ferrite world), 2010.
2) 마사키 타카키, 김수종, 세라믹스공학
3) Handbook of Multifunctional Ceramics, Chapter3. p.174, NTS, 2011
4) Arakawa Tsuyoshi, Egashira Makoto, Hirata Yoshihiro, Matsumoto Yasumichi, Muraishi Haruto, 無機材料化學, 三共出版, 1994
5) Siokawa Jirou, 入門無機材料, (株)化學同人, 1997
6) Adachi Ginya, Minami Tsutomu, 現代無機材料科學, (株)化學同人, 2007
7) 上西勝三, 圖解電子材料, 工業調査會, chapter 6, 2005
8) Handbook of Multifunctional Ceramics, Chapter 3, p. 174, NTS, 2011.
9) ファインセラミックスの活用(下), part 4, p. 64, 大河出版, 1987
10) 上垣外修己, 神谷信雄, セラミックスの物理, chap.6, 内田老, 1998
11) セラミックスのすべて, 日本セラミックス協會, p. 41, 日刊工業新聞社, 1996

연습문제

9-1 페리자성체와 페로자성체의 차이를 설명하고, 각각의 자성을 가진 재료의 예를 들어 보시오.

9-2 연자성 재료와 경자성 재료의 차이를 자기이력곡선(Magnetic Hysteresis Loop)으로 설명하고, 각 재료의 예를 들어 보시오.

9-3 세라믹스 자성재료는 (　　,　　,　　) 등의 천이금속원소나 (　　,　　) 등의 히토류 원소의 산화물을 구성성분으로 포함하고 있다.

9-4 원자에 속하는 전자는 원자핵을 중심으로 특정한 (　　) 준위를 갖는 궤도에 속하고 있다.

9-5 궤도에서 전자는 자전운동을 하고 있기 때문에 그 방향에 따라 (　　)를 갖게 된다.

9-6 페라이트란?

9-7 Co^{2+} 이온의 d궤도의 전자배치를 그리시오. 또한 이 이온의 부대전자 수는 몇 개인가?

9-8 상자성체를 설명하고 이것의 자기모멘트를 그림으로 나타내시오.

10

chapter

광학재료

1. 서론

최근 광을 이용하는 소재 및 기술이 매우 빠르게 발전하고 있으며, 레이저 소재나 발광다이오드 등과 같은 새로운 광원이나 광섬유, 광자기 재료, 비선형 광학재료 등이 실용화 되었다. 앞으로 광학재료가 대용량 초고속 정보처리, 화상처리, 통신 및 계측 등의 분야에서 주도적인 역할을 할 것으로 여겨진다. 10장에서는 빛의 성질, 빛과 재료와의 사이에서 일어나는 상호작용과 관련된 기본원리에 대하여 알아보고 발광, 광전도, 복사선의 유도방출에 의하여 일어나는 빛의 증폭(레이저), 그리고 이런 현상들을 실제적으로 적용시킨 광학신소재에 대하여 기술하였다.

2. 빛과 물질의 상호작용

2.1 전자기 스펙트럼

전자기 복사선은 진행방향에 대하여 수직하면서 전기장 성분과 자기장 성분이 서로 수직한 형태로 진행하는 파로 정의되고 있다.

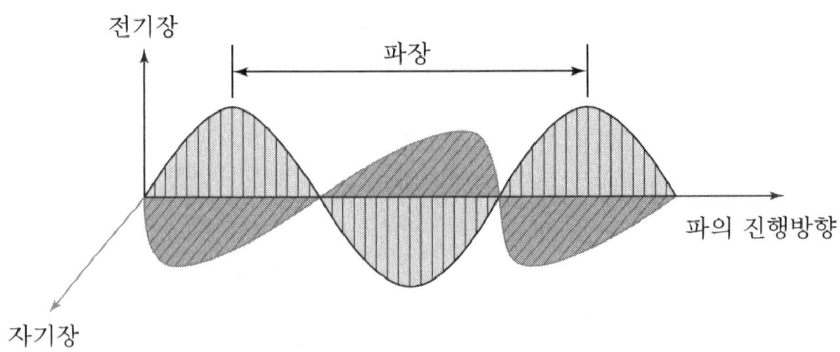

그림 10-1 전자기 복사선의 파장과 전기장 및 자기장

빛, 열(복사에너지), 레이저, 전파, X선은 모두 전자기 복사선의 한 형태이다. 복사파의 전자기 스펙트럼은 γ선으로부터 시작하여 넓은 범위에 걸친 파장을 가지고 있는데 10^{-12} m 정도의 파장을 가진 X선으로부터 자외선, 가시광선, 적외선 그리고 10^5 m의 파장을 가지는 전파로 이루어져 있다.

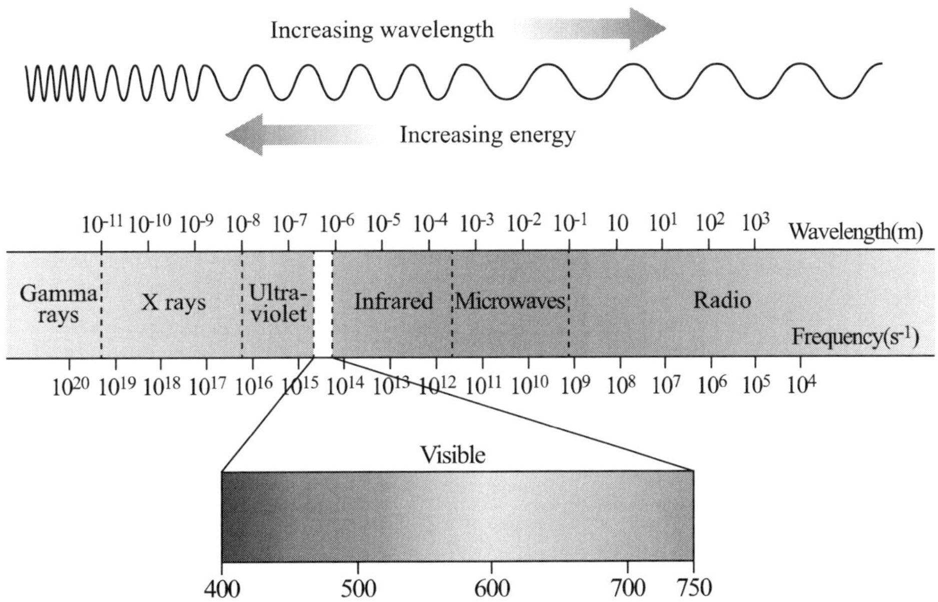

그림 10-2 전자기 복사파 스펙트럼

물질이 전자의 복사선에 노출되면 빛과 물질(재료)사이에 빛의 흡수, 굴절, 반사, 간섭 등의 상호작용이 일어난다. 빛은 음파와 전파보다는 파장이 짧고, 감마선이나 X선보다는 파장이 긴 전자파이다. 그림 10-2에 나타낸 바와 같이 보통 빛이라고 부르는 것은 200 nm에서 1 mm의 파장을 가지고 있다. 우리 눈에 보이는 가시광선은 400~700 nm이며 에너지로는 1.5~3 eV의 전자파이다. 색의 인식은 눈에 들어오는 파장에 의해서 이루어진다. 예를 들면, 약 0.4μm 길이의 파장을 가진 복사선은 보라색으로 인식되며, 약 0.5와 0.65μm의 파장은 각각 녹색과 적색으로 인식된다. 여러 가지 색에 대한 파장 범위는 그림 10-2에 나타나 있다. 흰색은 모든 색을 합한 것이다.

모든 전자기 복사선은 진공 내에서 빛과 똑같은 속도로 진행하고 있다. 빛의 속도는 3×10^8 m/s (186,000 mile/s)이다. 빛의 속도 c는 진공 유전율 ϵ_0와 진공 투자율 μ_0에 대하여 다음과 같은 관계를 가지고 있다.

$$c = \frac{1}{\sqrt{\epsilon_0 \mu_0}} \tag{10-1}$$

이것으로부터 전자기적 상수 c와 전기적 상수 및 자기적 상수 사이에는 일정한 관계가 있음을 알 수 있다. 또한 전자기 복사선 주파수 v와 파장 λ는 속도의 함수로서 다음과 같은 관계를 유지하고 있다.

$$c = \lambda v \tag{10-2}$$

주파수의 단위는 헤르츠(Hz)이고, 1 Hz = 1 cycle/s이다. 여러 가지 형태의 전자기 복사선에 대한 주파수 범위는 그림 10-2의 스펙트럼에 나타나 있다. 전자기 복사선을 복사선이 파동으로 구성되어 있다고 보기보다는 광자(photon)라고 하는 에너지 묶음으로 보는 양자역학적인 관점에서 보는 것이 편리할 때가 있다. 한 광자 에너지 E는 양자화되어 있다고 하는데, 양자화되어 있다는 것은 각 에너지가 특정한 값을 가지고 있다는 것을 말한다. 각 에너지 E는 다음과 같이 양자화된 에너지를 가지고 있다.

$$E = hv = \frac{hc}{\lambda} \tag{10-3}$$

여기서, h는 6.63×10^{-34} J · s인 플랑크 상수(Planck's constant)이다. 이 식에서 광자 에너지는 복사선 주파수에 비례하고, 파장의 길이에 반비례하는 것을 알 수 있다. 그림 10-2에는 전자기 스펙트럼에 관한 광자 에너지 값들이 나타나 있다.

복사선과 재료 사이의 상호작용에 의하여 일어나는 광학적 현상을 묘사할 때, 빛을 광자 관점에서 취급하여 설명하는 방법과, 파동의 관점에서 설명하는 방법이 있는데, 두 가지 방법이 이와 같은 논의를 하는 데 모두 이용된다.

광자는 에너지 E를 갖는 입자 또는 특정한 파장과 진동수를 갖는 파동으로 생각할 수 있다. 이는 양자역학에서의 빛의 이중성(파동성과 입자성)을 동시에 만족한다. 지구는 항상 태양에서 발생하는 광자의 흐름에 덮여 있으며, 그 중 일부는 가시광 스펙트럼에 속한다. 이 광자들은 태양전지를 움직이는 에너지원으로 활용될 수 있으므로 재생 가능한 에너지원으로서 충분한 잠재력을 가지고 있다. 그러나 광자는 재료내의 다양한 물질(근원)로부터 의도적으로 발생시킬 수 있다. 광자가 발생되는 물질(근원)에 따라서 아주 광범위한 파장범위에서 복사선을 얻을 수 있으며, 그림 10-2는 전자기 복사선의 전체 스펙트럼을 나타낸 것이다.

빛은 다양한 종류의 물질을 투과할 수 있다. 만일 빛의 이러한 성질이 없었다면 물은 불투명할 것이고, 광섬유 통신도 불가능할 것이다. 모든 물질이 투명한 것은 아니며, 대부분의 물질은 불투명하게 보이고, 또 어떤 경우에는 입사광을 대부분 반사시켜 우리 눈을 부시게 하기도 한다. 그러나 전자기 복사선의 모든 파장성분을 완전히 투과 시킨다던가, 완전 반사 또는 완전 불투명한 물질은 없다.

2.2 고체 내부의 원자와 전자적 상호작용

고체 내부에서 일어나는 광학적인 현상은 전자기 복사선과 원자, 이온 또는 전자들 간에 일어나는 상호작용을 포함하고 있다. 이러한 상호작용 중 가장 중요한 두 가지 현상은 전자분극(electronic polarization)과 전자 에너지 천이(electron energy transition)이다.

전자 분극

전자기파의 성분 중 하나는 단순히 빠르게 진동하는 전기장이다(그림 10-1). 가시광선의 주파수 범위에 대하여는 이와 같은 전기장이 각 원자를 둘러싸고 있는 전자구름과 상호작용을 일으켜 전자 분극을 유도한다. 다시 말하면 그림 10-3에서 보인 것과 같이 전기장 성분의 변화에 따라 원자핵에 대하여 전자구름이 이동된 상태를 유지하게 된다. 이와 같은 분극의 두 가지 중요한 결과는, ① 일부 복사 에너지의 흡수와 ② 매질을 통과하는 빛 속도의 감소이다.

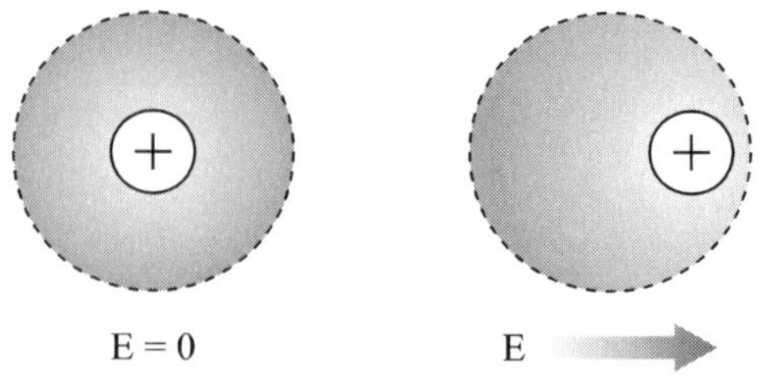

그림 10-3 전기장에 의한 전자분극

전자 천이

전자기 복사의 흡수와 방출은 전자가 한 에너지 상태에서 다른 에너지 상태로의 천이 현상을 포함하고 있다. 이 현상을 이해하기 위하여, 그림 9.4에 나타낸 것과 같은 하나의 고립된 원자의 에너지 선도(energy diagram)를 고려해 보자. 원자가 광자 에너지를 흡수할 때 E_2의 에너지 준위에 위치해 있는 전자는 E_2 준위에 채워지지 않고 보다 높은 에너지 준위 E_4로 여기된다. 그 전자가 겪는 에너지 변화 ΔE는 다음과 같이 복사선 주파수에 따라 변한다.

$$\Delta E = hv \tag{10-4}$$

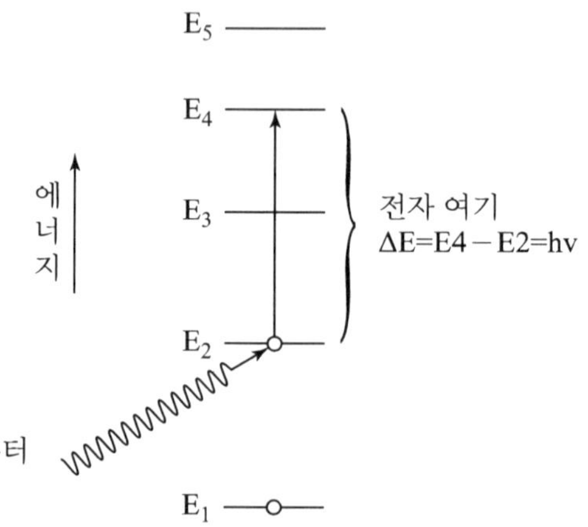

빛 에너지로부터 광자를 흡수하여 전자의 에너지 상태가 변화하여 일어나는 전자 여기, 광자의 에너지는 전자가 여기된 후의 에너지에서 여기 전 에너지를 뺀 것과 같다.

그림 10-4 빛 에너지 흡수에 의한 전자의 여기

여기서, h는 플랑크 상수이다. 원자의 에너지 준위들은 분리되어 있으므로 에너지 준위 사이에는 일정한 ΔE값이 존재한다. 그러므로 전자의 천이에 의하여 흡수될 수 있는 광자는 그 원자에 대하여 가능한 ΔE에 해당하는 주파수를 가진 광자만이 흡수된다. 더욱이 모든 광자 에너지는 각각의 여기 현상에 의하여 흡수된다.

또한, 여기된 전자는 오랫동안 여기 상태(excited state)에 머물러 있을 수 없다. 짧은 시간이 지난 후에 전자는 기저 상태(ground state) 또는 여기되지 않았던 준위로 다시 복귀하면서 전자기 복사선을 재 방출한다. 여러 가지 붕괴 경로가 가능하지만, 어떤 경우에도 전자 천이에 의하여 일어나는 흡수와 방출에 대한 에너지 보존 법칙이 성립되어야 한다. 이와 같이 전자기 복사선의 흡수와 방출에 관련된 고체 재료의 광학적 특성은 재료의 전자 밴드 구조 및 전자 천이와 관련된 원리에 의해서 설명할 수 있다.

2.3 흡수, 투과, 굴절 그리고 반사

광자가 어떠한 재료의 전자구조 또는 결정구조와 상호작용을 일으킬 경우에는 그림 10-5와 같이 여러 가지의 광학적인 현상이 발생한다. 만약 재료에 입사되는 광자가 재료 내의 가전자와 상호작용을 일으킨다면 다음과 같은 현상들이 일어날 수 있다. 먼저 광자가 자신의 에너지를 전부 잃어버린다면 흡수(Absorption)가 일어난다.

또한 광자가 에너지를 잃으면서 즉시 동일한 에너지를 갖는 광자가 재료로

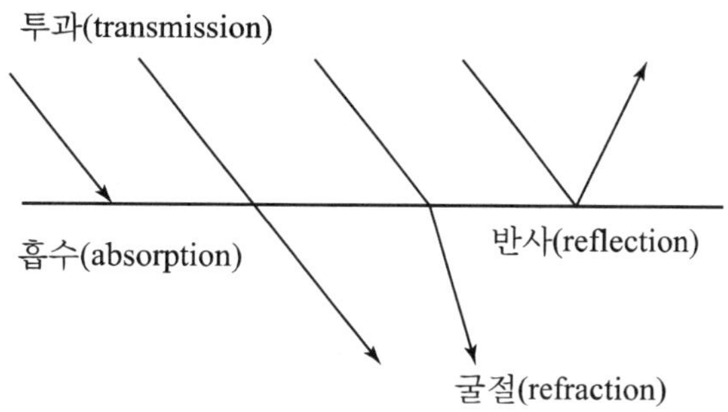

그림 10-5
여러 가지 광학적 현상

부터 방출되기도 하는데 이러한 경우에는 반사(Reflection)가 일어난다. 마지막으로 광자가 재료의 전자구조와 상호작용을 일으키지 않는 경우가 있는데 이러한 경우에는 투과(Transmission)가 일어난다. 투과가 되면서 광자의 속도가 바뀌는 경우가 생기는데 이것은 굴절(Refraction)이라 부른다. I_0 의 강도를 갖는 입사광선은 부분적으로 반사되거나 흡수되고 또 일부는 투과가 될 수 있다. 그러므로 입사광선의 강도는 다음 식으로 표현될 수 있다.

$$I_0 = I_r + I_a + I_t \tag{10-5}$$

여기서 I_r 은 반사된 부분, I_a 는 흡수된 부분, 그리고 I_t 는 투과된 부분이다. 반사는 재료의 앞면과 뒷면에서 모두 일어날 수 있다. 재료 내에서의 광자의 거동을 결정하는 데는 몇 가지 인자가 중요하게 작용하며, 그 중에서도 전자를 높은 에너지 준위로 여기 시키는데 필요한 에너지는 매우 중요한 인자이다.

굴절(Refraction)

광자는 투과되는 과정에서도 재료내의 전자들의 분극을 일으키며, 이렇게 분극화된 재료들과 상호작용을 하면서 에너지의 일부를 잃게 된다. 재료 내에서의 빛의 속도(v)는 재료가 얼마나 쉽게 전기적으로, 자기적으로 분극될 수 있는가와 관계가 있으므로 다음과 같이 나타낼 수 있다.

$$v = \frac{1}{\sqrt{\mu\epsilon}} \tag{10-6}$$

일반적으로 광학재료는 비자성체이므로 투자율은 무시할 수 있다. 재료 내에서는 광자의 속도가 감소하기 때문에, 광선은 재료에 입사하면서 방향이 바뀌게 된다. 만약 진공 중에 이동하는 광자가 재료와 충돌하였다고 가정할 경우, 이 때 α 와 β 를 각각 입사선과 굴절선이 재료표면의 수직선과 이루는 입사각과 굴절각이라고 한다면

$$n = \frac{c}{v} = \frac{\lambda_{vacuum}}{\lambda} = \frac{\sin\alpha}{\sin\beta} \tag{10-7}$$

의 식으로 표현할 수 있다. 이 비율 n을 굴절률(index of refraction)이라고 하며, c는 진공 중의 빛의 속도, v는 재료 내에서의 빛의 속도를 나타낸다.

반사(Reflection)

광선이 재료에 충돌하면 광자가 가전자와 상호작용을 일으켜 에너지를 잃게 된다. 금속에서는 가전자대에서 전도대로 전자가 쉽게 이동할 수 있으므로 거의 모든 파장의 복사선이 전자를 더 높은 에너지 준위로 여기시킨다. 여기서 광자가 모두 흡수된다면 아무런 빛도 반사되지 않아서 금속은 검게 보이리라 예상할 수도 있다. 하지만, 알루미늄과 은에서는 여기된 전자가 제자리로 돌아올 때 입사된 광자와 거의 동일한 파장을 갖는 광자들이 즉시 방출되는 반사가 일어난다. 이 때 실질적으로 모두 가시 스펙트럼이 반사되므로, 이 금속들은 대부분 흰색이나 은색을 띠게 된다.

반사율(Reflectivity) R은 입사광선 중 반사된 분율을 나타내며 굴절율과 관계가 있다. 재료가 진공 또는 공기 중에 있다면 반사율은 다음과 같다.

$$R = \left(\frac{n-1}{n+1}\right) \tag{10-8}$$

만약 재료가 굴절률이 n_i인 다른 매체에 들어 있을 경우, 반사율은 다음과 같이 수정이 된다.

$$R = \left(\frac{n-n_i}{n+n_i}\right)^2 \tag{10-9}$$

굴절률이 큰 재료들은 굴절률이 작은 재료보다 반사율 또한 크다. 또한 굴절률은 광자의 파장에 따라 달라지므로 반사율도 마찬가지로 변하게 된다. 금속은 반사율이 일반적으로 0.9~0.95인 반면, 흔히 사용되는 유리의 반사율은 0.05 정도이다. 금속이 불투명해 보이는 이유 중 하나가 바로 이 높은 반사율 때문이다.

물질이 빛을 흡수하면 물질을 구성하고 있는 분자, 원자 또는 이온이 빛의 에너지를 받아 들여서, 보다 높은 에너지를 갖는 여기상태로 된다. 금속의 경우에는 자유전자가 가시광선영역의 빛 에너지를 흡수하기 때문에 불투명하게 보인다. 세라믹스 같은 유전체에서는 충만대와 전도대의 에너지 차이가 보통 5 eV 이상이므로 전자는 쉽게 움직이지 못하며, 빛 에너지에 의해 여기되기 위해서는 에너지가 높은 단파장의 자외선을 필요로 한다. 그러나 불순물이 존재하면 충만대와 전도대 사이에 천이할 수 있는 준위가 생기기 때문에 가시광선의 에너지를 흡수하게 된다. 이 경우에는 전이 에너지에 상당하는 특정 파장의 빛만을 흡수한다. d 각이나 f 각이 채워지지 않고 전자궤도 간의 천이가 일어나는 천이금속이온이 불순물로서 포함되는 경우에는 같은 준위 내에서 에너지 폭이 좁아져, 그 에너지 이외의 에너지를 갖는 빛은 흡수하지 않기 때문에 불투명하게 되지는 않고 착색이 일어난다.

3. 광섬유

금속 도선을 이용하는 신호의 전송은 전자에 의하여 이루어진다. 그러나 광섬유를 이용하는 신호의 전송은 전자기파 또는 광파의 광자를 이용하여 이루러진다. 광섬유를 이용하면 전송 속도, 정보 밀도, 오차율을 감소시키면서 전송거리를 늘릴 수 있으며, 광섬유들 간에 갑섭이 일어나지 않는 장점이 있다. 광통신망을 이루고 있는 광섬유의 소재는 SiO_2 광섬유이다. 최근에는 빛을 도파하는 역할 뿐만 아니라 빛을 증폭하는 기능을 가진 광섬유로써 유로퓸 등의 희토류원소가 첨가된 고아섬유, 광손실율이 실리카 광섬유보다 우수한 불화물계 광섬유 및 근거리 통신망으로 이용되는 플라스틱 광섬유가 개발되었다. 광섬유는 그림 10-6에 나타낸 바와 같이 코어(core), 클래딩(cladding), 코팅층(coating) 으로 구성되어 있다. 신호는 코어를 통해서 전달되며, 주위의 클래딩은 광파를 코어 내에서만 이동하도록 하는 역할을 한다. 외부 코팅층은 코어와 클래딩을 마모나 외부 압력으로부터 보호하는 기능을 한다. 고순도 실리카를 원료로 사용하는 광섬유의 직경은 5～100μm의 범위를 가지고 있으며, 섬유들은 결함이 없는 구조로 되어 있다.

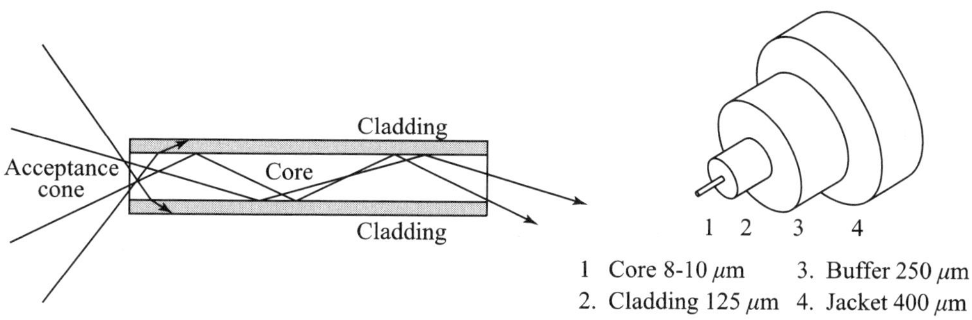

그림 10-6 광섬유를 통한 빛의 진행과 광섬유의 구성

4. 레이저재료

4.1 빛의 흡수와 방출

그림 10-7에 물질에 빛을 비췄을 때의 상호작용에 대한 모형을 나타내었다. E_4의 상태에 있는 원자는 E_3의 상태로 떨어지면서 그 차이에 해당하는 빛을 방출한다. 한편 E_3의 상태에 있는 원자는 빛을 흡수하여 E_4상태가 된다. 이때는 역시 그 에너지 차이에 정확하게 일치하는 에너지의 빛이 비추어져야 한다.

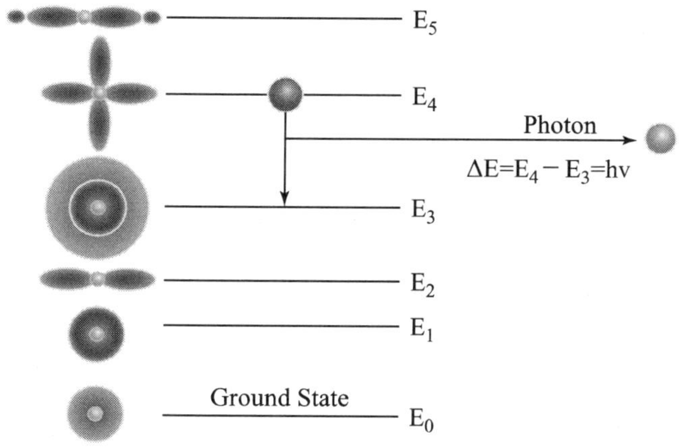

그림 10-7 원자의 빛 방출 모형

4.2 빛의 증폭

전자기파의 증폭

전자회로로 발생시킬 수 있는 전파는 검파에 의해 선택적으로 증폭시킬 수 있다. 또한 진동자 회로에 의해 단일 파장의 전파를 쉽게 발생시킬 수 있다. 그림 10-8에서 증폭기는 입력된 여러 진동수의 교류 중 특정한 진동수의 교류만 증폭하여 전자기파를 발생할 수 있으나 그 진동수는 상당한 폭을 가지고 있다. 이 전자기파는 결맞은 상태로 잘 빚어진 형태로 만들 수 있지만, 이러한 전자회로에 의해 만들어지는 전자기파는 전자소자의 특성상 수 GHz만 가능하다.

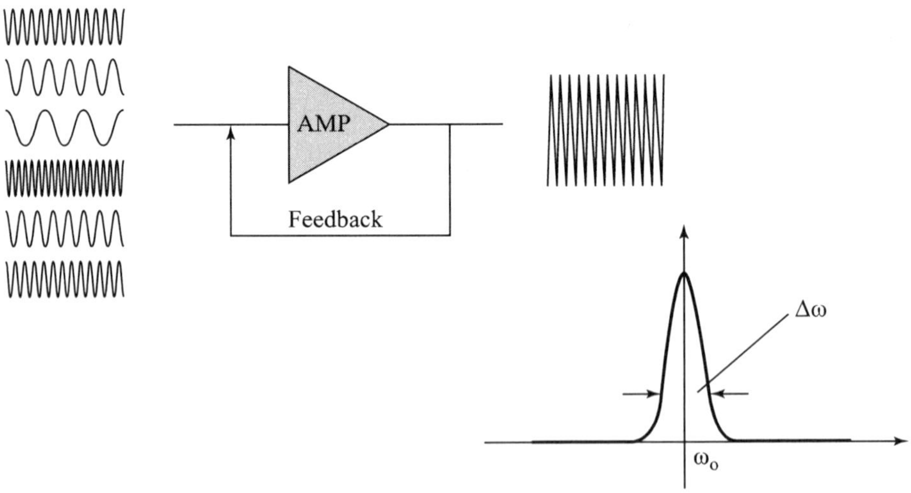

그림 10-8 전자기파의 증폭

빛의 증폭

백열전등을 사용하면 강력한 빛을 낼 수 있지만 매우 큰 전력이 소모되며 이것이 내는 빛은 증폭되었다고 볼 수 없으며, 무수히 많은 빛의 줄기를 발생하는 것일 뿐이고, 그 파장의 폭도 매우 넓다. 그림 10-9에서 흑체 복사에 의해 발생되는 빛은 파장의 폭이 매우 넓은 것을 나타내고 있다. 보어의 이론에 의해 빛이 원자의 전이에 의해서도 발생된다는 것이 발견되었다. 이 경우에는 거의 단색파장의 빛이 발생되기는 하지만 레이저가 발명되기 이전에는 빛을 선택적으로 증폭하는 방법이 없었다.

(a) 백열전등에 의한 빛의 증폭

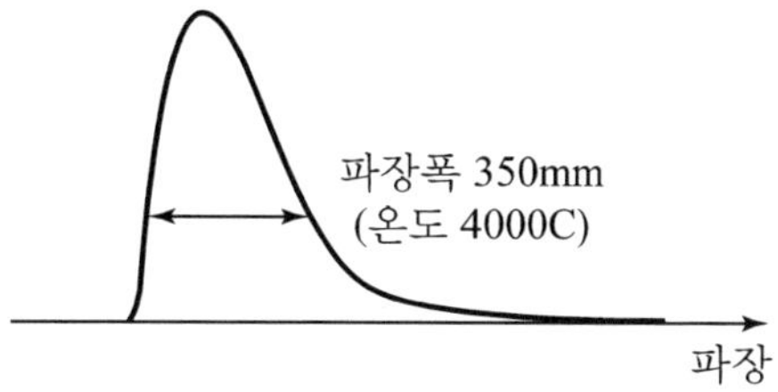

(b) 흑체복사에 의한 빛의 증폭

그림 10-9 빛의 증폭 그림

4.3 레이저(Laser)

레이저는 유도 방출에 의한 빛의 증폭(Light Amplification by the Stimulated Emission of Radiation)의 영어표기를 한글화한 것이다. 광자를 위상이 같은 파장의 빛으로 방출하는 광원이다. 전형적인 레이저 광은 단색, 즉 오직 하나의 파장이나 색으로 이루어지며, 레이저 빔은 가늘고 퍼지지 않는다. 그러나 백열전구 등과 같은 대부분의 광원은, 빛의 파장의 위상이 같지 않은 수많은 빛을 넓은 파장 범위에서 넓은 면적으로 방출한다.

레이저의 파장은 매질(소재)에 따라 다른데, 아르곤은 푸른색, 이산화탄소는 무색(적외선), 루비는 붉은색의 레이저를 방출한다. 레이저는 일반적으로 레이저는 다음과 같은 특징을 가진다.

① 유도방출에 의해 증폭된 빛이다. 레이저는 들뜬 원자나 분자를 외부에서 자극시켜 장단(결)이 잘 맞아있는 빛을 방출하게 함으로써 큰 증폭률로 증폭된 빛을 말한다.
② 레이저는 직진성이 강하다. 보통의 빛은 렌즈를 써서 아주 가늘게 만들 수 있기는 하지만 회절에 의해 곧 넓게 퍼져 버린다. 그러나 레이저는 좁

고 긴 관을 수만 번 왕복한 빛이기 때문에 멀리까지 갈 수 있는 상태로 아주 잘 빗어져서 거의 퍼지지 않고 직진하게 된다.

③ 레이저는 한 가지 색을 가지고 있는 순수한 빛이다. 보통의 빛은 여러 가지 파장, 즉 여러 가지 색의 빛이 섞여 있다. 비교적 순수하다고 할 수 있는 네온사인처럼 방전에 의한 빛도 원자의 운동에 의한 도플러 효과로 약간의 파장폭을 가지고 있으나 레이저는 양쪽 거울 속에 잘 뛰놀 수 있는 공명상태의 빛을 방출하므로 거의 단일한 파장을 갖는 순수한 빛을 방출하게 된다.

④ 레이저는 결이 잘 맞아 있는 강력한 빛이다. 우리 주위의 보통의 빛은 마치 수많은 북을 제멋대로의 장단으로 치는 경우처럼 서로 연결되지 않고 짧은 파동이 수없이 모여 있다. 그러나 레이저는 많은 북을 일정한 장단에 맞추어서 치는 것처럼 많은 파동이 서로 정확하게 잘 겹쳐져서 매우 강력한 밝기를 가지고 있다.

기체레이저

대표적인 기체 레이저의 간단한 구조를 그림 10-10에 나타내었다. 관 속에 희박한 기체를 넣고 전압을 걸어 방전시키면, 여기된 기체가 내는 빛은 양쪽의 거울을 왕복하면서 거듭하여 빛의 세기가 증가하면서 강력한 빛이 만들어진다.

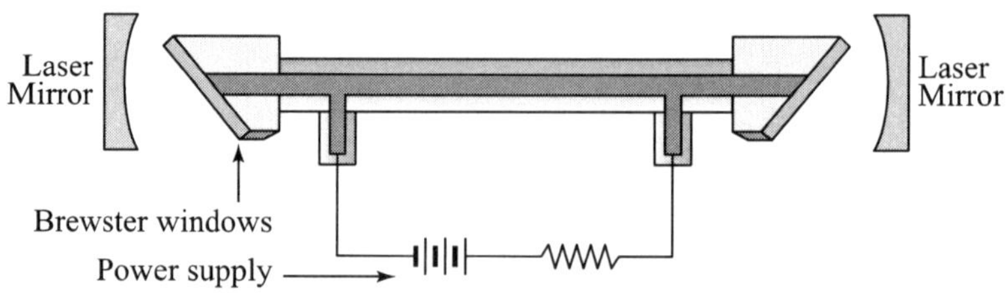

그림 10-10
기체레이저의 구조

고체레이저

인공루비나 유리・YAG(이트－알루미늄－가넷) 등의 결정을 레이저광선 발생재료로 사용한 것이 고체레이저이다. 루비는 Al_2O_3(사파이어)에 0.05% Cr^{3+} 이온을 첨가한 단결정이며, Cr^{3+}이온으로 인하여 붉은색을 띤다. 이 이온이 레이저가 동작하는 데 필요한 전자 준위를 제공한다. 루비 레이저는 봉의 형태로 구성되어 있으며, 양 끝은 평평하고 서로 평행하면서 아주 잘 연마되어 있다. 또한 양 끝은 은이 칠해져 있어 한쪽 면은 완벽하게 반사되고, 다른 쪽 면은 부분적으로 투과시킨다.

루비는 그림 10-11에 나타낸 것처럼 크세논 섬광 램프(xenon flash lamp)로부터 방출되는 빛으로 조명된다. 루비에 포함된 Cr^{3+} 이온들은 빛에 조명되기 전에는 기저 상태에 존재해 있다. 다시 말하면, 그림 10-11에서 보듯이 전자는 가장 낮은 에너지 준위를 채우고 있다. 그러나 램프로부터 나오는 0.56μm 파장의 광자들이 Cr^{3+} 이온에 있는 전자들을 보다 높은 에너지 준위로 여기시킨다. 여기된 전자들은 두 가지 다른 경로를 거쳐 초기의 기저 상태로 복귀한다. 일부 전자들은 직접 복귀하는데, 이때 방출되는 광자는 레이저 빔하고 무관하다. 크세논램프는 카메라의 스트로보스코프와 같이 순간적인 방전을 하는 발광을 내며, 레이저의 발진 출력은 크세논램프를 발광시킨 순간에만 얻는다. 레이저 출력광의 에너지는 수 J (줄)인데 출력이 나오는 시간이 매우 짧으므로 단위 시간당 에너지의 최대값은 수백 mW에 이르는 것도 있다. 발진출력광의 파장은 0.69μm로 분홍색이다. 그림 10-12는 루비레이저의 에너지 구성도를 나타내었다.

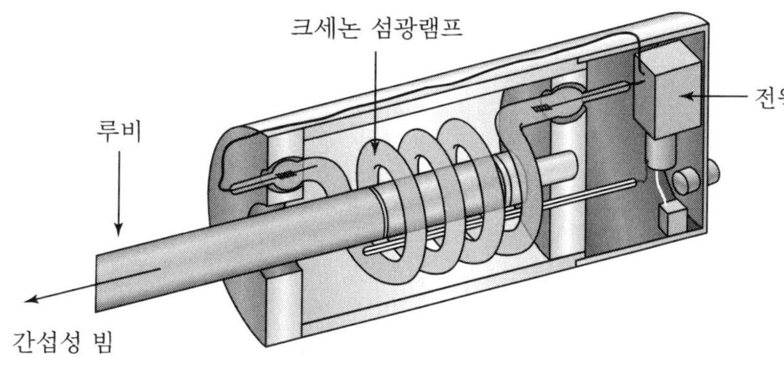

그림 10-11
루비레이저

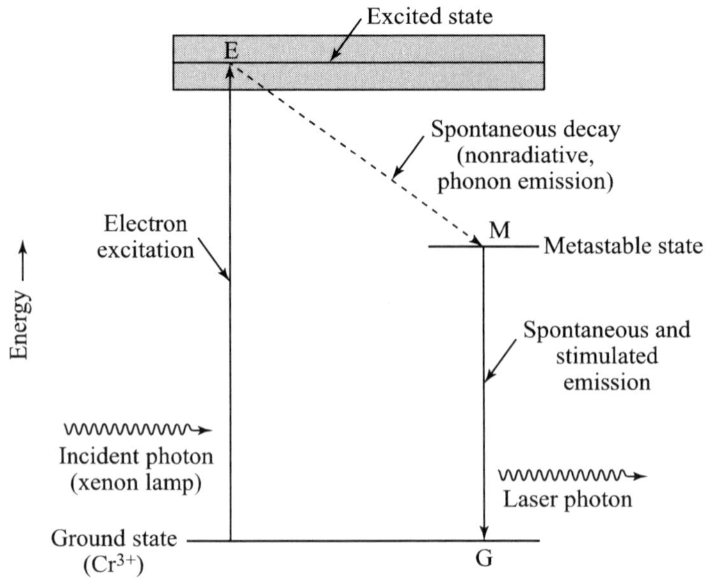

그림 10-12 루비레이저의 에너지 구성도

출처 : William D. Callister, David G. Rethwisch, Chapter 21, WILEY, 2013

YAG : Nd ($Y_3Al_5O_{12}$: Nd^{3+}) 레이저

YAG 레이저는 가넷트 구조를 갖는 이트륨·알루미늄·가넷트($Y_3Al_5O_{12}$)의 단결정 중에 있는 Y^{3+}의 일부를 Nd^{3+}로 치환한 것이다. 치환되는 Nd^{3+}와 Y^{3+}의 이온 반경이 거의 같기 때문에, 결정장의 변형이 작고, 스펙트럼의 폭도 매우 좁다. YAG레이저는 가공, 계측, 의료 등에 이용되고 있다. YAG : Nd 레이저는 YAG단결정을 사용하고 있어서 대형화하기 어렵기 때문에, 인산글래스를 YAG 대신 이용하는 대형 레이저가 개발되어 핵융합 연구에 이용되고 있다. 한편, $TLiF_4$: Nd^{3+} 레이저는 유도방출면적이 넓고, 여기효율이 좋아서, 연속발진 능력에서 YAG : Nd^{3+}를 능가하는 성능을 가지고 있다.

반도체레이저

반도체레이저는 갈륨이나 비소 같은 고체 재료를 사용하는데 레이저의 발생 메커니즘이 다르기 때문에 고체레이저와 구별한다. 반도체레이저는 갈륨과 비소의 p형 반도체와 n형 반도체를 접합한 반도체 p-n접합다이오드에 전류를 흘려서 들뜨게하여 레이저를 발진시키는 것이다. 갈륨과 비소의 p-n접합다이오드에 p형으로부터 n형 방향으로, 즉 순방향으로 전류를 흐르게 하면 p형 쪽에는 양의 전하를 가진 정공이 증가하고 n형 쪽에는 음전하를 가진 전자가 증가한다. 이때가 반도체레이저가 들뜬 상태이다. 이 상태로부터 전자가 정공과 재결합할 때 빛에너지를 외부에 방출한다. p-n접합 다이오드에 흐르는 전류를 크게 하면 정공과 전자가 계속 증가하여 반전분포가 형성된다. 그 때문에 활발하게 유도방출이 일어나 p형과 n형의 접합면으로부터 레이저광선이 발생한다. 반도체레이저의 특징은 대단히 소형으로 발광부의 크기가 수 mm 정도이다. 또한, 램프를 사용하여, 간접적으로 들뜨게 하는 방식이 아니라, 직접 전류를 흘려서 들뜨게 하므로 발진 효율이 좋다.

반도체 레이저는 다이오드의 일종으로 양단에 전압을 인가하면 접합부(junction)에서 위상이 같은(coherent) 레이저 빛이 방출되게 한 것이다.

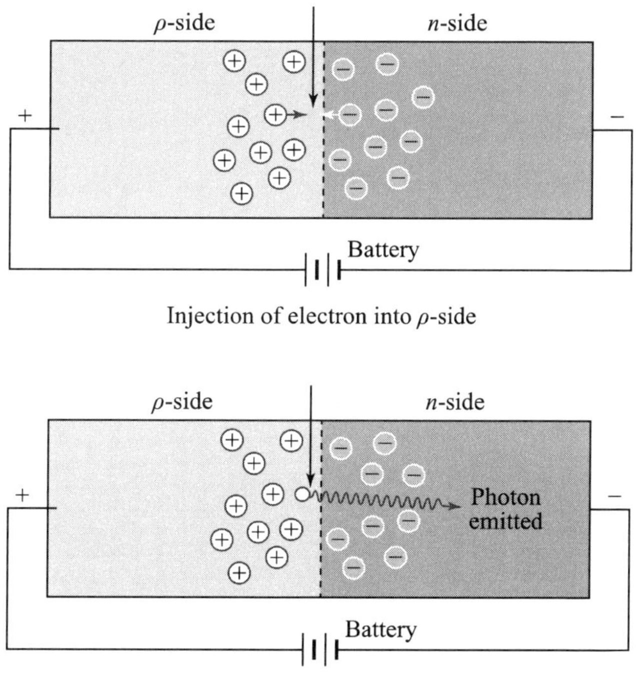

그림 10-13
반도체레이저

출처 : William D. Callister, David G. Rethwisch, Chapter 21, WILEY, 2013

다이오드 레이저는 광학 디스크 드라이브, 레이저 프린터, 레이저 포인터 등에 사용된다. 일반적인 반도체 레이저는 p-n접합 사이에 활성층이 삽입되어 있는 구조로 되어 있고, 활성층의 종류에 따라 임계치 전류(threshold current)가 달라진다.

레이저 응용 산업분야

레이저는 다양한 산업분야 응용되고 있다. 레이저 가공분야에서는 금속, 플라스틱, 나무 등의 절단, 구멍 뚫기와 용접, 담금질 등을 하는 기술이 적용되고 있다.

강력한 출력의 레이저를 사용하여 작동 속도가 빠르고 초점을 정확히 맞출

표 10-1 여러 가지 형태의 레이저 응용

레이저	형태	일반적 파장 (μm)	최대출력 전압 (W) [a]	응용
He-Ne	Gas	0.6328, 1.15, 3.39	0.0005~0.05 (CW)	통신, 기록/홀로그램 플레이백
CO_2	Gas	9.6, 10.6	500~15,000 (CW)	열처리, 용접, 절단, 스크라이빙, 마킹
Argon	Gas ion	0.488, 0.5145	0.005~20 (CW)	수술, 거리 측정, 홀로그래피
HeCd	Metal vapor	0.411, 0.325	0.05~0.1	빛쇼, 스펙트로스코피
Dye	Liquid	0.38~1.0	0.01 (CW) 1×10^6 (P)	스펙트로스코피, 공기오염 측정
Ruby	Solid state	0.694	(P)	펄스 홀로그래피, 작은 구멍 형성
Nd−YAG	Solid state	1.06	1000 (CW) 2×10^8 (P)	작은 구멍 형성, 용접, 절단
Nd−Glass Diode	Solid state Semiconductor	1.06 0.3~340	5×10^{14} (P) 0.6 (CW) 100 (P)	펄스 용접, 작은 구멍 형성 바코드 인식, CDs, DVDs 광통신

수가 있기 때문에 여러 분야에 이용되고 있다. IC와 LSI, 정밀 기기의 가공에 레이저는 매우 적합하다. 매우 작은 점에 집광(集光)할 수 있고 에너지 밀도가 큰 것이 레이저의 특성이기 때문이다. 가장 단단한 다이아몬드를 비롯하여 보석·내열합금(耐熱合金)·세라믹스 등도 가공할 수 있다. 직경 1 mm의 루비에 직경 0.05 mm의 구멍을 1초 동안에 10개 이상 뚫을 수 있다.

동일한 레이저 가공기로 출력을 다르게 하여 여러 가지 작업을 할 수 있다. 출력을 높여 연속적으로 빛을 조사하면 금속을 절단할 수가 있으며, 재료가 녹으면서도 증발하지 않을 정도로 출력을 줄이면 용접기로 사용할 수 있다. 더욱 줄이면 금속 표면에만 열처리를 한다든지 금속 표면의 흠을 찾아낼 수도 있다.

의료 분야에서 사용하는 레이저 메스는 레이저 광을 렌즈로 집광시켜 한 점에 조사한다. 이 강력한 에너지가 생체 조직을 순간적으로 증발, 기화시켜서 절개하게 된다. 절개되는 부분의 조직은 순간적으로 1,500℃ 이상이 되어 열에 의하여 증발해 버린다. 출력을 100℃ 이하로 낮추면 조직은 응고되기 때문에, 종래의 메스보다도 출혈이 적어지므로 출혈이 많은 부위의 수술에 적합하다. 레이저는 광학 통신시스템에서 광원으로 이용되기도 하며, 또한 레이저의 간섭성(coherent) 높은 성질을 이용하여 매우 정밀한 거리를 측정하는 데 사용되고 있다.

5. 형광체

물질은 어떤 파장의 전자파를 흡수하는 성질을 가지고 있다. 전자파가 물질에 흡수되면 발광(luminescence), 전자방사, 발열, 화학변화, 광분해, 이온화, 광전도, 결정구조의 변화 등 여러 가지 현상이 일어난다. 형광체(phosphor)란 위의 여러 현상 중에서 발광현상을 높은 효율로 이용하는 것이다. 발광현상은 전자파뿐만 아니라, 전기장, 열, 기계적인 힘, 화학반응에 의해서도 일어난다. 따라서 형광체란 외부로부터 여러 가지 자극(여기 에너지)에 의해 비교적 고효율로 광을 방출하는 물질이라고 정의할 수 있다. 그러나 여기에너지를 흡수했어도 발광하는 물질은 매우 드물다.

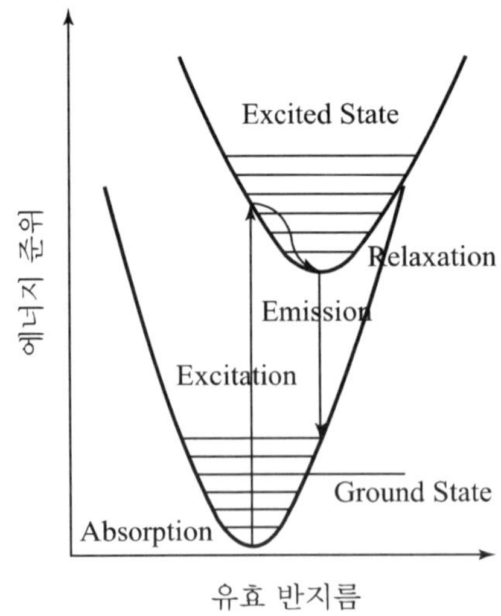

Step 1 : Absorption
외부로부터 에너지 흡수

Step 2 : Excitation
활성체 중심 내에서
에너지 준위의 여기

Step 3 : Relaxation
여기 상태의 완화

Step 4 : Emission
기저상태로의 복귀에 의한
광 방출

그림 10-14
형광체의 발광원리

표 10-2 여기 에너지의 종류에 따른 형광 기능형광체

여기 에너지	형광 기능
광자발광(Photo-luminescence)	LED, PDP, 램프용 형광체
음극발광(Cathode-luminescence)	CRT, FED용 형광체
전기발광(Electro-luminescence)	LCD, EL용 형광체
화학발광(Chemi-luminescence)	Luminol 형광체, Western Blot Analysis용
열발광(Thermo-luminescence)	열형광선량계용 형광체(방사선량 측정)

표 10-3 형광체의 구성 요소 및 역할

구성 요소	기 능
모체(Host matrix, H)	activator 이온을 잡아주는 역할
부활제(Activator, A)	실제로 빛을 내는 이온 ex) $YVO_4 : Eu^{3+}$ 형광체에서 희토류 원소 전자 acceptor로 작용
공부활제(Co-activator, C)	전하 균형(charge balance)유지 전자 donor로 작용
증감제(Sensitizer, S)	activator의 광효율을 증가시키는 역할

일반적으로 형광체는 결정(모체 ; Host)에 발광의 중심이 되는 불순물을 첨가(고용)시켜서 만든다. 이 불순물을 부활제(activator)라 한다. 부활제의 종류와 농도에 의해 형광체의 발광 특성(발광색, 피크의 파장, 감쇄시간 등)이 변한다. 형광체는 $YVO_4 : Eu^{3+}$ 등의 형태로 표시한다.

형광(fluorescence)

조사한 빛을 제거하여도 계속 발광하는 현상을 인광(phosphorescence), 조사한 광을 제거하면 바로 소멸해 버리는 현상은 형광(fluorescence)으로 구분한다. 형광으로 나오는 빛은 일반적으로 조사광보다 파장이 길다. 따라서 물질의 반사색이나 투과색과는 다른 색을 띤다. 예를 들어, 태양광선 아래에서 관찰되는 붉은색 잉크에서 볼 수 있는 초록색, 등유의 유청색 등을 들 수 있다. 특히 자외선 등 에너지가 강한 강선을 사용하면 많은 물질들이 형광성을 나타내게 된다. 형광등은 관 내부의 기체분자가 자외선의 자극을 받아 가시광선 영역의 형광을 방출하는 것을 이용한다. 이 밖에도 X선, 방사선, 음극선 등도 형광을 발생하는 원인이 된다. 형광이 발생하는 물리적 과정은 빛에너지를 흡수한 형광물질이 그 일부를 다시 빛에너지로서 복사하는 형상으로 볼 수 있다. 빛은 파장이 짧을수록 에너지가 크다. 따라서 자극광보다 에너지가 적은 형광의 파장은 자극광의 파장보다 길어야 한다. 이것이 형광, 인광에 대한 스토크스의 법칙(Stokes low)이다. 형광스펙트럼은 보통 고체에서는 연속 스펙트럼, 액체에서는 복잡한 띠 스펙트럼, 그리고 기체에서는 휘선 스펙트럼으로 나타난다. 이처럼 물질의 상태에 따라 형광스펙트럼이 다르게 나타나는 것은 분자 내에서의 빛에너지의 교환과정이 매우 복잡하기 때문이다.

인광(phosphorescence)

어떤 물체에 빛을 조사한 뒤, 빛을 제거하여도 장시간 발광이 지속되는 현상이다. 형광에 비해 장시간 발광하는 것은, 물질 내의 여기(excite)된 전자가 들뜬 상태에서 바로 바닥상태로 떨어지지 않고 중간에 준안정상태를 거쳐 에너지를 잃기 때문이다. 인광을 내는 대표적인 $SrAl_2O_4 : Eu^{2+}$, Dy^{3-} 형광체의 경우, $SrAl_2O_4$ 모체에 부활제로서 약간의 Eu, 공부활제로서 Dy를 첨가하여, 장시간 모체를 자극하여 연한 녹색을 내도록 한다. 인광은 루미네선스(lumiscence)의 일종으로, 루미네선스란 형광이나 인광처럼 열을 동반하지 않는 발광현상을 말한다. 백열전구처럼 열을 흡수하여 빛을 내는 것이 아니라, 열이 아닌 다른 종류의 자극에 의해 빛을 발생시키는 현상이다. 그림 10-17에 형광물질과 인광물질에서 여기 된 전자의 에너지 방출 과정을 모식도를 나타내었다. 물질은 일중항과 삼중항 여기자를 모두 가지고 있다. 형광물질은 일중항 여기자에 의해서만 빛이 방출되고, 인광물질은 삼중항 여기자에 의해서만 빛이 방출되는 차이가 있다.

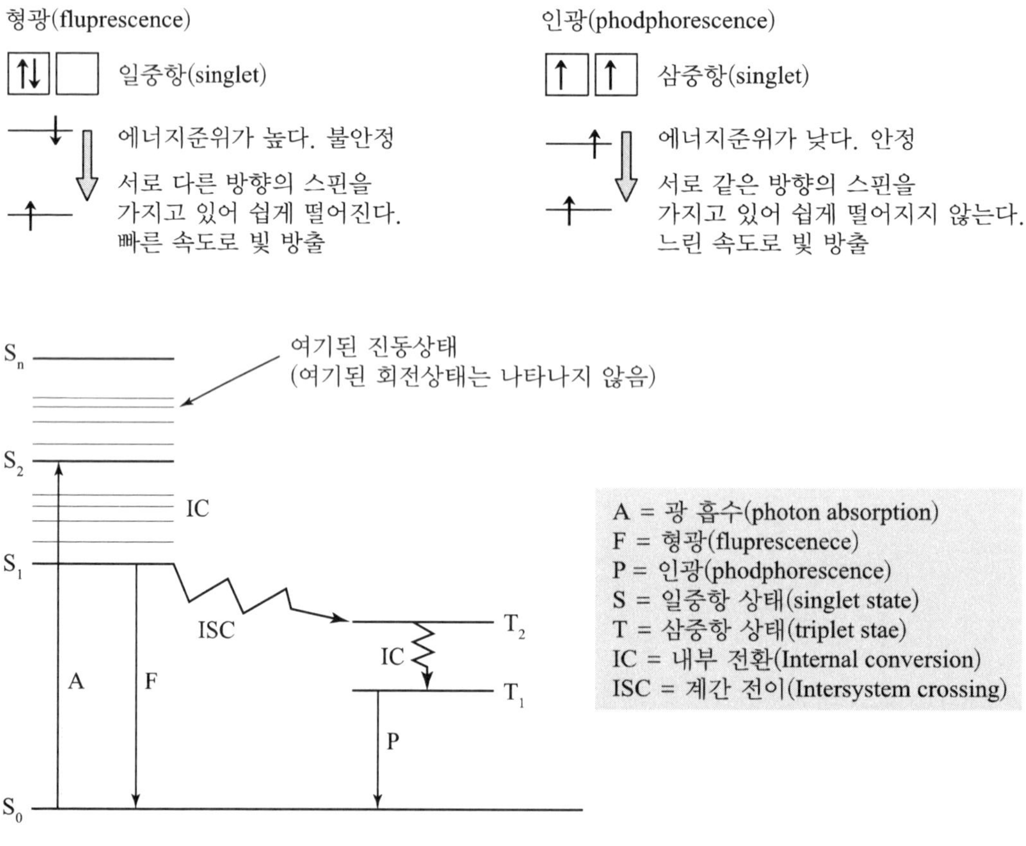

그림 10-15 형광과 인광(Jablonski diagram)

형광체의 소광현상

형광체의 휘도를 높이기 위하여 부활제의 농도를 점점 더 높여가면 처음에는 휘도가 상승하지만, 어떤 최적치(아무리 높아도 수 % 이내)를 넘어가면 오히려 휘도가 저하한다. 이것을 농도소광(quenching)이라 한다. 부활제는 결정격자의 일부를 치환 고용하는 것에 의해 발광중심(luminescence center)을 형성하지만, 부활제의 농도가 증가하여 부활제 간의 거리가 짧아지면(3～4Å 이하), 여기에너지가 이온에서 이온으로 이동하여 비발광중심에서 여기에너지가 소멸되거나, 상호작용에 의해 복사천이가 일어나 에너지 소실을 초래하는 확률이 증가한다(저 농도에서는 부활제가 여기에너지를 잡아두는 확률이 감소한다). 또한 에너지의 이동을 반복하는 사이에 불순물이나 격자결함에 에너지가 붙잡혀서 소광한다. 형광체는 또한 온도의 상승에 의해 휘도의 저하가 나타난다. 이것을 온도소광(thermal quenching) 이라고 한다. 온도의 상승에 의해 여기상태에 있는 이온 간의 충돌이 격렬하게 일어나거나, 또는 격자진동이 증가하여 여기에너지를 운동에너지로 변환시켜, 소멸시켜 버리기 때문이라고 추정된다.

형광체는 지금까지 칼라TV용 브라운관, PDP디스플레이, 평판형디스플레이 등 디스플레이의 핵심 발광 소재로 주로 사용되었고, 형광램프 및 삼파장 형광램프 등에도 사용되었다. 최근에는 정보 단말용 디스플레이의 고기능화, 고화질화에 따라서 지금까지 사용했던 CRT, PDP, FED를 대신하여, EL (electro luminescence), 발광 다이오드(LED)에 의한 디스플레이가 주로 사용되고 있다.

표 10-4 형광체

Color	3파장형광램프	LED	EL
Blue	$BaMg_2Al_{16}O_{27} : Eu^{2+}$	Ca-α-SiAlON : Eu^{2+} (Yellow color) GAN, SiC, ZnSe	$SrGa_2S_4 : Ce^{3+}$
Green	$CeMgAl_{11}O_{19} : Tb^{3+}$	β-SiAlON : Eu^{2+} GaP, GaAsP : N	$ZnS : Tb^{3+}$
Red	$Y_2O_3 : Eu^{3+}$	GaAsP, AlGaAs, $CaAlSiN_3 : Eu^{2+}$	$ZnS : Eu^{3+}$

Electroluminescence (EL) 형광체

Electroluminescence (EL)란 반도체 내부의 발광이온에 전계를 가해 얻어지는 발광이다. 외부로부터 가해준 전압은 10 V 정도에 불과하지만, EL 소재가 박막으로 되어 있기 때문에 1 cm 당 가해지는 전압은 수 천 볼트에 달해 고 에너지 전자로 여기 된다. 전계 여기형 EL (진성 EL)과 캐리어 주입형 EL로 구분한다. 전계 여기형 EL은 전계에 의해 가속된 전자가 발광중심에 충돌하여, 그 발광중심이 여기 되어 발광하는 것이다. 한편, 주입형 EL은 전계에 의해 전자와 정공을 주입하여, 그들의 재결합에 의해 발광시키는 것이다. 좁은 의미에서는 EL이란 전계 여기형 EL을 의미하고, 캐리어 주입형 무기EL소자는 LED로 구분하여 왔다. 최근 실용화된 유기EL소자는 캐리어 주입형 발광 메커니즘을 갖고 있기 때문에, 유기LED라고 불러야 마땅하나, 통상 유기EL로 부르고 있다.

무기EL 디스플레이의 예로서는, ZnS를 주성분으로 하는 형광체 박막을 2장의 전극 사이에 끼워 넣고, 교류 전압을 가해주면 형광체가 발광하여 화면에 표시된다. 이 황화합물(ZnS)에 Sm^{2+}를 도핑하면 적색(650 nm), Tm^{2+}를 도핑하면 청색(475 nm), Tb^{3+}를 첨가하면 녹색(545nm)의 발광이 얻어진다. 구조가 단순하고(그림 10-16) 고휘도, 고 콘트라스트, 고시인성을 가져서 24시간 연속하여 장시간 사용할 수 있는 분야 및 의료기기용 디스플레이소재 등으로 이용되고 있다.

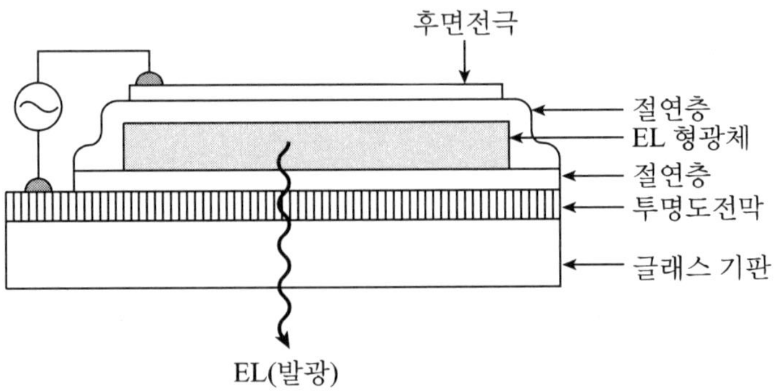

그림 10-16 무기EL소자의 구조

출처 : 蛍光体同学会編, 蛍光体ハンドブック, Ohmsha(1987), p.312

유기EL 디스플레이

유기EL (Organic Electro Luminescence Display)은 형광성 유기화합물로 만든 유기박막에 양극과 음극을 접합시킨 구조에, 전자와 정공을 주입하여, 이것들이 발광층에서 결합하는 것에 의해 발광한다(그림 10-17). 낮은 전압에서도 작동할 수 있으며 속도도 빠르다. 발광박막 소재로서 저분자는 tris-(8-hydroxyquinoline) aluminium (Alq_3)이 대표적인 물질이다(그림 10-18). 저분자형 유기EL소자는 도가니나 기판위에 놓인 재료를 고진공하에서 가열하여 재료를 승화시켜서 막을 제작한다. 진공증착법에서는 어떤 재료로 막을 만들고 난 후, 다른 재료를 승화시키는 것이 가능하여 다층막을 쉽게 만들 수 있다. 따라서 저분자형 유기EL은 그림 10-17에 나타낸 것과 같이 적층형 구조의 소

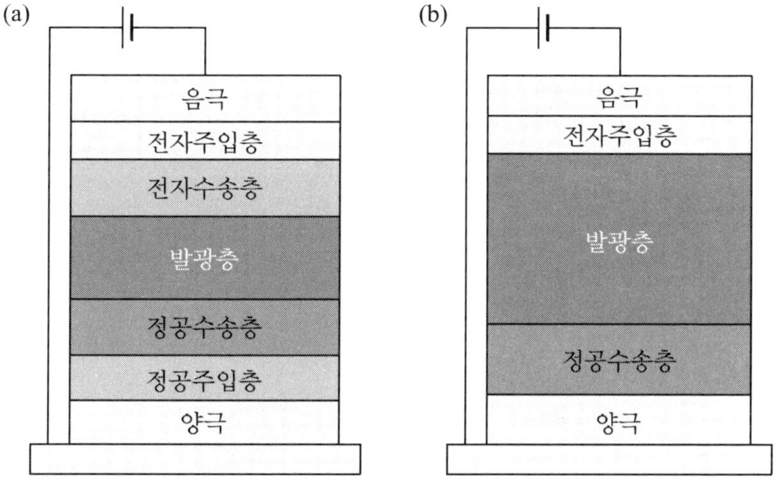

출처 : 坂口 孝太, Synthesis of charge transporting block copolymers and application to organic light emitting diodes, Tokyo University of Agriculture and Technology, Master Thesis, p.4, 2008.

그림 10-17
저분자 유기EL소자와 고분자 유기EL소자

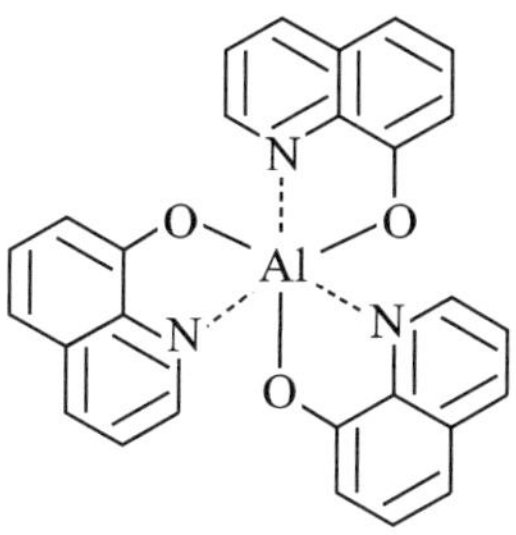

Alq_3
tris-(8-hydroxyquinoline) aluminium(Alq_3)

그림 10-18
저분자 발광소재

자를 만들 수 있어서 효율이 높고, 소자의 수명이 길다. EL소자에서는 재료의 순도가 수명에 큰 영향을 미치는데, 저분자형 유기EL소재는 승화과정을 거치기 때문에 재료의 순도를 높일 수 있다는 장점이 있다. 그러나 소자의 구조가 복잡하며, RGB의 도포를 쉐도우 마스크로 해야 한다. 따라서 기판의 사이즈가 커지면 이에 따라 거대한 증착장치가 필요하기 때문에, 코스트가 높아지는 문제가 있다. 이것에 비해 고분자형 유기EL소자에서는 스핀코팅이나 잉크젯 등의 습식공정으로 발광 박막층을 제작한다. 또한 소자의 구조도 간단하다. 따라서 저분자유기EL에 비하여 적은 비용으로 대면적화가 가능하다. 또한 재료의 물리적 강도나 내열성도 뛰어나며, 플라스틱 기판에도 적용할 수 있어 플렉시블 디바이스에 적용할 수 있는 장점이 있다.

고분자계 발광재료로는 π공역계 고분자와 비공역계 고분자로 나눈다. π공역계 고분자는 주쇄가 형광특성을 나타내고, 캐리어 이동도가 높지만, π공역이 길기 때문에 청색이 얻어지기 어려운 결점도 있다. 이것에 비해 비공역계 고분자는 저분자계 발광재료를 고분자화 시킨 것으로 캐리어 수송능력이나 발광특성은 저분자와 거의 동일한 특징을 가지기 때문에 발광색의 자유도가 높다. 공역계 및 비공역계의 대표적인 고분자 발광재료를 그림 10-19에 나타내었다. 발광층의 소재로 저분자, 고분자 어느 것을 사용하여도 원리적으로는 같은데, 저분자계에서는 막을 증착하여 형성시키는 것에 반해 고분자계에서는 용액으로 도포할 수 있기 때문에 코스트가 절감된다. 최근 내구성, 생산코스트, 대형화에 진전이 큰 이루어지고 있다.

유기EL의 발광메커니즘은 형광성 유기재료의 초박막에 큰 전류를 걸어주는

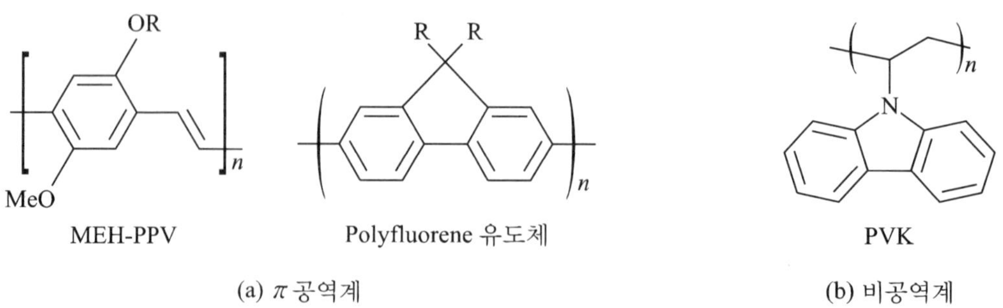

그림 10-19 대표적인 고분자 발광재료

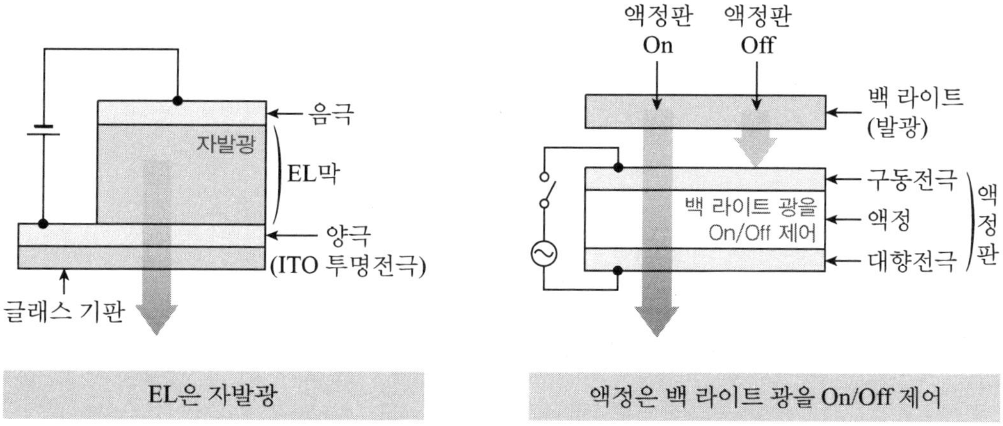

출처 : 最新ディスプレイ技術の基本と仕組み, 제2판, Chapter 3, p.153, 2009.

그림 10-20 EL과 액정의 발광원리

것이다. 전자와 정공의 재결합에 의한 중성의 안정한 분자여기자를 생성하고, 분자여기자를 통하여 발광한다. 과거에는 순간적인 발광출력 밖에 얻어지지 않아서, 100시간 정도면 소재에 열화가 생겨 휘도가 떨어지는 등의 문제가 있었으나, 수명 문제가 해결되어 휴대전화, TV 등에 실용화 되었다. 디스플레이소재로서는 가장 뛰어난 장점을 가지고 있는 유기EL디스플레이는 형광성 유기화합물을 전기적으로 전환시켜 빛을 내는 자체발광이기 때문에 높은 콘트라스트가 얻어진다. 낮은 전압에서도 작동할 수 있으며 속도도 빠르다. 유기물질(RGB발광 유기재료)을 어떻게 구성하느냐에 따라 총 천연색을 나타낼 수 있다. 이에 따라 외부에서 빛을 지원받아야 하는 박막액정표시장치(TFT-LCD)보다 화면을 휠씬 선명하게 해주고 응답속도가 1,000배 빨라 IMT-2000서비스 등을 지원해 줄 수 있다(그림 10-20).

발광다이오드(LED) 형광체

화합물반도체 GaAsP(Gallium arsenide phosphide)의 pn접합에 순방향으로 전압을 걸어주면, n형 영역으로부터 p형 영역으로 전자가 주입되고, P형 영역으로부터 n형 영역으로는 정공이 주입된다. 이 결과, pn접합영역(수 μm)에서는 전자와 정공의 재결합이 일어나, 그 때의 화합물반도체의 밴드 갭에 해당하는 양 만큼의 빛을 방출한다. 이것을 발광다이오드(light emitting diode)라고 한다(그림 10-21, 10-22). 발광다이오드는 발광색은 형광체나 EL의 경우와 마찬가지로 화합물반도체의 밴드 갭에 의해 결정된다. 따라서 Ga 대신에 Al 또는 In을, P 대신에 As를 첨가하는 등의 방법에 의해 밴드 갭을 조절함으로써 많은 색조의 LED가 제조되었다(표 10-4). 조명용, 광통신, 전자산업 및 생활용품에 적용되고 있다.

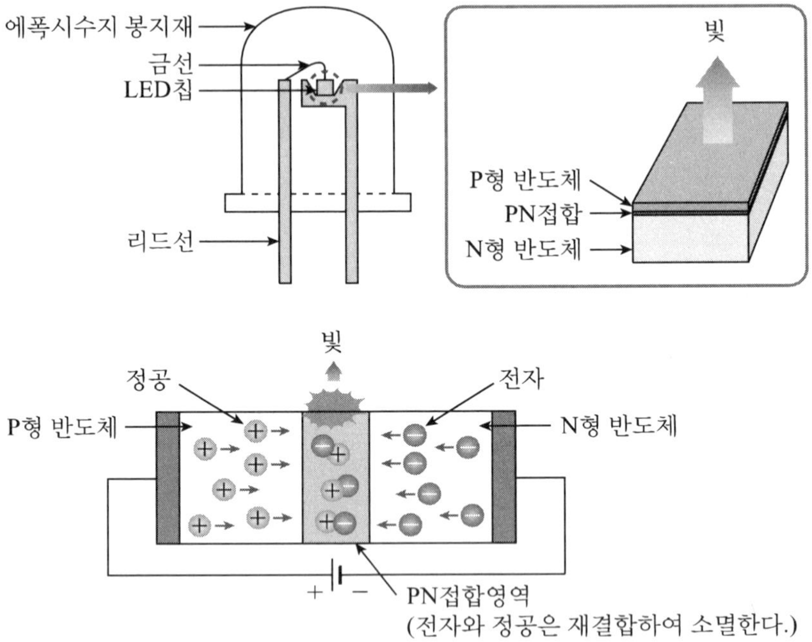

그림 10-21
LED의 기본구조와 원리

출처 : 最新ディスプレイ技術の基本と仕組み, 제2판, Chapter 6, p.253, 2009.

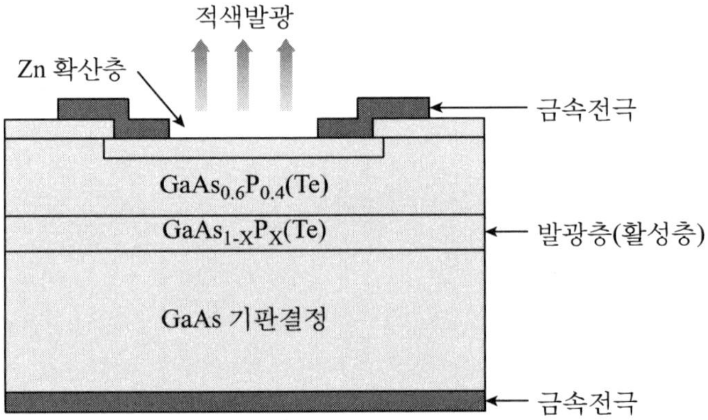

그림 10-22
GaAsP LED소자의 구조

출처 : 電気化学協会編m 先端電気化学m 丸善(1994)m p.200

참고문헌

1) 박영조, 김진명, 이재욱, LED용 질화물 형광체, 인포메이션 디스플레이, Vol. 13, No. 1, 2012
2) Arakawa Tsuyoshi, Egashira Makoto, Hirata Yoshihiro, Matsumoto Yasumichi, Muraishi Haruto, 無機材料化學, 三共出版, 1994
3) Siokawa Jirou, 入門無機材料, (株)化學同人, 1997
4) Adachi Ginya, Minami Tsutomu, 現代無機材料科學, (株)化學同人, 2007
5) 長久保準基, 吳承俊, 西橋勉, 村上裕彦, "量子ドット蛍光体の結晶成長と光電変換デバイスへの応用", Technical Journal, 2017년 9월 발행, Future Technology Research Laboratory, ULVAC, Inc.
6) 最新ディスプレイ技術の基本と仕組み
7) 坂口 孝太, Synthesis of charge transporting block copolymers and application to organic light emitting diodes, Tokyo University of Agriculture and Technology, Master Thesis, p.4, 2008.
8) 電気化学協会編, 先端電気化学, 丸善(1994), p.200.

연습문제

10-1 형광(fluorescence)과 인광(phosphorescence)의 차이점을 Jablonski diagram을 그려서 설명하시오.

10-2 형광체의 구성 성분 중 부활제(Activator)의 역할은 무엇인가?

저 자 : **김 수 종**

- Tokyo University of Agriculture & Technology 공학박사
- 전) 국립공업기술원 (공업연구직)
- 전) 중소기업청 (공업연구직)
- 현) 한라대학교 신소재화학공학과 교수

신소재공학개론 정가 22,000원

발 행 2022년 9월 10일 2판 1쇄
저 자 김수종
발행인 정우용
발행처 도서출판 **동 화 기 술**
경기도 파주시 광인사길 201(문발동, 파주출판도시)
Tel (031)955-4211~6 donghwapub@nate.com
Fax (031)955-4217 www.donghwapub.co.kr
(등록) 1977년 12월 19일/9-16호

ISBN 978-89-425-9371-2